普通高等教育应用技术本科数学基础课程教材

CALCULUS
微积分

主编◎刘　雪　朱兴萍　彭雪梅

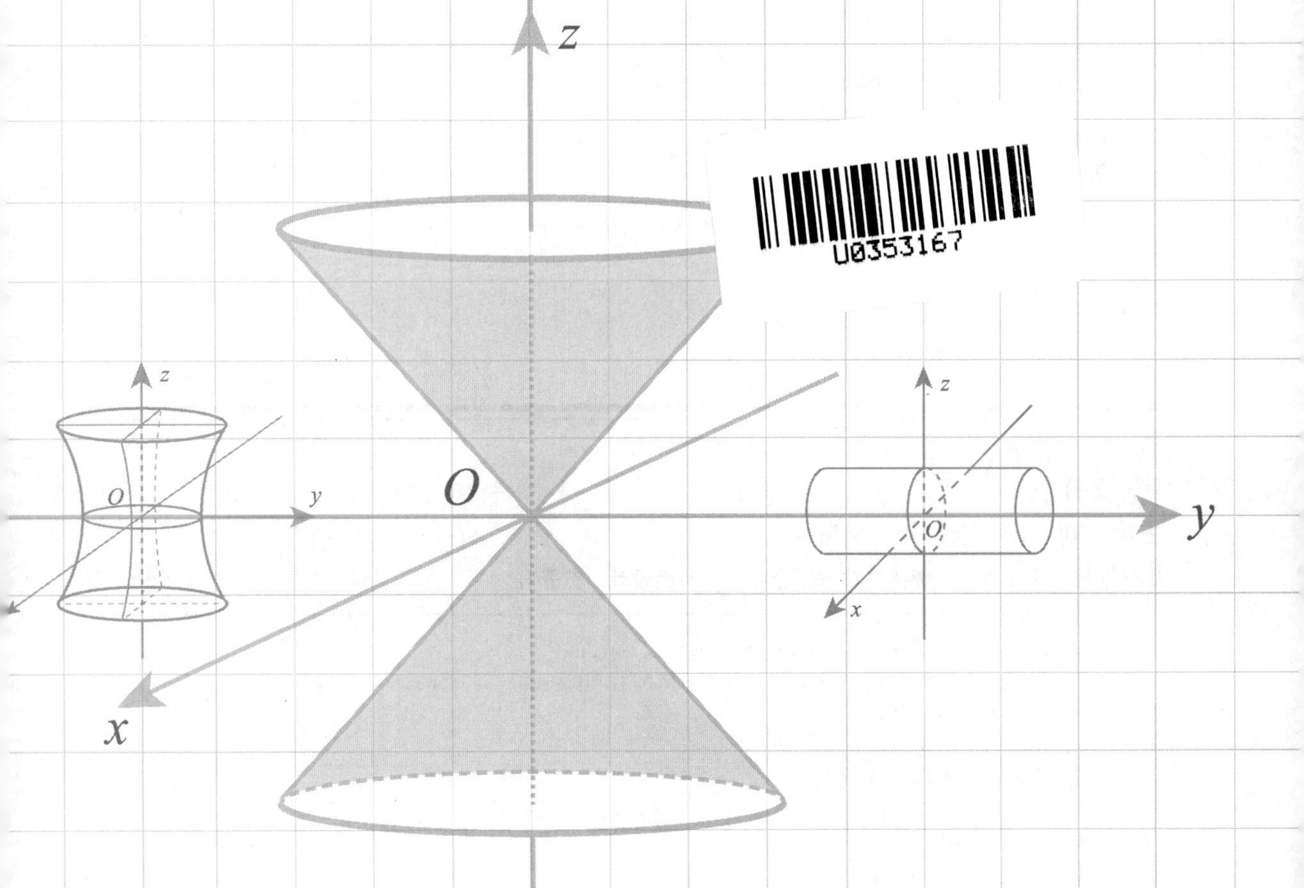

·上海·

内容提要

本书以培养应用型人才为目标，考虑新时期高校自身的教学特点和学生的实际情况，吸收国内外同类教材的优点，结合多年的教学经验编写而成. 本书通俗易懂，简明扼要，全面系统地讲解了微积分的基础知识. 全书共 9 章，内容包括：函数、极限、连续，微分学，微分中值定理和导数的应用，不定积分，定积分及其应用，多元函数微分学及其应用，二重积分，微分方程，无穷级数. 每章分为若干小节，每节配有适当难度的习题，书末附有习题的参考答案.

本书理论体系完整，举例丰富，难度适宜，同时在讲解过程中注重与实际应用背景相结合，强调应用能力的培养，在每章节最后配有应用拓展——数学模型，突出数学的应用性.

本书可作为普通高等院校独立学院理工类、经管类大学数学课程教材，也可作为应用型本科专业（数学少学时）、成人教育学院以及具有较高要求的高职高专的有关专业使用.

图书在版编目(CIP)数据

微积分 / 刘雪，朱兴萍，彭雪梅主编. -- 上海：同济大学出版社，2020.12

ISBN 978-7-5608-9597-0

Ⅰ. ①微… Ⅱ. ①刘… ②朱… ③彭… Ⅲ. ①微积分—高等学校—教材 Ⅳ. ①O172

中国版本图书馆 CIP 数据核字(2020)第 227680 号

普通高等教育应用技术本科数学基础课程教材

微积分

主编 刘 雪 朱兴萍 彭雪梅

责任编辑 陈佳蔚 **责任校对** 徐逢乔 **封面设计** 渲彩轩

出版发行 同济大学出版社 www.tongjipress.com.cn

（地址：上海市四平路 1239 号 邮编：200092 电话：021-65985622）

经 销 全国各地新华书店

排 版 南京月叶图文制作有限公司

印 刷 常熟市大宏印刷有限公司

开 本 787 mm×1092 mm 1/16

印 张 16.25

字 数 406 000

版 次 2020 年 12 月第 1 版 2020 年 12 月第 1 次印刷

书 号 ISBN 978-7-5608-9597-0

定 价 46.00 元

前　　言

为了培养应用型科技人才，满足各地方高校向应用技术型高校转型发展的要求，我们遵循"以应用为目的，以够用为原则"，编写了这本适用于应用技术型本科专业基础课教材《微积分》.

微积分的主要内容在电子信息、计算机、经济、管理等学科中有着非常广泛的应用.学习微积分，不仅能让学生掌握现代数学的基本理论和方法，而且在培养学生的逻辑推理能力、计算能力和应用实践能力等方面发挥着其他课程无法替代的作用.因此，编写一本既满足高层次应用型人才培养的目标，又符合新时期高校自身教学特点和学生实际状况的教材是当前的重要任务.为此，我们在吸收国内外同类教材优点的基础上，结合编者丰富的教学经验编写了本书.

本书具有以下特点：

(1) 主要内容涵盖了函数与极限、导数与微分、微分中值定理与导数的应用、一元积分学、多元微积分学、微分方程、无穷级数等基本知识，在遵循科学性、系统性、严谨性的前提下，不过分追求理论体系的完整性和运算技巧，以突出数学思想、数学方法的应用为核心.

(2) 以"培养应用型和创新型人才"为导向，以提高学生的数学应用能力为宗旨，既注重对基本概念、基本定理及其几何意义、物理背景和实际应用价值的剖析，又注重数学知识应用性的体现，在每章的最后加入了各类经典的数学模型，如极限模型，导数模型，优化与微分模型，定积分模型等.着重强调怎样将数学应用于实际，突出数学的应用性.

(3) 在内容叙述上做了精心安排，注重贯彻深入浅出、通俗易懂、循序渐进的教学原则与直观形象的教学方法，力求从身边的实际问题出发，自然地引出有关概念，由具体到抽象，知识过渡自然，并对重要概念、定理加以注释，或给出反例，从多角度帮助读者正确领会概念、定理的内涵.

(4) 本书配有大量例题,这些例题大多选用与理工类及经管类专业相关的例子,除每节配有紧扣该节内容的习题外,每章还配有总练习.习题的配置综合考虑难度的循序渐进、知识点的覆盖面及题型的多样性.

本书由刘雪、朱兴萍和彭雪梅共同编写.具体分工如下：第1—7章由刘雪编写,第8章由彭雪梅、刘雪编写,第9章由朱兴萍、刘雪编写,全书经过编者的充分讨论,最后由刘雪负责统稿、校改.

本书的出版得到各方面的支持和帮助.在本书的编写过程中,听取了编者单位武汉东湖学院高等数学教研室的宝贵意见和建议,得到了武汉东湖学院的领导、教务处以及同济大学出版社的大力支持和热情帮助,在此一并表示衷心的感谢!

由于编者水平有限,书中如有错误和不足之处,敬请同行专家和广大读者不吝赐教.

编 者

2020年12月

目　　录

第1章

函数　极限　连续

1.1 函　　数

1.1.1 集合与区间

集合是数学中的一个基本概念. 例如,某班学生的全体构成一个集合,全体实数构成一个集合,等等. 一般地,具有某种特定性质的事物的总体称为**集合**. 组成这个集合的事物称为该集合的**元素**. 集合通常用大写拉丁字母 $A, B, C, \cdots$ 表示,集合的元素常用小写字母 $a, b, c, \cdots$ 表示. 如果 a 是集合 A 的元素,记作 $a \in A$,读作"a 属于A";否则,记作 $a \notin A$ 或 $a \bar{\in} A$,读作"a 不属于A".

仅由有限个元素组成的集合称为**有限集**,含有无穷多个元素的集合称为**无限集**,不含任何元素的集合称为**空集**,记作 $\varnothing$.

表示集合的方法通常有列举法和描述法. **列举法**就是将集合中的全体元素一一列举出来,写在一个大括号内. 例如,S 是 1 到 10 的所有偶数组成的集合,表示为

$$S = \{2, 4, 6, 8, 10\};$$

$\mathbf{Z}^+$ 是全体正整数组成的集合,表示为

$$\mathbf{Z}^+ = \{1, 2, 3, \cdots\}.$$

用列举法表示集合时,必须列出集合的所有元素,不得重复和遗漏,一般对元素之间的次序没有要求. 用到省略号时,省略的部分必须满足一般的可认性.

描述法是把集合中各元素所具有的共同性质写在大括号内来表示这一集合. 例如,由所有满足条件 $a < x < b$ 的实数 x 组成集合 A,表示为

$$A=\{x \mid a<x<b\}.$$

数学中,常用以下字母分别表示特定的数集:

N: 全体自然数;**Z**: 全体整数;**Q**: 全体有理数;**R**: 全体实数;$\mathbf{Z}^+$: 全体正整数;$\mathbf{R}^+$: 全体正实数.

由数组成的集合称为数集,其中最常用的是区间和邻域.

设 a 和 b 都是实数,且 $a<b$. 数集 $\{x \mid a<x<b\}$ 称为以 a, b 为端点的**开区间**,记作 (a, b), 即

$$(a, b)=\{x \mid a<x<b\};$$

数集 $\{x \mid a \leqslant x \leqslant b\}$ 称为以 a, b 为端点的**闭区间**,记作 $[a, b]$, 即

$$[a, b]=\{x \mid a \leqslant x \leqslant b\}.$$

类似地,可以定义以 a, b 为端点的两个**半开区间**:

$$(a, b]=\{x \mid a<x \leqslant b\},$$
$$[a, b)=\{x \mid a \leqslant x<b\}.$$

以上的区间都是**有限区间**, $b-a$ 称为这些区间的**长度**.

除此以外,还有下面几类**无限区间**:

(1) $(a,+\infty)=\{x \mid x>a\}$, $\quad [a,+\infty)=\{x \mid x \geqslant a\}$;

(2) $(-\infty, b)=\{x \mid x<b\}$, $\quad (-\infty, b]=\{x \mid x \leqslant b\}$;

(3) $(-\infty,+\infty)=\{x \mid x \in \mathbf{R}\}$.

注 1 记号 $+\infty$, $-\infty$ 都只是表示无限性的一种记号,它们都不是某个确定的数.

注 2 以后如果遇到所作的讨论对不同类型的区间(不论是否包含端点,以及是有限区间还是无限区间都适用),为了避免重复讨论,就用"区间 I"代表各种类型的区间.

除了区间的概念外,为了阐述函数的局部性态,还常用到邻域的概念,它是由某点附近的所有点组成的集合.

设 a 与 δ 是两个实数,且 $\delta>0$. 数集 $\{x \mid |x-a|<\delta\}$ 在数轴上是一个以点 a 为中心,长度为 2δ 的开区间 $(a-\delta, a+\delta)$, 称为点 a 的 **$\boldsymbol{\delta}$ 邻域**(图 1-1),记作 $U(a, \delta)$, 即

$$U(a, \delta)=\{x \mid |x-a|<\delta\}=(a-\delta, a+\delta),$$

其中,点 a 称为邻域的**中心**, δ 称为邻域的**半径**.

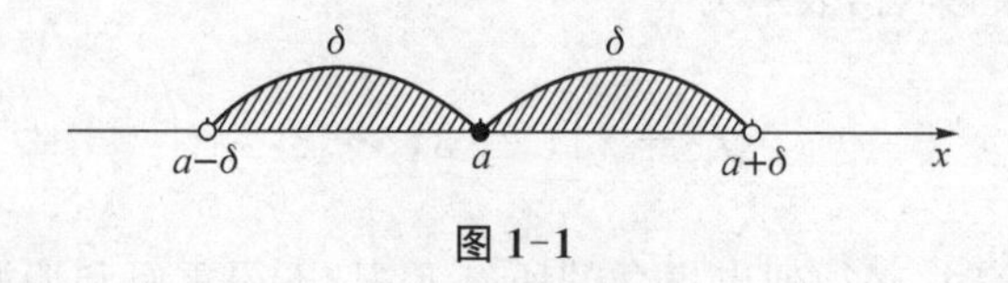

图 1-1

例如, $U(1, 2)$ 表示以点 $a=1$ 为中心, $\delta=2$ 为半径的邻域,也就是开区间 $(-1, 3)$.

有时用到的邻域需要把邻域中心去掉,点 a 的 δ 邻域去掉中心 a 后,称为点 a 的**去心 $\boldsymbol{\delta}$ 邻域**或者点 a 的**空心 $\boldsymbol{\delta}$ 邻域**,记作 $\mathring{U}(a, \delta)$,即

$$\mathring{U}(a, \delta) = \{x \mid 0 < |x-a| < \delta\} = (a-\delta, a) \cup (a, a+\delta).$$

例如，$\mathring{U}(1, 2)$ 表示以 1 为中心，2 为半径的去心邻域，即 $(-1, 1) \cup (1, 3)$.

更一般地，以 a 为中心的任何开区间均是点 a 的邻域，当不需要特别辩明邻域的半径时，可简记为 $U(a)$.

1.1.2 函数的概念

定义 1 给定两个实数集 D 和 M，若有一个对应法则 f，使 D 内每一个数 x，都有唯一的一个数 $y \in M$ 与它相对应，则称 f 是定义在数集 D 上的**函数**，y 称为 f 在 x 点处的**函数值**，记为 $y = f(x)$.

函数 f 可表示为 $f: D \to M$, $x \to y$. 通常简单地表示为

$$y = f(x), \quad x \in D.$$

这时，x 称为**自变量**，y 称为**因变量**，D 称为函数 f 的**定义域**，记作 $D(f)$ 或 D_f. 当自变量 x 取遍 D 的所有值时，对应的函数值 $f(x)$ 的全体构成的集合称为函数 f 的**值域**，记作 $R(f)$ 或 $f(D)$.

需要指出的是，严格地说，f 和 $f(x)$ 的含义是不同的，f 表示从自变量 x 到因变量 y 的对应法则，而 $f(x)$ 则表示与自变量 x 对应的函数值. 只是为了叙述方便，常用 $f(x)$ $(x \in D)$ 来表示函数. 为了减少记号，也常用 $y = y(x)(x \in D)$ 表示函数，这时右边的 y 表示对应法则，左边的 y 表示与 x 对应的函数值.

关于定义域，在实际问题中应根据问题的实际意义而具体确定. 如果讨论的是纯数学问题，则取函数的表达式有意义的一切实数所构成的集合作为该函数的定义域，这种定义域又称为函数的**自然定义域**. 例如，函数 $y = \sqrt{x^2 - 1}$ 的(自然)定义域是 $\{x \mid |x| \geqslant 1\}$，即 $(-\infty, -1] \cup [1, +\infty)$.

在给定了一个函数 f 的解析式后，若未说明其定义域 $D(f)$，则 $D(f)$ 就是 f 的自然定义域.

上述例子中表示函数的方法称为**解析法或公式法**，其优点在于便于理论推导和计算. 此外，常用的方法还有表格法和图形法. **表格法**是将自变量和因变量的取值对应列表，它的优点在于函数值容易查得，但对应数据不完全，不便于对函数的性态作进一步研究.

图示法表示函数也称为函数的图像或图形，优点是直观形象，一目了然，但不能进行精确的计算，也不便于理论推导.

本书表示函数的方法以公式法为主.

下面举几个函数的例子.

例 1 专家发现，学生的注意力随教师讲课时间的变化而变化，讲课开始时，学生的兴趣激增；中间有一段时间，学生的兴趣保持较理想的状态；随后，学生的注意力开始分散. 设 $f(t)$ 表示学生注意力，t 表示时间. $f(t)$ 越大，表明学生注意力越集中，经实验分析得知

$$f(t)=\begin{cases}-t^2+24t+100, & 0<t\leqslant 10,\\ 240, & 10<t\leqslant 20,\\ -7t+380, & 20<t\leqslant 40.\end{cases}$$

此例中的学生注意力 $f(t)$ 就是时间 t 的函数,而且还是分段定义的. 函数 $f(t)$ 的图像如图 1-2 所示.

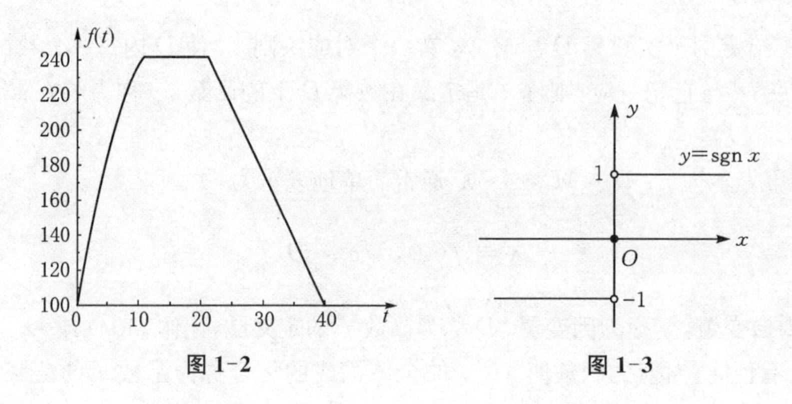

图 1-2　　图 1-3

例 2　函数

$$y=\operatorname{sgn}x=\begin{cases}1, & x>0,\\ 0, & x=0,\\ -1, & x<0\end{cases}$$

称为**符号函数**. 它的定义域 $D=(-\infty,+\infty)$, 值域 $R_f=\{-1,0,1\}$, 它的图像如图 1-3 所示.

例 3　设 x 为任一实数,不超过 x 的最大整数称为 x 的整数部分,记作 $[x]$. 例如,

$$\left[\frac{1}{2}\right]=0,\quad [\pi]=3,\quad [\sqrt{3}]=1,\quad [-2.5]=-3.$$

若将 x 看作自变量,则函数

$$y=[x]$$

称为**取整函数**. 它的定义域 $D=(-\infty,+\infty)$, 值域 $R_f=\mathbf{Z}$, 它的图像如图 1-4 所示,这种图像称为**阶梯曲线**.

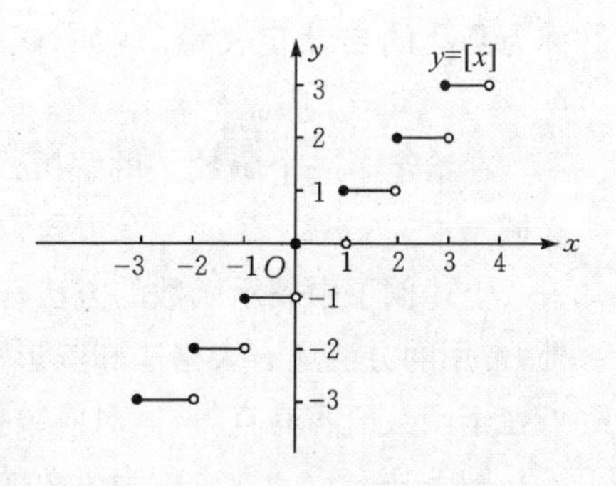

图 1-4

从上面的例子可以看出,在有些情况下一个函数不能用一个解析式表示. 这种在自变量的不同变化范围中,对应法则用不同式子来表示的函数,通常称为**分段函数**.

分段函数在实际中应用广泛,诸如个人所得税的收取办法,出租车记程收费等,均可用分段函数来表示.

例 4 某市出租车按如下规定收费：当行驶里程不超过 3 km 时，一律收起步费 10 元；当行驶里程超过 3 km 时，按 2 元/km 计费；对超过 10 km 的部分，按 3 元/km 计费. 试写出车费 C 与行驶里程 S 之间的函数关系.

解 设 $C = C(S)$ 表示这个函数，其中 S 的单位是 km，C 的单位是元. 按上述规定，当 $0 < S \leqslant 3$ 时，$C = 10$；当 $3 < S \leqslant 10$ 时，$C = 10 + 2(S - 3) = 2S + 4$；当 $C > 10$ 时，$C = 10 + 2(10 - 3) + 3(S - 10) = 3S - 6$. 以上函数关系可写为

$$C(S) = \begin{cases} 10, & 0 < S \leqslant 3, \\ 2S + 4, & 3 < S \leqslant 10, \\ 3S - 6, & S > 10. \end{cases}$$

1.1.3 初等函数

定义 2 下列函数称为**基本初等函数**.

(1) 幂函数：$y = x^{\mu}$（μ 为任何实数，$\mu \neq 0$）；

(2) 指数函数：$y = a^{x}$（$a > 0$，$a \neq 1$，且 a 是常数）；

(3) 对数函数：$y = \log_{a} x$（$a > 0$，$a \neq 1$，且 a 是常数）；

(4) 三角函数：$y = \sin x$，$y = \cos x$，$y = \tan x$，$y = \cot x$，$y = \sec x$，$y = \csc x$；

(5) 反三角函数：$y = \arcsin x$，$y = \arccos x$，$y = \arctan x$，$y = \operatorname{arccot} x$.

前四个基本初等函数的性质及图像读者已经很熟悉，在此不再赘述. 下面重点讲解反三角函数.

反正弦函数 $y = \arcsin x$，它是正弦函数 $y = \sin x$ 在 $\left[-\frac{\pi}{2}, \frac{\pi}{2}\right]$ 上的反函数，其定义域为 $[-1, 1]$，值域为 $\left[-\frac{\pi}{2}, \frac{\pi}{2}\right]$，其图像如图 1-5 所示.

反余弦函数 $y = \arccos x$，它是余弦函数 $y = \cos x$ 在 $[0, \pi]$ 上的反函数，其定义域为 $[-1, 1]$，值域为 $[0, \pi]$，其图像如图 1-6 所示.

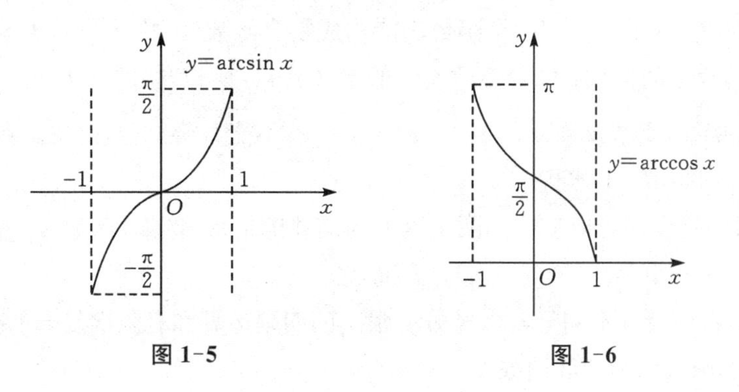

图 1-5　　图 1-6

反正切函数 $y = \arctan x$，它是正切函数 $y = \tan x$ 在 $\left(-\frac{\pi}{2}, \frac{\pi}{2}\right)$ 上的反函数，其定义

域为 $(-\infty, +\infty)$，值域为 $\left(-\frac{\pi}{2}, \frac{\pi}{2}\right)$，其图像如图 1-7 所示.

反余切函数 $y=\operatorname{arccot} x$，它是余切函数 $y=\cot x$ 在 $(0, \pi)$ 上的反函数，其定义域为 $(-\infty, +\infty)$，值域为 $(0, \pi)$，其图像如图 1-8 所示.

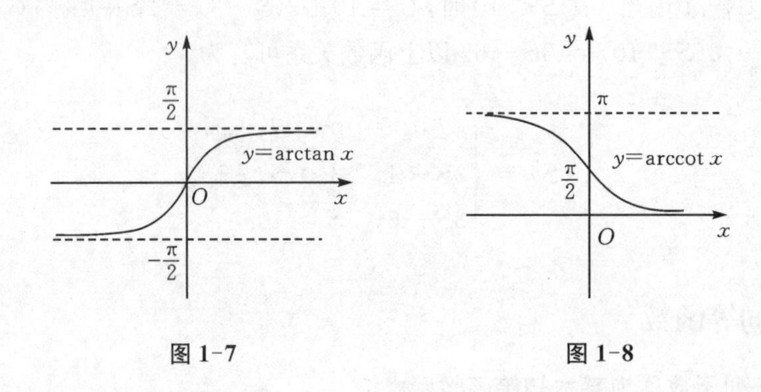

图 1-7　　　　图 1-8

定义 3　设函数 $y=f(x)$，若将 y 作为自变量，x 作为因变量，则由关系式 $y=f(x)$ 唯一确定的函数 $x=\varphi(y)$ 称为 $y=f(x)$ 的**反函数**. 习惯上，自变量用 x 表示，因变量用 y 表示，因此为了统一符号，$x=\varphi(y)$ 可写成 $y=\varphi(x)$，或用 $y=f^{-1}(x)$ 表示.

显然 $y=f(x)$ 与 $y=f^{-1}(x)$ 互为反函数. 它们的图像关于直线 $y=x$ 对称.

需要指出的是，并非所有的函数都存在反函数. 例如，$y=x^2$ 在定义域 $(-\infty, +\infty)$ 内就没有反函数. 只有一一对应函数才存在反函数. 单调增（或减）的函数显然是一一对应函数，所以必存在反函数.

定义 4　设函数 $y=f(u)$，$u\in D_1$，而函数 $u=g(x)$ 在 D 上有定义，且 $g(D)\subseteq D_1$，则由

$$y=f[g(x)],\quad x\in D$$

确定的函数，称为由函数 $y=f(u)$ 和函数 $u=g(x)$ 构成的**复合函数**，它的定义域为 D，变量 u 称为**中间变量**.

需要指出的是，并不是任何两个函数都能构成复合函数，函数 g 与函数 f 能构成复合函数的条件是：函数 g 的值域 $g(D)$ 必须被 f 的定义域 D_f 所包含，即 $g(D)\subseteq D_f$；否则，不能构成复合函数. 例如，函数 $y=\sqrt{u}$ 和函数 $u=1-x^2$ 不能直接复合，需将函数 $u=1-x^2$ 的定义域限制在 $[-1, 1]$ 上才行.

另外，函数的复合还可以推广到两个以上的函数的情形. 例如，函数 $y=[\ln(x^2+2)]^3$ 由函数 $y=u^3$，$u=\ln v$，$v=x^2+2$ 复合而成.

定义 5　由常数及基本初等函数经过有限次的四则运算和有限次复合所构成，且可以用一个式子表示的函数称为**初等函数**.

例如，$y=\sqrt{1-x^2}$，$y=\sin 3x$，$y=2+\ln(x+\sqrt{x^2+1})$ 都是复合函数. 但符号函数 $y=\operatorname{sgn} x$，取整函数 $y=[x]$ 都不是初等函数.

1.1.4　具有某些特性的函数

1. 有界函数

定义 6　设函数 $f(x)$ 在区间 I 上有定义，若存在常数 $M>0$，使得对任意的 $x\in I$ 均满足

$$|f(x)|\leqslant M,$$

则称函数 $y=f(x)$ 在区间 I 上**有界**，或称 $f(x)$ 是区间 I 上的**有界函数**. 如果这样的 M 不存在，也即对任意一个正数 M（无论它多大），总存在某个 $x_0\in I$，使得 $|f(x_0)|>M$，则称 $f(x)$ 在区间 I 上**无界**.

例如，函数 $y=\sin x$，$y=\cos x$ 均是 $(-\infty, +\infty)$ 上的有界函数；函数 $y=x^2$ 在 $(-\infty, +\infty)$ 上无界.

注 1　如果 $f(x)$ 在 I 上有界，则使不等式 $|f(x)|\leqslant M$ 的常数 M 不是唯一的，如 $M+1$，$2M$ 等均可，有界性体现在常数的存在性.

注 2　区间 I 可以是函数 $f(x)$ 的整个定义域，也可以只是定义域的一部分. 当然也可能出现这样的情况：函数在其定义域上的某一部分是有界的，而在另一部分却是无界的. 例如，$y=\dfrac{1}{x}$ 在 $(0, +\infty)$ 上无界，在 $(1, 2)$ 上是有界的. 所以讨论函数的有界性，应指明其区间.

2. 单调函数

定义 7　设函数 $y=f(x)$ 在区间 I 上有定义，对于区间 I 内的任意两点 x_1，x_2，$x_1<x_2$，

(1) 若 $f(x_1)<f(x_2)$，则称函数 $f(x)$ 在区间 I 上**单调增加**或**单调递增**；

(2) 若 $f(x_1)>f(x_2)$，则称函数 $f(x)$ 在区间 I 上**单调减少**或**单调递减**.

单调增加或单调减少的函数称为**单调函数**.

与有界性一样，讨论函数的单调性，必须指明其区间. 例如，函数 $y=\sin x$ 在 $\left[0, \dfrac{\pi}{2}\right]$ 上是单调增加的，而在 $\left[\dfrac{\pi}{2}, \pi\right]$ 上是单调减少的.

3. 奇函数和偶函数

定义 8　设函数 $f(x)$ 的定义域 D 关于原点对称（即对任意的 $x\in D$ 必存在 $-x\in D$），

(1) 若对 $\forall x\in D$，有 $f(-x)=f(x)$，则称 $f(x)$ 为**偶函数**；

(2) 若对 $\forall x\in D$，有 $f(-x)=-f(x)$，则称 $f(x)$ 为**奇函数**.

例如，$y=x$，$y=\sin x$ 等都是奇函数；$y=x^2$，$y=\cos x$ 等都是偶函数；$y=\cos x+\sin x$ 既不是奇函数，也不是偶函数.

4. 周期函数

定义 9　设函数 $y=f(x)$ 的定义域为 D，如果存在常数 $T>0$，使得对 $\forall x\in D$，有 $x\pm T\in D$，且 $f(x\pm T)=f(x)$，则称 $f(x)$ 为**周期函数**，T 为 $f(x)$ 的**周期**，其中满足上述

条件的最小正数称为 $f(x)$ 的**最小正周期**.

通常周期函数的周期是指其最小正周期. 例如，函数 $\sin x$, $\cos x$ 都是以 2π 为周期的函数，函数 $\tan x$ 是以 π 为周期的周期函数.

有必要指出的是，并非所有的周期函数一定存在最小正周期.

例 5 狄利克雷函数

$$D(x)=\begin{cases}1, & x\in Q,\\ 0, & x\in R-Q,\end{cases}$$

即当 x 为有理数时，$D(x)=1$；当 x 为无理数时，$D(x)=0$，$D(x)$ 是一个周期函数，任何正有理数 r 都是它的周期，但 $D(x)$ 没有最小正周期.

1.1.5 经济学中常用的函数

对经济学原理的研究及经济活动的分析和决策，需要专门的经济知识和广泛的数学方法，从而有必要对一些主要的经济变量之间的相关关系进行研究. 下面介绍几个经济活动中常用的函数.

1. 需求函数

需求函数是指某一特定时期内，市场上某种商品的各种可能的购买量和决定这些购买量的诸因素之间的关系.

假定其他因素(如消费者的货币收入、偏好和相关商品的价格等)不变，则决定某种商品需求量的因素就是这种商品的价格. 此时，需求函数表示的就是商品需求量和价格这两个经济变量之间的数量关系，即

$$Q=f(P),$$

其中，Q 表示需求量，P 表示价格.

一般地，商品的需求量随价格的下降而增加，随价格的上涨而减少. 因此，需求函数是价格 P 的单调减函数. 常见的需求函数的形式有：

(1) 线性函数 $Q=-aP+b(a,\ b>0)$；

(2) 二次函数 $Q=a-bP-cP^2(a,\ b,\ c>0)$；

(3) 指数函数 $Q=ae^{-bP}(a,\ b>0)$.

例 6 设某商品的需求函数为

$$Q=-aP+b \quad (a,\ b>0),$$

讨论当 $P=0$ 时的需求量和当 $Q=0$ 时的价格.

解 当 $P=0$ 时，$Q=b$，即当价格为 0 时，需求量为 b；当 $Q=0$ 时，$P=\dfrac{b}{a}$，即当需求量为 0 时，价格为 $\dfrac{b}{a}$.

2. 供给函数

供给函数是指某一特定时期内，市场上某种商品的各种可能供给量和决定这些供给量的诸因素之间的函数关系.

假定生产技术水平、生产成本等其他因素不变，则决定某种商品供给量的因素就是这种商品的价格. 此时，供给函数表示的就是商品供给量和价格这两个经济变量之间的数量关系，即

$$S = f(P),$$

其中，S 表示供给量，P 表示价格.

一般地，商品的供给量随价格的上涨而增加，随价格的下降而减少. 因此，供给函数是价格 P 的单调增函数. 常见的供给函数有线性函数、二次函数、幂函数、指数函数等，其中，线性供给函数为

$$S = aP - b \quad (a,\ b > 0).$$

例 7 某大米产地计划每年向农贸市场提供价格为 c 元的大米 a kg. 为增加供应量，采取提价措施，如果价格每增加 k 元，就可为市场多提供大米 b kg. 求该大米产地每年向市场提供大米的供应函数.

解 设每年大米的供应量为 Q（单位：kg），每千克大米的价格为 P（单位：元），则每千克大米提价 $(P-c)$ 时，供应量增加 $\dfrac{b(P-c)}{k}$，故所求的供应函数为

$$Q = a + \frac{b(P-c)}{k}.$$

使某种商品的市场需求量与供给量相等的价格 P_0 称为**均衡价格**. 当市场价格 $P > P_0$ 时，供给量将增加而需求量相应地减少，这时“供大于求”，必然使价格下降；当 $P < P_0$ 时，供给量将减少而需求量增加，这时“物资短缺”，又使价格上升，市场调节就是这样来实现的.

例 8 已知某种商品的需求函数和供给函数分别为

$$Q = 14.5 - 1.5P, \quad S = -7.5 + 4P,$$

求该商品的均衡价格 P_0.

解 由供需均衡条件 $Q = S$，可得

$$14.5 - 1.5P = -7.5 + 4P,$$

解得 $P = 4$，故均衡价格 $P_0 = 4$.

3. 总成本函数、总收益函数和总利润函数

总成本是指生产和经营产品的总投入；总收益是指产品出售后所得到的收入；总利润是生产中获得的总收益与投入的总成本之差.

通常用 C 表示成本，R 表示收益，L 表示利润，它们都称为经济变量. 若用 Q 表示产量或销售量，在不计市场其他因素影响的情况下，C，R，L 都可以简单地看成 Q 的函数，$C(Q)$

称为总成本函数，$R(Q)$ 称为总收益函数，$L(Q)$ 称为总利润函数.

一般地，总成本 C 由固定成本 C_0 和可变成本 C_1 两个部分构成，C_0 是一个常数，与 Q 无关，C_1 是 Q 的函数，所以

$$C(Q) = C_0 + C_1(Q),$$

若产品的销售单价为 P，则

$$R(Q) = PQ,$$

$$L(Q) = R(Q) - C(Q).$$

例 9 某商品的单价为 100 元，单位成本为 60 元，商家为了促销，规定凡是购买超过 200 单位时，对超过部分按单价的九五折出售. 求成本函数、收益函数和利润函数.

解 设购买量为 Q 单位，则

$$C(Q) = 60Q,$$

$$R(Q) = \begin{cases} 100Q, & Q \leqslant 200, \\ 200 \times 100 + (Q - 200) \times 100 \times 0.95, & Q > 200 \end{cases}$$

$$= \begin{cases} 100Q, & Q \leqslant 200, \\ 95Q + 1\,000, & Q > 200, \end{cases}$$

$$L(Q) = R(Q) - C(Q) = \begin{cases} 40Q, & Q \leqslant 200, \\ 35Q + 1\,000, & Q > 200. \end{cases}$$

习题 1.1

1. 确定下列函数的定义域.

(1) $y = \dfrac{4 - x^2}{x^2 - x - 6}$；　　(2) $y = \arcsin \dfrac{2x}{1 + x}$；

(3) $y = \sqrt[3]{\dfrac{1}{x - 2}} + \lg(2x - 3)$；　　(4) $y = \sqrt{3 - x} + \arctan \dfrac{1}{x}$；

(5) $y = \lg \dfrac{x}{x - 2} + \sqrt{9 - x^2}$；　　(6) $f(x) = \begin{cases} \sqrt{4 - x^2}, & |x| \leqslant 2, \\ 2x + 5, & 2 < |x| \leqslant 5. \end{cases}$

2. 设 $\varphi(x) = \begin{cases} |\sin x|, & |x| < \dfrac{\pi}{3}, \\ 0, & |x| \geqslant \dfrac{\pi}{3}, \end{cases}$ 求 $\varphi\left(\dfrac{\pi}{6}\right)$，$\varphi\left(\dfrac{\pi}{4}\right)$，$\varphi\left(-\dfrac{\pi}{4}\right)$，$\varphi(-2)$.

3. 求下列函数的反函数.

(1) $y = \sqrt[3]{x^2 + 1}\ (x > 0)$；　　(2) $y = \dfrac{2^x}{2^x + 1}$.

4. 下列各函数可分别看作由哪些基本初等函数复合而成？

(1) $f(x) = 3^{e^{\sin^2 x}}$；　　(2) $f(x) = \ln\cos(\tan x^{\sqrt{2}})$；

(3) $y = \sin(\log_2 x)$；　　(4) $y = \arccos\sqrt{\log_2(x^2 - 1)}$.

5. 设 $f(x)=\dfrac{x}{1-x}$，求 $f[f(x)]$ 和 $f\{f[f(x)]\}$.

6. 证明：定义在对称区间 $(-l, l)$ 上的任意函数可表示为一个奇函数与一个偶函数之和.

1.2 数列的极限

1.2.1 极限引例

春秋战国时期的哲学家庄子在《庄子·天下篇》中记载着惠施的一句话："一尺之棰，日取其半，万世不竭."说的是：一尺长的木杖，今天取走一半，明天在剩余的一半中再取走一半，以后每天都在前一天剩下的一半中再取走一半，随着时间的流逝，木杖会越来越短，长度越来越趋近于零，但又永远不会等于零. 这便是现实中一个非常直观的极限模型，它可以用一个无穷数列表示为

$$1, \frac{1}{2}, \frac{1}{4}, \cdots, \frac{1}{2^n}, \cdots \to 0.$$

魏晋时期的数学家刘徽在计算圆周率时首创的"割圆术"也是一个不可不提的极限模型. "割之弥细，所失弥少，割之又割，以至于不可割，则与圆合体，而无所矣."便是刘徽对"割圆术"的描述. 意思就是：计算圆内接正 n 边形的面积(图 1-9)，n 值越大，正 n 边形的面积 A_n 就越接近于圆的面积 A，直到 n 无限大，即得到精确的圆的面积

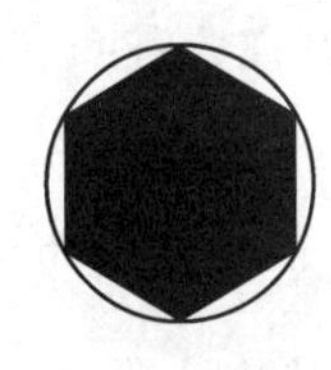

图 1-9

$$A_3, A_4, A_5\cdots, A_n, \cdots \to A.$$

定义 1 定义域为正整数集 $\mathbf{Z}^+$ 的函数

$$f: \mathbf{Z}^+ \to \mathbf{R} \quad 或 \quad f(n), \quad n \in \mathbf{Z}^+$$

称为**数列**. 由于正整数集 $\mathbf{Z}^+$ 的元素可按大小顺序依次排列，所以数列 $f(n)$ 也可写作

$$x_1, x_2, \cdots, x_n, \cdots$$

或简单地记作 $\{x_n\}$，其中第 n 项 $x_n(f(n))$ 称为该数列的**通项**或**一般项**.

例 1 以下都是数列：

(1) $1, \dfrac{1}{2}, \dfrac{1}{3}, \cdots, \dfrac{1}{n}, \cdots,$ 通项为 $x_n=\dfrac{1}{n}$；

(2) $0, \dfrac{3}{2}, \dfrac{2}{3}, \dfrac{5}{4}, \dfrac{4}{5}, \cdots, \dfrac{n+(-1)^n}{n}, \cdots,$ 通项为 $x_n=\dfrac{n+(-1)^n}{n}$；

(3) $2, 4, 8, \cdots, 2^n, \cdots,$ 通项为 $x_n=2^n$；

(4) $-1, 1, -1, 1, \cdots, (-1)^n, \cdots$, 　　通项为 $x_n = (-1)^n$.

对于数列,我们主要研究的是 x_n 的变化趋势,即当 n 无限增大(记作 $n \to \infty$) 时, x_n 的变化趋势. 观察例 1 不难发现:

(1) 当 n 无限增大时, $\frac{1}{n}$ 逐渐减小,且无限接近于 0;

(2) 数列 $\left\{\frac{n+(-1)^n}{n}\right\}$ 可化为 $\left\{1+\frac{(-1)^n}{n}\right\}$, 数列在点 1 的两侧无限次来回变动,但当 n 无限增大时,无限接近于 1;

(3) 随着 n 无限增大, 2^n 也无限增大;

(4) 数列 $\{(-1)^n\}$ 无限次地在 1 和 -1 中来回取值.

故当 n 越来越大时, x_n 的变化趋势有以下三种:

(1) x_n 的值无限接近于某个固定的数,如例 1(1),(2);

(2) x_n 的值无限增大,如例 1(3);

(3) x_n 的值上下摆动,如例 1(4).

下面就这三种不同的变化趋势给出具体的定义.

定义 2 对于数列 $\{x_n\}$, 如果存在一个确定的常数 A, 当 n 无限增大时, x_n 无限接近(或趋近)于 A, 则称数列 $\{x_n\}$ **收敛**, A 称为数列 $\{x_n\}$ 的**极限**,或称数列 $\{x_n\}$ 收敛于 A, 记为

$$\lim_{n\to\infty} x_n = A \quad 或 \quad x_n \to A \quad (n \to \infty).$$

如果这样的常数 A 不存在,则称数列 $\{x_n\}$ **发散或不收敛**.

由定义及前面的分析可知,例 1 中的(1),(2)对应的数列极限存在,分别为 0, 1. 此时数列为收敛数列,记作 $\lim\limits_{n\to\infty}\frac{1}{n} = 0$, $\lim\limits_{n\to\infty}\frac{n+(-1)^n}{n} = 1$; (3),(4)对应的数列为发散数列.

为了方便起见,有时也将 $n \to \infty$ 时, $|x_n|$ 无限增大的情形说成是数列 $\{x_n\}$ 的极限为 ∞, 并记为 $\lim\limits_{n\to\infty} x_n = \infty$, 但这并不表明 $\{x_n\}$ 是收敛的. 因此,例 1 中的(3)也可以记为 $\lim\limits_{n\to\infty} 2^n = \infty$.

注 常数 A 是某数列的极限,也就是随着 n 的无限增大,数列的项"无限接近(或趋近)于 A",但并不一定达到 A, 极限的思想就是一个"无限逼近"的过程.

在上面的例子中说数列 $\{x_n\}$ 的极限是 A, 靠的是观察或直觉. 例如,对于数列 $\left\{\frac{1+(-1)^n}{n}\right\}$, 我们并不能严格说明它为什么是收敛的,其极限为什么是 0 而不是别的数,下面就来给出函数数列极限的精确定义,用精确的数学语言来刻画"无限接近"这一过程.

定义 3 对于数列 $\{x_n\}$, 如果存在常数 A, 使得对于任意给定的正数 $\varepsilon > 0$ (无论它多小),总存在正整数 N, 使得当 $n > N$ 时,都有

$$|x_n - A| < \varepsilon$$

成立,则称数列 $\{x_n\}$ **收敛**,其极限为 A, 或称**数列** $\{x_n\}$ **收敛于** A . 如果这样的常数 A 不存

在,则称数列 $\{x_n\}$ **发散**.

定义 3 称为数列极限的**“ε－N”定义**,也可用符号简单地表示为

$$\lim_{n\to\infty} x_n = A \Leftrightarrow \forall \varepsilon > 0,\ \exists N,\ \forall n > N:\ |x_n - A| < \varepsilon.$$

对于它的理解需注意以下三点:

(1) ε 的任意性与相对固定性.

一方面,定义中的 ε 是一个任意给定的正数,即 ε 小的程度没有任何限制,这样不等式 $|x_n - A| < \varepsilon$ 就表达了 x_n 与 A 无限接近的意思;另一方面,ε 尽管有任意性,但一经给出,就相对固定下来,即应暂时看作是固定不变的,以便根据它来求 N.

(2) N 的相应性.

定义中的 N 是与 ε 相联系的,如果将 ε 换成另一个 ε',则这时一般来说,N 也要换成另一个 N',所以也可将 N 写成 $N(\varepsilon)$ 表示 N 与 ε 有关,但并非 ε 的函数,这是因为对于同一个 ε,如果满足不等式 $|x_n - A| < \varepsilon$ 的 N 已经找到,那么比 N 更大的数 $N+1$, $2N$, … 不等式也成立. 换言之,使上述不等式成立的 N 若存在,就不止一个,但只要找出一个即可.

(3) 几何意义.

不等式 $|x_n - A| < \varepsilon$ 在数轴上表示:点 x_n 位于以 A 为中心,ε 为半径的邻域 $U(A, \varepsilon)$ 中. 于是“当 $n > N$ 时,都有 $|x_n - A| < \varepsilon$”这句话是指:凡是下标大于 N 的所有 x_n,都落在 $U(A, \varepsilon)$ 中(图 1-10). 因而这一定义的几何意义是:收敛于 A 的数列 $\{x_n\}$,在 A 的任何邻域内几乎含有 $\{x_n\}$ 的全体项(最多只有有限项在邻域之外).

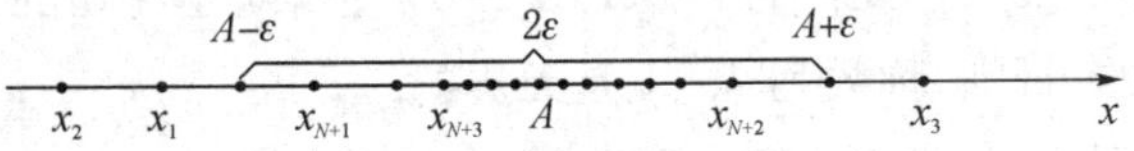

图 1-10

下面举例说明如何用 ε－N 定义来验证数列极限.

例 2 试证:$\lim\limits_{n\to\infty} \dfrac{1+(-1)^n}{n} = 0$.

证明 $\left|\dfrac{1+(-1)^n}{n} - 0\right| = \dfrac{1+(-1)^n}{n} \leqslant \dfrac{2}{n}$,

$\forall \varepsilon > 0$,要使 $\left|\dfrac{1+(-1)^n}{n} - 0\right| < \varepsilon$ 成立,只要 $\dfrac{2}{n} < \varepsilon$,即 $n > \dfrac{2}{\varepsilon}$,

取 $N = \left[\dfrac{2}{\varepsilon}\right]$,则当 $n > N$ 时,便有 $\left|\dfrac{1+(-1)^n}{n} - 0\right| < \varepsilon$,

所以
$$\lim_{n\to\infty} \frac{1+(-1)^n}{n} = 0.$$

例 3 求 $\lim\limits_{n\to\infty} \dfrac{2\sin\dfrac{n\pi}{3}}{n^2+3}$,并且当 $\varepsilon = 10^{-3}$ 时,求出 N.

解 分三步：(1)观察极限；(2)验证；(3)求 N.

(1) 观察知 $\lim\limits_{n\to\infty}\dfrac{2\sin\dfrac{n\pi}{3}}{n^2+3}=0$.

(2) $\left|\dfrac{2\sin\dfrac{n\pi}{3}}{n^2+3}-0\right|\leqslant\dfrac{2}{n^2+3}<\dfrac{2}{n^2}<\dfrac{2}{n}$,

$\forall\varepsilon>0$，要使 $|x_n-0|<\varepsilon$，只要 $\dfrac{2}{n}<\varepsilon$，即 $n>\dfrac{2}{\varepsilon}$ 即可.

故取 $N=\left[\dfrac{2}{\varepsilon}\right]$，当 $n>N$ 时，有 $|x_n-0|<\varepsilon$，所以 $\lim\limits_{n\to\infty}\dfrac{2\sin\dfrac{n\pi}{3}}{n^2+3}=0$.

(3) 当 $\varepsilon=10^{-3}$ 时，$N=\left[\dfrac{2}{10^{-3}}\right]=2\,000$.

1.2.2 收敛数列的性质

1. 极限的唯一性

定理 1 如果数列 $\{x_n\}$ 收敛，那么它的极限是唯一的.

2. 收敛数列的有界性

定义 4 对于数列 $\{x_n\}$，如果存在实数 $M>0$，使得对于一切的 x_n 都有 $|x_n|\leqslant M$，则称数列 $\{x_n\}$ 是**有界**的；否则，称数列 $\{x_n\}$ 是**无界**的.

定理 2 如果数列 $\{x_n\}$ 收敛，那么数列 $\{x_n\}$ 一定有界.

注 有界数列不一定收敛，如 $x_n=(-1)^n$.

3. 极限的保号性

定理 3 如果 $\lim\limits_{n\to\infty}x_n=A$，且 $A>0$（或 $A<0$），那么存在 $N\in\mathbf{Z}^+$，当 $n>N$ 时，有 $x_n>0$（或 $x_n<0$）.

推论 如果数列 $\{x_n\}$ 从后面某一项起所有的 $x_n\geqslant0$（或 $x_n\leqslant0$），且 $\lim\limits_{n\to\infty}x_n=A$，那么 $A\geqslant0$（或 $A\leqslant0$）.

4. 原数列与其子数列的关系

定义 5 在数列 $\{x_n\}$ 中任意抽取无限多项并保持这些项在原数列 $\{x_n\}$ 中的先后次序，这样得到的一个数列称为原数列 $\{x_n\}$ 的**子数列**（或**子列**）.

定理 4 如果数列 $\{x_n\}$ 收敛于 A，那么它的任一子数列也收敛，且极限也是 A.

习题 1.2

1. 下列各题中，哪些数列收敛，哪些数列发散？对收敛数列，通过观察一般项 x_n 的变化趋势，写出它们的极限.

(1) $x_n = 1 + \frac{1}{2^n}$; (2) $x_n = (-1)^n \frac{1}{n}$;

(3) $x_n = \frac{n-1}{n+1}$; (4) $x_n = (-1)^n n$.

2. 利用数列极限的定义证明下列各式.

(1) $\lim\limits_{n\to\infty} \frac{1}{n^2} = 0$; (2) $\lim\limits_{n\to\infty} \frac{3n+1}{2n+1} = \frac{3}{2}$.

3. 设数列的通项 $x_n = \underbrace{0.99\cdots9}_{n个}$, 问:

(1) $\lim\limits_{n\to\infty} x_n$ 的大小;

(2) 对于 $\varepsilon = 0.001$, 找出正整数 N, 使当 $n > N$ 时, x_n 与其极限之差的绝对值小 ε.

1.3 函数的极限

数列可以看作自变量为正整数 n 的函数 $x_n = f(n)$. 数列 $\{x_n\}$ 的极限为 A, 是指当自变量 n 取正整数且无限增大($n\to\infty$)时,对应的函数值 $f(n)$ 无限接近数 A. 若将数列极限概念中自变量 n 的特殊性抛开,可以由此引出函数极限的概念. 当然,函数极限与自变量 x 的变化过程是紧密相关的. 唐朝诗人李白在《送孟浩然之广陵》中写道:"故人西辞黄鹤楼,烟花三月下扬州,孤帆远影碧空尽,唯见长江天际流."细细思量"孤帆远影碧空尽"一句,不难体会这是一个变量趋向于零的动态意境.

下面分两种情形来讨论函数的极限.

1.3.1 自变量趋于无穷时函数的极限

自变量 x 趋于无穷大可以分为三种情形: $|x|$ 无限增大时,称 $x\to\infty$; $x>0$ 且 x 无限增大时,称 $x\to+\infty$; $x<0$ 且 x 无限增大时,称 $x\to-\infty$.

定义 1 若函数 $f(x)$ 在 x 趋于无穷大的过程中无限接近某个确定的常数 A, 则称 A 是自变量在该过程中的极限,分别记作 $\lim\limits_{x\to\infty} f(x) = A$, $\lim\limits_{x\to+\infty} f(x) = A$, $\lim\limits_{x\to-\infty} f(x) = A$.

函数极限的定义也可以像数列极限一样,用数学语言精确地描述.

定义 2("$\varepsilon-X$"定义) 设函数 $y = f(x)$, 当 $|x|$ 大于某一正数时有定义,如果对于任意 $\varepsilon > 0$, 存在 $X > 0$, 当 $|x| > X$ 时,有 $|f(x) - A| < \varepsilon$, 则称当 $x\to\infty$ 时,函数 $f(x)$ 有极限 A, 记作

$$\lim_{x\to\infty} f(x) = A \quad 或 \quad f(x)\to A \quad (当\ x\to\infty\ 时),$$

或简记为 $\lim\limits_{x\to\infty} f(x) = A \Leftrightarrow \forall\varepsilon > 0$, $\exists X$, $\forall |x| > X$: $|f(x) - A| < \varepsilon$.

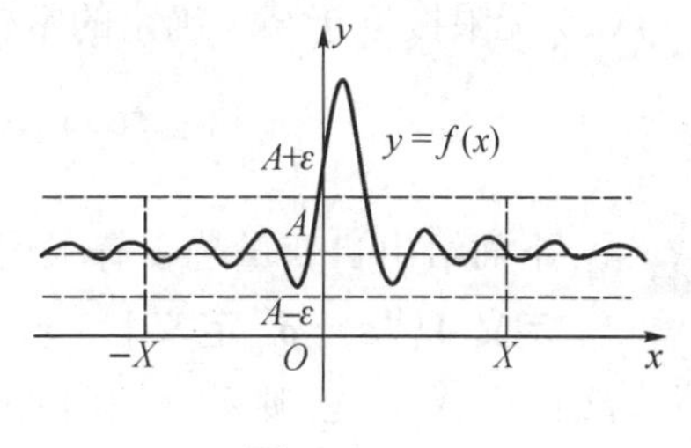

图 1-11

几何意义 任意给定正数 ε, 作平行于 x 轴的直线 $y = A - \varepsilon$ 和 $y = A + \varepsilon$, 则存在一个正数 X. 由图 1-11 可以看到,当 $x < -X$ 或 $x > X$ 时,函数 $y = f(x)$ 的图形落在这两条直线之间.

注 $\varepsilon - X$ 定义还可以分成以下两种情况：

(1) $\forall \varepsilon > 0$，$\exists X > 0$，当 $x > X$ 时，都有 $|f(x) - A| < \varepsilon$，则 $\lim\limits_{x \to +\infty} f(x) = A$.

(2) $\forall \varepsilon > 0$，$\exists X > 0$，当 $x < -X$ 时，都有 $|f(x) - A| < \varepsilon$，则 $\lim\limits_{x \to -\infty} f(x) = A$.

这两个极限称为**单侧极限**.

当 $x \to \infty$ 时，$f(x)$ 的极限与两个单侧极限的关系有如下的定理.

定理 1 $\lim\limits_{x \to \infty} f(x) = A$ 的充分必要条件是：两个单侧极限 $\lim\limits_{x \to +\infty} f(x)$ 与 $\lim\limits_{x \to -\infty} f(x)$ 存在且相等，即

$$\lim_{x \to \infty} f(x) = A \Leftrightarrow \lim_{x \to +\infty} f(x) = \lim_{x \to -\infty} f(x) = A.$$

(证明从略)

例 1 证明：$\lim\limits_{x \to \infty} \dfrac{1}{x^n} = 0$.

证明 因为 $|f(x) - A| = \left| \dfrac{1}{x^n} - 0 \right| = \dfrac{1}{|x|^n}$，

对于 $\forall \varepsilon > 0$，要使 $\left| \dfrac{1}{x^n} - 0 \right| < \varepsilon$，只要 $\dfrac{1}{|x|^n} < \varepsilon$，即 $|x| > \dfrac{1}{\sqrt[n]{\varepsilon}}$ 即可.

取 $X = \dfrac{1}{\sqrt[n]{\varepsilon}}$，因此当 $|x| > X$ 时，有 $\left| \dfrac{1}{x^n} - 0 \right| < \varepsilon$，所以 $\lim\limits_{x \to \infty} \dfrac{1}{x^n} = 0$.

例 2 证明：$\lim\limits_{x \to \infty} \dfrac{1 + x^3}{2x^3} = \dfrac{1}{2}$.

证明 因为 $\left| \dfrac{1 + x^3}{2x^3} - \dfrac{1}{2} \right| = \left| \dfrac{1}{2x^3} \right| = \dfrac{1}{2|x|^3} < \dfrac{1}{|x|^3}$，

对于 $\forall \varepsilon > 0$，要使 $\left| \dfrac{1 + x^3}{2x^3} - \dfrac{1}{2} \right| < \varepsilon$，只要 $\dfrac{1}{|x|^3} < \varepsilon$，即 $|x| > \dfrac{1}{\sqrt[3]{\varepsilon}}$ 即可.

取 $X = \dfrac{1}{\sqrt[3]{\varepsilon}}$，当 $|x| > X$ 时，就有 $\left| \dfrac{1 + x^3}{2x^3} - \dfrac{1}{2} \right| < \varepsilon$，所以 $\lim\limits_{x \to \infty} \dfrac{1 + x^3}{2x^3} = \dfrac{1}{2}$.

1.3.2 自变量趋于有限值 x_0 时函数的极限

定义 3 设函数 $f(x)$ 在点 x_0 的某一去心邻域内有定义，当自变量 x 趋于 x_0 时，函数值 $f(x)$ 无限接近于某个确定的常数 A，则称 A 为**函数 $f(x)$ 在 $x \to x_0$ 时的极限**，记作

$$\lim_{x \to x_0} f(x) = A \quad 或 \quad f(x) \to A \ （当 x \to x_0 时）.$$

下面给出自变量趋于有限值 x_0 时函数的精确定义.

定义 4（"$\varepsilon - \delta$"定义） 若对任意 $\varepsilon > 0$，存在 $\delta > 0$，当 $0 < |x - x_0| < \delta$ 时，有 $|f(x) - A| < \varepsilon$，则称 A 为 $f(x)$ 当 $x \to x_0$ 时的极限，记作

$$\lim_{x \to x_0} f(x) = A \quad 或 \quad f(x) \to A \ （当 x \to x_0 时），$$

或简记为 $\lim\limits_{x \to x_0} f(x) = A \Leftrightarrow \forall \varepsilon > 0$，$\exists \delta$，$\forall\, |x - x_0| < \delta$：$|f(x) - A| < \varepsilon$.

注 1　δ 是一个小正数,它不是任意给定的,找 δ 的方法与找 N 的方法类似.

注 2　上述定义中并不要求 $f(x)$ 在 x_0 处有定义,即函数 $f(x)$ 当 $x \to x_0$ 时的极限与 $f(x)$ 在 x_0 处是否有定义无关.

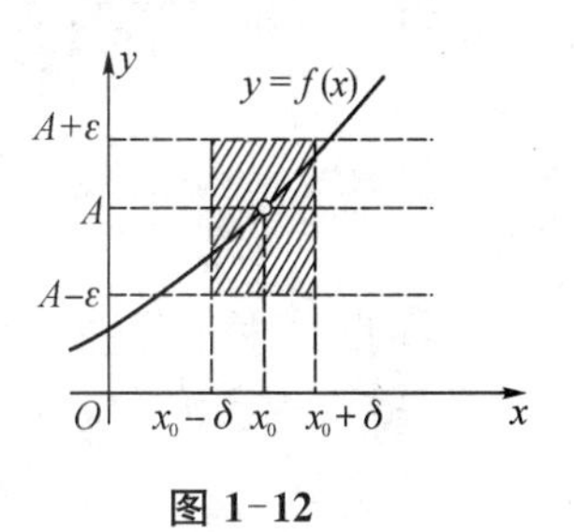

图 1-12

几何意义　任意给定正数 ε,作平行于 x 轴的直线 $y = A - \varepsilon$ 和 $y = A + \varepsilon$,对于落在开区间 $(x_0 - \delta,\ x_0 + \delta)$ $(x \neq x_0)$ 的一切点 x,函数值 $f(x)$ 都落在两直线之间(图 1-12 中有阴影线的部分).

例 3　证明:$\lim\limits_{x \to 1}(2x - 1) = 1$.

证明　$|f(x) - A| = |2x - 1 - 1| = 2|x - 1|$,

对于 $\forall \varepsilon > 0$,要使 $|2x - 1 - 1| < \varepsilon$,只要 $2|x - 1| < \varepsilon$,即 $|x - 1| < \dfrac{\varepsilon}{2}$ 即可.

取 $\delta = \dfrac{\varepsilon}{2}$,当 $0 < |x - 1| < \delta$ 时,有 $|2x - 1 - 1| < \varepsilon$,所以 $\lim\limits_{x \to 1}(2x - 1) = 1$.

例 4　证明:$\lim\limits_{x \to 2}\dfrac{x^2 - 4}{3(x - 2)} = \dfrac{4}{3}$.

证明　$|f(x) - A| = \left|\dfrac{x^2 - 4}{3(x - 2)} - \dfrac{4}{3}\right| = \dfrac{1}{3}|x - 2|$,

对于 $\forall \varepsilon > 0$,要使 $\left|\dfrac{x^2 - 4}{3(x - 2)} - \dfrac{4}{3}\right| < \varepsilon$,只要 $\dfrac{1}{3}|x - 2| < \varepsilon$,即 $|x - 2| < 3\varepsilon$ 即可.

取 $\delta = 3\varepsilon$,当 $0 < |x - 2| < \delta$ 时,有 $\left|\dfrac{x^2 - 4}{3(x - 2)} - \dfrac{4}{3}\right| < \varepsilon$,所以 $\lim\limits_{x \to 2}\dfrac{x^2 - 4}{3(x - 2)} = \dfrac{4}{3}$.

定义 5　设 $f(x)$ 在 x_0 的一个左(右)邻域中有定义. 如果存在常数 A,使得当 $x \to x_0^-$ (或 $x \to x_0^+$)时,相应的函数值 $f(x)$ 无限接近于 A,则称 A 为 $f(x)$ 当 $x \to x_0^-$ (或 $x \to x_0^+$)时的**左(右)极限**,记作 $f(x_0^-)$ $(f(x_0^+))$,即

$$f(x_0^-) = \lim_{x \to x_0^-} f(x) = A \quad \left(f(x_0^+) = \lim_{x \to x_0^+} f(x) = A\right).$$

有时也将 $f(x_0^-)$ 写成 $f(x_0 - 0)$,将 $f(x_0^+)$ 写成 $f(x_0 + 0)$.

左、右极限称为函数的**单侧极限**.

左极限的精确描述:$\forall \varepsilon > 0$,$\exists \delta > 0$,当 $x_0 - \delta < x < x_0$ 时,有 $|f(x) - A| < \varepsilon$,则记为 $\lim\limits_{x \to x_0^-} f(x) = A = f(x_0 - 0) = f(x_0^-)$.

右极限的精确描述:$\forall \varepsilon > 0$,$\exists \delta > 0$,当 $x_0 < x < x_0 + \delta$ 时,有 $|f(x) - A| < \varepsilon$,则记为 $\lim\limits_{x \to x_0^+} f(x) = A = f(x_0 + 0) = f(x_0^+)$.

这三种极限之间有下述关系.

定理 2 当 $x\to x_0$ 时，函数 $f(x)$ 以 A 为极限的充分必要条件是：$f(x)$ 在 x_0 的左、右极限都存在，并均为 A，即

$$\lim_{x\to x_0} f(x)=A \Leftrightarrow \lim_{x\to x_0^-} f(x)=\lim_{x\to x_0^+} f(x)=A.$$

例 5 求符号函数 $y=\operatorname{sgn} x$ 在 $x\to 0$ 时的极限.

解 由于当 $x<0$ 时，$\operatorname{sgn} x=-1$，而当 $x>0$ 时，$\operatorname{sgn} x=1$，故

$$\lim_{x\to 0^-}\operatorname{sgn} x\neq \lim_{x\to 0^+}\operatorname{sgn} x,$$

所以，$\lim\limits_{x\to 0}\operatorname{sgn} x$ 不存在.

例 6 求绝对值函数 $f(x)=|x|$ 在 $x\to 0$ 时的极限.

解 由于 $f(x)=|x|=\begin{cases} x, & x\geqslant 0, \\ -x, & x<0, \end{cases}$

故 $\lim\limits_{x\to 0^-} f(x)=\lim\limits_{x\to 0^-}(-x)=0$，$\lim\limits_{x\to 0^+} f(x)=\lim\limits_{x\to 0^+} x=0$，

即 $\lim\limits_{x\to 0^-} f(x)=\lim\limits_{x\to 0^+} f(x)=0$，所以 $\lim\limits_{x\to 0} f(x)=0$.

例 7 已知 $f(x)=\begin{cases} x-1, & x<0, \\ 0, & x=0, \\ x+1, & x>0. \end{cases}$ 证明：$\lim\limits_{x\to 0} f(x)$ 不存在.

证明 因为 $\lim\limits_{x\to 0^-} f(x)=\lim\limits_{x\to 0^-}(x-1)=-1$，

而 $\lim\limits_{x\to 0^+} f(x)=\lim\limits_{x\to 0^+}(x+1)=1$，即 $\lim\limits_{x\to 0^-} f(x)\neq\lim\limits_{x\to 0^+} f(x)$，

所以，$\lim\limits_{x\to 0} f(x)$ 不存在.

1.3.3 函数极限的性质

1. 极限的唯一性

若 $\lim\limits_{x\to x_0} f(x)=A$ 存在，那么这个极限是唯一的.

2. 函数的局部有界性

若 $\lim\limits_{x\to x_0} f(x)=A$，则存在常数 $M>0$ 和 $\delta>0$，使得当 $0<|x-x_0|<\delta$ 时，有 $|f(x)|\leqslant M$.

3. 函数与其极限的局部保号性

如果 $\lim\limits_{x\to x_0} f(x)=A$，且 $A>0$（或 $A<0$），则存在点 x_0 的某去心邻域，当 x 在该邻域内取值时，就有 $f(x)>0$（或 $f(x)<0$）.

推论 若在点 x_0 的某去心邻域内有 $f(x)\geqslant 0$（或 $f(x)\leqslant 0$），且 $\lim\limits_{x\to x_0} f(x)=A$，则 $A\geqslant 0$（或 $A\leqslant 0$）.

习题 1.3

1. 利用函数图形求下列极限.

(1) $\lim\limits_{x\to\infty}\dfrac{1}{x}$；　(2) $\lim\limits_{x\to 0}\tan x$；　(3) $\lim\limits_{x\to 0}\sin x$；

(4) $\lim\limits_{x\to+\infty}\sin x$；　(5) $\lim\limits_{x\to-\infty}\mathrm{e}^{x}$；　(6) $\lim\limits_{x\to+\infty}\mathrm{e}^{x}$.

2. 求 $f(x)=\dfrac{x}{x}$, $\varphi(x)=\dfrac{|x|}{x}$ 当 $x=0$ 时的左、右极限，并说明它们在 $x\to 0$ 时的极限是否存在.

3. 设 $f(x)=\begin{cases}3, & x\leqslant 9,\\ \sqrt{x}, & x>9,\end{cases}$ 问 $\lim\limits_{x\to 9}f(x)$ 极限是否存在?

4. 用函数极限的定义证明下列各式.

(1) $\lim\limits_{x\to 2}(5x+2)=12$；　(2) $\lim\limits_{x\to\infty}\dfrac{1+x^3}{2x^3}=\dfrac{1}{2}$.

5. 利用极限定义证明：若 $\lim\limits_{x\to x_0}f(x)=A$，则 $\lim\limits_{x\to x_0}|f(x)|=|A|$.

1.4　极限的运算法则

前面介绍了极限的概念，本节将讨论极限的求法. 在函数极限中，我们引入下列六种类型的极限：

(1) $\lim\limits_{x\to x_0}f(x)$；　(2) $\lim\limits_{x\to x_0^-}f(x)$；　(3) $\lim\limits_{x\to x_0^+}f(x)$；

(4) $\lim\limits_{x\to\infty}f(x)$；　(5) $\lim\limits_{x\to-\infty}f(x)$；　(6) $\lim\limits_{x\to+\infty}f(x)$.

这个讨论将会非常烦琐，下面仅就第(1)类极限展开讨论，其结果对其他类型的极限都成立. 作为讨论极限运算的基础，我们先介绍无穷小量和无穷大量.

1.4.1　无穷小量与无穷大量

1. 无穷小量的概念及运算

定义1　若 $\lim\limits_{x\to x_0}f(x)=0$(或 $\lim\limits_{x\to\infty}f(x)=0$)，则称当 $x\to x_0$(或 $x\to\infty$)时，$f(x)$ 为**无穷小量**，简称**无穷小**.

例如，因为 $\lim\limits_{x\to\infty}\dfrac{1}{x}=0$，所以函数 $\dfrac{1}{x}$ 为当 $x\to\infty$ 时的无穷小；因为 $\lim\limits_{x\to 1}(x-1)=0$，所以函数 $x-1$ 为当 $x\to 1$ 时的无穷小；因为 $\lim\limits_{n\to\infty}\dfrac{1}{n+1}=0$，所以数列 $\left\{\dfrac{1}{n+1}\right\}$ 为当 $n\to\infty$ 时的无穷小.

注1　无穷小量是以0为极限的函数，并非很小的数.

注2　无穷小量与极限过程有关.

定理1　在自变量的同一变化过程 $x\to x_0$(或 $x\to\infty$)中，函数 $f(x)$ 具有极限 A 的充分

必要条件是 $f(x)=A+\alpha$，其中 α 是无穷小.

证明 (1) 必要性. 设 $\lim\limits_{x\to x_0}f(x)=A$，则 $\forall\varepsilon>0$，$\exists\delta>0$，当 $0<|x-x_0|<\delta$ 时，有 $|f(x)-A|<\varepsilon$，令 $\alpha=f(x)-A$，则 α 是当 $x\to x_0$ 时的无穷小，且 $f(x)=A+\alpha$. 这就证明了 $f(x)$ 等于它的极限 A 与一个无穷小 α 之和.

(2) 充分性. 设 $f(x)=A+\alpha$，其中 A 是常数，α 是 $x\to x_0$ 时的无穷小，于是 $|f(x)-A|=|\alpha|$. 则 $\forall\varepsilon>0$，$\exists\delta>0$，当 $0<|x-x_0|<\delta$ 时，有 $|\alpha|<\varepsilon$，即 $|f(x)-A|<\varepsilon$. 这就证明了 A 是 $f(x)$ 当 $x\to x_0$ 时的极限.

定理 2 有限个无穷小的和仍为无穷小.

无限个无穷小之和不一定为无穷小，例如，$\lim\limits_{n\to\infty}\dfrac{1}{n}=0$，即 $n\to\infty$ 时，$\dfrac{1}{n}$ 为无穷小，但

$$\lim_{n\to\infty}\underbrace{\left(\frac{1}{n}+\cdots+\frac{1}{n}\right)}_{n个}=\lim_{n\to\infty}n\cdot\frac{1}{n}=\lim_{n\to\infty}1=1.$$

定理 3 有界函数与无穷小的乘积是无穷小.

例 1 求极限 $\lim\limits_{x\to 0}x\sin\dfrac{1}{x}$.

解 因为 $\lim\limits_{x\to 0}x=0$，则 x 为无穷小，而 $\left|\sin\dfrac{1}{x}\right|\leqslant 1$，则 $\sin\dfrac{1}{x}$ 有界.

由定理 3 得
$$\lim_{x\to 0}x\sin\frac{1}{x}=0.$$

推论 1 常数与无穷小之积为无穷小.

推论 2 有限个无穷小之积也是无穷小.

2. 无穷大量的概念及运算

定义 2 如果当 $x\to x_0$ (或 $x\to\infty$) 时，对应的函数值绝对值 $|f(x)|$ 无限增大，则称当 $x\to x_0$ (或 $x\to\infty$) 时，$f(x)$ 为**无穷大量**，简称**无穷大**.

注 1 当 $x\to x_0$ 时，$f(x)$ 为无穷大，用数学语言表示为：若 $\forall M>0$，$\exists\delta>0$，当 $0<|x-x_0|<\delta$ 时，有 $|f(x)|>M$，则称当 $x\to x_0$ 时，$f(x)$ 为无穷大量，记为 $\lim\limits_{x\to x_0}f(x)=\infty$. 这种情况下函数极限是不存在的，但为了叙述方便，也说"函数的极限是无穷大".

注 2 函数为无穷大量，指的是必须在自变量的某种趋势之下，以 ∞ 为极限. 例如，$f(x)=\dfrac{1}{x}$，当 $x\to 0$，为无穷大量；当 $x\to\infty$，为无穷小量.

注 3 无穷大不是数，不可与很大的数(如 1 000 万，1 亿等)混为一谈.

例 2 证明：$\lim\limits_{x\to 1}\dfrac{1}{x-1}=\infty$.

证明 $\forall M>0$，要使 $\left|\dfrac{1}{x-1}\right|>M$，只要 $|x-1|<\dfrac{1}{M}$，

故取 $\delta=\dfrac{1}{M}$，当 $0<|x-1|<\delta$ 时，有 $\left|\dfrac{1}{x-1}\right|>M$，即 $\lim\limits_{x\to 1}\dfrac{1}{x-1}=\infty$.

如果 $\lim\limits_{x \to x_0} f(x) = \infty$，则直线 $x = x_0$ 是函数 $y = f(x)$ 的图形的**铅直渐进线(或垂直渐近线)**.

3. 无穷大量与无穷小量的关系

定理 4　在自变量的同一变化过程中，如果 $f(x)$ 为无穷大，则 $\dfrac{1}{f(x)}$ 为无穷小；反之，如果 $f(x)$ 为无穷小，且 $f(x) \neq 0$，则 $\dfrac{1}{f(x)}$ 为无穷大.

证明　(1) 必要性. $\forall \varepsilon > 0$，由 $\lim\limits_{x \to x_0} f(x) = \infty$ 知，对 $M = \dfrac{1}{\varepsilon}$，$\exists \delta$，当 $0 < |x - x_0| < \delta$ 时，有 $|f(x)| > M = \dfrac{1}{\varepsilon}$，则 $\left|\dfrac{1}{f(x)}\right| < \varepsilon$，所以，$\lim\limits_{x \to x_0} \dfrac{1}{f(x)} = 0$.

(2) 充分性. $\forall M > 0$，由 $\lim\limits_{x \to x_0} \dfrac{1}{f(x)} = 0$ 知，对 $\varepsilon = \dfrac{1}{M}$，$\exists \delta > 0$，当 $0 < |x - x_0| < \delta$ 时，有 $\left|\dfrac{1}{f(x)}\right| < \varepsilon = \dfrac{1}{M}$，则 $|f(x)| > M$，所以，$\lim\limits_{x \to x_0} f(x) = \infty$.

1.4.2　极限的四则运算法则

定理 5　如果 $\lim\limits_{x \to x_0} f(x) = A$，$\lim\limits_{x \to x_0} g(x) = B$，$A$ 和 B 为有限常数，那么

(1) $\lim\limits_{x \to x_0} [f(x) \pm g(x)] = \lim\limits_{x \to x_0} f(x) \pm \lim\limits_{x \to x_0} g(x) = A \pm B$；

(2) $\lim\limits_{x \to x_0} [f(x) \cdot g(x)] = \lim\limits_{x \to x_0} f(x) \cdot \lim\limits_{x \to x_0} g(x) = AB$；

(3) $\lim\limits_{x \to x_0} \dfrac{f(x)}{g(x)} = \dfrac{\lim\limits_{x \to x_0} f(x)}{\lim\limits_{x \to x_0} g(x)} = \dfrac{A}{B} (B \neq 0)$.

定理 5 中的(1)，(2)还可以推广到有限个函数的情形. 例如，$\lim\limits_{x \to x_0} f(x)$，$\lim\limits_{x \to x_0} g(x)$，$\lim\limits_{x \to x_0} h(x)$ 都存在，则有

$$\lim_{x \to x_0} [f(x) + g(x) - h(x)] = \lim_{x \to x_0} f(x) + \lim_{x \to x_0} g(x) - \lim_{x \to x_0} h(x)；$$

$$\lim_{x \to x_0} [f(x) \cdot g(x) \cdot h(x)] = \lim_{x \to x_0} f(x) \cdot \lim_{x \to x_0} g(x) \cdot \lim_{x \to x_0} h(x).$$

推论 1　如果 $\lim\limits_{x \to x_0} f(x) = A$，而 C 为常数，则

$$\lim_{x \to x_0} [Cf(x)] = C \lim_{x \to x_0} f(x) = CA.$$

即常数因子可以移到极限符号外面.

推论 2　如果 $\lim\limits_{x \to x_0} f(x) = A$，$n$ 为正整数，则

$$\lim_{x \to x_0} [f(x)]^n = [\lim_{x \to x_0} f(x)]^n = A^n.$$

需要指出的是，上述结论对其他类型的极限（包括数列极限）也都是成立的.

例 3 求极限 $\lim\limits_{x\to 1}(3x+2)$.

解 $\lim\limits_{x\to 1}(3x+2)=\lim\limits_{x\to 1}3x+\lim\limits_{x\to 1}2=3\lim\limits_{x\to 1}x+2=3\times 1+2=5$.

例 4 求极限 $\lim\limits_{x\to 2}(7x^2-x)$.

解 $\lim\limits_{x\to 2}(7x^2-x)=7\lim\limits_{x\to 2}x^2-\lim\limits_{x\to 2}x=7(\lim\limits_{x\to 2}x)^2-2=7\times 2^2-2=26$.

从上面两个例子可以看出，求有理函数（多项式）在 $x\to x_0$ 的极限时，只要计算函数在 x_0 处的函数值就行了，即设多项式

$$f(x)=a_nx^n+a_{n-1}x^{n-1}+\cdots+a_1x+a_0,$$

其中 $a_i(i=1, 2, \cdots, n)$ 为常数，则

$$\begin{aligned}\lim_{x\to x_0}f(x)&=\lim_{x\to x_0}(a_nx^n+a_{n-1}x^{n-1}+\cdots+a_1x+a_0)\\&=a_nx_0^n+a_{n-1}x_0^{n-1}+\cdots+a_1x_0+a_0.\end{aligned}$$

例 5 计算(1) $\lim\limits_{x\to -1}\dfrac{4x^2-3x+1}{2x^2-6x+4}$； (2) $\lim\limits_{x\to 3}\dfrac{x-3}{x^2-9}$.

解 (1) 因为 $\lim\limits_{x\to -1}(2x^2-6x+4)=2\times(-1)^2-6\times(-1)+4=12\neq 0$，故

$$\lim_{x\to -1}\frac{4x^2-3x+1}{2x^2-6x+4}=\frac{\lim\limits_{x\to -1}(4x^2-3x+1)}{\lim\limits_{x\to -1}(2x^2-6x+4)}=\frac{8}{12}=\frac{2}{3}.$$

(2) 因为分子、分母的极限均为 0，所以不能用极限的四则运算法则来计算，故

$$\lim_{x\to 3}\frac{x-3}{x^2-9}=\lim_{x\to 3}\frac{x-3}{(x-3)(x+3)}=\lim_{x\to 3}\frac{1}{x+3}=\frac{1}{6}.$$

例 6 计算(1) $\lim\limits_{x\to\infty}\dfrac{3x^3-4x^2+2}{7x^3+5x^2-3}$； (2) $\lim\limits_{x\to\infty}\dfrac{2x^2-5x+3}{7x^3+5x^2}$.

解 (1) 先用 x^3 去除分子及分母，然后取极限，得

$$\lim_{x\to\infty}\frac{3x^3-4x^2+2}{7x^3+5x^2-3}=\lim_{x\to\infty}\frac{3-\dfrac{4}{x}+\dfrac{2}{x^3}}{7+\dfrac{5}{x}-\dfrac{3}{x^3}}=\frac{3}{7}.$$

这是因为 $\lim\limits_{x\to\infty}\dfrac{1}{x^n}=\left[\lim\limits_{x\to\infty}\dfrac{1}{x}\right]^n=0$.

(2) 先用 x^3 去除分子及分母，然后取极限，得

$$\lim_{x\to\infty}\frac{2x^2-5x+3}{7x^3+5x^2}=\lim_{x\to\infty}\frac{\frac{2}{x}-\frac{5}{x^2}+\frac{3}{x^3}}{7+\frac{5}{x}}=0.$$

由例 6 得到：当 $a_0\neq 0$，$b_0\neq 0$，m，n 为非负正数时，

$$\lim_{x\to\infty}\frac{a_0x^m+a_1x^{m-1}+\cdots+a_m}{b_0x^n+b_1x^{n-1}+\cdots+b_n}=\begin{cases}\frac{a_0}{b_0}, & \text{当 } n=m,\\ 0, & \text{当 } n>m,\\ \infty, & \text{当 } n<m.\end{cases}$$

1.4.3　极限的复合运算法则

定理 6　设 $f(u)$ 与 $u=\varphi(x)$ 构成复合函数 $f[\varphi(x)]$，若 $\lim\limits_{x\to x_0}\varphi(x)=a$，$\lim\limits_{u\to a}f(u)=A$，且当 $x\neq x_0$ 时，$u\neq a$，则复合函数 $f[\varphi(x)]$ 在 $x\to x_0$ 时的极限为

$$\lim_{x\to x_0}f[\varphi(x)]=A.$$

例 7　求 $\lim\limits_{x\to 3}\sqrt{\frac{x^2-9}{x-3}}$.

解　$y=\sqrt{\frac{x^2-9}{x-3}}$ 是由 $y=\sqrt{u}$ 与 $u=\frac{x^2-9}{x-3}$ 复合而成的.

因为 $\lim\limits_{x\to 3}\frac{x^2-9}{x-3}=6$，所以 $\lim\limits_{x\to 3}\sqrt{\frac{x^2-9}{x-3}}=\lim\limits_{u\to 6}\sqrt{u}=\sqrt{6}$.

复合函求极限法则也为利用变量代换求极限提供了理论依据.

例 8　求 $\lim\limits_{x\to 1}\frac{2-\frac{x-1}{\sqrt{x}-1}}{\sqrt{2}-\sqrt{\frac{x-1}{\sqrt{x}-1}}}$.

解　令 $u=\frac{x-1}{\sqrt{x}-1}$，则当 $x\to 1$ 时，$u\to 2$，故

$$\lim_{x\to 1}\frac{2-\frac{x-1}{\sqrt{x}-1}}{\sqrt{2}-\sqrt{\frac{x-1}{\sqrt{x}-1}}}=\lim_{u\to 2}\frac{2-u}{\sqrt{2}-\sqrt{u}}=\lim_{u\to 2}\frac{(\sqrt{2}-\sqrt{u})(\sqrt{2}+\sqrt{u})}{\sqrt{2}-\sqrt{u}}$$

$$=\lim_{u\to 2}(\sqrt{2}+\sqrt{u})=2\sqrt{2}.$$

习题 1.4

1. 下列函数在什么情况下是无穷小量,在什么情况下是无穷大量?

(1) $y=\dfrac{1}{x^3}$;　　(2) $y=\dfrac{1}{x+1}$;

(3) $y=e^x$;　　(4) $y=\ln x$.

2. 计算下列极限.

(1) $\lim\limits_{x\to 2}(2x^2-3x+1)$;　　(2) $\lim\limits_{x\to -1}\dfrac{3x+1}{x^2+1}$;

(3) $\lim\limits_{x\to 1}\dfrac{x^2-1}{2x^2-x-1}$;　　(4) $\lim\limits_{x\to 2}\dfrac{x^3+3x^2+2x}{x^2-x-6}$;

(5) $\lim\limits_{x\to\infty}\dfrac{x^2-2x-1}{3x^2+1}$;　　(6) $\lim\limits_{x\to\infty}\dfrac{x^3-3x+2}{x^4+x^2}$;

(7) $\lim\limits_{x\to\infty}\dfrac{(2x-1)^{30}(3x-2)^{20}}{(2x+1)^{50}}$;　　(8) $\lim\limits_{x\to+\infty}(\sqrt{x^2+x+1}-\sqrt{x^2-x+1})$;

(9) $\lim\limits_{x\to\infty}\dfrac{5x}{x^2+1}$;　　(10) $\lim\limits_{x\to\infty}\dfrac{x^3+2x^2+1}{3x}$;

(11) $\lim\limits_{x\to 2}\dfrac{x^3+2x^2}{(x-2)^2}$;　　(12) $\lim\limits_{x\to\infty}(2x^3-x+1)$.

3. 若 $\lim\limits_{x\to\infty}\left(\dfrac{x^2+1}{x+1}-ax-b\right)=0$, 求 a, b 的值.

4. 设 $f(x)=\begin{cases} x^2+2, & x>0, \\ 0, & x=0, \\ \dfrac{2}{1+x}, & x<0, \end{cases}$ 求 $\lim\limits_{x\to 0}f(x)$.

1.5 极限存在的夹逼准则和两个重要极限

1.5.1 极限存在的夹逼准则

定理 1(函数极限存在的夹逼准则) 如果函数 $f(x)$, $g(x)$ 及 $h(x)$ 在 x_0 的某去心邻域内满足:

(1) $g(x)\leqslant f(x)\leqslant h(x)$;

(2) $\lim\limits_{x\to x_0}g(x)=\lim\limits_{x\to x_0}h(x)=A$,

则
$$\lim_{x\to x_0}f(x)=A.$$

定理 2(数列极限存在的夹逼准则) 如果数列 $\{x_n\}$, $\{y_n\}$ 及 $\{z_n\}$ 满足下列条件:

(1) $y_n\leqslant x_n\leqslant z_n (n=1, 2, 3, \cdots)$;

(2) $\lim\limits_{n\to\infty}y_n=a$, $\lim\limits_{n\to\infty}z_n=a$,

则 $$\lim_{n\to\infty} x_n = a.$$

1.5.2 第一重要极限

$$\lim_{x\to 0}\frac{\sin x}{x}=1.$$

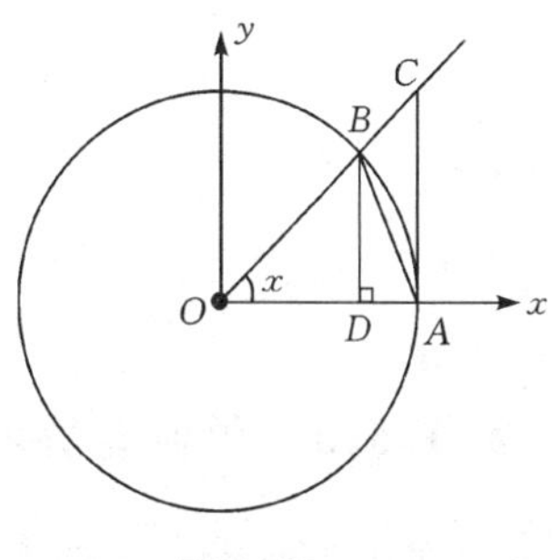

图 1-13

函数 $f(x)=\dfrac{\sin x}{x}$ 对于一切 $x\neq 0$ 都有定义，当 $x\to 0$ 求极限时可限制 $|x|$ 为锐角. 在单位圆中(图 1-13)，设圆心角 $\angle AOB = x\left(0<x<\dfrac{\pi}{2}\right)$，点 A 处的切线与 OB 的延长线相交于 C，又 $BD\perp OA$，则 $\sin x = BD$，$x=\overset{\frown}{AB}$，$\tan x = AC$. 因为 $\triangle AOB$ 的面积 $<$ 扇形 $\overset{\frown}{AOB}$ 的面积 $<$ $\triangle AOC$ 面积，所以 $\dfrac{1}{2}\sin x<\dfrac{1}{2}x<\dfrac{1}{2}\tan x$，即 $\sin x<x<\tan x$.

将上述不等式两边都除以 $\sin x$，就有 $1<\dfrac{x}{\sin x}<\dfrac{1}{\cos x}$ 或 $\cos x<\dfrac{\sin x}{x}<1$，因为当 x 用 $-x$ 代替时，$\cos x$ 与 $\dfrac{\sin x}{x}$ 都不变，所以上面的不等式对于开区间 $\left(-\dfrac{\pi}{2},0\right)$ 内的一切 x 也是成立的. $\lim\limits_{x\to 0}\cos x = 1$，$\lim\limits_{x\to 0}1=1$，由函数极限夹逼准则知 $\lim\limits_{x\to 0}\dfrac{\sin x}{x}=1$.

注 此极限有两个特征：

(1) 当 $x\to 0$ 时，分子、分母同时趋于零；

(2) 由复合函数求极限法则，分子 sin 记号后的变量与分母在形式上完全一致，即只要 $\lim\limits_{x\to x_0} f(x)=0$，就有 $\lim\limits_{x\to x_0}\dfrac{\sin f(x)}{f(x)}=1$.

在应用过程中就是要设法凑成这一重要极限的形式. 再利用这个重要极限，可以求得一系列涉及三角函数的极限.

例 1 求下列极限.

(1) $\lim\limits_{x\to 0}\dfrac{\sin 5x}{3x}$； (2) $\lim\limits_{x\to 0}\dfrac{\tan x}{x}$；

(3) $\lim\limits_{x\to 1}\dfrac{\sin(x-1)}{x-1}$； (4) $\lim\limits_{x\to 0}\dfrac{1-\cos x}{x^2}$.

解 (1) $\lim\limits_{x\to 0}\dfrac{\sin 5x}{3x}=\lim\limits_{x\to 0}\dfrac{\sin 5x}{5x}\cdot\dfrac{5x}{3x}=\dfrac{5}{3}\cdot\lim\limits_{x\to 0}\dfrac{\sin 5x}{5x}=\dfrac{5}{3}$.

(2) $\lim\limits_{x\to 0}\dfrac{\tan x}{x}=\lim\limits_{x\to 0}\dfrac{\sin x}{x}\cdot\dfrac{1}{\cos x}=\left(\lim\limits_{x\to 0}\dfrac{\sin x}{x}\right)\left(\lim\limits_{x\to 0}\dfrac{1}{\cos x}\right)=1\times 1=1$.

(3) 令 $t=x-1$，则当 $x\to 1$ 时，有 $t\to 0$，故

$$\lim_{x\to 1}\frac{\sin(x-1)}{x-1}=\lim_{t\to 0}\frac{\sin t}{t}=1.$$

(4) 由于 $1-\cos x=2\sin^2\frac{x}{2}$，故

$$\lim_{x\to 0}\frac{1-\cos x}{x^2}=\lim_{x\to 0}\frac{2\sin^2\frac{x}{2}}{x^2}=\frac{1}{2}\lim_{x\to 0}\left(\frac{\sin\frac{x}{2}}{\frac{x}{2}}\right)^2$$

$$=\frac{1}{2}\left(\lim_{x\to 0}\frac{\sin\frac{x}{2}}{\frac{x}{2}}\right)^2=\frac{1}{2}\times 1^2=\frac{1}{2}.$$

1.5.3 单调有界收敛准则与第二重要极限

对于数列 $\{x_n\}$，如果 $x_1\leqslant x_2\leqslant\cdots\leqslant x_n\cdots$，则称 $\{x_n\}$ 为**单调递增数列**；如果 $x_1\geqslant x_2\geqslant\cdots\geqslant x_n\cdots$，则称 $\{x_n\}$ 为**单调递减数列**，它们统称为**单调数列**.

定理 3(单调有界收敛准则) 单调有界数列必有极限.

利用单调有界收敛准则，可以得到第二个重要极限：

$$\lim_{n\to\infty}\left(1+\frac{1}{n}\right)^n=\mathrm{e},$$

这个数 e 是无理数，它的值是 $\mathrm{e}=2.718\,281\,828\,459\,045\cdots$，在前面提到的指数函数 $y=\mathrm{e}^x$ 以及自然对数 $y=\ln x$ 中的底 e 就是这个常数.

相应的函数极限有

$$\lim_{x\to\infty}\left(1+\frac{1}{x}\right)^x=\mathrm{e},$$

作代换 $t=\frac{1}{x}$，利用复合函数的极限运算法则可以将上式写成另一种形式

$$\lim_{t\to 0}(1+t)^{\frac{1}{t}}=\lim_{x\to 0}(1+x)^{\frac{1}{x}}=\mathrm{e}.$$

上面两式可以用来求一系列涉及幂指函数的极限，这里的幂指函数具有以下特征：

(1) 底是两项之和，第一项是常数 1，第二项极限为零；

(2) 指数极限为无穷大，且与底中的第二项互为倒数.

例 2 求下列极限.

(1) $\lim_{n\to\infty}\left(1+\frac{1}{n}\right)^{n+3}$；　　(2) $\lim_{x\to 0}(1-x)^{\frac{2}{x}}$；

(3) $\lim_{x\to\infty}\left(\frac{2-x}{3-x}\right)^{x+2}$；　　(4) $\lim_{x\to 0}(1+3\tan^2 x)^{\cot^2 x}$.

解 (1) $\lim_{n\to\infty}\left(1+\frac{1}{n}\right)^{n+3}=\lim_{n\to\infty}\left[\left(1+\frac{1}{n}\right)^n\cdot\left(1+\frac{1}{n}\right)^3\right]$

$$=\lim_{n\to\infty}\left(1+\frac{1}{n}\right)^{n}\cdot\lim_{n\to\infty}\left(1+\frac{1}{n}\right)^{3}$$

$$=\mathrm{e}\cdot 1=\mathrm{e}.$$

(2) $\lim_{x\to 0}(1-x)^{\frac{2}{x}}=\lim_{x\to 0}[1+(-x)]^{-\frac{1}{x}\cdot(-2)}=\{\lim_{x\to 0}[1+(-x)]^{-\frac{1}{x}}\}^{-2}=\mathrm{e}^{-2}.$

(3) $$\lim_{x\to\infty}\left(\frac{2-x}{3-x}\right)^{x+2}=\lim_{x\to\infty}\left(1+\frac{1}{x-3}\right)^{x-3+5}$$

$$=\lim_{x\to\infty}\left[\left(1+\frac{1}{x-3}\right)^{x-3}\cdot\left(1+\frac{1}{x-3}\right)^{5}\right]$$

$$=\lim_{x\to\infty}\left(1+\frac{1}{x-3}\right)^{x-3}\cdot\lim_{x\to\infty}\left(1+\frac{1}{x-3}\right)^{5}$$

$$=\mathrm{e}\cdot 1=\mathrm{e}.$$

(4) 令 $\tan^2 x=u$，则 $x\to 0$ 等价于 $u\to 0$，故

$$\lim_{x\to 0}(1+3\tan^2 x)^{\cot^2 x}=\lim_{u\to 0}(1+3u)^{\frac{1}{u}}=\lim_{u\to 0}(1+3u)^{\frac{1}{3u}\cdot 3}$$

$$=[\lim_{u\to 0}(1+3u)^{\frac{1}{3u}}]^{3}=\mathrm{e}^{3}.$$

以上计算,都是利用了复合函数极限法则或极限的四则运算法则.

例3(连续复利问题) 将本金 A_0 存于银行,年利率为 r，则一年后本息之和为 $A_0(1+r)$. 如果年利率仍为 r，但半年计一次息,且利息不取,前期的本息之和作为下期的本金再计算以后的利息,这样利息又生利息. 由于半年的利率为 $\frac{r}{2}$，故一年后的本息之和为 $A_0\left(1+\frac{r}{2}\right)^{2}$，这种计算利息的方法称为**复式计息法**.

如果一年计息 n 次,利息按复式计算,则一年后本息之和为 $A_0\left(1+\frac{r}{n}\right)^{n}$. 如果计算复利的次数无限增大,即 $n\to\infty$，其极限称为**连续复利**,这时一年后的本息之和为

$$A(r)=\lim_{n\to\infty}A_0\left(1+\frac{r}{n}\right)^{n}=A_0\mathrm{e}^{r}.$$

假设 $r=7\%$，而 $n=12$，即一个月计息一次,则一年后本息之和为

$$A_0\left(1+\frac{0.07}{12}\right)^{12}=A_0(1.005\,833)^{12}\approx 1.072\,286A_0.$$

若 $n=1\,000$，则一年后本息之和为

$$A_0\left(1+\frac{0.07}{1\,000}\right)^{1\,000}\approx 1.072\,506A_0.$$

若 $n=10\,000$，则一年后本息之和为

$$A_0\left(1+\frac{0.07}{10\,000}\right)^{10\,000}\approx 1.072\,508A_0.$$

由此可见,随着 n 的无限增大,一年后本息之和会不断增大,但不会无限增大,其极限值为

$$\lim_{n\to\infty}A_0\left(1+\frac{\gamma}{n}\right)^n=A_0\mathrm{e}^{\gamma}=A_0\mathrm{e}^{0.07}.$$

由于 e 在银行业务中的重要性,固有“银行家常数”之称.

注 连续复利的计算公式在许多其他问题中也常有应用,如细胞分裂,树木增长等问题.

习题 1.5

1. 求下列极限.

(1) $\lim\limits_{x\to 0}\dfrac{\sin 3x}{x}$;　　(2) $\lim\limits_{x\to 0}\dfrac{1-\cos 2x}{x^2}$;

(3) $\lim\limits_{x\to\infty}x\sin\dfrac{2}{x}$;　　(4) $\lim\limits_{x\to\infty}2^n\sin\dfrac{x}{2^n}$;

(5) $\lim\limits_{x\to 0^+}\dfrac{x}{\sqrt{1-\cos x}}$;　　(6) $\lim\limits_{x\to\pi}\dfrac{\sin x}{\pi-x}$.

2. 求下列极限.

(1) $\lim\limits_{x\to\infty}\left(1+\dfrac{5}{x}\right)^{2x}$;　　(2) $\lim\limits_{x\to 0}(1-x)^{\frac{1}{x}}$;

(3) $\lim\limits_{x\to\infty}\left(\dfrac{2x+3}{2x+1}\right)^{x+1}$;　　(4) $\lim\limits_{x\to\frac{\pi}{2}}(1+\cos x)^{-\sec x}$.

3. 已知 $\lim\limits_{x\to\infty}\left(\dfrac{x+c}{x-c}\right)^{\frac{x}{2}}=3$,求 c 的值.

4. 利用极限存在准则证明下列极限.

(1) $\lim\limits_{n\to\infty}n\left(\dfrac{1}{n^2+\pi}+\dfrac{1}{n^2+2\pi}+\cdots+\dfrac{1}{n^2+n\pi}\right)=1$;

(2) $\lim\limits_{n\to\infty}n\left(\dfrac{1}{n^2+n+1}+\dfrac{2}{n^2+n+2}+\cdots+\dfrac{n}{n^2+n+n}\right)=\dfrac{1}{2}$.

5. 有 2 000 元存入银行,按年利率为 6%连续复利计算,问 20 年后的本利之和为多少?

6. 有一笔按 6.5%的年利率投资的资金,16 年后得 1 200 元,问当初的资金有多少?

1.6 无穷小的比较

1.6.1 无穷小比较的概念

前面已说明了两个无穷小的和、差、积仍为无穷小,对于商的情形,只知道极限不为 0 的

函数除无穷小所得之商仍为无穷小. 然而,两个无穷小之商的情形都比较复杂,不能一概而论. 例如,

$$\lim_{x\to 0}\frac{\sin x}{x}=1,\quad \lim_{x\to 0}\frac{1-\cos x}{x^2}=\frac{1}{2},\quad \lim_{x\to 0}\frac{x}{x^2}=\infty,\quad \lim_{x\to 0}\frac{x^2}{x}=0.$$

上述例子说明了不同的无穷小趋于 0 的“快慢”程度不同. 为了深入地研究无穷小的变化趋势,需要进一步考察无穷小趋于 0 的快慢程度. 例如,在 $x\to 0$ 的过程中,$x^2\to 0$ 比 $x\to 0$“快些”, 反过来 $x\to 0$ 比 $x^2\to 0$“慢些”,而 $\sin x\to 0$ 与 $x\to 0$“快慢相仿”.

下面就无穷小之比的极限存在或为无穷大时,来说明两个无穷小之间的比较.

定义 1　设 α 和 β 是自变量同一变化过程中的两个无穷小量,且 $\beta\neq 0$(下面仅以 $x\to x_0$ 来定义,其余极限过程类似).

(1) 如果 $\lim\limits_{x\to x_0}\dfrac{\alpha}{\beta}=0$,则称 α 是 β 当 $x\to x_0$ 时的**高阶无穷小**,记作 $\alpha=o(\beta)\ (x\to x_0)$;

(2) 如果 $\lim\limits_{x\to x_0}\dfrac{\alpha}{\beta}=\infty$,则称 α 是 β 当 $x\to x_0$ 时的**低阶无穷小**;

(3) 如果 $\lim\limits_{x\to x_0}\dfrac{\alpha}{\beta}=C\ (C\neq 0)$,则称 α 与 β 是当 $x\to x_0$ 时的**同阶无穷小**;特别地,当 $C=1$ 时,称 α 与 β 是当 $x\to x_0$ 的**等价无穷小**,记作 $\alpha\sim\beta(x\to x_0)$.

如果 α 是 β 当 $x\to x_0$ 时的高阶无穷小,即 $\lim\limits_{x\to x_0}\dfrac{\alpha}{\beta}=0$,由无穷小与无穷大的关系知,$\lim\limits_{x\to x_0}\dfrac{\beta}{\alpha}=\infty$,所以相应地有 β 是 α 当 $x\to x_0$ 时的低阶无穷小. 就前述三个无穷小 x, x^2, $\sin x(x\to 0)$ 而言,x^2 是 x 的高阶无穷小,x 是 x^2 的低阶无穷小,而 $\sin x$ 与 x 是等价无穷小.

例 1　证明:当 $n\to\infty$ 时,$\sqrt{n+1}-\sqrt{n}$ 与 $\dfrac{1}{\sqrt{n}}$ 是同阶无穷小.

证明　由于

$$\lim_{n\to\infty}\frac{\sqrt{n+1}-\sqrt{n}}{\dfrac{1}{\sqrt{n}}}=\lim_{n\to\infty}\frac{(\sqrt{n+1}-\sqrt{n})(\sqrt{n+1}+\sqrt{n})}{\dfrac{\sqrt{n+1}+\sqrt{n}}{\sqrt{n}}}=\lim_{n\to\infty}\frac{1}{\sqrt{1+\dfrac{1}{n}}+1}=\frac{1}{2},$$

故当 $n\to\infty$ 时,$\sqrt{n+1}-\sqrt{n}$ 与 $\dfrac{1}{\sqrt{n}}$ 是同阶无穷小.

例 2　证明:当 $x\to 0$ 时, $\ln(1+x)\sim x$.

证明　$\lim\limits_{x\to 0}\dfrac{\ln(1+x)}{x}=\lim\limits_{x\to 0}\ln(1+x)^{\frac{1}{x}}=\ln[\lim\limits_{x\to 0}(1+x)^{\frac{1}{x}}]=\ln e=1$,

即　　当 $x\to 0$ 时,　$\ln(1+x)\sim x$.

注　在同一极限过程中的两个无穷小量,并不是总能比较的. 例如,由 $\lim\limits_{x\to 0}x\sin\dfrac{1}{x}=0$

知，$x\sin\frac{1}{x}$ 是 $x\to 0$ 时的无穷小量，而 $\lim\limits_{x\to 0}\frac{x\sin\frac{1}{x}}{x}=\lim\limits_{x\to 0}\sin\frac{1}{x}$ 不存在，故不能比较 $x\sin\frac{1}{x}$ 与 x.

1.6.2 等价无穷小的性质及其应用

关于等价无穷小，有下面这个定理.

定理 1 设当 $x\to x_0$ 时，$\alpha\sim\alpha'$，$\beta\sim\beta'$，且 $\lim\limits_{x\to x_0}\frac{\beta'}{\alpha'}$ 存在，则

$$\lim_{x\to x_0}\frac{\beta}{\alpha}=\lim_{x\to x_0}\frac{\beta'}{\alpha'}.$$

证明 $\lim\limits_{x\to x_0}\frac{\beta}{\alpha}=\lim\limits_{x\to x_0}\left(\frac{\beta}{\beta'}\cdot\frac{\beta'}{\alpha'}\cdot\frac{\alpha'}{\alpha}\right)=\lim\limits_{x\to x_0}\frac{\beta}{\beta'}\cdot\lim\limits_{x\to x_0}\frac{\beta'}{\alpha'}\cdot\lim\limits_{x\to x_0}\frac{\alpha'}{\alpha}=\lim\limits_{x\to x_0}\frac{\beta'}{\alpha'}.$

上述定理表明，在求两个无穷小之比的极限时，分子及分母都可以用各自的等价无穷小来替换. 因此，只要无穷小的替换运用适当，往往可以极大地简化运算，加快计算速度.

下面给出当 $x\to 0$ 时的等价无穷小：

$$\sin\sim x;\quad \tan x\sim x;\quad \arcsin x\sim x;\quad \arctan x\sim x;\quad 1-\cos x\sim\frac{1}{2}x^2;$$

$$\ln(1+x)\sim x;\quad e^x-1\sim x.$$

例 3 求 $\lim\limits_{x\to 0}\frac{\tan 3x}{\sin 5x}$.

解 当 $x\to 0$ 时，$\tan 3x\sim 3x$，$\sin 5x\sim 5x$，所以

$$\lim_{x\to 0}\frac{\tan 3x}{\sin 5x}=\lim_{x\to 0}\frac{3x}{5x}=\frac{3}{5}.$$

例 4 求 $\lim\limits_{x\to 0}\frac{\sin x}{x^3+3x}$.

解 当 $x\to 0$ 时，$\sin x\sim x$，无穷小 x^3+3x 与它本身显然是等价的，所以

$$\lim_{x\to 0}\frac{\sin x}{x^3+3x}=\lim_{x\to 0}\frac{x}{x^3+3x}=\lim_{x\to 0}\frac{1}{x^2+3}=\frac{1}{3}.$$

例 5 求 $\lim\limits_{x\to 0}\frac{\tan x-\sin x}{x^3}$.

解 $\lim\limits_{x\to 0}\frac{\tan x-\sin x}{x^3}=\lim\limits_{x\to 0}\frac{\sin x(1-\cos x)}{\cos x\cdot x^3}=\lim\limits_{x\to 0}\frac{1}{\cos x}\cdot\lim\limits_{x\to 0}\frac{\sin x(1-\cos x)}{x^3}$

$$=\lim_{x\to 0}\frac{x\cdot\frac{1}{2}x^2}{x^3}=\frac{1}{2}.$$

此例作如下计算是错误的：

$$\lim_{x\to 0}\frac{\tan x-\sin x}{x^3}=\lim_{x\to 0}\frac{x-x}{x^3}=0.$$

因为这种解法实际上是用 $x-x=0$ 代替 $\tan x-\sin x$，而实际上

$$\lim_{x\to 0}\frac{x-x}{\tan x-\sin x}=\lim_{x\to 0}0=0,$$

所以，当 $x\to 0$ 时，$x-x=0$ 是比 $\tan x-\sin x$ 高阶的无穷小，它们不是等价无穷小，因此不能在极限运算中作代换.

也就是说，在无穷小的加减运算中一般是不能用它们各自的等价无穷小替换，只有在乘除中，乘积因子可以用其等价无穷小替换.

习题 1.6

1. 比较下列各无穷小的阶.

(1) 当 $x\to 0$ 时，$\tan x-\sin x$ 与 x^2；　　(2) 当 $x\to 0$ 时，$\arcsin x$ 与 x^2；

(3) 当 $x\to\infty$ 时，$\tan\frac{2}{x}$ 与 $\frac{1}{x}$；　　(4) 当 $x\to 1$ 时，$2\sin(x-1)$ 与 x^2-1.

2. 证明：当 $x\to\frac{1}{2}$ 时，$\arcsin(1-2x)$ 与 $4x^2-1$ 是同阶无穷小.

3. 证明：当 $x\to 0$ 时，$1-\cos x\sim\frac{x^2}{2}$.

4. 利用等价无穷小的性质，求下列极限.

(1) $\lim\limits_{x\to 0}\frac{\arctan 3x}{5x}$；　　(2) $\lim\limits_{x\to 0}\frac{\ln(1+3x\sin x)}{\tan x^2}$；

(3) $\lim\limits_{x\to 1}\frac{\arcsin(1-x)}{\ln x}$；　　(4) $\lim\limits_{x\to 0}\frac{\sin(x^3)\tan x}{1-\cos x^2}$；

(5) $\lim\limits_{x\to 0}\frac{\sin(x^n)}{(\sin x)^m}$（$m$，$n$ 为正整数）；　　(6) $\lim\limits_{x\to 0}\frac{2\sin x-\sin 2x}{x^3}$.

5. 证明等价无穷小具有下列性质.

(1) 自反性：$\alpha\sim\alpha$；

(2) 对称性：若 $\alpha\sim\beta$，则 $\beta\sim\alpha$；

(3) 传递性：若 $\alpha\sim\beta$，$\beta\sim\gamma$，则 $\alpha\sim\gamma$.

1.7　函数的连续性

客观世界的许多现象和事物不仅是运动变化的，而且其运功变化的过程往往是连续不断的，如气温的变化，降落伞在空中的位置变化，以及嫦娥四号在太空中的运行轨迹等. 这种变化的特点是：时间变化很小时，气温的变化、降落伞位置的变化以及嫦娥四号运行轨迹的

改变也很微小.这种现象反映在数学上就是函数的连续性问题,它是微分学的一个重要概念.

1.7.1 函数的连续性概念

定义 1 设函数 $y=f(x)$ 在点 x_0 的一个邻域内有定义,且

$$\lim_{x\to x_0} f(x)=f(x_0),\quad \text{即 } f(x)\to f(x_0),\quad x\to x_0,$$

则称函数 $y=f(x)$ 在点 x_0 处**连续**.

定义表明函数 $y=f(x)$ 在点 x_0 处连续必须满足三个条件:

(1) $f(x)$ 在点 x_0 处有定义;

(2) $f(x)$ 在点 x_0 处有极限,即 $\lim\limits_{x\to x_0} f(x)$ 存在;

(3) $\lim\limits_{x\to x_0} f(x)$ 等于点 x_0 处的函数值.

例 1 试证 $f(x)=\begin{cases} x\sin\dfrac{1}{x}, & x\neq 0,\\ 0, & x=0\end{cases}$ 在 $x=0$ 处连续.

证明 因为 $\lim\limits_{x\to x_0} f(x)=\lim\limits_{x\to x_0} x\sin\dfrac{1}{x}=0$,且 $f(0)=0$,故有

$$\lim_{x\to 0} f(x)=f(0),$$

即函数 $f(x)$ 在 $x=0$ 处连续.

需要注意的是,在讨论极限 $\lim\limits_{x\to x_0} f(x)$ 是否存在时,只要求 $f(x)$ 在点 x_0 去心邻域中有定义,但讨论 $f(x)$ 在点 x_0 处连续时,$f(x)$ 必须在点 x_0 的邻域(包括 x_0)有定义.

若记 $\Delta x=x-x_0$,则称 Δx 为自变量 x 的**增量**(或**改变量**),记 $\Delta y=f(x_0+\Delta x)-f(x_0)$,$\Delta y$ 称为函数 $f(x)$在 x_0 处的**增量**(或**改变量**).

注意增量 Δx 不是 Δ 与 x 的积,而是一个不可分割的记号.它可以是正的,也可以是负的.

在引入增量的定义以后,发现 $x\to x_0$ 就等价于 $\Delta x\to 0$,$f(x)=f(x_0+\Delta x)\to f(x_0)$ 就等价于 $\Delta y\to 0$,那么,函数 $y=f(x)$ 在点 x_0 处连续也可以作如下定义.

定义 2 设函数 $y=f(x)$ 在点 x_0 的一个邻域内有定义,如果当自变量在点 x_0 处的增量 Δx 趋于零时,对应的函数增量 Δy 也趋于零,即

$$\lim_{\Delta x\to 0}\Delta y=0,$$

则称函数 $y=f(x)$ 在点 x_0 处连续.

由定义可以看出,函数在一点连续的本质特征是:自变量变化很小时,对应的函数值的变化也很小.例如,函数 $y=x^2$ 在 $x_0=2$ 处是连续的,因为

$$\begin{aligned}\lim_{\Delta x\to 0}\Delta y&=\lim_{\Delta x\to 0}[f(2+\Delta x)-f(2)]=\lim_{\Delta x\to 0}[(2+\Delta x)^2-2^2]\\&=\lim_{\Delta x\to 0}[4\Delta x+(\Delta x)^2]=0.\end{aligned}$$

定义 3　若函数 $f(x)$ 在 $x \to x_0$ 时的左极限存在，且等于函数值 $f(x_0)$，即

$$f(x_0 - 0) = \lim_{x \to x_0^-} f(x) = f(x_0),$$

则称 $f(x)$ 在点 x_0 处**左连续**.

定义 4　若函数 $f(x)$ 在 $x \to x_0$ 时的右极限存在，且等于函数值 $f(x_0)$，即

$$f(x_0 + 0) = \lim_{x \to x_0^+} f(x) = f(x_0),$$

则称 $f(x)$ 在点 x_0 处**右连续**.

由函数在一点的极限与左、右极限之间的关系，可知函数在点 x_0 连续与在点 x_0 左、右连续之间有如下关系.

定理 1　函数 $f(x)$ 在点 x_0 处连续的充分必要条件是：$f(x)$ 在点 x_0 处左连续并且右连续，即 $f(x_0 - 0) = f(x_0 + 0) = f(x_0)$.

例 2　已知函数 $f(x) = \begin{cases} x^2 + 1, & x < 0, \\ 2x + a, & x \geqslant 0 \end{cases}$ 在点 $x = 0$ 处连续，求 a 的值.

解　$\lim\limits_{x \to 0^-} f(x) = \lim\limits_{x \to 0^-} (x^2 + 1) = 1$，　$\lim\limits_{x \to 0^+} f(x) = \lim\limits_{x \to 0^+} (2x + a) = a$，　且 $f(0) = a$.

因为 $f(x)$ 在点 $x = 0$ 处连续，故

$$\lim_{x \to 0^-} f(x) = \lim_{x \to 0^+} f(x) = f(0),$$

即　$a = 1$.

定义 5　如果函数 $y = f(x)$ 在区间 I 上的每一点都连续，则称函数 $y = f(x)$ 在**区间 I 上连续**，也称 $f(x)$ 为区间 I 上的**连续函数**. 如果区间 I 包括端点，那么，函数在区间的左端点处右连续，在区间的右端点处左连续.

连续函数的图像是一条连续而不间断的曲线.

例 3　证明：函数 $y = \sin x$ 在区间 $(-\infty, +\infty)$ 内连续.

证明　任取 $x \in (-\infty, +\infty)$，则

$$\Delta y = \sin(x + \Delta x) - \sin x = 2\sin\frac{\Delta x}{2} \cdot \cos\left(x + \frac{\Delta x}{2}\right).$$

由 $\left|\cos\left(x + \frac{\Delta x}{2}\right)\right| \leqslant 1$，得

$$|\Delta y| \leqslant 2\left|\sin\frac{\Delta x}{2}\right| < |\Delta x|,$$

所以，当 $\Delta x \to 0$ 时，$\Delta y \to 0$，即对任意 $x \in (-\infty, +\infty)$ 有

$$\lim_{\Delta x \to 0} \Delta y = 0,$$

故函数 $y = \sin x$ 在 $(-\infty, +\infty)$ 都是连续的.

类似地,可以证明基本初等函数在其定义域内都是连续的.

定义 6 如果函数 $f(x)$ 在点 x_0 处不连续,则称 $f(x)$ 在点 x_0 处**间断**,称点 x_0 为函数 $f(x)$ 的**间断点**或**不连续点**.

由函数在某点连续的定义可知,如果 $f(x)$ 在点 x_0 处满足下列三个条件之一,则 x_0 为 $f(x)$ 的间断点:

(1) $f(x)$ 在点 x_0 处没有定义;

(2) $\lim\limits_{x\to x_0} f(x)$ 不存在;

(3) 在点 x_0 处 $f(x)$ 有定义,且 $\lim\limits_{x\to x_0} f(x)$ 存在,但是 $\lim\limits_{x\to x_0} f(x)\neq f(x_0)$.

通常把间断点分为两大类:

(1) 如果 x_0 为 $f(x)$ 的一个间断点,且 $\lim\limits_{x\to x_0^-} f(x)$, $\lim\limits_{x\to x_0^+} f(x)$ 都存在,则称 x_0 为 $f(x)$ 的**第一类间断点**,其中

① 若 $\lim\limits_{x\to x_0^-} f(x)=\lim\limits_{x\to x_0^+} f(x)$ 但不等于 $f(x_0)$ 或 $f(x)$ 在 x_0 无定义时,称 x_0 是 $f(x)$ 的**可去间断点**;

② 若 $\lim\limits_{x\to x_0^-} f(x)\neq\lim\limits_{x\to x_0^+} f(x)$,称 x_0 是 $f(x)$ 的**跳跃间断点**.

(2) 如果 x_0 为 $f(x)$ 的一个间断点,且 $\lim\limits_{x\to x_0^-} f(x)$, $\lim\limits_{x\to x_0^+} f(x)$ 至少有一个不存在,则称 x_0 为 $f(x)$ 的**第二类间断点**,其中

① 若 $\lim\limits_{x\to x_0^-} f(x)$, $\lim\limits_{x\to x_0^+} f(x)$ 中至少有一个为 ∞,称 x_0 是 $f(x)$ 的**无穷间断点**;

② 若 $\lim\limits_{x\to x_0} f(x)$ 振荡性地不存在,称 x_0 是 $f(x)$ 的**振荡间断点**.

例 4 讨论下列函数在指定点处的连续性,若是间断点,指出类型.

(1) $y=\tan x$ 在 $x=\dfrac{\pi}{2}$ 处;   (2) $y=\sin\dfrac{1}{x}$ 在点 $x=0$ 处;

(3) $y=\dfrac{x^2-1}{x-1}$ 在点 $x=1$ 处;   (4) $f(x)=\begin{cases}x-1, & x<0,\\ 0, & x=0,\\ x+1, & x>0\end{cases}$ 在 $x=0$ 处.

解 (1) 因为正切函数 $y=\tan x$ 在 $x=\dfrac{\pi}{2}$ 处没有定义,所以点 $x=\dfrac{\pi}{2}$ 是函数的间断点,因为 $\lim\limits_{x\to\frac{\pi}{2}}\tan x=+\infty$,所以 $x=\dfrac{\pi}{2}$ 为函数 $\tan x$ 的无穷间断点.

(2) 因为函数 $y=\sin\dfrac{1}{x}$ 在点 $x=0$ 处没有定义,当 $x\to 0$ 时,函数值在 -1 与 1 间变动无限多次,所以点 $x=0$ 为函数 $\sin\dfrac{1}{x}$ 的振荡间断点.

(3) 因为函数 $y=\dfrac{x^2-1}{x-1}$ 在点 $x=1$ 处没有定义,所以函数在点 $x=1$ 不连续,但

$\lim\limits_{x\to1}\dfrac{x^2-1}{x-1}=\lim\limits_{x\to1}(x+1)=2$，如果补充定义：令 $x=1$ 时，$y=2$，则补充定义后的函数在点 $x=1$ 处连续，所以 $x=1$ 为该函数的可去间断点.

(4) 因为 $\lim\limits_{x\to0^-}f(x)=\lim\limits_{x\to0^-}(x-1)=-1$，$\lim\limits_{x\to0^+}f(x)=\lim\limits_{x\to0^+}(x+1)=1$，$\lim\limits_{x\to0^+}f(x)\neq\lim\limits_{x\to0^+}f(x)$，则 $\lim\limits_{x\to0}f(x)$ 不存在，所以 $x=0$ 是函数 $f(x)$ 的跳跃间断点.

1.7.2 初等函数的连续性

从前面的例子已经知道，基本初等函数在定义域内部是连续的. 随之自然会问：一般的初等函数的连续性如何？

定理 2 设函数 $f(x)$ 和 $g(x)$ 在点 x_0 处连续，则 $f(x)\pm g(x)$，$f(x)\cdot g(x)$，$\dfrac{f(x)}{g(x)}(g(x_0)\neq0)$ 在点 x_0 处也连续.

例如，$\sin x$，$\cos x$ 在 $(-\infty,+\infty)$ 内连续，故 $\tan x=\dfrac{\sin x}{\cos x}$，$\cot x=\dfrac{\cos x}{\sin x}$，$\sec x=\dfrac{1}{\cos x}$，$\csc x=\dfrac{1}{\sin x}$ 在它们的定义域内都是连续的.

定理 3 设函数 $u=\varphi(x)$ 在点 x_0 处连续，$y=f(u)$ 在点 $u_0=\varphi(x_0)$ 处连续，那么复合函数 $y=f[\varphi(x)]$ 在点 x_0 处连续.

定理告诉我们，连续函数经过复合运算（只要有意义）仍是连续函数. 这为我们求复合函数的极限提供了一个方法. 例如，$y=\sin u$，$u=x^2$ 都是连续函数，所以它们复合而成的函数 $y=\sin x^2$ 也是连续函数，从而 $\lim\limits_{x\to\sqrt{\frac{\pi}{2}}}\sin x^2=\sin\left(\sqrt{\dfrac{\pi}{2}}\right)^2=\sin\dfrac{\pi}{2}=1$.

综上所述，可以得到关于初等函数连续性的重要定理.

定理 4 初等函数在其定义区间内连续.

注 这里所说的定义区间是指包含在定义域内的区间.

定理的结论非常重要，这是因为微积分的研究对象主要是连续或分段连续的函数. 而一般应用中所遇到的函数基本上是初等函数，其连续性的条件总是满足的，从而使微积分具有广阔的应用前景. 此外，它还提供了一种求极限的方法，今后在求初等函数定义区间内各点的极限时，只要计算它在该点处的函数值即可.

例 5 求 $\lim\limits_{x\to1}\dfrac{x^2+\ln(2-x)}{4\arctan x}$.

解 由于 $f(x)=\dfrac{x^2+\ln(2-x)}{4\arctan x}$ 是初等函数，它在点 $x=1$ 处有定义，从而在该点连续，故

$$\lim_{x\to1}\frac{x^2+\ln(2-x)}{4\arctan x}=f(1)=\frac{1^2+\ln(2-1)}{4\arctan 1}=\frac{1}{\pi}.$$

例 6 求 $\lim\limits_{x\to 0}\dfrac{\sqrt{x+1}-1}{x}$.

解 由于 $f(x)=\dfrac{\sqrt{x+1}-1}{x}$ 是初等函数,但它在 $x=0$ 处无定义,因而在该点不连续,先将分子有理化

$$\lim_{x\to 0}\frac{\sqrt{x+1}-1}{x}=\lim_{x\to 0}\frac{x}{x(\sqrt{x+1}+1)}=\lim_{x\to 0}\frac{1}{\sqrt{x+1}+1}=\frac{1}{2}.$$

1.7.3 闭区间上连续函数的性质

闭区间上的连续函数具有一些重要的性质,这些性质有助于我们进一步分析函数.下面介绍几个闭区间上连续函数的基本性质,但略去其严格证明,只借助几何直观来理解.

定理 5(最值定理) 在闭区间上连续的函数一定有最大值和最小值.

定理表明:若函数 $f(x)$ 在闭区间 $[a, b]$ 上连续,则至少存在一点 $\xi_1\in[a, b]$,使 $f(\xi_1)$ 是 $f(x)$ 在闭区间 $[a, b]$ 上的最大值,即对任一 $x\in[a, b]$,有 $f(x)\leqslant f(\xi_1)$;又至少存在一点 $\xi_2\in[a, b]$,使 $f(\xi_2)$ 是 $f(x)$ 在闭区间 $[a, b]$ 上的最小值,即对任一 $x\in[a, b]$,有 $f(x)\geqslant f(\xi_2)$ (图 1-14).

如果函数在开区间连续或闭区间上有间断点,那么函数在该区间上不一定有最大值和最小值.例如,函数 $y=x^2$ 在 $(-2, 2)$ 内连续,有最小值但无最大值(图 1-15);又如函数 $y=\dfrac{1}{|x|}$ 在闭区间 $[-1, 1]$ 上有间断点 $x=0$,它在该区间内也不存在最大值(图1-16).

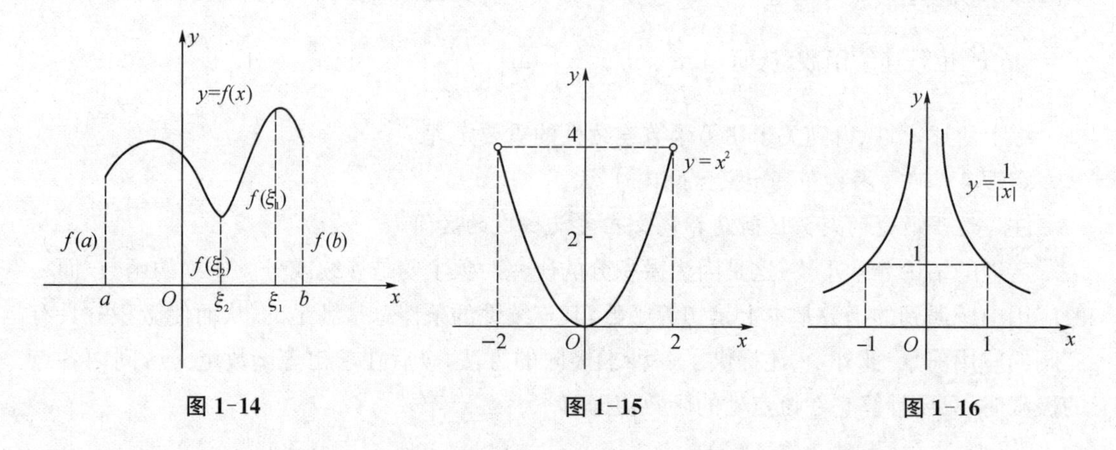

图 1-14　　图 1-15　　图 1-16

注 这两个条件只是最值的充分而非必要条件.

推论 闭区间上连续的函数一定在该区间上有界.

定理 6(介值定理) 若函数 $f(x)$ 在闭区间上连续,且 $f(a)\neq f(b)$,则对于 $f(a)$ 与 $f(b)$ 之间的任何一个数 μ,至少存在一点 $\xi\in(a, b)$,使得 $f(\xi)=\mu$.

定理表明:连续曲线弧 $y=f(x)$ 与水平直线 $y=\mu$ 至少相交于一点(图 1-17).

推论 在闭区间上连续的函数必取得介于最小值 m 和最大值 M 之间的任何值.

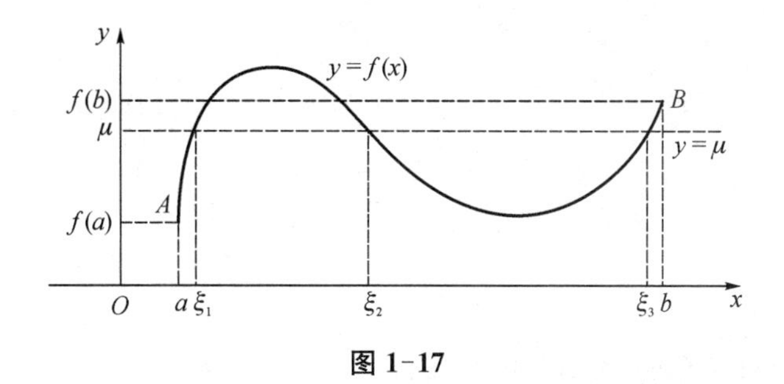

图 1-17

定理 7(零点定理) 若函数 $f(x)$ 在闭区间 $[a, b]$ 上连续,且 $f(a)$ 和 $f(b)$ 异号,即 $f(a)\cdot f(b)<0$,则至少存在一点 $\xi\in(a, b)$,使 $f(\xi)=0$.

例 7 证明:方程 $x^5-3x=1$ 在 $(1, 2)$ 内至少有一个实根.

证明 设 $f(x)=x^5-3x-1$,则 $f(x)$ 在 $[1, 2]$ 上连续,且

$$f(1)=-3<0,\quad f(2)=25>0.$$

由零点定理知,至少存在一点 $\xi\in(1, 2)$,使 $f(\xi)=0$,即方程 $x^5-3x=1$ 在 $(1, 2)$ 内至少有一个实根.

注 零点定理虽然说明了函数零点的存在性,但没有给出寻求零点的方法.尽管如此,它仍然有重要的理论价值.在许多实际问题中,常常会遇到方程求根的问题,如果能预先判定方程在某区间中必有根,就可以用这个定理通过计算机程序算出根的近似值.

习题 1.7

1. 讨论函数 $f(x)=\begin{cases}3x-2, & x\geqslant 0,\\ \dfrac{\sin x}{x}, & x<0\end{cases}$ 在 $x=0$ 处的连续性.

2. 设 $f(x)=\begin{cases}e^x, & x<0,\\ a+x, & x\geqslant 0,\end{cases}$ 问 a 取何值可以使 $f(x)$ 成为 $(-\infty, +\infty)$ 内的连续函数?

3. 判断下列间断点的类型,如果是可去间断点,请补充或改变函数的定义,使其连续.

(1) $y=\dfrac{1}{x}\ln(1-x)$,在 $x=0$ 处;

(2) $y=\cos^2\dfrac{1}{x}$,在 $x=0$ 处;

(3) $y=\arctan\dfrac{1}{x-1}$,在 $x=1$ 处;

(4) $y=\dfrac{x^2-1}{x^2-3x+2}$,在 $x=1$, $x=2$ 处.

4. 讨论函数 $f(x)=\begin{cases}\dfrac{1}{e^{\frac{1}{x}}+1}, & x<0\\ 1, & x=0,\\ x\sin\dfrac{1}{x}+2, & x>0\end{cases}$ 在 $x=0$ 处的连续性,若不连续,指出间断点的类型.

5. 确定 a, b 的值,使函数 $f(x)=\begin{cases}\dfrac{1}{x}\sin 2x, & x<0,\\ a, & x=0,\\ x\sin\dfrac{1}{x}+b, & x>0\end{cases}$ 在 $x=0$ 处连续.

6. 求下列极限.

(1) $\lim\limits_{x\to\frac{\pi}{9}}\ln(2\cos 3x)$;　　(2) $\lim\limits_{x\to\frac{\pi}{4}}(\sin 2x)^3$.

7. 证明:方程 $x\cdot 2^x=1$ 至少有一个小于1的正根.

本章应用拓展——极限模型

斐波那契数列与黄金分割

斐波那契数列是由意大利数学家斐波那契在研究兔子繁殖问题时提出的.在1202年出版的斐波那契的专著《算法之术》中,斐波那契记述了以下饶有趣味的问题.

有人想知道一年中一对兔子可以繁殖多少对小兔子,就筑了墙把一对兔子圈了进去.如果这对大兔子一个月生一对小兔,每产一对子兔必为一雌一雄,而且每一对小兔子生长一个月就成为大兔子,并且所有的兔子可全部存活,那么一年后围墙内有多少对兔子.假设用○表示一对小兔子,用●表示一对大兔子,根据上面叙述的繁殖规律,可画出兔子繁衍图(图1-18),也可以列表考察兔子的逐月繁殖情况,见表1.1.

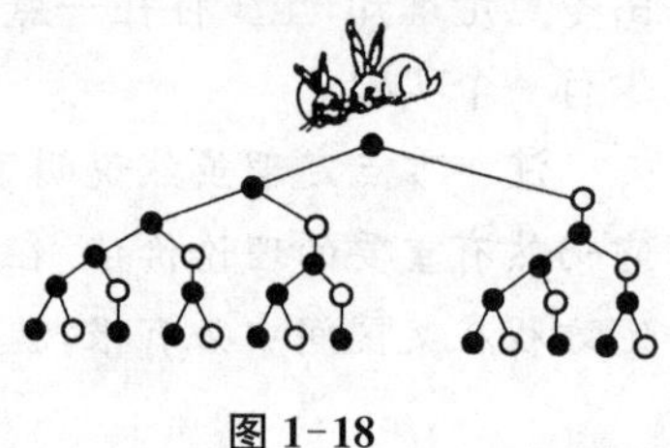

图 1-18

表 1.1　兔子逐月繁殖情况

分类 \ 月份	1	2	3	4	5	6	7	8	9	10	11	12
●	1	1	2	3	5	8	13	21	34	55	89	144
○	0	1	1	2	3	5	8	13	21	34	55	89

由此,不难发现兔子的繁殖规律:每月的大兔子总数恰好等于前两个月大兔子数目的总和.按此规律可写出数列

$$1, 1, 2, 3, 5, 8, 13, 21, 34, 55, 89, 144, 233, \cdots$$

该数列就是斐波那契数列.设其通项为 x_n,则该数列具有如下递推关系:

$$x_{n+2}=x_{n+1}+x_n.$$

法国数学家比奈(Binet)求出了通项 x_n 为

$$x_n=\frac{1}{\sqrt{5}}\left[\left(\frac{1+\sqrt{5}}{2}\right)^n-\left(\frac{1-\sqrt{5}}{2}\right)^n\right],\quad n=0, 1, 2, \cdots.$$

有趣的是,上述公式中的 x_n 是用无理数的幂表示的,然而它所得的结果却是整数.

下面,考虑斐波那契数列中相邻两项比的极限 $\lim\limits_{n\to\infty}\dfrac{x_n}{x_{n+1}}$.

设 $u_n=\dfrac{x_n}{x_{n+1}}$,则 $u_n=\dfrac{x_n}{x_{n+1}}=1+\dfrac{x_{n-1}}{x_n}=1+u_{n-1}$, $n=1,2,\cdots$. 可用数学归纳法证明数列 $\{u_n\}$ 的子列 $\{u_{2n}\}$ 单调递减,子列 $\{u_{2n+1}\}$ 单调递增,而且 $1\leqslant u_n\leqslant 2$.

因此,子列 $\{u_{2n}\}$ 和 $\{u_{2n+1}\}$ 均单调有界. 所以 $\{u_{2n}\}$ 和 $\{u_{2n+1}\}$ 都有极限.

设 $\lim\limits_{n\to\infty}u_{2n}=a$,则分别对 $u_{2n}=1+\dfrac{1}{u_{2n-1}}$, $u_{2n+1}=1+\dfrac{1}{u_{2n}}$ 取极限,可得 $a=1+\dfrac{1}{b}$, $b=1+\dfrac{1}{a}$.

由于 a, b 均不等于0,故可将上面第一式同乘以 b 减去第二式同乘以 a,得到 $a=b$.

因此,由 $a=1+\dfrac{1}{a}$,可解得 $a=\dfrac{\sqrt{5}+1}{2}$,

从而 $\lim\limits_{n\to\infty}\dfrac{x_n}{x_{n+1}}=\dfrac{1}{a}=\dfrac{\sqrt{5}-1}{2}\approx 0.618$.

由此可见,多年后兔子的总对数、成年兔子对数和子兔的对数均以61.8%的速率增长. 而0.618正是黄金分割比,黄金分割的概念是两千多年前由希腊数学家欧多克索斯(Eudoxus)给出的. 具体定义如下:

把任一线段分割成两段,使得 $\dfrac{\text{大段}}{\text{全段}}=\dfrac{\text{小段}}{\text{大段}}=\lambda$,这样的分割称为**黄金分割**,比值 λ 称为**黄金分割比**.

黄金分割之所以称为“黄金”分割,是比喻这一“分割”如黄金一样珍贵. 黄金分割比,是工艺美术、建筑、摄影等许多艺术门类中审美的因素之一. 人们认为它表现恰到好处的“和谐”. 比如,大多数身材好的人的肚脐是人体总长的黄金分割点,许多世界著名的建筑物中也都包含黄金分割比,摄影中常用“黄金分割”来构图.

此外,斐波那契数列中的每一个数称为**斐波那契数**,它在大自然中也展现出强生命力.

(1) 花瓣数中的斐波那契数. 大多数植物的花,其花瓣数都恰是斐波那契数. 例如,兰花、茉莉花、百合花有3个花瓣,毛茛属的植物有5个花瓣,翠雀属植物有8个花瓣,万寿菊属植物有13个花瓣,紫菀属植物有21个花瓣,维菊属植物有34个,55个或89个花瓣.

图1-19

(2) 向日葵花盘内葵花籽排列的螺线数. 向日葵花盘内(图1-19),种子是按对数螺线排列的,有顺时针转和逆时针转的两组对数螺线. 两组螺线的条数往往成相邻的两个斐波那契数,一般是34和55,大向日葵是89和144,还曾发现过一个更大的向日葵有144条和233条螺线.

(3) 股票指数增减的“波浪理论”. 1934 年,美国经济学家埃利奥特(Elliott)通过分析研究大量的资料后,发现了股指增减的微妙规律,并提出了颇有影响的“波浪理论”. 该理论认为,股指波动的一个完整过程(周期)是由波形图(股指变化的图像)上的 5(或 8)个波组成,其中 3 上 2 下(或 5 上 3 下). 注意此处的 2, 3,5,8 均是斐波那契数列中的数.

总习题 1

1. 填空题.

(1) 函数 $f(x)=\sqrt{3-x}+\arcsin\dfrac{3-2x}{5}$ 的定义域是________.

(2) 函数 $y=\log_a\sqrt{\sin 2x}$ 是由________,________,________,________复合而成的.

(3) 函数 $f(x)=x^2(x<0)$ 的反函数是________.

(4) 考虑奇偶性,函数 $f(x)=a^x-a^{-x}$ 是________.

(5) 无穷小量是以________为极限的函数.

(6) 若 $\lim\limits_{x\to x_0}f(x)=0$, $\lim\limits_{x\to x_0}g(x)=0$, 则 $\lim\limits_{x\to x_0}\dfrac{f(x)}{g(x)}=$ ________.

(7) $\lim\limits_{n\to\infty}\dfrac{\sin x}{x}=$ ________, $\lim\limits_{n\to 0}\dfrac{\sin x}{x}=$ ________, $\lim\limits_{n\to\infty}x\sin\dfrac{1}{x}=$ ________.

(8) 设 $f(x)=\dfrac{1-x}{1+x}$, 则 $f\left(\dfrac{1}{x}\right)=$ ________.

2. 选择题.

(1) 函数 $f(x)=\dfrac{1}{x}$ 在(　　)内有界.

A. $(-\infty, 0)$　　B. $(0, +\infty)$　　C. $(0, 2)$　　D. $(2, +\infty)$

(2) 若 $\lim\limits_{x\to x_0}f(x)=\infty$, $\lim\limits_{x\to x_0}g(x)=\infty$, 则必有(　　).

A. $\lim\limits_{x\to x_0}[f(x)+g(x)]=\infty$　　B. $\lim\limits_{x\to x_0}[f(x)-g(x)]=\infty$

C. $\lim\limits_{x\to x_0}kf(x)=\infty$ (k 为非零常数)　　D. $\lim\limits_{x\to x_0}\dfrac{1}{f(x)+g(x)}=0$

(3) $f(x)$ 在点 $x=x_0$ 处有定义是 $f(x)$ 在 $x=x_0$ 处连续的(　　).

A. 必要而非充分条件　　B. 充分而非必要条件

C. 充分必要条件　　D. 无关的条件

(4) 当 $x\to 0$ 时, $(1-\cos x)^2$ 是 $\sin^2 x$ 的(　　).

A. 高阶无穷小　　B. 低阶无穷小

C. 同阶无穷小,但不等阶　　D. 等价无穷小

(5) 当 $x\to 0$ 时, $(1-\cos x)\ln(1+x^2)$ 是比 $x\sin x^n$ 高阶的无穷小,而 $x\sin x^n$ 是比 e^{x^2} 高阶的无穷小,则 $n=$(　　).

A. 4　　B. 3　　C. 2　　D. 1

(6) 当(　　)时,变量 $\dfrac{x^2-1}{x(x-1)}$ 是无穷大量.

A. $x\to 0$　　B. $x\to 1$　　C. $x\to -1$　　D. $x\to\infty$

3. 求下列极限.

(1) $\lim\limits_{x\to 4}\dfrac{x^2-6x+8}{x^2-5x+4}$；

(2) $\lim\limits_{x\to\infty}\left(1+\dfrac{2}{x}\right)\left(1-\dfrac{1}{x^2}\right)$；

(3) $\lim\limits_{x\to\infty} x\ln\dfrac{1+x}{x}$；

(4) $\lim\limits_{x\to\infty}\dfrac{x^2-1}{2x^2-x-1}$；

(5) $\lim\limits_{x\to\infty}\dfrac{5\cos 4x}{x}$；

(6) $\lim\limits_{x\to 0} x\cot x$；

(7) $\lim\limits_{x\to 0}\dfrac{\sqrt[m]{1+x}-1}{x}$ (m 为正整数)；

(8) $\lim\limits_{x\to\pi}\dfrac{\sin x}{\pi-x}$；

(9) $\lim\limits_{x\to 0}\dfrac{x^2\sin\dfrac{1}{x}}{\sin 2x}$；

(10) $\lim\limits_{x\to\infty}\left(\dfrac{x^2-1}{x^2+1}\right)^{x^2}$.

4. 设函数 $f(x)=\begin{cases} e^x, & x<0, \\ a+x, & x\geqslant 0 \end{cases}$ 在 $(-\infty,+\infty)$ 上连续,求 a 的值.

5. 设 $f(x)$，$g(x)$ 在 $[a,b]$ 均连续,且 $f(a)<g(a)$，$f(b)>g(b)$，证明：方程 $f(x)=g(x)$ 在 (a,b) 内必有实根.

6. 证明：方程 $x=a\sin x+b$ $(a>0,\ b>0)$ 至少有一个不超过 $a+b$ 的正根.

第2章

微 分 学

数学中研究导数、微分及其应用的部分称为**微分学**;研究不定积分、定积分及其应用的部分称为**积分学**. 微分学与积分学统称为**微积分学**. 微积分学是高等数学最基本、最重要的组成部分,是现代数学许多分支的基础. 本章主要讨论一元函数微分学. 导数与微分是微分学中的两个重要概念,导数研究的是函数相对于自变量的变化快慢,而微分研究的是当自变量有微小变化时,函数值改变量的大小. 本章将介绍导数与微分的概念、计算公式和运算方法.

2.1 导数的概念

2.1.1 导数的概念

导数的思想最初是法国数学家费马(Fermat)为解决极大、极小问题而引入的,但导数作为微分学中最主要概念,却是英国数学家牛顿(Newton)和德国数学家莱布尼茨(Leibniz)分别在研究力学与几何学过程中建立的.

下面我们以速度问题为背景引入导数概念.

已知自由落体的运动方程为 $s=\frac{1}{2}gt^2$, $t\in[0, T]$. 试讨论落体在时刻 t_0 $(0<t_0<T)$ 时的速度.

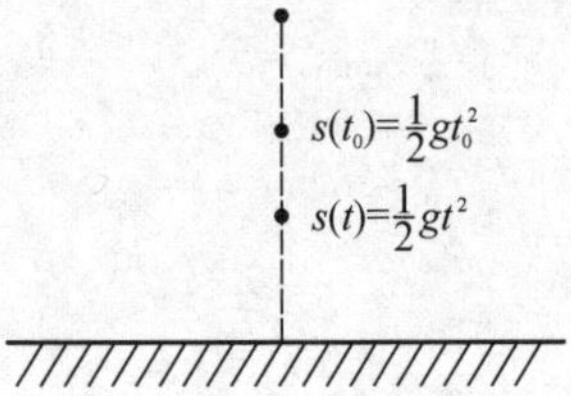

$s(t_0)=\frac{1}{2}gt_0^2$

$s(t)=\frac{1}{2}gt^2$

图 2-1

取一邻近于 t_0 的时刻 t (图 2-1),这时落体在 t_0 到 t 这一段时间内的平均速度为

$$\bar{v}=\frac{s(t)-s(t_0)}{t-t_0}=\frac{\frac{1}{2}gt^2-\frac{1}{2}gt_0^2}{t-t_0}=\frac{1}{2}g(t+t_0). \tag{2.1}$$

它近似地反映了落体在时刻 t_0 的快慢程度. 而且当 t 越接近 t_0 时,它反映得也越准确. 若令 $t \to t_0$, 则式(2.1)的极限 gt_0 就刻画了落体在 t_0 时刻的速度,即**瞬时速度**. 用公式表示为

$$v = \lim_{t \to t_0} \frac{s(t) - s(t_0)}{t - t_0} = \lim_{t \to t_0} \frac{1}{2} g(t + t_0) = gt_0. \tag{2.2}$$

事实上,在计算诸如曲线的切线斜率、产品的边际成本、电流强度等问题中,尽管它们的具体背景各不相同,但最终都归结为讨论形如式(2.2)的极限. 也正是由于这类问题的研究促使导数概念的诞生.

定义 1 设函数 $y = f(x)$ 在点 x_0 的某邻域 $U(x_0)$ 内有定义,当自变量 x 在点 x_0 处取得增量 $\Delta x (x_0 + \Delta x \in U(x_0))$ 时,相应地,函数 y 取得增量 $\Delta y = f(x_0 + \Delta x) - f(x_0)$, 如果当 $\Delta x \to 0$ 时,极限

$$\lim_{\Delta x \to 0} \frac{\Delta y}{\Delta x} = \lim_{\Delta x \to 0} \frac{f(x_0 + \Delta x) - f(x_0)}{\Delta x} \tag{2.3}$$

存在,则称此极限值为函数 $y = f(x)$ 在点 x_0 处的**导数**(或**微商**),并称函数 $y = f(x)$ 在点 x_0 处**可导**,记作

$$f'(x_0),\ y'\Big|_{x=x_0},\quad 或\quad \frac{\mathrm{d}y}{\mathrm{d}x}\Big|_{x=x_0},\quad \frac{\mathrm{d}f(x)}{\mathrm{d}x}\Big|_{x=x_0}.$$

函数 $f(x)$ 在点 x_0 处可导有时也称为函数 $f(x)$ 在点 x_0 处**具有导数**或**导数存在**.

导数的定义还可以采用不同的表达式. 例如,在式(2.3)中,令 $h = \Delta x$, 则

$$f'(x_0) = \lim_{h \to 0} \frac{f(x_0 + h) - f(x_0)}{h}. \tag{2.4}$$

又如,若记 $x = x_0 + \Delta x$, 则 $\Delta x \to 0$ 等价于 $x \to x_0$, 即

$$f'(x_0) = \lim_{x \to x_0} \frac{f(x) - f(x_0)}{x - x_0}. \tag{2.5}$$

定义 2 如果极限式(2.3)不存在,则称函数 $y = f(x)$ 在点 x_0 处**不可导**, x_0 称为函数 $y = f(x)$ 的**不可导点**.

特别地,如果极限不存在的原因是当 $\Delta x \to 0$ 时, $\dfrac{\Delta y}{\Delta x} \to \infty$, 为方便起见,有时也称函数 $y = f(x)$ 在点 x_0 处的**导数为无穷大**,记作 $f'(x_0) = \infty$.

例 1 求函数 $f(x) = x^3$ 在 $x = 1$ 处的导数.

解 由于

$$\lim_{\Delta x \to 0} \frac{f(1 + \Delta x) - f(1)}{\Delta x} = \lim_{\Delta x \to 0} \frac{(1 + \Delta x)^3 - 1}{\Delta x} = \lim_{\Delta x \to 0} [3 + 3\Delta x + (\Delta x)^2] = 3,$$

所以

$$f'(1) = 3.$$

例 2 证明：函数 $f(x)=\begin{cases} x\sin\dfrac{1}{x}, & x\neq 0, \\ 0, & x=0 \end{cases}$ 在 $x=0$ 处不可导.

证明 由于

$$\lim_{\Delta x\to 0}\frac{f(0+\Delta x)-f(0)}{\Delta x}=\lim_{\Delta x\to 0}\frac{\Delta x\sin\dfrac{1}{\Delta x}}{\Delta x}=\lim_{\Delta x\to 0}\sin\frac{1}{\Delta x},$$

当 $\Delta x\to 0$ 时，$\sin\dfrac{1}{\Delta x}$ 极限不存在，所以 $f(x)$ 在 $x=0$ 处不可导.

在求函数 $y=f(x)$ 在点 x_0 处的导数时，$x\to x_0$ 的方式是任意的. 如果 x 仅从 x_0 的左侧趋于 x_0（即 $x\to x_0^-$ 或 $\Delta x\to 0^-$）时，极限

$$\lim_{\Delta x\to 0^-}\frac{\Delta y}{\Delta x}=\lim_{\Delta x\to 0^-}\frac{f(x_0+\Delta x)-f(x_0)}{\Delta x}$$

存在，则称该极限值为函数 $y=f(x)$ 在点 x_0 处的**左导数**，记为 $f'_-(x_0)$，即

$$f'_-(x_0)=\lim_{\Delta x\to 0^-}\frac{\Delta y}{\Delta x}=\lim_{\Delta x\to 0^-}\frac{f(x_0+\Delta x)-f(x_0)}{\Delta x}=\lim_{x\to x_0^-}\frac{f(x)-f(x_0)}{x-x_0}.$$

类似地，可以定义函数 $y=f(x)$ 在点 x_0 的**右导数**，记为 $f'_+(x_0)$，即

$$f'_+(x_0)=\lim_{\Delta x\to 0^+}\frac{\Delta y}{\Delta x}=\lim_{\Delta x\to 0^+}\frac{f(x_0+\Delta x)-f(x_0)}{\Delta x}=\lim_{x\to x_0^+}\frac{f(x)-f(x_0)}{x-x_0}.$$

左导数和右导数统称为**单侧导数**. 与极限情形一样，导数与单侧导数有如下关系.

定理 1 若函数 $y=f(x)$ 在点 x_0 的某邻域内有定义，则 $f'(x_0)$ 存在的充分必要条件 $f'_+(x_0)$ 与 $f'_-(x_0)$ 都存在且相等.

这个定理常常用于判定某些分段函数在分段点处是否可导.

例 3 求函数 $f(x)=\begin{cases} \sin x, & x<0, \\ x, & x\geqslant 0 \end{cases}$ 在 $x=0$ 处的导数.

解 当 $\Delta x<0$ 时，$\Delta y=f(0+\Delta x)-f(0)=\sin\Delta x-0=\sin\Delta x$，

故
$$f'_-(0)=\lim_{\Delta x\to 0^-}\frac{\Delta y}{\Delta x}=\lim_{\Delta x\to 0^-}\frac{\sin\Delta x}{\Delta x}=1.$$

当 $\Delta x>0$ 时，$\Delta y=f(0+\Delta x)-f(0)=\Delta x-0=\Delta x$，

故
$$f'_+(0)=\lim_{\Delta x\to 0^+}\frac{\Delta y}{\Delta x}=\lim_{\Delta x\to 0^+}\frac{\Delta x}{\Delta x}=1.$$

由于
$$f'_-(0)=f'_+(0)=1,$$
故
$$f'(0)=1.$$

2.1.2 导数的几何意义

如果函数 $y=f(x)$ 在点 x_0 处可导,则 $f'(x_0)$ 在几何上就是曲线 $y=f(x)$ 在点 $M(x_0,y_0)$ 处的切线的斜率,即

$$f'(x_0)=\tan\alpha,$$

其中 α 是曲线 $y=f(x)$ 在点 M 处的切线的倾角(图2-2).

于是,由直线的点斜式方程知,曲线 $y=f(x)$ 在点 $M(x_0,y_0)$ 处的切线方程为

$$y-y_0=f'(x_0)(x-x_0),$$

法线方程为

$$y-y_0=-\frac{1}{f'(x_0)}(x-x_0).$$

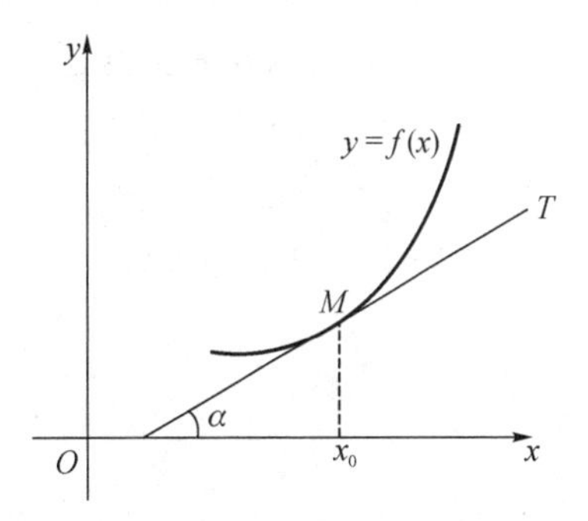

图 2-2

如果 $f'(x_0)=0$, 则切线方程为 $y=y_0$, 即切线平行于 x 轴.

如果 $f'(x_0)=\infty$, 则切线方程为 $x=x_0$, 即切线垂直于 x 轴.

例 4 求曲线 $y=x^{\frac{3}{2}}$ 在点 $(1,1)$ 处的切线方程和法线方程.

解 因为 $y'=\frac{3}{2}x^{\frac{1}{2}}$, 所以 $y'\Big|_{x=1}=\frac{3}{2}$,

从而所求切线方程为 $$y-1=\frac{3}{2}(x-1),$$

即 $$3x-2y-1=0.$$

所求法线方程为 $$y-1=-\frac{2}{3}(x-1),$$

即 $$2x+3y-5=0.$$

例 5 问曲线 $y=\ln x$ 上哪一点的切线平行于直线 $y=2x+1$?

解 因为 $(\ln x)'=\frac{1}{x}$, 令 $\frac{1}{x}=2$, 得 $x=\frac{1}{2}$,

再将 $x=\frac{1}{2}$ 代入 $y=\ln x$, 得 $y=-\ln 2$,

即曲线 $y=\ln x$ 在点 $\left(\frac{1}{2},-\ln 2\right)$ 处的切线平行于直线 $y=2x+1$.

2.1.3 函数的可导性与连续性的关系

函数 $y=f(x)$ 在点 x_0 处可导是指 $\lim\limits_{\Delta x\to 0}\frac{\Delta y}{\Delta x}$ 存在,而连续是指 $\lim\limits_{\Delta x\to 0}\Delta y=0$, 那么这两种极限有什么关系呢? 下面的定理回答了这个问题.

定理 2 如果函数 $y=f(x)$ 在点 x_0 处可导,则它在点 x_0 处连续.

证明 因为函数 $y=f(x)$ 在点 x_0 处可导，则有

$\lim\limits_{\Delta x\to 0}\dfrac{\Delta y}{\Delta x}=f'(x_0)$，于是有 $\dfrac{\Delta y}{\Delta x}=f'(x_0)+\alpha$，其中 $\lim\limits_{\Delta x\to 0}\alpha=0$，

即 $\Delta y=f'(x_0)\Delta x+\alpha\Delta x$，

从而 $\lim\limits_{\Delta x\to 0}\Delta y=\lim\limits_{\Delta x\to 0}[f'(x_0)\Delta x+\alpha\Delta x]=0$，

因此，函数 $y=f(x)$ 在点 x_0 处连续.

注 若函数在点 x 处连续，则在点 x 处不一定可导，即连续是可导的必要条件.

例如，$f(x)=|x|$ 在 $x=0$ 处连续，但却不可导.

例 6 讨论函数 $f(x)=\begin{cases} x\sin\dfrac{1}{x}, & x\neq 0, \\ 0, & x=0 \end{cases}$ 在 $x=0$ 处的连续性和可导性.

解 $\Delta y=f(0+\Delta x)-f(0)=f(\Delta x)-f(0)=\Delta x\sin\dfrac{1}{\Delta x}$，

$$\lim_{\Delta x\to 0}\Delta y=\lim_{\Delta x\to 0}\Delta x\sin\frac{1}{\Delta x}=0.$$

所以，$f(x)$ 在点 $x=0$ 处连续. 而由例 2 知 $f(x)$ 在点 x_0 处不可导.

2.1.4 导函数

定义 3 若函数 $y=f(x)$ 在区间 I 上每一点都可导(对于区间端点，则只要求它存在左(或右)导数)，则称 $f(x)$ **在区间 I 上可导**. 这时，对于每一个 $x\in I$，都有一个导数 $f'(x)$ (在区间端点处，则是单侧导数)与之对应. 这样就确定了一个定义在 I 上的函数，称为 $f(x)$ 在 I 上的**导函数**，简称**导数**，记作 y'，$f'(x)$，$\dfrac{\mathrm{d}y}{\mathrm{d}x}$ 或 $\dfrac{\mathrm{d}}{\mathrm{d}x}f(x)$.

把式(2.3)或式(2.4)中的 x_0 换成 x，即得导数的定义式

$$f'(x)=\lim_{\Delta x\to 0}\frac{f(x+\Delta x)-f(x)}{\Delta x}$$

或
$$\frac{\mathrm{d}y}{\mathrm{d}x}=\lim_{h\to 0}\frac{f(x+h)-f(x)}{h}.$$

注 1 在上面两式中，虽然 x 可以取区间 I 内的任何值，但在取极限的过程中，x 是常量，Δx (或 h) 是变量.

注 2 $\dfrac{\mathrm{d}y}{\mathrm{d}x}$ 是一个整体，$\dfrac{\mathrm{d}}{\mathrm{d}x}$ 表示对 x 求导，$\dfrac{\mathrm{d}y}{\mathrm{d}x}$ 表示 y 作为 x 的函数对 x 求导.

注 3 $f(x)$ 在点 x_0 处的导数 $f'(x_0)$ 就是导函数 $f'(x)$ 在点 x_0 处的函数值，即

$$f'(x_0)=f'(x)\big|_{x=x_0}.$$

一般地，将函数在一点处的导数值和函数在某个区间内的导函数均称为导数，在后面提到的导数中，可以根据问题的实际意义区分具体是导数值还是导函数.

下面根据导数的定义来计算部分基本初等函数的导数.

例 7 求函数 $y=C$ (C 为常数) 的导数.

解 $f'(x)=\lim\limits_{\Delta x\to 0}\dfrac{f(x+\Delta x)-f(x)}{\Delta x}=\lim\limits_{\Delta x\to 0}\dfrac{C-C}{\Delta x}=0$,

即
$$(C)'=0.$$

例 8 求函数 $y=x^n$ (n 为正整数) 的导数.

解
$$\begin{aligned}f'(x)&=\lim_{h\to 0}\frac{(x+h)^n-x^n}{h}\\&=\lim_{h\to 0}\left[nx^{n-1}+\frac{n(n-1)}{2}x^{n-2}h+\cdots+h^{n-1}\right]\\&=nx^{n-1},\end{aligned}$$

即
$$(x^n)'=nx^{n-1}.$$

更一般地，
$$(x^{\mu})'=\mu x^{\mu-1}\quad(\mu\in\mathbf{R}).$$

例如，$(\sqrt{x})'=(x^{\frac{1}{2}})'=\dfrac{1}{2}x^{\frac{1}{2}-1}=\dfrac{1}{2\sqrt{x}}$，$\left(\dfrac{1}{x}\right)'=(x^{-1})'=-x^{-2}=-\dfrac{1}{x^2}$.

例 9 求函数 $y=\sin x$ 的导数.

解
$$\begin{aligned}f'(x)&=\lim_{\Delta x\to 0}\frac{\sin(x+\Delta x)-\sin x}{\Delta x}\\&=\lim_{\Delta x\to 0}\frac{2\cos\dfrac{(x+\Delta x)+x}{2}\sin\dfrac{(x+\Delta x)-x}{2}}{\Delta x}\\&=\lim_{\Delta x\to 0}\cos\left(x+\frac{\Delta x}{2}\right)\frac{\sin\dfrac{\Delta x}{2}}{\dfrac{\Delta x}{2}}\\&=\cos x,\end{aligned}$$

即
$$(\sin x)'=\cos x.$$

同理可得 $(\cos x)'=-\sin x$.

例 10 求函数 $y=\log_a x$ ($a>0$, $a\neq 1$) 的导数.

解
$$\begin{aligned}y'&=\lim_{\Delta x\to 0}\frac{\log_a(x+\Delta x)-\log_a x}{\Delta x}=\lim_{\Delta x\to 0}\frac{\log_a\left(1+\dfrac{\Delta x}{x}\right)}{\dfrac{\Delta x}{x}}\cdot\frac{1}{x}\\&=\frac{1}{x}\lim_{\Delta x\to 0}\log_a\left(1+\frac{\Delta x}{x}\right)^{\frac{x}{\Delta x}}=\frac{1}{x}\log_a \mathrm{e}=\frac{1}{x\ln a},\end{aligned}$$

即
$$(\log_a x)'=\frac{1}{x\ln a}.$$

特别地，若 $a=\mathrm{e}$，则有 $(\ln x)'=\dfrac{1}{x}$.

习题 2.1

1. 用定义求下列函数在指定点的导数.

(1) $y=10x^2$，$x=-1$；　　(2) $y=\ln x$，$x=\mathrm{e}$；

(3) $y=x^2+3x+2$，$x=x_0$；　　(4) $y=\sin(3x+1)$，$x=x_0$.

2. 若 $f'(x_0)$ 存在且不为零，求下列极限.

(1) $\lim\limits_{\Delta x\to 0}\dfrac{f(x_0+\Delta x)-f(x_0-\Delta x)}{\Delta x}$；　　(2) $\lim\limits_{\Delta x\to 0}\dfrac{f(x_0-\Delta x)-f(x_0)}{\Delta x}$；

(3) $\lim\limits_{h\to 0}\dfrac{h}{f(x_0+2h)-f(x_0-h)}$.

3. 求曲线 $y=\mathrm{e}^x$ 在点 $(0,1)$ 处的切线方程和法线方程.

4. 设曲线 $y=ax^2$ 在 $x=1$ 处有切线 $y=3x+b$，求 a 与 b 的值.

5. 函数 $f(x)=\begin{cases}x, & x<0,\\ \ln(1+x), & x\geqslant 0\end{cases}$ 在 $x=0$ 处是否可导?

6. 函数 $f(x)=\begin{cases}x^2, & x<0,\\ -x, & x\geqslant 0,\end{cases}$ 求 $f'_+(0)$，$f'_-(0)$，且 $f'(0)$ 是否存在?

7. 判断下列函数在点 $x=0$ 处的连续性与可导性.

(1) $f(x)=|\sin x|$；

(2) $f(x)=\begin{cases}\ln(1+x), & -1<x\leqslant 0,\\ \sqrt{1+x}-\sqrt{1-x}, & 1<x<1.\end{cases}$

2.2 函数的求导法则

2.1 节由定义出发求出了一些简单函数的导数，对于一般函数的导数，当然也可以按定义来求，但极为烦琐. 本节将引入一些求导法则，利用这些法则，能较简单地求出初等函数的导数.

2.2.1 函数的和、差、积、商的求导法则

定理 1 设函数 $u(x)$ 和 $v(x)$ 在点 x 处都可导，则它们的和、差、积、商(分母不为零)在点 x 处也可导，且

(1) $[u(x)\pm v(x)]'=u'(x)\pm v'(x)$；

(2) $[u(x)v(x)]'=u'(x)v(x)+u(x)v'(x)$；

(3) $\left[\dfrac{v(x)}{u(x)}\right]'=\dfrac{v'(x)u(x)-v(x)u'(x)}{u^2(x)}\quad(u(x)\neq 0)$.

(证明从略)

需要指出的是，定理 1 中的(1)，(2)都可以推广到有限多个函数运算的情形. 例如，设

$u=u(x)$, $v=v(x)$, $w=w(x)$ 都在点 x 处可导,则有

$$(u-v+w)'=u'-v'+w',$$
$$(uvw)'=u'vw+uv'w+uvw'.$$

推论1 若 $v(x)=C$(C 为常数),则 $(Cu)'=Cu'$.

推论2 若 $v(x)=1$,则 $\left[\dfrac{1}{u(x)}\right]'=-\dfrac{u'(x)}{u^2(x)}$.

例1 设 $y=3x^4-5x^2+\mathrm{e}^x+8$, 求 y'.

解 $y'=(3x^4-5x^2+\mathrm{e}^x+8)'=(3x^4)'-(5x^2)'+(\mathrm{e}^x)'+8'=12x^3-10x+\mathrm{e}^x$.

例2 设 $y=t^2\ln t$, 求 $\dfrac{\mathrm{d}y}{\mathrm{d}t}$.

解 $y'=(t^2)'\ln t+t^2(\ln t)'=2t\ln t+t^2\cdot\dfrac{1}{t}=2t\ln t+t$.

例3 设 $y=\tan x$, 求 y'.

解 $y'=(\tan x)'=\left(\dfrac{\sin x}{\cos x}\right)'=\dfrac{(\sin x)'\cos x-\sin x(\cos x)'}{\cos^2 x}=\dfrac{1}{\cos^2 x}=\sec^2 x$,

即
$$(\tan x)'=\sec^2 x.$$
类似地,可以证明 $(\cot x)'=-\csc^2 x$.

例4 设 $y=\sec x$, 求 y'.

解 $y'=(\sec x)'=\left(\dfrac{1}{\cos x}\right)'=-\dfrac{(\cos x)'}{\cos^2 x}=\dfrac{\sin x}{\cos^2 x}=\sec x\tan x$,

即
$$(\sec x)'=\sec x\tan x.$$
类似地,可以证明
$$(\csc x)'=-\csc x\cot x.$$

2.2.2 反函数的求导法则

定理2 设函数 $y=f(x)$ 是函数 $x=\varphi(y)$ 的反函数,如果函数 $\varphi(y)$ 在某区间 I 严格单调、可导且 $\varphi'(y)\neq 0$, 则函数 $f(x)$ 在与 I 对应的区间内也可导,且有

$$f'(x)=\frac{1}{\varphi'(y)} \quad 或 \quad \frac{\mathrm{d}y}{\mathrm{d}x}=\frac{1}{\dfrac{\mathrm{d}x}{\mathrm{d}y}}.$$

即反函数的导数等于直接函数导数的倒数.

注 $f'(x)$ 是对 x 求导,而 $\varphi'(y)$ 是对 y 求导.

例5 求 $y=\arcsin x$ 的导数.

解 因为 $x=\sin y$ 在 $\left(-\dfrac{\pi}{2},\dfrac{\pi}{2}\right)$ 内单调增加、可导,且 $\dfrac{\mathrm{d}x}{\mathrm{d}y}=\cos y>0$, 故其反函数 $y=\arcsin x$ 在 $(-1,1)$ 上可导,且

$$(\arcsin x)'=\frac{1}{(\sin y)'}=\frac{1}{\cos y}=\frac{1}{\sqrt{1-\sin^2 y}}=\frac{1}{\sqrt{1-x^2}},$$

即 $$(\arcsin x)' = \frac{1}{\sqrt{1-x^2}}.$$

同理可证，$(\arccos x)' = -\frac{1}{\sqrt{1-x^2}}$，$(\arctan x)' = \frac{1}{1+x^2}$，$(\operatorname{arccot} x)' = -\frac{1}{1+x^2}$.

例 6 求 $y = a^x (a > 0$ 且 $a \neq 1)$ 的导数.

解 因为 $x = \log_a y$ 在 $(0, +\infty)$ 内单调、可导，且 $\frac{\mathrm{d}x}{\mathrm{d}y} = \frac{1}{y\ln a} \neq 0$，故其反函数 $y = a^x$ 在 $(-\infty, +\infty)$ 内可导，且 $(a^x)' = \frac{1}{(\log_a y)'} = \frac{1}{\frac{1}{y\ln a}} = y\ln a = a^x \ln a$，

即 $$(a^x)' = a^x \ln a.$$

特别地， $$(\mathrm{e}^x)' = \mathrm{e}^x.$$

2.2.3 复合函数的求导法则

定理 3(链锁法则) 设函数 $u = \varphi(x)$ 在点 x 处可导，函数 $y = f(u)$ 在点 $u = \varphi(x)$ 处可导，则复合函数 $y = f[\varphi(x)]$ 在点 x 处也可导，且有

$$[f(\varphi(x))]' = f'(u) \cdot \varphi'(x) \quad 或 \quad \frac{\mathrm{d}y}{\mathrm{d}x} = \frac{\mathrm{d}y}{\mathrm{d}u} \cdot \frac{\mathrm{d}u}{\mathrm{d}x}.$$

定理给出的复合函数求导法则通常称为**链式法则**，也就是由外层到内层逐层求导的方法. 也可以推广到有限多个函数复合的情形. 例如，$y = f(u)$，$u = g(v)$，$v = h(x)$ 都可导，则它们的复合函数 $y = f[g(h(x))]$ 也可导，且

$$\frac{\mathrm{d}y}{\mathrm{d}x} = \frac{\mathrm{d}y}{\mathrm{d}u} \cdot \frac{\mathrm{d}u}{\mathrm{d}v} \cdot \frac{\mathrm{d}v}{\mathrm{d}x} = f'(u) \cdot g'(v) \cdot h'(x).$$

因此，在运用法则的时候必须明确是哪个变量对哪个变量求导. 特别对于有多个函数复合的情形尤其要注意.

例 7 设 $y = (1+2x)^{10}$，求 $\frac{\mathrm{d}y}{\mathrm{d}x}$.

解 设 $y = u^{10}$，$u = 1 + 2x$，则

$$\frac{\mathrm{d}y}{\mathrm{d}x} = \frac{\mathrm{d}y}{\mathrm{d}u} \cdot \frac{\mathrm{d}u}{\mathrm{d}x} = 10u^9 \cdot 2 = 20(1+2x)^9.$$

熟练后可不用写出中间变量，如例 7 也可写作：

解 $\frac{\mathrm{d}y}{\mathrm{d}x} = 10(1+2x)^9 \cdot (1+2x)' = 20(1+2x)^9$.

例 8 求函数 $x = \mathrm{e}^{\sin t^3}$ 的导数 $\frac{\mathrm{d}x}{\mathrm{d}t}$.

解 $\frac{dx}{dt}=e^{\sin t^3}\cdot(\sin t^3)'=e^{\sin t^3}\cdot\cos t^3\cdot(t^3)'=3t^2\cos t^3 e^{\sin t^3}$.

例 9 $y=\sqrt[3]{1-2x^2}$，求 $\frac{dy}{dx}$.

解
$$\frac{dy}{dx}=[(1-2x^2)^{\frac{1}{3}}]'=\frac{1}{3}(1-2x^2)^{-\frac{2}{3}}\cdot(1-2x^2)'$$
$$=\frac{1}{3}(1-2x^2)^{-\frac{2}{3}}\cdot(-4x)=\frac{-4x}{3}(1-2x^2)^{-\frac{2}{3}}$$
$$=\frac{-4x}{3\sqrt[3]{(1-2x^2)^2}}.$$

例 10 $y=\ln\cos(e^x)$，求 $\frac{dy}{dx}$.

解
$$\frac{dy}{dx}=[\ln\cos(e^x)]'=\frac{1}{\cos(e^x)}\cdot[\cos(e^x)]'$$
$$=\frac{1}{\cos(e^x)}\cdot[-\sin(e^x)]\cdot(e^x)'$$
$$=-\tan(e^x)\cdot e^x=-e^x\cdot\tan(e^x).$$

为了方便查阅，将基本初等函数的导数公式和导数运算法则归纳如下.

基本初等函数导数公式：

(1) $(C)'=0$ (C 为常数)；

(2) $(x^\mu)'=\mu x^{\mu-1}(\mu\in\mathbf{R})$；

(3) $(a^x)'=a^x\ln a$，$(e^x)'=e^x$；

(4) $(\log_a x)'=\frac{1}{x\ln a}$，$(\ln x)'=\frac{1}{x}$；

(5) $(\sin x)'=\cos x$，$(\cos x)'=-\sin x$，
$(\tan x)'=\sec^2 x$，$(\cot x)'=-\csc^2 x$，
$(\sec x)'=\sec x\tan x$，$(\csc x)'=-\csc x\cot x$；

(6) $(\arcsin x)'=\frac{1}{\sqrt{1-x^2}}$，$(\arccos x)'=-\frac{1}{\sqrt{1-x^2}}$，
$(\arctan x)'=\frac{1}{1+x^2}$，$(\text{arccot}\, x)'=-\frac{1}{1+x^2}$.

函数的和、差、积、商的求导法则：

设 $u=u(x)$，$v=v(x)$ 可导，则

(1) $(u\pm v)'=u'\pm v'$；

(2) $(uv)'=u'v+uv'$；

(3) $\left(\frac{v}{u}\right)'=\frac{v'u-vu'}{u^2}$ $(u\neq 0)$.

反函数的求导法则：

$$\frac{dy}{dx}=\frac{1}{\dfrac{dx}{dy}}.$$

复合函数的求导法则：

设 $y=f(u)$, $u=g(x)$, 则 $\dfrac{dy}{dx}=\dfrac{dy}{du}\cdot\dfrac{du}{dx}$.

习题 2.2

1. 求下列函数的导数.

(1) $y=5x^3-2^x+3e^x+4$；

(2) $y=(\sqrt{x}+1)\left(\dfrac{1}{\sqrt{x}}-1\right)$；

(3) $y=\dfrac{\ln x}{x}$；

(4) $y=(x+1)(x+2)(x+3)$；

(5) $y=\dfrac{\cos x}{1+\sin x}$；

(6) $y=\dfrac{x\sin x+\cos x}{x\sin x-\cos x}$.

2. 求曲线 $y=2\sin x+x^2$ 上横坐标为 $x=0$ 处的切线和法线方程.

3. 求下列函数的导数.

(1) $y=(2x+5)^4$；

(2) $y=\tan x^2$；

(3) $y=\left(\arcsin\dfrac{x}{2}\right)^2$；

(4) $y=\ln\sqrt{x}+\sqrt{\ln x}$；

(5) $y=e^{\sqrt{1+x^2}}$；

(6) $y=\sin^n x\cos nx$；

(7) $y=\arcsin\sqrt{\dfrac{1-x}{1+x}}$；

(8) $y=10^{x\tan 2x}$.

4. 设 $f(x)$ 为可导函数，求 $\dfrac{dy}{dx}$.

(1) $y=f(x^2)$；

(2) $y=f[f(x)]$；

(3) $y=\arctan f(x)$；

(4) $y=f(\arctan x)$.

5. 设 $f(u)$ 为可导函数，且 $f(x+3)=x^5$，求 $f'(x+3)$ 和 $f'(x)$.

2.3 隐函数及由参数方程所确定的函数的导数

2.3.1 隐函数的导数

函数 $y=f(x)$ 表示两个变量 x 与 y 之间的对应关系，这种对应关系可以用各种不同的方式来表达. 直接给出由自变量 x 的取值，求因变量的对应值 y 的规律(计算公式)的函数称为**显函数**，如 $y=\ln(x+\sqrt{1+x^2})$. 有些函数的变量 y 与 x 之间的关系是通过一个二元方程 $F(x, y)=0$ 来确定的，这样的函数称为**隐函数**，如 $x+y^3-1=0$, $e^x-e^y-xy=0$.

有些隐函数可以化为显函数，如 $x+y^3-1=0$ 可化为 $y=\sqrt[3]{1-x}$. 但在一般情况下，隐函数是不容易或无法显化的，如 $e^x-e^y-xy=0$ 就无法从中解出 x 或 y 来. 因而就希望有一种方法直接通过方程来确定隐函数的导数，且这个过程与隐函数的显化无关.

假设由方程 $F(x, y)=0$ 所确定的函数为 $y=y(x)$，将它代回方程 $F(x, y)=0$ 中，得恒等式 $F(x, f(x))=0$. 再利用复合函数求导法则，在上式两边同时对 x 求导，解出所求导数 $\dfrac{dy}{dx}$，这就是**隐函数求导法**.

例 1 设方程 $e^x-e^y-xy=0$ 确定了函数 $y=y(x)$，求 $\dfrac{dy}{dx}$.

解 在方程两边同时对 x 求导，得

$$e^x-e^y\cdot y'-(y+xy')=0,$$

即
$$(e^y+x)y'=e^x-y,$$

从而
$$\frac{dy}{dx}=y'=\frac{e^x-y}{e^y+x}.$$

从上例可以看出，用隐函数求导法在方程两边同时对自变量 x 求导的过程中，凡遇到含 y 的项，都把 y 当作中间变量看待，即 y 是 x 的函数，然后利用复合函数的求导法则求之.

下面来看隐函数求导法的一个典型应用——**对数求导法**. 主要适用于求幂指函数和多个函数的乘积的导数. 对于幂指函数 $y=u^v(u>0$, u 和 v 是 x 的函数)，对数求导法的步骤如下：

(1) 两边取对数：$\ln y=v\ln u$；

(2) 两边对 x 求导：$\dfrac{1}{y}y'=v'\ln u+\dfrac{v}{u}u'$；

(3) 解出 y'.

例 2 求 $y=x^{\sin x}\ (x>0)$ 的导数.

解 两边取对数，得
$$\ln y=\sin x\ln x,$$

两边对 x 求导，得
$$\frac{1}{y}y'=\cos x\ln x+\frac{\sin x}{x},$$

所以 $y'=x^{\sin x}\left(\cos x\ln x+\dfrac{\sin x}{x}\right)$.

例 3 设 $y=x\sqrt[3]{\dfrac{x-1}{(x-2)(x-3)^2}}$，求 y'.

解 两边取对数，得

$$\ln y=\ln x+\frac{1}{3}\ln(x-1)-\frac{1}{3}\ln(x-2)-\frac{2}{3}\ln(x-3),$$

两边对 x 求导，得

$$\frac{1}{y}y' = \frac{1}{x} + \frac{1}{3(x-1)} - \frac{1}{3(x-2)} - \frac{2}{3(x-3)},$$

所以 $\quad y' = x\sqrt[3]{\dfrac{x-1}{(x-2)(x-3)^2}}\left[\dfrac{1}{x} + \dfrac{1}{3(x-1)} - \dfrac{1}{3(x-2)} - \dfrac{2}{3(x-3)}\right].$

2.3.2 由参数方程所确定函数的导数

有些函数关系可以由**参数方程**

$$\begin{cases} x = \varphi(t), \\ y = \chi(t), \end{cases} \quad \alpha \leqslant t \leqslant \beta \tag{2.6}$$

来确定.例如,以原点为圆心、以 2 为半径的圆,可由参数方程 $\begin{cases} x = 2\cos t, \\ y = 2\sin t \end{cases}$ $(0 \leqslant t \leqslant 2\pi)$ 来表示.其中,参数 t 是圆上的点 $M(x, y)$ 与圆心的连线 OM 与 x 轴正向的夹角,通过参数 t 确定了变量 x 与 y 之间的函数关系.

对于由参数方程(2.6)所确定的函数的求导问题,一个自然的想法是从方程中消去参数 t,化为直接由 x, y 确定的方程再求导,这就变成我们所熟悉的问题了.但是一般情况下消去参数 t 是很困难的(或者没有必要),因此我们希望有一种方法能直接由参数方程(2.6)求出它所确定函数的导数.

假定 $\varphi'(t)$, $\chi'(t)$ 都存在, $\varphi'(t) \neq 0$,并且函数 $x = \varphi(t)$ 存在可导的反函数 $t = \varphi^{-1}(x)$,则 y 通过 t 成为 x 的复合函数:

$$y = \chi(t) = \chi[\varphi^{-1}(x)].$$

由复合函数求导法则知 $\dfrac{dy}{dx} = \dfrac{dy}{dt} \cdot \dfrac{dt}{dx}$,再由反函数求导法则知 $\dfrac{dt}{dx} = \dfrac{1}{\dfrac{dx}{dt}}$,从而得参数方程(2.6)所确定的函数的求导公式

$$\frac{dy}{dx} = \frac{\dfrac{dy}{dt}}{\dfrac{dx}{dt}} = \frac{\chi'(t)}{\varphi'(t)}.$$

例 4 设 $\begin{cases} x = t + \dfrac{1}{t}, \\ y = t - \dfrac{1}{t} \end{cases}$ 确定了函数 $y = y(x)$,求 $\dfrac{dy}{dx}$.

解 $\quad \dfrac{dy}{dx} = \dfrac{\dfrac{dy}{dt}}{\dfrac{dx}{dt}} = \dfrac{1 + \dfrac{1}{t^2}}{1 - \dfrac{1}{t^2}} = \dfrac{t^2+1}{t^2-1}.$

例 5 求椭圆$\begin{cases} x = a\cos t, \\ y = b\sin t \end{cases}$ $(0 \leqslant t \leqslant 2\pi)$ 在 $t = \dfrac{\pi}{4}$ 处的切线方程.

解 当 $t = \dfrac{\pi}{4}$ 时,椭圆上的相应点 $M_0(x_0, y_0)$ 的坐标是

$$x_0 = a\cos\frac{\pi}{4} = \frac{\sqrt{2}}{2}a, \quad y_0 = b\sin\frac{\pi}{4} = \frac{\sqrt{2}}{2}b,$$

而 $$\frac{dy}{dx} = \frac{\dfrac{dy}{dt}}{\dfrac{dx}{dt}} = \frac{b\cos t}{-a\sin t} = -\frac{b}{a}\cot t,$$

$$\left.\frac{dy}{dx}\right|_{t=\frac{\pi}{4}} = -\frac{b}{a}\cot\frac{\pi}{4} = -\frac{b}{a},$$

从而椭圆在点 M_0 处的切线方程为

$$y - \frac{\sqrt{2}}{2}b = -\frac{b}{a}\left(x - \frac{\sqrt{2}}{2}a\right),$$

即 $$bx + ay - \sqrt{2}ab = 0.$$

习题 2.3

1. 求下列方程所确定的隐函数的导数 $\dfrac{dy}{dx}$.

(1) $x^2 + xy + y^2 = 100$;　　(2) $xy = e^{x+y}$;

(3) $y = \cos(x+y)$;　　(4) $x^3 + y^3 - 3a^2xy = 0$.

2. 求由方程 $\sin(xy) + \ln(y-x) = x$ 所确定的隐函数 $y = y(x)$ 在 $x = 0$ 处的导数 $\left.\dfrac{dy}{dx}\right|_{x=0}$.

3. 利用对数求导法求下列函数的导数.

(1) $y = (\sin x)^{\ln x}$;　　(2) $y = \sqrt{x\sin x\sqrt{1-e^x}}$;

(3) $y = x^{x^x}$;　　(4) $y = \dfrac{(x+1)^2\sqrt[3]{3x-2}}{\sqrt[3]{(x-3)^2}}$.

4. 求由下列参数方程所确定的函数导数.

(1) $\begin{cases} x = \theta(1-\sin\theta), \\ y = \theta\cos\theta; \end{cases}$　　(2) $\begin{cases} x = \ln(1+t^2), \\ y = t - \arctan t. \end{cases}$

5. 求曲线 $\begin{cases} x = t^3 + 4t, \\ y = 6t^2 \end{cases}$ 上的切线与直线 $\begin{cases} x = -7t, \\ y = 12t - 5 \end{cases}$ 平行的点.

2.4 高阶导数

若函数 $y = f(x)$ 在区间 I 内可导,则导函数 $f'(x)$ 仍是 x 的函数. 因此对导函数 $f'(x)$

仍可研究它的可导性问题. 如果 $f'(x)$ 仍可导,它再对 x 求导,称为 $f(x)$ 的**二阶导数**,记为 $f''(x)$, y'', $\frac{d^2y}{dx^2}$ 或 $\frac{d^2f(x)}{dx^2}$, 即

$$f''(x)=\lim_{\Delta x\to 0}\frac{f'(x+\Delta x)-f'(x)}{\Delta x}.$$

也就是说,二阶导数是通过一阶导数来定义的,可简记为

$$f''(x)=[f'(x)]',\quad y''=(y')'\quad 或\quad \frac{d^2y}{dx^2}=\frac{d}{dx}\left(\frac{dy}{dx}\right).$$

类似地,二阶导数 $f''(x)$ 作为 x 的函数,再对 x 求导,即二阶导数的导数,称为 $f(x)$ 的**三阶导数**,记为 $f'''(x)$, y''', $\frac{d^3y}{dx^3}$ 或 $\frac{d^3f(x)}{dx^3}$. 如此可以定义 $f(x)$ 对 x 的四阶、五阶导数, …, $f(x)$ 对 x 的 ***n* 阶导数**,记为 $f^{(n)}(x)$, $y^{(n)}$, $\frac{d^ny}{dx^n}$, 或 $\frac{d^nf(x)}{dx^n}$, 它表示 $f(x)$ 对 x 的 $n-1$ 阶导数的导数,即

$$y^{(n)}=(y^{(n-1)})'\quad 或\quad \frac{d^ny}{dx^n}=\frac{d}{dx}\left(\frac{d^{n-1}y}{dx^{n-1}}\right).$$

二阶和二阶以上的导数统称为**高阶导数**. 相应地, $f'(x)$ 也可称为**一阶导数**.

由此可见,求函数的高阶导数,就是对函数逐次求导,直至所要求的阶数为止. 因此,前面讲述的各种求导方法仍可运用.

例 1 设 $y=ax+b$, 求 y''.

解 $y'=a$, $y''=0$.

例 2 设 $y=e^{-x}\cos x$, 求 y'' 及 y'''.

解 $y'=-e^{-x}\cos x+e^{-x}(-\sin x)=-e^{-x}(\cos x+\sin x)$,

$y''=e^{-x}(\cos x+\sin x)-e^{-x}(-\sin x+\cos x)=2e^{-x}\sin x$,

$y'''=2(-e^{-x}\sin x+e^{-x}\cos x)=2e^{-x}(\cos x-\sin x)$.

例 3 求指数函数 $y=e^x$ 的 n 阶导数.

解 $y'=e^x$, $y''=e^x$, $y'''=e^x$, $y^{(4)}=e^x$,

一般地,可得 $y^{(n)}=e^x$, 即 $(e^x)^{(n)}=e^x$.

例 4 求幂函数 $y=x^\mu(\mu\in\mathbf{R})$ 的 n 阶导数.

解 $y'=\mu x^{\mu-1}$, $y''=\mu(\mu-1)x^{\mu-2}$, $y'''=\mu(\mu-1)(\mu-2)x^{\mu-3}$,

一般地,可得 $\quad y^{(n)}=\mu(\mu-1)\cdots(\mu-n+1)x^{\mu-n}$,

即

$$(x^\mu)^{(n)}=\mu(\mu-1)\cdots(\mu-n+1)x^{\mu-n}.$$

特别地,若 $\mu=-1$, 则有 $\left(\frac{1}{x}\right)^{(n)}=(-1)^n\frac{n!}{x^{n+1}}$.

若 μ 为自然数,则有 $(x^n)^{(n)}=n(n-1)\cdots(n-n+1)=n!$, $(x^n)^{(n+1)}=0$.

例 5 求三角函数 $y=\sin x$ 的 n 阶导数.

解 $y' = \cos x = \sin\left(x + \frac{\pi}{2}\right)$,

$$y'' = \cos\left(x + \frac{\pi}{2}\right) = \sin\left(x + \frac{\pi}{2} + \frac{\pi}{2}\right) = \sin\left(x + 2\cdot\frac{\pi}{2}\right),$$

$$y''' = \cos\left(x + 2\cdot\frac{\pi}{2}\right) = \sin\left(x + 2\cdot\frac{\pi}{2} + \frac{\pi}{2}\right) = \sin\left(x + 3\cdot\frac{\pi}{2}\right),$$

一般地,可得 $$y^{(n)} = (\sin x)^{(n)} = \sin\left(x + n\cdot\frac{\pi}{2}\right),$$

类似地,可求得 $$(\cos x)^{(n)} = \cos\left(x + n\cdot\frac{\pi}{2}\right).$$

注 *在求 n 阶导数的过程中,关键是找规律,最后归纳到一般.*

下面来看隐函数以及由参数方程所确定函数的高阶导数的求法.

例 6 求由方程 $x^4 + y^4 = 16$ 所确定的隐函数 $y = y(x)$ 的二阶导数.

解 方程两边同时对 x 求导,得 $x^3 + y^3 \cdot y' = 0$,

解得 $$y' = -\frac{x^3}{y^3},$$

再在上式两边同时对 x 求导,得 $$y'' = -\frac{3x^2y^3 - x^3\cdot 3y^2\cdot y'}{(y^3)^2},$$

将 $y' = -\frac{x^3}{y^3}$ 代入上式右端,得

$$y'' = -\frac{3x^2y^3 - 3x^3y^2\left(-\frac{x^3}{y^3}\right)}{y^6} = -\frac{3x^2(x^4+y^4)}{y^7},$$

注意到 x, y 满足 $x^4 + y^4 = 16$, 故

$$y'' = -\frac{48x^2}{y^7}.$$

在得到 y' 的表达式后,也可以在 $x^3 + y^3 \cdot y' = 0$ 两边同时对 x 求导,得到同样的结果.

例 7 求由参数方程 $\begin{cases} x = a\cos t, \\ y = b\sin t \end{cases}$ 所确定函数的二阶导数 $\frac{\mathrm{d}^2 y}{\mathrm{d}x^2}$.

解 $$\frac{\mathrm{d}y}{\mathrm{d}x} = \frac{\frac{\mathrm{d}y}{\mathrm{d}t}}{\frac{\mathrm{d}x}{\mathrm{d}t}} = \frac{b\cos t}{-a\sin t} = -\frac{b}{a}\cot t,$$

$$\frac{\mathrm{d}^2 y}{\mathrm{d}x^2} = \frac{\mathrm{d}}{\mathrm{d}x}\left(\frac{\mathrm{d}y}{\mathrm{d}x}\right) = \frac{\mathrm{d}}{\mathrm{d}t}\left(\frac{\mathrm{d}y}{\mathrm{d}x}\right)\cdot\frac{\mathrm{d}t}{\mathrm{d}x} = \frac{\frac{\mathrm{d}}{\mathrm{d}t}\left(\frac{\mathrm{d}y}{\mathrm{d}x}\right)}{\frac{\mathrm{d}x}{\mathrm{d}t}} = \frac{\left(-\frac{b}{a}\cot t\right)'}{(a\cos t)'} = -\frac{b}{a^2\sin^3 t}.$$

一般地,对由参数方程$\begin{cases}x=\varphi(t),\\ y=\chi(t)\end{cases}$ $(\alpha\leqslant t\leqslant\beta)$ 表示的函数,有 $\dfrac{\mathrm{d}y}{\mathrm{d}x}=\dfrac{\chi'(t)}{\varphi'(t)}$,如果二阶导数存在,注意到 $\dfrac{\mathrm{d}y}{\mathrm{d}x}$ 仍为 t 的函数,因此

$$\frac{\mathrm{d}^2y}{\mathrm{d}x^2}=\frac{\mathrm{d}}{\mathrm{d}t}\left(\frac{\mathrm{d}y}{\mathrm{d}x}\right)\cdot\frac{1}{\frac{\mathrm{d}x}{\mathrm{d}t}}=\frac{\chi''(t)\varphi'(t)-\chi'(t)\varphi''(t)}{[\varphi'(t)]^2}\cdot\frac{1}{\varphi'(t)}$$

$$=\frac{\chi''(t)\varphi'(t)-\chi'(t)\varphi''(t)}{[\varphi'(t)]^3}.\tag{2.7}$$

注 虽然 $\dfrac{\mathrm{d}y}{\mathrm{d}x}=\dfrac{\chi'(t)}{\varphi'(t)}$,但 $\dfrac{\mathrm{d}^2y}{\mathrm{d}x^2}\neq\dfrac{\chi''(t)}{\varphi''(t)}$,而且 $\dfrac{\mathrm{d}^2y}{\mathrm{d}x^2}\neq\left[\dfrac{\chi'(t)}{\varphi'(t)}\right]'_t$. 因为 $\dfrac{\mathrm{d}^2y}{\mathrm{d}x^2}$ 是 $\dfrac{\mathrm{d}y}{\mathrm{d}x}$ 再对 x 求导,而不是对 t 求导,这里 t 仍是中间变量,x 是自变量.

有了公式(2.7),例 7 也可以按下面的方式来求解.

解 设 $\varphi(t)=a\cos t$, $\chi(t)=b\sin t$, 则

$$\varphi'(t)=-a\sin t,\ \varphi''(t)=-a\cos t;\quad \chi'(t)=b\cos t,\ \chi''(t)=-b\sin t,$$

由式(2.7)有

$$\frac{\mathrm{d}^2y}{\mathrm{d}x^2}=\frac{(-b\sin t)(-a\sin t)-b\cos t(-a\cos t)}{(-a\sin t)^3}=-\frac{ab}{a^3\sin^3t}=-\frac{b}{a^2\sin^3t}.$$

习题 2.4

1. 求下列函数的二阶导数.

(1) $y=2x^3+\ln x$; (2) $y=\tan x$;

(3) $y=(1+x^2)\arctan x$; (4) $y=xe^{x^2}$.

2. 求下列各函数的二阶导数,其中 $f(u)$ 为二阶可导.

(1) $f(x^2)$; (2) $f(e^{-x})$;

(3) $f(\ln x)$; (4) $\ln f(x)$.

3. 求由下列方程所确定隐函数的二阶导数.

(1) $x^2-y^2=1$; (2) $y=1+xe^y$.

4. 求由下列参数方程确定函数的二阶导数.

(1) $\begin{cases}x=\dfrac{t^2}{2},\\ y=1-t;\end{cases}$ (2) $\begin{cases}x=a(t-\sin t),\\ y=a(1-\cos t).\end{cases}$

5. 验证函数 $y=e^x\sin x$ 满足关系式 $y''-2y'+2y=0$.

6. 求下列函数的 n 阶导数.

(1) $y=xe^x$; (2) $y=\sin^2x$;

(3) $y=\ln(1+x)$; (4) $y=\sin ax\sin bx$.

2.5 函数的微分

2.5.1 微分的概念

先分析一个具体问题. 设有一块边长为 x_0 的正方形金属薄片,由于受到温度变化的影响,边长从 x_0 变为 $x_0+\Delta x$,问此金属薄片的面积改变了多少?

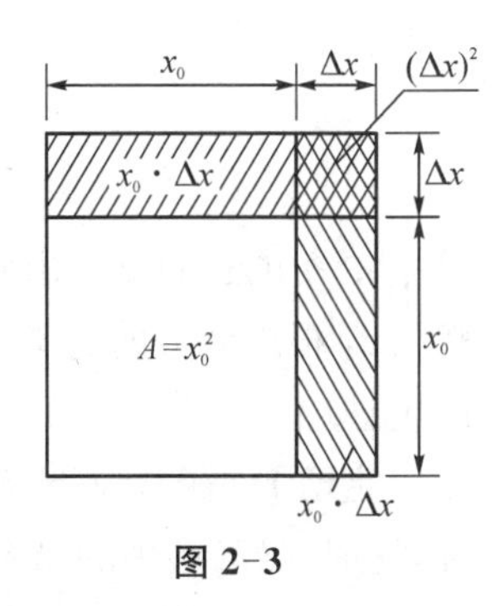

图 2-3

如图 2-3 所示,此金属薄片原面积 $S=x_0^2$,受温度变化的影响后,面积变为 $(x_0+\Delta x)^2$,因此面积的改变量为

$$\Delta S=(x_0+\Delta x)^2-x_0^2=2x_0\Delta x+(\Delta x)^2.$$

从上式可以看出,ΔS 由两个部分组成:第一个部分 $2x_0\Delta x$ 是 Δx 的线性函数(图 2-3 中带单斜线的部分);第二个部分 $(\Delta x)^2$ 是图中带交叉斜线的部分,当 $\Delta x\to 0$ 时,$(\Delta x)^2$ 是比 Δx 高阶的无穷小[即 $(\Delta x)^2=o(\Delta x)$]. 由此可见,当边长有微小的改变时,所引起的正方形面积的改变 ΔS 可以近似地用第一个部分—— Δx 的线性函数 $2x_0\Delta x$ 来代替. 由此产生的误差是比 Δx 高阶的无穷小.

是否所有函数在某一点的改变量都能表示为一个该点自变量改变量的线性函数与一个自变量改变量的高阶无穷小的和呢,这个线性部分是什么,如何求? 下面具体讨论这些问题.

定义 1 设函数 $y=f(x)$ 在点 x_0 的一个邻域 $U(x_0)$ 中有定义,Δx 是 x 在 x_0 点的改变量(也称增量),$x_0+\Delta x\in U(x_0)$,如果相应的函数改变量(即增量) $\Delta y=f(x_0+\Delta x)-f(x_0)$ 可表示为

$$\Delta y=A\Delta x+o(\Delta x)\quad(\Delta x\to 0), \tag{2.8}$$

其中 A 是与 Δx 无关的常数,则称函数 $y=f(x)$ 在点 x_0 处**可微**,并且称 $A\Delta x$ 为函数 $y=f(x)$ 在点 x_0 的**微分**,记作 $\mathrm{d}y\Big|_{x=x_0}$ (简记为 $\mathrm{d}y$) 或 $\mathrm{d}f(x_0)$,即

$$\mathrm{d}y=A\Delta x\quad 或\quad \mathrm{d}f(x_0)=A\Delta x. \tag{2.9}$$

由定义可知 $\Delta y=\mathrm{d}y+o(\Delta x)$,这就是说,函数的微分与增量仅相差一个比 Δx 高阶的无穷小量. 由于 $\mathrm{d}y$ 是 Δx 的线性函数,所以当 $A\neq 0$ 时,也说微分 $\mathrm{d}y$ 是增量 Δy 的**线性主部**. Δy 主要由 $\mathrm{d}y$ 来决定.

接下来一个很自然的问题,什么样的条件下,函数在某一点才可微呢,式(2.9)中的与 Δx 无关的常数 A 该如何求? 要解决这个问题,首先设函数 $y=f(x)$ 在点 x_0 处可微,即有

$$\Delta y=A\Delta x+o(\Delta x),$$

两边除以 Δx,得 $\dfrac{\Delta y}{\Delta x}=A+\dfrac{o(\Delta x)}{\Delta x}$,于是当 $\Delta x\to 0$ 时,由上式就得到

$$A=\lim_{\Delta x\to 0}\frac{\Delta y}{\Delta x}=f'(x_0),$$

即函数 $y=f(x)$ 在点 x_0 处可导,且 $A=f'(x_0)$.

反之,设函数 $y=f(x)$ 在点 x_0 处可导,即有 $\lim\limits_{\Delta x\to 0}\dfrac{\Delta y}{\Delta x}=f'(x_0)$,根据极限与无穷小的关系,得

$$\frac{\Delta y}{\Delta x}=f'(x_0)+\alpha,$$

其中 $\alpha\to 0(\Delta x\to 0)$,由此得到 $\Delta y=f'(x_0)\Delta x+\alpha\Delta x$. 由于 $\alpha\Delta x=o(\Delta x)$,且 $f'(x_0)$ 不依赖 Δx,根据微分的定义知,函数 $y=f(x)$ 在点 x_0 处可微. 综合上面的讨论,我们得到下面的定理.

定理 1 函数 $y=f(x)$ 在点 x_0 处可微的充分必要条件是函数 $y=f(x)$ 在点 x_0 处可导,这时式(2.9)中的 A 等于 $f'(x_0)$.

本定理不仅揭示了函数 $y=f(x)$ 在点 x_0 处的可导性与可微性等价,还给出了函数 $f(x)$ 在 x_0 处的微分与导数的关系式,即

$$\mathrm{d}f(x_0)=f'(x_0)\Delta x.$$

若函数 $y=f(x)$ 在区间 I 上每点都可微,则称 f 为 I 上的**可微函数**. 函数 $y=f(x)$ 在 I 上的**微分**记作

$$\mathrm{d}y=f'(x)\Delta x. \tag{2.10}$$

设 $y=\varphi(x)=x$,则 $\varphi'(x)=1$,所以 $\mathrm{d}y=\mathrm{d}x=\varphi'(x)\Delta x=\Delta x$. 由此规定自变量的微分 $\mathrm{d}x$ 就等于自变量的增量 Δx,于是式(2.10)可以改写为

$$\mathrm{d}y=f'(x)\mathrm{d}x, \tag{2.11}$$

即函数的微分等于函数的导数与自变量微分的乘积. 例如, $\mathrm{d}(\sin x)=\cos x\mathrm{d}x$.

如果将式(2.11)改写成 $\dfrac{\mathrm{d}y}{\mathrm{d}x}=f'(x)$,那么函数的导数就等于函数的微分与自变量微分的商. 因此,导数又称为"微商". 在这以前总把 $\dfrac{\mathrm{d}y}{\mathrm{d}x}$ 作为一个运算记号的整体来看待. 有了微分的概念以后,也可以把它看作一个分式.

例 1 已知 $y=x^4+3x^2-8x+6$,求 $\mathrm{d}y$.

解 $$y'=4x^3+6x-8,$$

由导数和微分的关系知 $$\mathrm{d}y=(4x^3+6x-8)\mathrm{d}x.$$

例 2 求函数 $y=\arctan 2x$ 在 $x=1$ 处的微分.

解 $$y'\Big|_{x=1}=\frac{2}{1+(2x)^2}\Big|_{x=1}=\frac{2}{1+4}=\frac{2}{5},$$

故函数在 $x=1$ 处的微分为 $$\mathrm{d}y=\frac{2}{5}\mathrm{d}x.$$

2.5.2 微分的几何意义

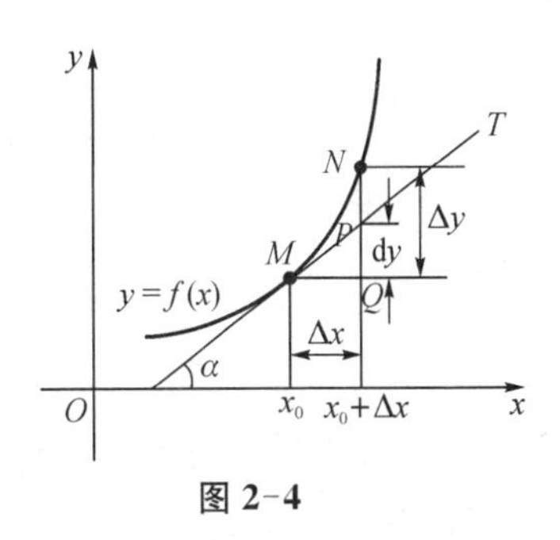

图 2-4

在直角坐标系中,函数 $y=f(x)$ 的图形是一条曲线. 设点 $M(x_0, y_0)$ 是该曲线上是一个定点,当自变量 x 在点 x_0 处取增量 Δx 时,就得到曲线上另一个点 $N(x_0+\Delta x, y_0+\Delta y)$. 从图 2-4 可知

$$|MQ|=\Delta x, \quad |QN|=\Delta y.$$

过点 M 作曲线的切线 MT,它的倾角为 α,则

$$|QP|=|MQ|\cdot\tan\alpha=\Delta x\cdot f'(x_0),$$

即 $\mathrm{d}y=|QP|$.

由此可见,对于可微函数 $y=f(x)$ 而言,当 Δy 是曲线 $y=f(x)$ 上点的纵坐标的增量时, $\mathrm{d}y$ 就是曲线在该点切线上的点的纵坐标的增量,当 $|\Delta x|$ 很小时, $|\Delta y-\mathrm{d}y|$ 比 $|\Delta x|$ 小得多. 因此在点 M 的邻近,可以用切线段 $|MP|$ 来近似代替曲线段 $|MN|$.

2.5.3 函数的微分公式与微分法则

因为函数 $y=f(x)$ 的微分为 $\mathrm{d}y=f'(x)\mathrm{d}x$, 所以由基本初等函数的求导公式及求导法则,可以得到相应的微分公式和微分运算法则.

1. 基本初等函数的微分公式

(1) $\mathrm{d}C=0$ (C 为常数);

(2) $\mathrm{d}(x^\mu)=\mu x^{\mu-1}\mathrm{d}x$;

(3) $\mathrm{d}(a^x)=a^x\ln a\mathrm{d}x$;

(4) $\mathrm{d}(\mathrm{e}^x)=\mathrm{e}^x\mathrm{d}x$;

(5) $\mathrm{d}(\log_a x)=\dfrac{1}{x\ln a}\mathrm{d}x$;

(6) $\mathrm{d}(\ln x)=\dfrac{1}{x}\mathrm{d}x$;

(7) $\mathrm{d}(\sin x)=\cos x\mathrm{d}x$;

(8) $\mathrm{d}(\cos x)=-\sin x\mathrm{d}x$;

(9) $\mathrm{d}(\tan x)=\sec^2 x\mathrm{d}x$;

(10) $\mathrm{d}(\cot x)=-\csc^2 x\mathrm{d}x$;

(11) $\mathrm{d}(\arcsin x)=\dfrac{1}{\sqrt{1-x^2}}\mathrm{d}x$;

(12) $\mathrm{d}(\arccos x)=-\dfrac{1}{\sqrt{1-x^2}}\mathrm{d}x$;

(13) $\mathrm{d}(\arctan x)=\dfrac{1}{1+x^2}\mathrm{d}x$;

(14) $\mathrm{d}(\mathrm{arccot}\, x)=-\dfrac{1}{1+x^2}\mathrm{d}x$.

2. 函数的和、差、积、商的微分法则

设 $u=u(x)$, $v=v(x)$ 可微,则有

$$\mathrm{d}(u\pm v)=\mathrm{d}u\pm\mathrm{d}v; \qquad \mathrm{d}(Cu)=C\mathrm{d}u \quad (C\text{ 为常数});$$

$$\mathrm{d}(uv)=u\mathrm{d}v+v\mathrm{d}u; \qquad \mathrm{d}\left(\frac{v}{u}\right)=\frac{u\mathrm{d}v-v\mathrm{d}u}{u^2}(u\neq 0).$$

3. 复合函数的微分法则与微分形式不变性

设 $y=f(x)$ 及 $u=g(x)$ 都可导，则复合函数 $y=f[g(x)]$ 的微分为

$$\mathrm{d}y=\frac{\mathrm{d}y}{\mathrm{d}x}\cdot\mathrm{d}x=f'(u)\cdot g'(x)\mathrm{d}x.$$

由于 $g'(x)\mathrm{d}x=\mathrm{d}u$，所以复合函数 $y=f[g(x)]$ 的微分公式也可以写成

$$\mathrm{d}y=f'(u)\mathrm{d}u \quad 或 \quad \mathrm{d}y=\frac{\mathrm{d}y}{\mathrm{d}u}\mathrm{d}u.$$

由此可见，无论 u 是自变量还是另一个变量的可微函数，微分形式 $\mathrm{d}y=f'(u)\mathrm{d}u$ 保持不变. 这一性质称为**一阶微分形式不变性**. 这一性质表明，当变换自变量时，微分形式 $\mathrm{d}y=f'(u)\mathrm{d}u$ 并不改变.

例 3 设 $y=\mathrm{e}^{\sin x}$，求 $\mathrm{d}y$.

解法 1 用公式 $\mathrm{d}y=f'(x)\mathrm{d}x$，得

$$\mathrm{d}y=(\mathrm{e}^{\sin x})'\mathrm{d}x=\mathrm{e}^{\sin x}\cos x\mathrm{d}x.$$

解法 2 用一阶微分形式不变性，得

$$\mathrm{d}y=\mathrm{d}\mathrm{e}^{\sin x}=\mathrm{e}^{\sin x}\mathrm{d}(\sin x)=\mathrm{e}^{\sin x}\cos x\mathrm{d}x.$$

例 4 求由方程 $\mathrm{e}^{xy}=2x+y^3$ 所确定的隐函数 $y=y(x)$ 的微分 $\mathrm{d}y$.

解 对方程两边求微分，得

$$\mathrm{d}(\mathrm{e}^{xy})=\mathrm{d}(2x+y^3),\qquad \mathrm{e}^{xy}\mathrm{d}(xy)=\mathrm{d}(2x)+\mathrm{d}(y^3),$$

$$\mathrm{e}^{xy}(y\mathrm{d}x+x\mathrm{d}y)=2\mathrm{d}x+3y^2\mathrm{d}y,$$

于是

$$\mathrm{d}y=\frac{2-y\mathrm{e}^{xy}}{x\mathrm{e}^{xy}-3y^2}\mathrm{d}x.$$

例 5 在括号中填入适当的函数，使等式成立.

(1) $\mathrm{d}(\quad)=x\mathrm{d}x$；　　(2) $\mathrm{d}(\quad)=\cos\omega t\mathrm{d}t$.

解 (1) 因为 $\mathrm{d}(x^2)=2x\mathrm{d}x$，所以 $x\mathrm{d}x=\frac{1}{2}\mathrm{d}(x^2)=\mathrm{d}\left(\frac{1}{2}x^2\right)$，即 $\mathrm{d}\left(\frac{1}{2}x^2\right)=x\mathrm{d}x$.

一般地，有 $\mathrm{d}\left(\frac{1}{2}x^2+C\right)=x\mathrm{d}x$ (C 为任意常数).

(2) 因为 $\mathrm{d}(\sin\omega t)=\omega\cos\omega t\mathrm{d}t$，所以 $\cos\omega t\mathrm{d}t=\frac{1}{\omega}\mathrm{d}(\sin\omega t)=\mathrm{d}\left(\frac{1}{\omega}\sin\omega t\right)$.

因此，$\mathrm{d}\left(\frac{1}{\omega}\sin\omega t+C\right)=\cos\omega t\mathrm{d}t$ (C 为任意常数).

2.5.4 微分在近似计算中的应用

若函数 $y=f(x)$ 在点 x_0 处可微，则

$$\Delta y = f'(x_0)\Delta x + o(\Delta x) = \mathrm{d}y + o(\Delta x) \quad (\Delta x \to 0).$$

当 $|\Delta x|$ 很小时，有 $\Delta y \approx \mathrm{d}y$，即

$$f(x_0 + \Delta x) - f(x_0) \approx f'(x_0)\Delta x \tag{2.12}$$

或

$$f(x_0 + \Delta x) \approx f(x_0) + f'(x_0)\Delta x. \tag{2.13}$$

也就是说，为求得 $f(x)$ 的近似值，可找一个邻近于 x 的值 x_0，只要 $f(x_0)$ 和 $f'(x_0)$ 易于计算，那么用 x 代替式(2.13)中的 $x_0 + \Delta x$ 就可得到 $f(x)$ 的近似值.

$$f(x) \approx f(x_0) + f'(x_0)\Delta x.$$

例 6 用微分求 $\sqrt{102}$ 与 $\sqrt{98}$ 的近似值.

解 令 $f(x) = \sqrt{x}$，取 $x_0 = 100$，$x_0 + \Delta x = 102$，即 $\Delta x = 2$，且 $f'(x_0) = \dfrac{1}{2\sqrt{x_0}} = \dfrac{1}{2\sqrt{100}}$，由式(2.13)有

$$\sqrt{102} \approx \sqrt{100} + \frac{1}{2\sqrt{100}} \times 2 = 10.1.$$

同理可得，当 $x_0 + \Delta x = 98$ 时，$\Delta x = -2$，由式(2.13)有

$$\sqrt{98} \approx \sqrt{100} + \frac{1}{2\sqrt{100}} \times (-2) = 9.9.$$

特别地，式(2.13)中取 $x_0 = 0$，有

$$f(x) \approx f(0) + f'(0)x \quad (|x| \ll 1).$$

由此可以得到工程上常用的几个近似公式：

$$\sin x \approx x, \quad \tan x \approx x, \quad \arcsin x \approx x,$$
$$\ln(1+x) \approx x, \quad \mathrm{e}^x \approx 1 + x, \quad (1+x)^\mu \approx 1 + \mu x.$$

习题 2.5

1. 填空(在下列各题中填入适当的常数或函数).

(1) $\mathrm{d}(\underline{\qquad\qquad}) = \cos 2x\mathrm{d}x$；　　(2) $\mathrm{d}(\underline{\qquad\qquad}) = 3x\mathrm{d}x$；

(2) $\mathrm{d}(\underline{\qquad\qquad}) = \mathrm{e}^{-2x}\mathrm{d}x$；　　(4) $\mathrm{d}(\underline{\qquad\qquad}) = \dfrac{1}{1+2x}\mathrm{d}x$；

(5) $\mathrm{d}(\underline{\qquad\qquad}) = \sec^2 3x\mathrm{d}x$；　　(6) $\mathrm{d}(\underline{\qquad\qquad}) = \dfrac{1}{\sqrt{1-4x^2}}\mathrm{d}x$.

2. 求下列函数的微分.

(1) $y = 5x^3 + 3x + 1$；　　(2) $y = \dfrac{1}{x} + 2\sqrt{x}$；

(3) $y=x\sin 2x$；

(4) $y=2\ln^2 x+x$；

(5) $y=x^2 e^{2x}$；

(6) $y=\dfrac{\cos 2x}{1+\sin x}$.

3. 求下列方程确定的隐函数 $y=y(x)$ 的微分 dy.

(1) $x^3y^2-\sin y^4=0$；

(2) $\tan y=x+y$；

(3) $\arctan\dfrac{y}{x}=\ln\sqrt{x^2+y^2}$；

(4) $x^y=y^x$.

4. 求下列各式的近似值.

(1) $\ln 1.01$；

(2) $e^{-0.02}$.

5. 一个外直径为 10 cm 的球，球壳的厚度为 $\dfrac{1}{8}$ cm，试求球壳体积的近似值.

本章应用拓展——导数与微分模型

1. 气体的压缩率与压缩系数

求温度恒定的气体体积 V 随压强 P 的变化率.

解 当压强由 P 增加至 $P+\Delta P$ 时，相应体积的改变量为 $\Delta V=V(P+\Delta P)-V(P)$，体积的平均变化率为 $\dfrac{\Delta V}{\Delta P}=\dfrac{V(P+\Delta P)-V(P)}{\Delta P}$，当 $\Delta P<0$ 时，显然有 $\Delta V\geqslant 0$，因此上述比值非正，从而其绝对值反映体积对压强的平均压缩率. 对平均压缩率取极限，则 $\dfrac{dV}{dP}=\lim\limits_{\Delta P\to 0}\dfrac{\Delta V}{\Delta P}$ 为压强等于 P 时体积的压缩率.

热力学中规定 $\beta=-\dfrac{V'(P)}{V}$ 为气体的等温压缩系数，它表示压强为 P 时，单位体积气体的体积压缩率.

2. 人口增长模型

某地区近年来的人口数据见表 2.1.

表 2.1 某地区近年来的人口数据 单位：千人

年份	人口	增加人口
2013 年	570	—
2014 年	591	21
2015 年	613	22
2016 年	636	23

估算在 2018 年，该地区人口将以何种速率增长？

(1) 模型建立

为了弄清该地区人口是如何增长的，我们观察表 2.1 第三列中人口的年增加量.

如果人口是线性增长的，那么第三列中的数据应该是相同的. 但人口越多增长得就越快,则第三列中数据就不同.

根据第二列数据,可近似地得到

$$\frac{2014\text{ 年人口}}{2013\text{ 年人口}}=\frac{591\text{ 千人}}{570\text{ 千人}}\approx 1.037,$$

$$\frac{2015\text{ 年人口}}{2014\text{ 年人口}}=\frac{613\text{ 千人}}{591\text{ 千人}}\approx 1.037,$$

$$\frac{2016\text{ 年人口}}{2015\text{ 年人口}}=\frac{636\text{ 千人}}{613\text{ 千人}}\approx 1.037.$$

以上结果表明,2013—2014 年、2014—2015 年和 2015—2016 年,人口都增长了约3.7%.

设 t 是自 2013 年以来的年数,则

当 $t=0$ 时,2013 年人口 $=570=570\times(1.037)^0$,

当 $t=1$ 时,2014 年人口 $=591=570\times(1.037)^1$,

当 $t=2$ 时,2015 年人口 $=613=591\times(1.037)^1=570\times(1.037)^2$,

当 $t=3$ 时,2016 年人口 $=636=613\times(1.037)^1=570\times(1.037)^3$.

设 2013 年后 t 年的人口为 P,则该地区的人口模型为

$$P=570\times(1.037)^t.$$

(2) 模型求解

由于瞬时增长率是导数,故需要计算 $\frac{\mathrm{d}P}{\mathrm{d}t}$ 在 $t=5$ 的值,则

$$\begin{aligned}\frac{\mathrm{d}P}{\mathrm{d}t}&=\frac{\mathrm{d}[570\times(1.037)^t]}{\mathrm{d}t}=570\times(\ln 1.037)\times(1.037)^t\\&=20.709\times(1.037)^t.\end{aligned}$$

将 $t=5$ 代入,得 $20.709\times(1.037)^5=24.835$.

故该地区的人口在 2018 年年初大约以每年 24.835 千人即以 24 835 人的速率增长.

2. 经营决策模型

假设你经营一条航线,考察近年来的数据发现,该航线的总成本近似为航班数的二次函数,该航线的总收入与航班数近似成正比.且该航线无航班时,该航线年总成本为 100 万美元;当航班 25 架次时,年总成本为 200 万美元;当航班为 50 架次时,年总成本及年总收入都为 500 万美元,现该航线航班有 31 架次,问是否需要增加第 32 次航班?

模型建立

假设作出的决定纯粹以盈利为目的:如果这架航班能为公司盈利,那么就应该增加.显然需要考虑当航班 31 架次时的边际利润,其含义为:当航班 31 架次时,多增加 1 次航班所增加(或减少)的利润.

此处边际利润为利润函数的导数,而利润函数是经济管理中的常用函数,其计算方法为

收入函数与成本函数之差.

设该航线上航班数为 q，该航线总成本为 $C(q)$，该航线总收入为 $R(q)$，该航利润为 $L(q)$.

由现有条件,可设 $C(q)=a_1q^2+a_2q+a_3$，将 (0, 100)，(25, 200)，(50, 500) 代入，得 $a_1=\frac{4}{25}$，$a_2=0$，$a_3=100$，则该航线的总成本为 $C(q)\approx\frac{4}{25}q^2+100$.

设 $R(q)=a_4q$，将 (50, 500) 代入，得 $a_4=10$. 故得该航线总收入为 $R(q)=10q$.

该航线的利润函数为

$$L(q)=R(q)-C(q)=10q-\left(\frac{4}{25}q^2+100\right)=-\frac{4}{25}q^2+10q-100.$$

模型求解

需要计算 $\frac{\mathrm{d}L(q)}{\mathrm{d}q}$ 当 $q=31$ 时的值，则

$$\frac{\mathrm{d}L(q)}{\mathrm{d}q}=\frac{\mathrm{d}\left(-\frac{4}{25}q^2+10q-100\right)}{\mathrm{d}q}=-\frac{8}{25}q+10.$$

当 $q=31$ 时，该航线的边际利润为

$$\left.\frac{\mathrm{d}L(q)}{\mathrm{d}q}\right|_{q=31}=-\frac{8}{25}\times31+10=0.08.$$

即该航线有 31 架次航班时，每增加 1 次航班，该航线利润将增加 0.08 万美元，故考虑增加第 32 架次航班.

总习题 2

1. 填空题.

(1) 可导函数________连续，连续函数________可导.

(2) 函数 $f(x)$ 在点 x_0 处可导是 $f(x)$ 在点 x_0 处可微的________条件.

(3) 设 $f(x)=x$，则 $f(0)=$________，$f'(0)=$________；设 $g(x)=x^2$，则 $g(0)=$________，$g'(0)=$________；设 $h(x)=x^{\frac{1}{3}}$，则 $h(0)=$________，而在 $x=0$ 处________.

(4) 设 $f(x)=\mathrm{e}^{mx}$，则 $f^{(n)}(x)=$________.

(5) 设 $\mathrm{d}f(x)=\left(\frac{1}{1+x^2}+\cos 2x+\mathrm{e}^{3x}\right)\mathrm{d}x$，则 $f(x)=$________.

(6) 已知 $f(x)=\begin{cases}\mathrm{e}^{2x}+b, & x\leqslant 0,\\ \sin ax, & x>0\end{cases}$ 在 $x=0$ 处可导，则 $a=$________，$b=$________.

2. 选择题.

(1) 设 $f(x)$ 为可导函数，且满足条件 $\lim\limits_{x\to0}\frac{f(1)-f(1-x)}{2x}=-1$，则曲线 $y=f(x)$ 在点 $(1, f(1))$ 处

的切线斜率为(　　).

A. 2　　B. -1　　C. $\frac{1}{2}$　　D. -2

(2) 函数 $f(x)=(x^2-x-2)|x^3-x|$ 不可导点的个数是(　　).

A. 3　　B. 2　　C. 1　　D. 0

(3) 设 $f(x)$ 为不恒等于零的奇函数,且 $f'(0)$ 存在,则函数 $g(x)=\frac{f(x)}{x}$ (　　).

A. 在 $x=0$ 处左极限不存在　　B. 在 $x=0$ 处右极限不存在

C. 有跳跃间断点 $x=0$　　D. 有可去间断点 $x=0$

(4) 已知 $y=x\ln x$, 则 $y'''=$ (　　).

A. $\frac{1}{x}$　　B. $\frac{1}{x^2}$　　C. $-\frac{1}{x^2}$　　D. $\frac{2}{x^3}$

(5) 设 $y=f(u)$ 是可微函数, u 是 x 的可微函数,则 $\mathrm{d}y=$ (　　).

A. $f'(u)u\mathrm{d}x$　　B. $f'(u)\mathrm{d}u$　　C. $f'(u)\mathrm{d}x$　　D. $f'(u)u'\mathrm{d}u$

(6) 设半径为 R 的球加热,如果球的半径伸长 ΔR, 则球的体积增加了(　　).

A. $\frac{4}{3}\pi R^3\Delta R$　　B. $4\pi R^2\Delta R$　　C. $4\Delta R$　　D. $4\pi R\Delta R$

3. 求下列函数的导数.

(1) $y=(3x+5)^3(5x+4)^5$;　　(2) $y=x^a+a^x+a^a$;

(3) $y=\arctan\frac{x+1}{x-1}$;　　(4) $y=x\arcsin\frac{x}{2}+\sqrt{4-x^2}$.

4. 求下列函数的二阶导数.

(1) $y=x^3\cos 2x$;　　(2) $y=\ln\sqrt{\frac{1-x}{1+x^2}}$.

5. 求下列函数的 n 阶导数.

(1) $y=\ln(1+x)$;　　(2) $y=(1+x)^n$.

6. 由方程 $\mathrm{e}^{xy}+y^2=\cos x$ 确定 y 为 x 的函数,求 $\frac{\mathrm{d}y}{\mathrm{d}x}$.

7. 由方程 $x-y+\frac{1}{2}\sin y=0$ 确定 y 为 x 的函数,求 $\frac{\mathrm{d}^2y}{\mathrm{d}x^2}$.

8. 求曲线 $\begin{cases}x=1+t^2,\\ y=t\end{cases}$ 在 $t=2$ 处的切线方程 y.

9. 设扇形的圆心角 $\alpha=60^\circ$, 半径 $R=100\,\mathrm{cm}$. 如果 R 不变, α 减少 30°, 问扇形面积大约会改变多少? 如果 α 不变, R 增加 $1\,\mathrm{cm}$, 问扇形的面积大约会改变多少?

第3章

微分中值定理和导数的应用

第2章介绍了导数的概念及其计算方法.本章将以导数作为工具,研究函数及其曲线的性态,并讨论导数在一些实际问题中的应用.为此,先要介绍微分中值定理,它们是导数应用的理论基础.

3.1 微分中值定理

3.1.1 罗尔定理

定理1(费马引理) 设函数 $f(x)$ 在点 x_0 的某邻域 $U(x_0)$ 内有定义,并且在 x_0 处可导,如果对任意的 $x \in U(x_0)$,有 $f(x) \leqslant f(x_0)$ (或 $f(x) \geqslant f(x_0)$),则 $f'(x_0) = 0$.

通常称导数等于零的点为函数的**驻点(或稳定点、临界点)**.

费马定理告诉我们,若函数在 x_0 点可导,且函数在 x_0 点处取得了局部的最大值或最小值,则函数在点 x_0 处的导数一定为零,即 $f'(x_0) = 0$.

定理2(罗尔定理) 若函数 $f(x)$ 满足:

(1) 在闭区间 $[a, b]$ 上连续;

(2) 在开区间 (a, b) 内可导;

(3) 在区间两个端点处的函数值相等,即 $f(a) = f(b)$,

则在 (a, b) 内至少存在一点 ξ,使得 $f'(\xi) = 0$.

几何意义 如果连续曲线 $y = f(x)$ 在两个端点 A, B 处的纵坐标相等且除端点外处处有不垂直于 x 轴的切线,那么在曲线弧上至少有一点 $C(\xi, f(\xi))$ 使得曲线在该点处的切线平行于 x 轴(图3-1).

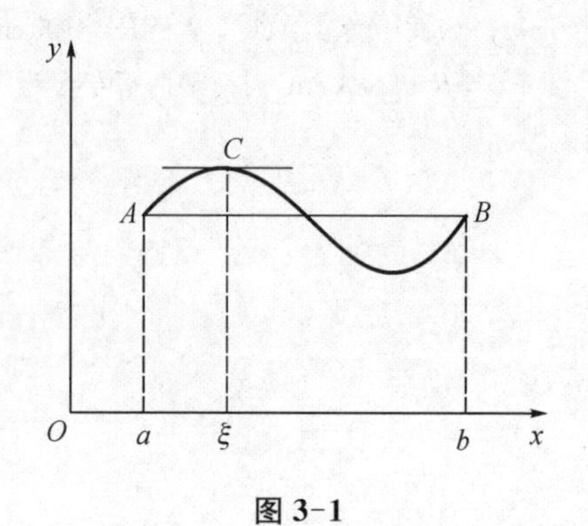

图 3-1

罗尔定理的条件说明：

(1) 定理中的三个条件缺一不可；

(2) 定理中的条件是充分条件而不是必要条件，即使函数 $y=f(x)$ 三个条件均不满足，但也可能存在一点 ξ，使得 $f'(x_0)=0$.

例 1　验证函数 $f(x)=\mathrm{e}^{x^2}-1$ 在 $[-1,1]$ 上满足罗尔定理的条件，并求出 $f'(\xi)=0$ 的 ξ.

解　因为函数 $f(x)=\mathrm{e}^{x^2}-1$ 是初等函数，所以在 $[-1,1]$ 连续，在 $(-1,1)$ 可导，且 $f(-1)=f(1)=\mathrm{e}-1$，因此函数 $f(x)=\mathrm{e}^{x^2}-1$ 在 $[-1,1]$ 上满足罗尔定理. 而 $f'(x)=2x\mathrm{e}^{x^2}=0$，得 $x=0$，故可取 $\xi=0$，$\xi\in(-1,1)$，使得 $f'(\xi)=0$.

例 2　不求出函数 $f(x)=(x-1)(x-2)(x-3)$ 的导数，说明方程 $f'(x)=0$ 有几个实根，并指出它们所在的区间.

分析　讨论方程 $f'(x)=0$ 的根的问题，通常考虑用罗尔定理，因为由罗尔定理的结论知，ξ 实际上是方程 $f'(x)=0$ 的根. 而讨论这类问题的基本思路是，在函数 $f(x)$ 可导的范围内，找出所有端点处函数值相等的区间. 而由罗尔定理知，在每个这样的区间内至少存在一点 ξ，使得 $f'(\xi)=0$. ξ 即为方程 $f'(x)=0$ 的一个实根，同时也得到了这个实根所在的范围.

对于本问题来说，方程 $f'(x)=0$ 至多有两个实根. 而由函数 $f(x)$ 的表达式知，$f(1)=f(2)=f(3)$. 因此 $[1,2]$ 和 $[2,3]$ 就是所要找的区间，在这两个区间内各有方程 $f'(x)=0$ 的一个实根.

解　因为 $f(x)$ 在 $[1,2]$ 和 $[2,3]$ 上连续，在 $(1,2)$ 和 $(2,3)$ 内可导，且 $f(1)=f(2)=f(3)=0$，所以由罗尔定理知，在 $(1,2)$ 内至少存在一点 ξ_1，使得 $f'(\xi_1)=0$，在 $(2,3)$ 内至少存在一点 ξ_2，使得 $f'(\xi_2)=0$. ξ_1 和 ξ_2 都是方程 $f'(x)=0$ 的实根. 方程 $f'(x)=0$ 至多有两个实根，所以方程 $f'(x)=0$ 有且只有两个实根，它们分别位于 $(1,2)$ 和 $(2,3)$ 内.

3.1.2　拉格朗日中值定理

罗尔定理中 $f(a)=f(b)$ 这个条件是相当特殊的，也是非常苛刻的. 由于一般的函数很难具备这个条件，因此它使罗尔定理的应用受到了很大限制. 可以设想一下，若把条件适当放宽，比如把 $f(a)=f(b)$ 这个条件去掉，仅保留罗尔定理中的第一个和第二个条件，那么相应的结论会发生什么变化呢？为了更好地讨论这个问题，我们先从几何直观入手(图 3-2).

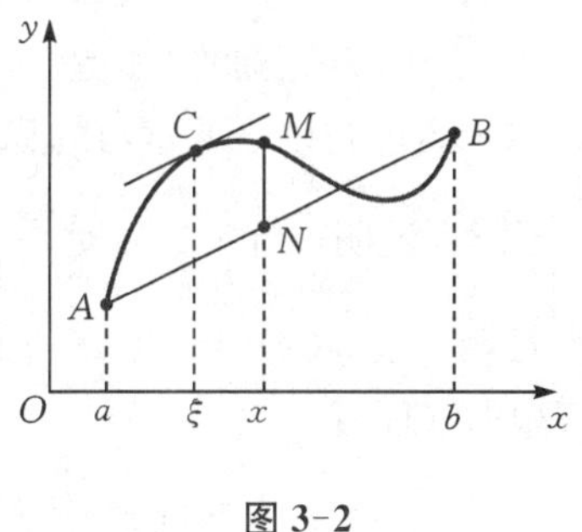

图 3-2

设图 3-2 中曲线弧 $\widehat{AB}$ 是函数 $y=f(x)(x\in[a,b])$ 的图形，它是一条连续的曲线弧，除端点外处处具有不垂直于 x 轴的切线，并且两端点处的纵坐标不相等，即 $f(a)\neq f(b)$. 不难发现，在曲线弧 $\widehat{AB}$ 上至少有一点 C，使曲线在点 C 处的切线平行于弦 AB. 若记 C 点的横坐标为ξ,则曲线在C点处切线的斜率为$f'(\xi)$,而弦AB的斜率为$\dfrac{f(b)-f(a)}{b-a}$. 因此

$$\frac{f(b)-f(a)}{b-a}=f'(\xi) \quad \text{或} \quad f(b)-f(a)=f'(\xi)(b-a).$$

从而得到了下面的拉格朗日(Lagrange)中值定理.

定理 3(拉格朗日中值定理) 若函数$f(x)$满足:

(1) 在闭区间$[a, b]$上连续;

(2) 在开区间(a, b)内可导,

则在(a, b)内至少存在一点ξ,使得

$$f(b)-f(a)=f'(\xi)(b-a) \quad \text{或} \quad \frac{f(b)-f(a)}{b-a}=f'(\xi). \tag{3.1}$$

从图 3-1 可以看到,在罗尔定理中,由于$f(a)=f(b)$, 弦AB是平行于x轴的,因此点C处的切线不仅平行于x轴,实质上也是平行于弦AB的. 由此可见,罗尔定理是拉格朗日中值定理的特殊情形.

拉格朗日中值定理的几何意义:函数$y=f(x)(x\in[a, b])$是一条连续的曲线弧,除端点外处处具有不垂直于x轴的切线,则在曲线弧$\overset{\frown}{AB}$上至少有一点C,使曲线在点C处的切线平行于弦AB.

拉格朗日中值定理在微分学中占有重要地位,有时也称其为微分中值定理. 利用它可实现用导数来研究函数的变化.

作为拉格朗日中值定理的应用,可证明如下定理.

定理 4 如果函数$f(x)$在区间I上的导数恒为零,那么$f(x)$在区间I上是一个常数.

证明 在区间I上任取两点$x_1, x_2(x_1<x_2)$,应用拉格朗日中值定理,得

$$f(x_2)-f(x_1)=f'(\xi)(x_2-x_1), \quad x_1<\xi<x_2.$$

由假设$f'(\xi)=0$, 所以$f(x_2)-f(x_1)=0$, 即$f(x_2)=f(x_1)$.

因为x_1, x_2是I上任意两点,所以上面的等式表明:$f(x)$在I上的函数值总是相等的,这就是说$f(x)$在区间I上是一个常数.

这个定理在以后要学习的积分学中将起到至关重要的作用.

例 3 证明:当$x>0$时,$\dfrac{x}{1+x}<\ln(1+x)<x$.

证明 设$f(x)=\ln(1+x)$, 显然$f(x)$在区间$[0, x]$上满足拉格朗日中值定理的条件,根据定理有

$$f(x)-f(0)=f'(\xi)(x-0), \quad 0<\xi<x.$$

由于$f(0)=\ln 1=0$, $f'(x)=\dfrac{1}{1+x}$,则上式为

$$\ln(1+x)-\ln 1=\frac{x}{1+\xi}.$$

又由 $0<\xi<x$，所以 $\dfrac{x}{1+x}<\ln(1+x)<x$.

3.1.3　柯西定理

定理5(柯西中值定理)　若函数 $f(x)$ 和 $F(x)$ 满足：

(1) 在闭区间 $[a, b]$ 上连续；

(2) 在开区间 (a, b) 内可导；

(3) 对任一 $x\in(a, b)$，$F'(x)\neq 0$，

则在 (a, b) 内至少存在一点 ξ，使得

$$\frac{f(b)-f(a)}{F(b)-F(a)}=\frac{f'(\xi)}{F'(\xi)}. \tag{3.2}$$

很明显，如果取 $F(x)=x$，那么 $F(b)-F(a)=b-a$，$F'(x)=1$，因而公式(3.2)就可以写成

$$\frac{f(b)-f(a)}{b-a}=f'(\xi),$$

这样就变成了拉格朗日中值定理. 由此可见，拉格朗日中值定理是柯西中值定理的特殊情形，柯西中值定理是拉格朗日中值定理的推广.

习题 3.1

1. 验证函数 $f(x)=x^2-7x+12$ 在区间 $[3, 4]$ 上满足罗尔定理的条件，并求出定理结论中的数值 ξ.
2. 不求导数，说明函数 $f(x)=(x-3)(x-4)(x-5)$ 的导数 $f'(x)$ 有几个零点，并指出它们的区间.
3. 验证函数 $f(x)=\ln x$ 在区间 $[1, \mathrm{e}]$ 上满足拉格朗日中值定理的条件，并求出定理结论中的数值 ξ.
4. 利用拉格朗日中值定理证明不等式：$\dfrac{1}{1+x}<\ln\dfrac{1+x}{x}<\dfrac{1}{x}\ (x>0)$.
5. 证明恒等式：$\arctan x+\operatorname{arccot} x=\dfrac{\pi}{2}$，$-\infty<x<+\infty$.
6. 函数 $f(x)=x^3$ 与 $g(x)=x^2+1$ 在区间 $[1, 2]$ 上是否满足柯西中值定理的条件？若满足，求出定理结论中的 ξ.

3.2　洛必达法则

如果当 $x\to a$（或 $x\to\infty$）时，两个函数 $f(x)$ 与 $g(x)$ 都趋于零或都趋于无穷大，那么极限 $\lim\limits_{\substack{x\to a\\(x\to\infty)}}\dfrac{f(x)}{g(x)}$ 可能存在，也可能不存在，通常把这类极限称为**未定式**，并简记为 $\dfrac{0}{0}$ 型或 $\dfrac{\infty}{\infty}$ 型. 对于这类极限，即使它存在，也不能直接用极限的除法运算法则来求解. 下面将以导数为工具推导出计算未定式极限的一种简便又重要的方法——洛必达法则.

3.2.1 $\dfrac{0}{0}$型未定式的洛必达法则

定理 1 设函数 $f(x)$ 和 $g(x)$ 在点 a 处的某去心邻域 $\mathring{U}(a)$ 内有定义，且满足条件：

(1) $\lim\limits_{x\to a} f(x)=0$, $\lim\limits_{x\to a} g(x)=0$；

(2) 在 $\mathring{U}(a)$ 内，$f'(x)$ 与 $g'(x)$ 都存在，且 $g'(x)\neq 0$；

(3) $\lim\limits_{x\to a}\dfrac{f'(x)}{g'(x)}=A$ (A 可为实数，也可为 $\pm\infty$ 或 ∞)，

则
$$\lim_{x\to a}\frac{f(x)}{g(x)}=\lim_{x\to a}\frac{f'(x)}{g'(x)}=A.$$

(证明从略)

注 1 如果 $\lim\limits_{x\to a}\dfrac{f'(x)}{g'(x)}$ 仍属于 $\dfrac{0}{0}$ 型未定式，且这时 $f'(x)$, $g'(x)$ 满足定理 1 中 $f(x)$, $g(x)$ 所要满足的条件，那么可以继续使用定理的结论，即 $\lim\limits_{x\to a}\dfrac{f(x)}{g(x)}=\lim\limits_{x\to a}\dfrac{f'(x)}{g'(x)}=\lim\limits_{x\to a}\dfrac{f''(x)}{g''(x)}$，且可以依此类推，这种用导数商的极限来计算函数商的极限的方法称为**洛必达法则**.

注 2 若将定理中 $x\to a$ 换成 $x\to a^{\pm}$, $x\to\infty$ 或 $x\to\pm\infty$，只要相应地修改条件，也可得同样的结论.

例 2 求 $\lim\limits_{x\to 0}\dfrac{e^x-e^{-x}}{3x}$.

解 这是 $\dfrac{0}{0}$ 型未定式，由洛必达法则可得
$$\lim_{x\to 0}\frac{e^x-e^{-x}}{3x}=\lim_{x\to 0}\frac{(e^x-e^{-x})'}{(3x)'}=\lim_{x\to 0}\frac{e^x+e^{-x}}{3}=\frac{2}{3}.$$

例 3 求 $\lim\limits_{x\to 1}\dfrac{x^3-3x+2}{x^3-x^2-x+1}$.

解 这是 $\dfrac{0}{0}$ 型未定式，连续应用洛必达法则两次，可得
$$\lim_{x\to 1}\frac{x^3-3x+2}{x^3-x^2-x+1}=\lim_{x\to 1}\frac{3x^2-3}{3x^2-2x-1}=\lim_{x\to 1}\frac{6x}{6x-2}=\frac{3}{2}.$$

这里 $\lim\limits_{x\to 1}\dfrac{6x}{6x-2}$ 已经不再是未定式，不能再对它应用洛必达法则，否则会导致错误.

例 4 求 $\lim\limits_{x\to+\infty}\dfrac{\dfrac{\pi}{2}-\arctan x}{\sin\dfrac{1}{x}}$.

解　这是 $\frac{0}{0}$ 型未定式，由洛必达法则可得

$$\lim_{x\to+\infty}\frac{\frac{\pi}{2}-\arctan x}{\sin\frac{1}{x}}=\lim_{x\to+\infty}\frac{\left(\frac{\pi}{2}-\arctan x\right)'}{\left(\sin\frac{1}{x}\right)'}=\lim_{x\to+\infty}\frac{-\frac{1}{1+x^2}}{\left(\cos\frac{1}{x}\right)\left(-\frac{1}{x^2}\right)}$$

$$=\lim_{x\to+\infty}\frac{x^2}{1+x^2}\cdot\lim_{x\to+\infty}\frac{1}{\cos\frac{1}{x}}=1\times1=1.$$

3.2.2　$\frac{\infty}{\infty}$ 型未定式的洛必达法则

定理 1 给出了 $\frac{0}{0}$ 型未定式的洛必达法则，其实对 $\frac{\infty}{\infty}$ 型未定式，也有相应的洛必达法则.

定理 2　设函数 $f(x)$ 和 $g(x)$ 在点 a 的某去心邻域 $\mathring{U}(a)$ 内有定义，且满足条件：

(1) $\lim\limits_{x\to a}f(x)=\infty$，$\lim\limits_{x\to a}g(x)=\infty$；

(2) 在 $\mathring{U}(a)$ 内，$f'(x)$ 和 $g'(x)$ 都存在，且 $g'(x)\neq0$；

(3) $\lim\limits_{x\to a}\frac{f'(x)}{g'(x)}=A$ (A 可为实数，也可为 $\pm\infty$ 或 ∞)，

则
$$\lim_{x\to a}\frac{f(x)}{g(x)}=\lim_{x\to a}\frac{f'(x)}{g'(x)}=A.$$

同定理 1 一样，若将定理 2 中 $x\to a$ 换成 $x\to a^{\pm}$，$x\to\infty$ 或 $x\to\pm\infty$，只要相应地修改条件，也可得同样的结论.

例 5　求 $\lim\limits_{x\to0^+}\frac{\ln\sin2x}{\ln x}$.

解　这是 $\frac{\infty}{\infty}$ 型未定式，由洛必达法则可得

$$\lim_{x\to0^+}\frac{\ln\sin2x}{\ln x}=\lim_{x\to0^+}\frac{\frac{2\cos2x}{\sin2x}}{\frac{1}{x}}=\lim_{x\to0^+}\frac{\cos2x}{\frac{\sin2x}{2x}}=1.$$

例 6　求 $\lim\limits_{x\to+\infty}\frac{e^x}{x^3}$.

解　$\lim\limits_{x\to+\infty}\frac{e^x}{x^3}=\lim\limits_{x\to+\infty}\frac{e^x}{3x^2}=\lim\limits_{x\to+\infty}\frac{e^x}{6x}=\lim\limits_{x\to+\infty}\frac{e^x}{6}=+\infty.$

例 7 求 $\lim\limits_{x\to 2}\dfrac{2^x-4}{\sqrt{x}(x^2-4)}$.

解 $\lim\limits_{x\to 2}\dfrac{2^x-4}{\sqrt{x}(x^2-4)} \overset{\frac{0}{0}\text{型}}{=\!=} \lim\limits_{x\to 2}\dfrac{1}{\sqrt{x}}\cdot\lim\limits_{x\to 2}\dfrac{2^x-4}{x^2-4}=\dfrac{1}{\sqrt{2}}\lim\limits_{x\to 2}\dfrac{(2^x-4)'}{(x^2-4)'}$

$$=\frac{1}{\sqrt{2}}\lim_{x\to 2}\frac{2^x\ln 2}{2x}=\frac{\sqrt{2}}{2}\ln 2.$$

注 在例 7 中,如果不提出分母中的非零因子 $\sqrt{x}$,则在应用洛必达法则时需要计算导数 $\left[\sqrt{x}(x^2-4)\right]'$,从而使运算复杂化. 因此,在应用洛必达法则求极限时,特别要注意通过提取因子,还可以与等价无穷小代换,利用两个重要极限的结果等方法,使运算尽可能地得到简化.

例 8 求 $\lim\limits_{x\to 0}\dfrac{3x-\sin 3x}{(1-\cos x)\ln(1+2x)}$.

解 当 $x\to 0$ 时, $1-\cos x\sim\dfrac{1}{2}x^2$, $\ln(1+2x)\sim 2x$, 则

$$\lim_{x\to 0}\frac{3x-\sin 3x}{(1-\cos x)\ln(1+2x)}=\lim_{x\to 0}\frac{3x-\sin 3x}{x^3}=\lim_{x\to 0}\frac{3-3\cos 3x}{3x^2}$$

$$=\lim_{x\to 0}\frac{3\sin 3x}{2x}=\frac{9}{2}.$$

注 如果 $\lim\limits_{x\to a}\dfrac{f'(x)}{g'(x)}$ 不存在且不等于 ∞ 时,这表明洛必达法则失效,而并不意味着 $\lim\limits_{x\to a}\dfrac{f(x)}{g(x)}$ 不存在,此时应改用其他方法求之.

例如, $\lim\limits_{x\to\infty}\dfrac{x+\sin x}{x}$ 是 $\dfrac{\infty}{\infty}$ 型未定式,分子、分母分别求导数后得到 $\lim\limits_{x\to\infty}\dfrac{1+\cos x}{1}$,由 $\lim\limits_{x\to\infty}\cos x$ 不存在知 $\lim\limits_{x\to\infty}\dfrac{1+\cos x}{1}$ 不存在,但不能说 $\lim\limits_{x\to\infty}\dfrac{x+\sin x}{x}$ 不存在. 事实上, $\lim\limits_{x\to\infty}\dfrac{x+\sin x}{x}=\lim\limits_{x\to\infty}\left(1+\dfrac{\sin x}{x}\right)=1+0=1$.

3.2.3 其他类型未定式

除了 $\dfrac{0}{0}$ 型和 $\dfrac{\infty}{\infty}$ 型未定式外,还有 $0\cdot\infty$, $\infty-\infty$, 0^0, 1^∞, ∞^0 这五种类型未定式.

$0\cdot\infty$ 型和 $\infty-\infty$ 型可以通过代数恒等式变形转化为 $\dfrac{0}{0}$ 型和 $\dfrac{\infty}{\infty}$ 型未定式; 0^0, 1^∞, ∞^0 型可以通过取对数转化为 $0\cdot\infty$ 型未定式.

下面用几个例子来说明这些类型未定式的计算.

例 9 求 $\lim\limits_{x\to 0^+} x^n \ln x \quad (n>0)$.

分析 因为 $\lim\limits_{x\to 0^+} x^n=0$，$\lim\limits_{x\to 0^+}\ln x=-\infty$，所以 $\lim\limits_{x\to 0^+} x^n\ln x\ (n>0)$ 是 $0\cdot\infty$ 型未定式.

又因为 $\lim\limits_{x\to 0^+} x^n\ln x=\lim\limits_{x\to 0^+}\dfrac{\ln x}{\dfrac{1}{x^n}}$，$\lim\limits_{x\to 0^+} x^n\ln x=\lim\limits_{x\to 0^+}\dfrac{x^n}{\dfrac{1}{\ln x}}$，

而 $\lim\limits_{x\to 0^+}\dfrac{\ln x}{\dfrac{1}{x^n}}$ 是 $\dfrac{\infty}{\infty}$ 型未定式，$\lim\limits_{x\to 0^+}\dfrac{x^n}{\dfrac{1}{\ln x}}$ 是 $\dfrac{0}{0}$ 型未定式，所以 $0\cdot\infty$ 型未定式可以转化为 $\dfrac{0}{0}$ 型或 $\dfrac{\infty}{\infty}$ 型未定式计算.

解 $$\lim_{x\to 0^+} x^n\ln x=\lim_{x\to 0^+}\frac{\ln x}{\dfrac{1}{x^n}}=\lim_{x\to 0^+}\frac{\dfrac{1}{x}}{-\dfrac{n}{x^{n+1}}}=\lim_{x\to 0^+}\left(-\frac{x^n}{n}\right)=0.$$

例 10 求 $\lim\limits_{x\to\frac{\pi}{2}}(\sec x-\tan x)$.

分析 此极限为$\infty-\infty$型未定式，可转化为$\dfrac{0}{0}$型未定式.

解 $$\lim_{x\to\frac{\pi}{2}}(\sec x-\tan x)=\lim_{x\to\frac{\pi}{2}}\frac{1-\sin x}{\cos x}=\lim_{x\to\frac{\pi}{2}}\frac{-\cos x}{-\sin x}=0.$$

例 11 求 $\lim\limits_{x\to 0^+} x^x$.

分析 因为 $\lim\limits_{x\to 0^+} x=0$，所以 $\lim\limits_{x\to 0^+} x^x$ 是 0^0 型未定式.

又因为 $\lim\limits_{x\to 0^+} x^x=\lim\limits_{x\to 0^+} e^{x\ln x}=e^{\lim\limits_{x\to 0^+} x\ln x}$，而 $\lim\limits_{x\to 0^+} x\ln x$ 是 $0\cdot\infty$ 型未定式，可转化为 $\dfrac{0}{0}$ 型或 $\dfrac{\infty}{\infty}$ 型未定式来计算.

解 $$\lim_{x\to 0^+} x^x=\lim_{x\to 0^+} e^{x\ln x}=e^{\lim\limits_{x\to 0^+} x\ln x}=e^{\lim\limits_{x\to 0^+}\frac{\ln x}{\frac{1}{x}}}=e^{\lim\limits_{x\to 0^+}\frac{\frac{1}{x}}{-\frac{1}{x^2}}}=e^{-\lim\limits_{x\to 0^+} x}=e^0=1.$$

例 12 求极限 $\lim\limits_{x\to 0^+}(\cot x)^{\sin x}$.

分析 此极限是∞^0 型未定式，可采用例 11 的方法求解.

解 $$\lim_{x\to 0^+}(\cot x)^{\sin x}=\lim_{x\to 0^+} e^{(\sin x)\ln\cot x}=e^{\lim\limits_{x\to 0^+}\frac{\ln\cot x}{\csc x}}=e^{\lim\limits_{x\to 0^+}\frac{\tan x(-\csc^2 x)}{-\csc x\cot x}}=e^{\lim\limits_{x\to 0^+}\frac{\sin x}{\cos^2 x}}$$
$$=e^0=1.$$

例 13 求极限 $\lim\limits_{x\to\infty}\left(\dfrac{x+1}{x-1}\right)^x$.

分析 此极限是 1^∞ 型未定式.

解法 1 因为 $y=e^{\ln y}$，令 $y=\left(\frac{x+1}{x-1}\right)^{x}$，

则
$$\ln y=x[\ln(x+1)-\ln(x-1)],$$

$$\lim_{x\to\infty}\ln y=\lim_{x\to\infty}\frac{\ln(x+1)-\ln(x-1)}{x^{-1}}=\lim_{x\to\infty}\frac{\frac{1}{x+1}-\frac{1}{x-1}}{-x^{-2}}=\lim_{x\to\infty}\frac{2x^{2}}{x^{2}-1}=2,$$

$$\lim_{x\to\infty}\left(\frac{x+1}{x-1}\right)^{x}=e^{2}.$$

解法 2

$$\lim_{x\to\infty}\left(\frac{x+1}{x-1}\right)^{x}=\lim_{x\to\infty}\left(1+\frac{2}{x-1}\right)^{\frac{x-1}{2}\cdot 2+1}=\lim_{x\to\infty}\left[\left(1+\frac{2}{x-1}\right)^{\frac{x-1}{2}}\right]^{2}\lim_{x\to\infty}\left(1+\frac{2}{x-1}\right)$$
$$=e^{2}\cdot 1=e^{2}.$$

习题 3.2

1. 用洛必达法则求下列极限.

(1) $\lim\limits_{x\to 0}\frac{e^{x}-e^{-x}}{\sin x}$；

(2) $\lim\limits_{x\to\frac{\pi}{2}}\frac{\ln\sin x}{(\pi-2x)^{2}}$；

(3) $\lim\limits_{x\to a}\frac{\sin x-\sin a}{x-a}$；

(4) $\lim\limits_{x\to 1}\frac{x^{\alpha}-1}{x^{\beta}-1}$，$\beta\neq 0$；

(5) $\lim\limits_{x\to 1}\frac{x^{10}-10x+9}{x^{5}-5x+4}$；

(6) $\lim\limits_{x\to 0^{+}}\frac{\ln\tan 7x}{\ln\tan 2x}$；

(7) $\lim\limits_{x\to\infty}\frac{\ln\left(1+\frac{1}{x}\right)}{\operatorname{arccot}x}$；

(8) $\lim\limits_{x\to 1}\left(\frac{2}{x^{2}-1}-\frac{1}{x-1}\right)$；

(9) $\lim\limits_{x\to 0}\left(\frac{1}{x}-\frac{1}{e^{x}-1}\right)$；

(10) $\lim\limits_{x\to 0}x\cot 2x$；

(11) $\lim\limits_{x\to 0^{+}}x^{\sin x}$；

(12) $\lim\limits_{x\to 0}(1+\sin x)^{\frac{1}{x}}$.

2. 验证极限 $\lim\limits_{x\to 0}\frac{x^{2}\sin\frac{1}{x}}{\sin x}$ 存在，但不能用洛必达法则求出.

3. 当 a 与 b 取何值时，$\lim\limits_{x\to 0}\left(\frac{\sin 3x}{x^{3}}+\frac{a}{x^{2}}+b\right)=0$？

3.3 函数的单调性、极值和最值

3.3.1 函数的单调性

如果函数 $y=f(x)$ 在 (a,b) 上单调增加（或减少），那么它的图像是一条沿 x 轴正向上升（或下降）的曲线，如图 3-3 所示. 这时可见曲线 C：$y=f(x)$ $(x\in(a,b))$ 在每一点的切

线的倾角都是锐角(或钝角)，从而 $f'(x) \geqslant 0$(或 $f'(x) \leqslant 0$). 由此可见，函数的单调性与导数的符号有着密切的关系.

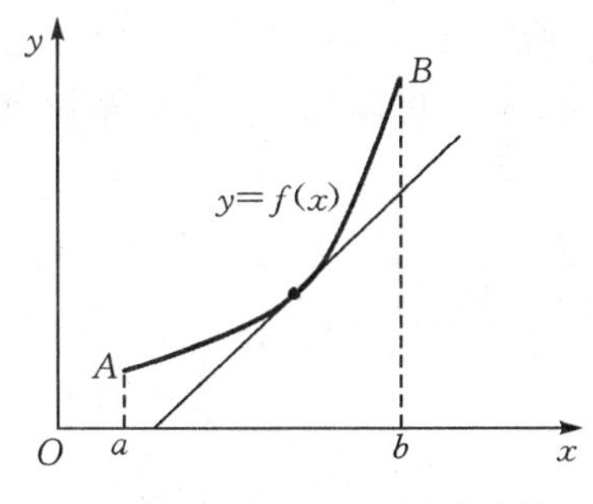

(a) 函数图形上升时切线斜率非负

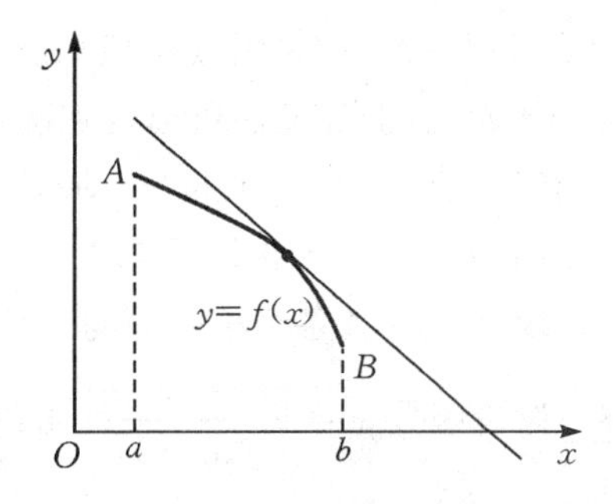

(b) 函数图形下降时切线斜率非正

图 3-3

反过来，可以根据导数的符号来判断函数的单调性. 下面先介绍一个定理.

定理 1　设函数 $f(x)$ 在 $[a, b]$ 上连续，在 (a, b) 内可导，则有

(1) 若在 (a, b) 内 $f'(x) > 0$，那么，函数 $f(x)$ 在 $[a, b]$ 上单调增加；

(2) 若在 (a, b) 内 $f'(x) < 0$，那么，函数 $f(x)$ 在 $[a, b]$ 上单调减少.

证明　任取两点 $x_1, x_2 \in (a, b)$，设 $x_1 < x_2$，由拉格朗日中值定理知，存在 $\xi(x_1 < \xi < x_2)$，使得

$$f(x_2) - f(x_1) = f'(\xi)(x_2 - x_1).$$

(1) 若在 (a, b) 内 $f'(x) > 0$，则 $f'(\xi) > 0$，可得 $f(x_2) - f(x_1) > 0$，即 $f(x_2) > f(x_1)$，故函数 $f(x)$ 在 $[a, b]$ 上单调增加；

(2) 若在 (a, b) 内 $f'(x) < 0$，则 $f'(\xi) < 0$，可得 $f(x_2) - f(x_1) < 0$，即 $f(x_2) < f(x_1)$，故函数 $f(x)$ 在 $[a, b]$ 上单调减少.

注 1　如果将定理中的闭区间 $[a, b]$ 换成其他各种区间(包括无穷区间)，结论仍然成立.

注 2　函数的单调性是一个区间上的性质，区间内个别点导数为零并不影响函数在该区间上的单调性. 因此定理条件 $f'(x) > 0\ (< 0)$ 改成 $f'(x) \geqslant 0\ (\leqslant 0)$，但只在有限个点处导数为零，结论依然成立.

例如，我们知道函数 $y = x^3$ 在其定义域 $(-\infty, +\infty)$ 内是单调增加的，但其导数 $y' = 3x^2$ 在 $x = 0$ 处为零.

如果函数在某区间内是单调的，则称该区间为函数的**单调区间**.

例 1　讨论函数 $y = \mathrm{e}^x - x + 1$ 的单调性.

解　函数 $y = \mathrm{e}^x - x + 1$ 的定义域为 $(-\infty, +\infty)$，又 $y' = \mathrm{e}^x - 1$，由 $y' = 0$，得 $x = 0$. 因为在 $(-\infty, 0)$ 内，$y' < 0$，所以函数 $y = \mathrm{e}^x - x + 1$ 在 $(-\infty, 0]$ 内单调减少；又因为在 $(0, +\infty)$ 内，$y' > 0$，所以函数 $y = \mathrm{e}^x - x + 1$ 在 $(0, +\infty)$ 上单调增加.

例 2　讨论函数 $y = \sqrt[3]{x^2}$ 的单调性.

解　函数的定义域为 $(-\infty, +\infty)$. 当 $x \neq 0$ 时，$y' = \dfrac{2}{3\sqrt[3]{x}}$；当 $x = 0$ 时，函数的导数

不存在，但在该点连续. 在 $(-\infty, 0)$ 内，$y' < 0$，因此函数 $y = \sqrt[3]{x^2}$ 在 $(-\infty, 0]$ 上单调减少；在 $(0, +\infty)$ 内，$y' > 0$，因此函数 $y = \sqrt[3]{x^2}$ 在 $(0, +\infty)$ 上单调增加.

从例 2 可以看出，如果函数在某些点处不可导，则划分函数的单调区间的分点，还应包括这些导数不存在的点. 从而可以得到确定函数 $y = f(x)$ 单调性的一般步骤如下：

(1) 确定函数 $y = f(x)$ 的定义域；

(2) 求出使 $f'(x) = 0$ 和 $f'(x)$ 不存在的点，这些点将定义域分成若干小区间；

(3) 确定 $f'(x)$ 在各个小区间的正负号，从而判定函数的单调性.

例 3 讨论函数 $y = \dfrac{x^2 - x + 4}{x - 1}$ 的单调性.

解 函数的定义域为 $(-\infty, 1) \cup (1, +\infty)$，且

$$y' = \frac{x^2 - 2x + 3}{(x-1)^2} = \frac{(x-3)(x+1)}{(x-1)^2}.$$

令 $y' = 0$，得 $x_1 = -1$，$x_2 = 3$，另外 $x = 1$ 是导数不存在的点. 它们将定义域分成 4 个区间：$(-\infty, -1)$，$(-1, 1)$，$(1, 3)$，$(3, +\infty)$. 函数在定义域上的增减性列表如下：

x	$(-\infty, -1)$	$(-1, 1)$	$(1, 3)$	$(3, +\infty)$
y	+	—	—	+

因此，函数 $y = \dfrac{x^2 - x + 4}{x - 1}$ 在 $(-\infty, -1]$，$[3, +\infty)$ 上单调增加；在 $(-1, 1]$，$(1, 3)$ 上单调减少.

例 4 证明：当 $x > 1$ 时，$2\sqrt{x} > 3 - \dfrac{1}{x}$.

证明 令 $f(x) = 2\sqrt{x} - \left(3 - \dfrac{1}{x}\right)$，则

$$f'(x) = \frac{1}{\sqrt{x}} - \frac{1}{x^2} = \frac{x\sqrt{x} - 1}{x^2}.$$

$f(x)$ 在 $[1, +\infty)$ 上连续，且当 $x > 1$ 时，$f'(x) > 0$，因此在区间 $[1, +\infty)$ 上，$f(x)$ 单调增加.

由于 $f(1) = 2\sqrt{1} - (3 - 1) = 0$，所以当 $x > 1$ 时，$f(x) > f(1) = 0$，

即
$$2\sqrt{x} - \left(3 - \frac{1}{x}\right) > 0,$$

亦即
$$2\sqrt{x} > 3 - \frac{1}{x} \quad (x > 1).$$

3.3.2　函数的极值

定义 1　设函数 $y=f(x)$ 在点 x_0 的一个邻域内有定义，如果对应该邻域内异于点 x_0 的 x，有以下定义：

(1) 若 $f(x_0)>f(x)$，则称 $f(x_0)$ 为函数 $f(x)$ 的**极大值**，x_0 称为函数 $f(x)$ **极大值点**；

(2) 若 $f(x_0)<f(x)$，则称 $f(x_0)$ 为函数 $f(x)$ 的**极小值**，x_0 称为函数 $f(x)$ **极小值点**.

函数的极大值和极小值统称为函数的**极值**，极大值点和极小值点统称为**极值点**.

注 1　函数的极值是一个局部性概念. 如果 $f(x_0)$ 是函数 $f(x)$ 的一个极大值(或极小值)，只是在点 x_0 邻近的一个局部范围内 $f(x_0)$ 是最大的(或最小的)，但是对函数 $f(x)$ 的整个定义域来说就不一定是最大的(或最小的)了.

注 2　极值点一定是函数的定义区间的内点.

定理 2(极值存在的必要条件)　设函数 $y=f(x)$ 在点 x_0 处可导，且点 x_0 为函数的极值点，则 $f'(x_0)=0$.

由定理 2 可知，曲线在极值点处的切线平行于 x 轴，(图 3-4).

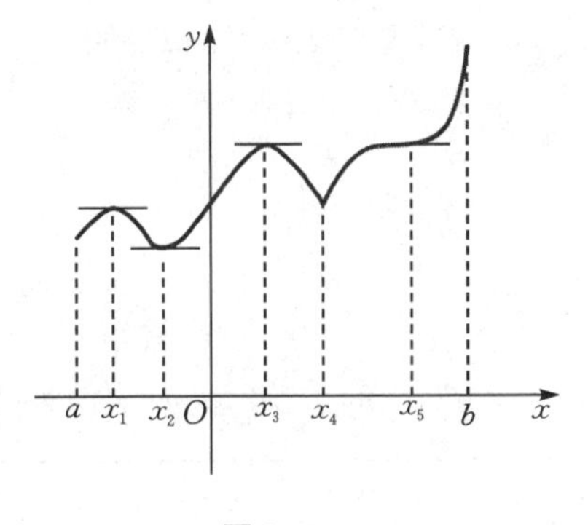

图 3-4

根据定理 2，可导函数 $f(x)$ 的极值点必定是它的驻点，但函数的驻点却不一定是极值点，即定理 2 的逆定理不成立. 例如，函数 $y=x^3$ 在点 $x=0$ 处的导数等于零，但显然 $x=0$ 不是 $y=x^3$ 的极值点.

另外，函数在它的导数不存在的点处也可能取得极值. 例如，函数 $f(x)=|x|$ 在点 $x=0$ 处不可导，但函数在该点取得极小值.

因此当我们求出函数的驻点和不可导点后，还要从这些点中判断哪些是极值点，以便进一步对极值点判断是极大值点还是极小值点. 下面给出函数极值点判断的充分条件.

定理 3(判定极值的第一充分条件)　设函数 $f(x)$ 在点 x_0 的某个邻域 $U(x_0,\delta)$ 内连续，且在该去心邻域 $\mathring{U}(x_0,\delta)$ 内可导.

(1) 若 $x\in(x_0-\delta,x_0)$ 时，$f'(x)<0$，而 $x\in(x_0,x_0+\delta)$ 时，$f'(x)>0$，则 $f(x_0)$ 是 $f(x)$ 的极小值；

(2) 若 $x\in(x_0-\delta,x_0)$ 时，$f'(x)>0$，而 $x\in(x_0,x_0+\delta)$ 时，$f'(x)<0$，则 $f'(x_0)$ 是 $f(x)$ 的极大值.

(证明从略)

例 5　求函数 $f(x)=(x-4)\sqrt[3]{(x+1)^2}$ 的极值.

解　$f(x)$ 在定义域$(-\infty,+\infty)$内连续，且 $f'(x)=\dfrac{5(x-1)}{3\sqrt[3]{x+1}}$.

令 $f'(x)=0$，得驻点 $x=1$，而 $x=-1$ 为 $f(x)$ 的不可导点.

$f(x)$ 的单调区间及取值列表如下：

x	$(-\infty, -1)$	-1	$(-1, 1)$	1	$(1, +\infty)$
$f'(x)$	+	不存在	−	0	+
$f(x)$	↗	0	↘	$-3\sqrt[3]{4}$	↗

由上表可以看出，当 $x=-1$ 时，函数取得极大值，极大值为 $f(-1)=0$；当 $x=1$ 时，函数取得极小值，极小值为 $f(1)=-3\sqrt[3]{4}$.

定理 4(判定极值的第二充分条件) 设函数 $y=f(x)$ 在点 x_0 处具有二阶导数，且 $f'(x_0)=0$，$f''(x_0)\neq 0$，则点 x_0 是函数 $y=f(x)$ 的极值点，且

(1) 当 $f''(x_0)>0$ 时，$f(x_0)$ 为 $f(x)$ 的极小值；

(2) 当 $f''(x_0)<0$ 时，$f(x_0)$ 为 $f(x)$ 的极大值.

(证明从略)

注 用极值的第二充分条件判断极值点时，x_0 必须是驻点，如果 $f''(x_0)=0$ 或 $f''(x_0)$ 不存在，定理 4 失效，但可用第一充分条件进行判断.

例 6 求函数 $f(x)=x^3-3x^2-9x+5$ 的极值.

解 函数 $f(x)$ 的定义域为 $(-\infty, +\infty)$，且

$$f'(x)=3x^2-6x-9=3(x+1)(x-3).$$

令 $f'(x)=0$，得驻点 $x_1=-1$，$x_2=3$.

$f(x)$ 的单调区间及取值列表如下：

x	$(-\infty, -1)$	-1	$(-1, 3)$	3	$(3, +\infty)$
$f'(x)$	+	0	−	0	+
$f(x)$	↗	极大值	↘	极小值	↗

由上表可知，函数的极大值为 $f(-1)=10$，极小值为 $f(3)=-22$.

例 7 求函数 $f(x)=2x^2-\ln x$ 的极值.

解 函数的定义域为 $x>0$，且

$$f'(x)=4x-\frac{1}{x}=\frac{4x^2-1}{x}.$$

令 $f'(x)=0$，得驻点 $x=\frac{1}{2}\left(x=-\frac{1}{2}\text{ 不在定义域内，所以不是驻点}\right)$. 虽有分母等于零的点 $x=0$，但它也不在定义域内，故不予考虑. 又因为

$$f''\left(\frac{1}{2}\right)=4+\frac{1}{x^2}\bigg|_{x=\frac{1}{2}}=8>0,$$

所以极小值为 $f\left(\frac{1}{2}\right)=\frac{1}{2}+\ln 2$.

3.3.3　函数的最值

在实际生活中,常常会遇到求“产量最大”“用料最省”“成本最低”“效率最高”等问题,这类问题在数学上就是求函数的最大值和最小值问题,统称为**最值问题**. 前面讨论了局部最大与局部最小即极值问题,而最大值与最小值问题则是一个全局、整体概念. 最值问题与极值问题之间有什么联系呢?

设函数 $f(x)$ 在闭区间 $[a, b]$ 上连续,由闭区间上连续函数的性质可知,函数 $f(x)$ 在闭区间 $[a, b]$ 上必存在最大值和最小值. 最值可能出现在极值点或端点处.

一般地,求函数 $f(x)$ 在 $[a, b]$ 上的最值的步骤如下:

(1) 找出函数 $f(x)$ 在开区间 (a, b) 内的所有驻点和不可导点,设这些点的横坐标为 $x_1, x_2, \cdots, x_n$;

(2) 比较 $f(x_1), f(x_2), \cdots, f(x_n), f(a)$ 及 $f(b)$ 的大小,最大者就是函数 $f(x)$ 在 $[a, b]$ 上的最大值,最小者就是函数 $f(x)$ 在 $[a, b]$ 上的最小值.

例 8　求函数 $f(x)=2x^3+3x^2-12x+10$ 在 $[-3, 4]$ 上的最大值与最小值.

解　$f'(x)=6x^2+6x-12=6(x+2)(x-1)$.

令 $f'(x)=0$, 得驻点 $x_1=-2$, $x_2=1$.

计算驻点及区间端点的函数值: $f(-2)=30$, $f(1)=3$, $f(-3)=19$, $f(4)=138$.

比较知,函数 $f(x)$ 在 $[-3, 4]$ 上取得最大值 $f(4)=138$, 最小值 $f(1)=3$.

在实际问题中,往往根据问题的性质就可以断定函数 $f(x)$ 确有最值,而且一定在定义区间内部取得. 这时如果 $f(x)$ 在定义区间内部只有一个驻点 x_0, 那么不再用充分条件讨论 $f(x_0)$ 是不是极值,直接断定 $f(x_0)$ 是最大值(或最小值).

例 9　设有边长为 l 的正方形纸板,将其四角剪去相等的小正方形,叠成一个无盖的盒子,问小正方形的边长为多少时,叠成的盒子的体积为最大?

解　设剪去的小正方形的边长为 x, 则盒子的体积为

$$V=(l-2x)^2x,\quad x\in\left(0, \frac{l}{2}\right),$$

求导得

$$V'=l^2-8lx+12x^2.$$

令 $V'=0$, 求得驻点 $x=\frac{l}{6}\left(x=\frac{l}{2}\text{不在定义域内,不予考虑}\right)$.

由于盒子的体积的最大值一定存在,且在区间 $\left(0, \frac{l}{2}\right)$ 内部取得,而在区间 $\left(0, \frac{l}{2}\right)$ 内只有一个驻点 $x=\frac{l}{6}$, 此点即为所求的最大值点. 即当 $x=\frac{l}{6}$ 时,盒子体积最大,最大值为

$$V\left(\frac{l}{6}\right)=\frac{2}{27}l^3.$$

例 10　工厂铁路线上 AB 段的距离为 100 km. 工厂 C 距 A 处为 20 km, AC 垂直于 AB

(图 3-5). 为了运输需要,要在 AB 线上选定一点 D 向工厂修筑一条公路. 已知铁路每公里货运的运费与公路上每公里货运的运费之比为 3∶5. 为了使货物从供应站 B 运到工厂 C 的运费最省,问 D 点应选在何处?

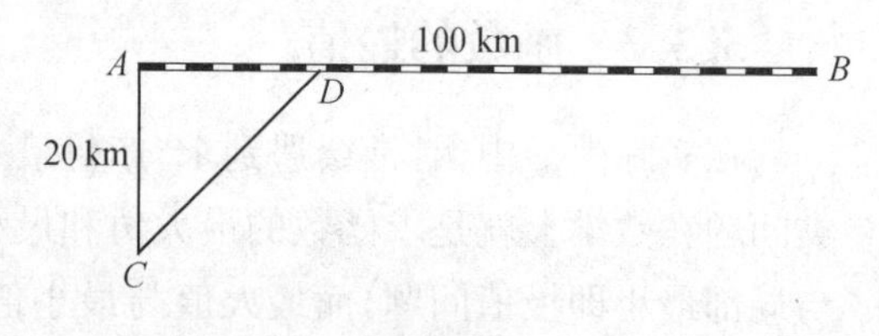

图 3-5

解 设 $AD = x(\mathrm{km})$, 则 $DB = 100 - x$, $CD = \sqrt{20^2 + x^2} = \sqrt{400 + x^2}$.

设从 B 点到 C 点需要的总运费为 y, 那么 $y = 5k \cdot CD + 3k \cdot DB$ (k 是某个正数), 即

$$y = 5k\sqrt{400 + x^2} + 3k(100 - x), \quad 0 \leqslant x \leqslant 100.$$

现在问题就归结为: x 在 $[0, 100]$ 内取何值时目标函数 y 的值最小.

先求 y 对 x 的导数, 得 $y' = k\left(\dfrac{5x}{\sqrt{400 + x^2}} - 3\right)$.

解方程 $y' = 0$, 得 $x = 15$ km.

由于 $y\Big|_{x=0} = 400k$, $y\Big|_{x=15} = 380k$, $y\Big|_{x=100} = 500k\sqrt{1 + \dfrac{1}{5^2}}$, 其中, 以 $y\Big|_{x=15} = 380k$ 为最小, 因此当 $AD = x = 15$ km 时, 总运费为最省.

习题 3.3

1. 确定下列函数的单调区间及极值.

(1) $y = 2x^3 - 6x^2 - 18x + 7$; (2) $y = 2x + \dfrac{8}{x}(x > 0)$;

(3) $y = x + \sqrt{1 - x}$; (4) $y = 2x^2 - \ln x$.

2. 证明下列不等式.

(1) 当 $x > 0$ 时, $1 + \dfrac{1}{2}x > \sqrt{1 + x}$; (2) 当 $0 < x < \dfrac{\pi}{2}$ 时, $\tan x > x + \dfrac{1}{3}x^3$;

(3) 当 $0 < x < \dfrac{\pi}{2}$ 时, $\sin x + \tan x > 2x$.

3. 试求方程 $\sin x = x$ 只有一个实根.

4. 求下列函数的最大值, 最小值.

(1) $y = x^4 - 2x^2 + 5, -2 \leqslant x \leqslant 2$; (2) $y = x + \dfrac{1}{x}, \dfrac{1}{2} \leqslant x \leqslant 2$.

5. 某农场欲围成一个面积为 6 m² 的矩形场地, 正面所用材料每米造价为 10 元, 其余 3 面每米造价为 5 元, 求场地长、宽各为多少时, 所用的材料费最省?

6. 甲船以每小时 20 km 的速度向东行驶, 同一时间乙船在甲船正北 82 km 处以每小时 16 km 的速度向南行驶, 问经过多少时间两船距离最近?

3.4 导数在经济学中的应用

本节讨论导数概念在经济学中的两个应用——边际分析和弹性分析.

3.4.1　边际分析

在经济学中,习惯上用平均和边际这两个概念来描述一个经济变量 y 对于另一个经济变量 x 的变化. 平均概念表示 x 在某一范围内取值 y 的变化. 边际概念表示当 x 的改变量 Δx 趋于 0 时, y 的相应改变量 Δy 与 Δx 比值的变化,即当 x 在某一给定值附近有微小变化时, y 的瞬时变化.

1. 边际函数

设函数 $y=f(x)$ 可导,函数值的增量与自变量的增量的比值

$$\frac{\Delta y}{\Delta x}=\frac{f(x_0+\Delta x)-f(x_0)}{\Delta x}$$

表示 $f(x)$ 在 $(x_0,\ x_0+\Delta x)$ 或 $(x_0+\Delta x,\ x_0)$ 内的**平均变化率(速度)**.

根据导数的定义,导数 $f'(x_0)$ 表示 $f(x)$ 在点 $x=x_0$ 处的**变化率**,经济学中称其为 $f(x)$ 在点 $x=x_0$ 处的**边际函数值**.

当函数的自变量 x 从 x_0 改变一个单位(即 $\Delta x=1$) 时,函数的增量为 $f(x_0+1)-f(x_0)$,但当 x 改变的"单位"很小时,或 x 的"一个单位"与 x_0 的值相比很小时,则有近似式 $f(x_0+1)-f(x_0)\approx f'(x_0)$.

它表明:当自变量在点 x_0 处产生一个单位的改变时,函数 $f(x)$ 的改变量可近似地用 $f'(x_0)$ 来表示. 在经济学中,解释边际函数值的具体意义时,通常略去"近似"二字.

例如,设函数 $y=x^2$,则 $y'=2x$, $y=x^2$ 在点 $x=10$ 处的边际函数值为 $y'(10)=20$,表示当 $x=10$ 时, x 改变一个单位, y (近似)改变 20 个单位.

2. 边际成本

某产品的**总成本**是指生产一定数量的产品所需全部经济资源的投入费用的总额,一般由固定成本和可变成本两个部分组成.

平均成本是指生产一定数量产品时,平均每单位产品的成本.

边际成本即总成本的变化率.

设 C 为总成本, C_0 为固定成本, C_1 为可变成本, $\overline{C}$为平均成本, C' 为边际成本, Q 为产量,则有

总成本函数　$C=C(Q)=C_0+C_1(Q)$;

平均成本函数　$\overline{C}=\overline{C}(Q)=\dfrac{C(Q)}{Q}=\dfrac{C_0}{Q}+\dfrac{C_1(Q)}{Q}$;

边际成本函数　$C'=C'(Q)$.

例 1　已知商品的总成本函数为 $C=C(Q)=1\,000+\dfrac{Q^2}{40}$,求

(1) 当 $Q=200$ 时的总成本和平均成本;

(2) 当 $Q=200$ 到 $Q=400$ 时的总成本的平均变化率;

(3) 当 $Q=400$, $Q=420$ 时的边际成本及其经济意义.

解　(1) 当 $Q=200$ 时,总成本为

$$C(200)=1\,000+\frac{200^2}{40}=2\,000;$$

平均成本为 $$\overline{C}=\overline{C}(200)=\frac{C(200)}{200}=\frac{2\,000}{200}=10.$$

(2) 当 $Q=200$ 到 $Q=400$ 时,总成本的平均变化率为

$$\frac{\Delta C}{\Delta Q}=\frac{C(400)-C(200)}{200}=\frac{5\,000-2\,000}{200}=15.$$

(3) 总成本函数的边际成本函数为 $C'(Q)=\dfrac{Q}{20}$.

当 $Q=400$ 时,边际成本 $C'(400)=\left.\dfrac{Q}{20}\right|_{Q=400}=20$,它表示生产第 401 个单位产品所花费的成本为 20.

当 $Q=420$ 时,边际成本 $C'(420)=\left.\dfrac{Q}{20}\right|_{Q=420}=21$,它表示生产第 421 个单位产品所花费的成本为 21.

3. 边际收益

总收益是指出售一定数量产品得到的全部收入.

平均收益是指出售一定数量产品,平均每出售单位产品所得到的收入,即为单位商品的售价.

边际收益即为总收益的变化率.

设 R 表示总收益,$\overline{R}$表示平均收益,R' 表示边际收益,Q 表示商品数量,则

总收益函数 $R=R(Q)$;

平均收益函数 $\overline{R}=\overline{R}(Q)=\dfrac{R(Q)}{Q}$;

边际收益函数 $R'=R'(Q)$.

4. 边际利润

总利润等于总收益与总成本之差.

边际利润即为总利润的变化率.

设 L 表示产量为 Q 时的总利润,$R(Q)$ 为总收益函数,$C(Q)$ 为总成本函数,则

$$L=L(Q)=R(Q)-C(Q),$$

边际利润 $L'(Q)=R'(Q)-C'(Q)$.

例 2 某企业生产某种产品,每天的总利润 L 与产量 Q (单位: t)的函数关系为

$$L(Q)=160Q-4Q^2,$$

求当每天 10 t, 20 t, 25 t 时的边际利润,并说明其经济意义.

解 边际利润为 $L'(Q)=160-8Q$, 每天生产 10 t, 20 t, 25 t 时的边际利润分别为

$$L'(10)=80,\quad L'(20)=0,\quad L'(25)=-40.$$

其经济意义分别为

$L'(10)=80$，表示当每天产量在 10 t 的基础上再增加 1 t 时，总利润将增加 80 元；

$L'(20)=0$，表示当每天产量在 20 t 的基础上再增加 1 t 时，总利润将没有变化；

$L'(25)=-40$，表示当每天产量在 25 t 的基础上再增加 1 t 时，总利润将减少 40 元.

注　最大利润与边际利润的关系如下：

(1) 利润函数 $L=L(Q)=R(Q)-C(Q)$，边际利润 $L'(Q)=R'(Q)-C'(Q)$.

(2) $L(Q)$ 取得最大值的必要条件为 $L'(Q)=0$，则 $R'(Q)=C'(Q)$，即利润函数取得最大值的必要条件是边际成本等于边际收益.

(3) $L(Q)$ 取得最大值的充分条件为 $L''(Q)<0$，则 $R''(Q)<C''(Q)$，即利润函数取得最大值的充分条件是边际成本的导数(边际成本的变化率)大于边际收益的导数(边际收益的变化率).

3.4.2　弹性概念

1. 函数的弹性

对于函数 $y=f(x)$，自变量的改变量 $\Delta x=(x+\Delta x)-x$ 称为**自变量的绝对改变量**，函数的改变量 $\Delta y=f(x+\Delta x)-f(x)$ 称为**函数的绝对改变量**，而函数的导数 $f'(x)$ 称为**函数 $y=f(x)$ 的绝对变化率**. 但实际中，仅仅研究函数的绝对改变量与绝对变化率还是不够的.

例如，商品甲的单价为 10 元，涨价 1 元，商品乙的单价为 1 000 元，也涨价 1 元. 两种商品的绝对改变量都是 1 元，但各与其原价相比，二者涨价的百分比却有很大的不同，商品甲上涨了 $\frac{1}{10}=10\%$，商品乙上涨了 $\frac{1}{1\,000}=0.1\%$. 因此，我们有必要进一步研究函数的相对改变量与相对变化率.

对于函数 $y=f(x)$，称 $\frac{\Delta x}{x}$ 为点 x 处的**自变量的相对改变量**，称

$$\frac{\Delta y}{y}=\frac{f(x+\Delta x)-f(x)}{f(x)}$$

为函数 $y=f(x)$ 在点 x 处的**函数的相对改变量**.

定义 1　设函数 $y=f(x)$ 在点 x_0 处可导，函数的相对改变量 $\frac{\Delta y}{y_0}=\frac{f(x_0+\Delta x)-f(x_0)}{f(x_0)}$ 与自变量的相对改变量 $\frac{\Delta x}{x_0}$ 之比 $\left(\frac{\Delta y}{y_0}\right)\Big/\left(\frac{\Delta x}{x_0}\right)$ 称为函数 $f(x)$ 从 x_0 到 $x_0+\Delta x$ **两点间的平均相对变化率**，或称为**两点间的弹性**. 当 $\Delta x\to 0$ 时，如果 $\left(\frac{\Delta y}{y_0}\right)\Big/\left(\frac{\Delta x}{x_0}\right)$ 的极限存在，则称此极限为函数 $f(x)$ 在点 x_0 处的**相对变化率**，或称**点弹性**，记为 $\left.\frac{Ey}{Ex}\right|_{x=x_0}$ 或 $\frac{E}{Ex}f(x_0)$，即

$$\left.\frac{Ey}{Ex}\right|_{x=x_0}=\lim_{\Delta x\to 0}\frac{\dfrac{\Delta y}{y_0}}{\dfrac{\Delta x}{x_0}}=\lim_{x\to 0}\frac{\Delta y}{\Delta x}\cdot\frac{x_0}{y_0}=f'(x_0)\cdot\frac{x_0}{f(x_0)}.$$

对一般的 x，若 $f(x)$ 可导，则 $\dfrac{Ey}{Ex}=\lim\limits_{\Delta x\to 0}\dfrac{\dfrac{\Delta y}{y}}{\dfrac{\Delta x}{x}}=\lim\limits_{\Delta x\to 0}\dfrac{\Delta y}{\Delta x}\cdot\dfrac{x}{y}=y'\cdot\dfrac{x}{y}$ 是 x 的函数，称 $\dfrac{Ey}{Ex}$ 为函数 $y=f(x)$ 的**弹性函数**.

函数 $y=f(x)$ 在点 x 处的弹性 $\dfrac{E}{Ex}f(x)$ 反映了随着自变量 x 的变化，函数 $f(x)$ 变化幅度的大小，也就是 $f(x)$ 对 x 变化反应的强烈程度或敏感度.

$\dfrac{E}{Ex}f(x_0)$ 表示在点 $x=x_0$ 处，当 x 产生 1% 的改变时，函数 $y=f(x)$ 近似地改变 $\dfrac{E}{Ex}f(x_0)\%$，在解释应用问题中弹性的具体意义时，常常略去"近似"二字.

例 3 求函数 $y=30\mathrm{e}^{2x}$ 的弹性函数 $\dfrac{Ey}{Ex}$ 及 $\left.\dfrac{Ey}{Ex}\right|_{x=4}$，并解释 $\left.\dfrac{Ey}{Ex}\right|_{x=4}$ 的意义.

解 $y'=60\mathrm{e}^{2x}$，$\dfrac{Ey}{Ex}=\dfrac{x}{y}y'=60\mathrm{e}^{2x}\cdot\dfrac{x}{30\mathrm{e}^{2x}}=2x$.

$\left.\dfrac{Ey}{Ex}\right|_{x=4}=8$ 表明在 $x=4$ 处，当 x 产生 1% 的改变时，函数 $y=30\mathrm{e}^{2x}$ 改变 8%.

2. 需求弹性函数

把对某商品的需求量看成是商品价格 P 的函数，即需求函数 $Q=f(P)$，由于需求函数 $Q=f(P)$ 为单调减函数，且 ΔP 与 ΔQ 异号，于是 $f'(P)\dfrac{P}{Q}$ 为负数. 在经济学中，为了用正数来表示需求弹性，常用需求函数相对变化率的相反数来定义需求弹性.

定义 2 设某商品的需求函数 $Q=f(P)$ 在 P 处可导，将 $-\dfrac{EQ}{EP}=-f'(P)\dfrac{P}{Q}$ 称为商品在价格为 P 时的**需求价格弹性**，或简称**需求弹性**，记作 $\eta(P)$，即

$$\eta(P)=-\frac{EQ}{EP}=-f'(P)\frac{P}{Q}.$$

需求弹性 $\eta(P)$ 可用于衡量需求的相对变动对价格变动的反映程度.

例 4 已知某商品的需求函数 $Q=\mathrm{e}^{-\frac{P}{10}}$，求当 $P=5$，$P=10$，$P=15$ 时的需求弹性，并说明其意义.

解
$$Q'=f'(P)=-\frac{1}{10}\mathrm{e}^{-\frac{P}{10}}.$$

需求弹性函数为

$$\eta(P)=-f'(P)\frac{P}{Q}=\frac{1}{10}e^{-\frac{P}{10}}\cdot\frac{P}{e^{-\frac{P}{10}}}=\frac{P}{10}.$$

$\eta(5)=0.5$，说明当 $P=5$ 时，价格上涨 1%，需求量减少 0.5%；
$\eta(10)=1$，说明当 $P=10$ 时，价格与需求的变动幅度相同；
$\eta(15)=1.5$，说明当 $P=15$ 时，价格上涨 1%，需求量减少 1.5%.

3. 用需求弹性分析总收益的变化

总收益 R 是商品价格 P 与销售量 Q 的乘积，即

$$R=PQ=Pf(P),$$

$$R'=f(P)+Pf'(P)=f(P)\left[1+f'(P)\frac{P}{f(P)}\right]=f(P)[1-\eta(P)].$$

从而，可得到如下结论：

(1) 若 $\eta(P)<1$，即需求的变动幅度小于价格的变动幅度时，$R'>0$，R 递增，也就是说，价格上涨，总收益增加；价格下跌，总收益减少.

(2) 若 $\eta(P)=1$，即需求的变动幅度等于价格的变动幅度时，$R'=0$，R 取得最大值.

(3) 若 $\eta(P)>1$，即需求的变动幅度大于价格的变动幅度时，$R'<0$，R 递减，也就是说，价格上涨，总收益减少；价格下跌，总收益增加.

例 5　某商品的需求函数 $Q=f(P)=75-P^2$，求

(1) 当 $P=4$ 时的需求弹性，并说明其经济意义；

(2) 当 $P=4$ 时，价格上涨 1%，总收益变化百分之几，是增加还是减少？

(3) 当 $P=6$ 时，价格上涨 1%，总收益变化百分之几，是增加还是减少？

解　由于 $Q=f(P)=75-P^2$，故

$$\eta(P)=2P\cdot\frac{P}{75-P^2}=\frac{2P^2}{75-P^2}.$$

(1) $\eta(4)=\dfrac{32}{59}\approx 0.54$，说明当 $P=4$ 时，价格上涨 1%，需求减少 0.54%.

(2) $\eta(4)\approx 0.54<1$，故价格上涨 1%，总收益增加.

由 $R'=f(P)[1-\eta(P)]$，得 $R'(4)=27$；由 $R=PQ=75P-P^3$，得 $R(4)=236$.

因此
$$\left.\frac{ER}{EP}\right|_{P=4}=R'(4)\cdot\frac{4}{R(4)}\approx 0.46.$$

说明当 $P=4$ 时，价格上涨 1%，总收益增加 0.46%.

(3) $R'(6)=-33$，$R(6)=234$，则有

$$\left.\frac{ER}{EP}\right|_{P=6}=R'(6)\cdot\frac{6}{R(6)}\approx -0.85.$$

说明当 $P=6$ 时,价格上涨 1%,总收益减少 0.85%.

习题 3.4

1. 某产品生产 x 个单位的总成本 C 是 x 的函数 $C=C(x)=1\,100+\dfrac{1}{1\,200}x^2$,求

(1) 生产 900 个单位时的总成本和平均单位成本;

(2) 生产 900 个到 1 000 个单位时总成本的平均变化率;

(3) 生产 900 个单位和 1 000 个单位时的边际成本,并说明其经济意义.

2. 某商品的价格 P 与需求量 Q 的关系为 $P=10-\dfrac{Q}{5}$.

(1) 求需求量为 20 及 30 时的总收益、平均收益 $\overline{R}$ 及边际收益 R';

(2) Q 为多少时总收益最大?

3. 一个公司已估算出产品的成本函数为 $C=2\,600+2x+0.001x^2$.

(1) 求出产量分别为 1 000, 2 000, 3 000 时的成本、平均成本和边际成本;

(2) 产量多大时,平均成本能达到最低? 求出最低成本.

4. 设某产品产量为 Q 单位时的平均成本为 $\overline{C}(Q)=\dfrac{20}{Q}+0.5Q+2$,求产量为 10 个单位时的边际成本.

5. 设某商品的需求函数为 $Q=Q(P)=108-P^2$,试求:

(1) 当 $P=4$ 时的边际需求,并说明其经济意义;

(2) 当 $P=4$ 时的需求弹性,并说明其经济意义;

(3) 在 $P=4$ 时,若价格上涨 1%,总收益变化百分之几,是增加还是减少?

(4) 在 $P=7$ 时,若价格上涨 1%,总收益变化百分之几,是增加还是减少?

(5) 在 P 为多少时,总收益最大?

本章应用拓展——微分模型

1. 运输问题

设海岛 A 与陆地城市 B 到海岸线的距离分别为 a 与 b,它们之间的水平距离为 d,需要建立它们之间的运输线,若海上轮船的速度为 v_1,陆地汽车的速度为 v_2,试问转运站 P 设在海岸线上何处才能使运输的时间最短?

模型假设

(1) 海岸线是直线 MN,如图 3-6 所示;

(2) A 与 B 到海岸线的距离为它们到直线 MN 的距离.

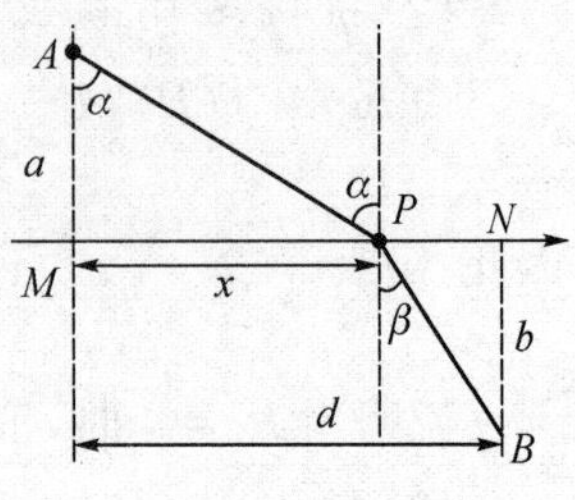

图 3-6

模型建立与求解

设 MP 为 x,则海上运输所需要时间为

$$t_1=\frac{|AP|}{v_1}=\frac{\sqrt{a^2+x^2}}{v_1},$$

陆地运输所需的时间为

$$t_2=\frac{|PB|}{v_2}=\frac{\sqrt{b^2+(d-x)^2}}{v_2},$$

因此,问题的目标函数为

$$t=t_1+t_2=\frac{\sqrt{a^2+x^2}}{v_1}+\frac{\sqrt{b^2+(d-x)^2}}{v_2}.$$

现在求 $t(x)$ 的最小值

$$\frac{\mathrm{d}t}{\mathrm{d}x}=\frac{x}{v_1\sqrt{a^2+x^2}}-\frac{d-x}{v_2\sqrt{b^2+(d-x)^2}},$$

由上述方程解驻点比较麻烦,因此先讨论方程 $\frac{\mathrm{d}t}{\mathrm{d}x}=0$ 有没有实根.

可以证明 $\frac{\mathrm{d}t}{\mathrm{d}x}=0$ 有唯一实根.

因为

$$\frac{\mathrm{d}^2t}{\mathrm{d}x^2}=\frac{a^2}{v_1\ (a^2+x^2)^{\frac{3}{2}}}+\frac{b^2}{v_2\ [b^2+(d-x)^2]^{\frac{3}{2}}},$$

在 $[0,\ d]$ 上,因为 $\frac{\mathrm{d}^2t}{\mathrm{d}x^2}>0$, 所以 $\frac{\mathrm{d}t}{\mathrm{d}x}$ 单调增加,且

$$t'(0)=-\frac{d}{v_2\sqrt{b^2+d^2}}<0,\quad t'(d)=-\frac{d}{v_1\sqrt{a^2+d^2}}>0.$$

由零点定理,必存在唯一的 $\xi\in(0,\ d)$, 使 $t'(\xi)=0$. 根据问题的实际意义,ξ 就是 $f(x)$ 的最小值点.

由于直接从 $\frac{\mathrm{d}t}{\mathrm{d}x}=0$ 求驻点 $x=\xi$ 比较麻烦,可以引入两个辅助角 α, β, 由图 3-6 可知

$$\sin\alpha=\frac{x}{\sqrt{a^2+x^2}},\quad \sin\beta=\frac{d-x}{\sqrt{b^2+(d-x)^2}}.$$

令 $\frac{\mathrm{d}t}{\mathrm{d}x}=0$, 得 $\frac{\sin\alpha}{v_1}-\frac{\sin\beta}{v_2}=0$, 即 $\frac{\sin\alpha}{v_1}=\frac{\sin\beta}{v_2}$. 这说明,当点 P 取在等式 $\frac{\sin\alpha}{v_1}=\frac{\sin\beta}{v_2}$ 成立的地方时,从 A 到 B 的运输时间最短.

拓展思考

等式 $\frac{\sin\alpha}{v_1}=\frac{\sin\beta}{v_2}$ 也是光学中的折射定理,根据光学中的费马定理,光线在两点之间

传播必取时间最短的路线. 若光线在两种不同介质中的速度分别为 v_1 与 v_2，则同样经过上述推导可知，光源从一种介质中的点 A 传播到另一种介质中的点 B 所用的时间最短的路线由 $\frac{\sin\alpha}{v_1}=\frac{\sin\beta}{v_2}$ 确定，其中，α 为光线的入射角，β 为光线的折射角.

由于在海上与陆地上的两种不同的运输速度相当于光线在两种不同传播媒介中的速度，因而所得结论也与光的折射定理相同. 可见，有很多属于不同学科领域的问题，虽然它们的具体意义不同，但在数量关系上可以用同一数学模型来描述.

2. 库存问题

库存管理在企业管理中占有很重要的地位. 例如，工厂定期购入原料，存入仓库以备生产之用；书店成批购入各种图书，以备读者选择购买；水库在雨季蓄水，以备旱季灌溉和发电等. 这里都有一个如何使库存量最优的问题. 存储量过大，存储费用太高；存储量过小，又会导致一次性订购的费用增加，或不能及时满足需求而遭受损失. 所以为了保证生产的连续性与均衡性，需要确定一个合理的经济的库存量，并定期订货加以补充，按需求发货以达到压缩库存物资、加速资金周转的目的.

下面先简要地介绍与库存模型相关的概念，然后讨论一种比较简单的库存模型和解法.

企业的基本功能是输入、转换和输出，它们是一个完整的系统. 输入过程称为供应过程，输出过程称为需求过程，为保证生产正常运行，供应的数量和速度必须不小于需求的数量和速度，多余的货物就储存在各部门的仓库里. 企业的仓库按供应和需求对象的不同，可大致分为两类，即原材料库及半成品库与成品库.

原材料库是用于存放生产所需的各种原材料的仓库. 这些原材料大多是由物资供应部门定期向外采购而来. 这类仓库的库存费用 T 由采购费 C 和保管费 H 两个部分组成，即

$$T=C+H.$$

半成品库和成品库是用于存放经过生产加工而成的半成品和成品的仓库. 这类仓库的最大存储量一般就是生产批量，而库存费用 T 由工装调整费 S 和保管费 H 两个部分构成，即

$$T=S+H.$$

随着生产批量的增大，计划期(年、季、月)内投产的批数减少，工装调整的次数减少，工装调整费下降，但库存增加，保管费用上升. 因此，为降低库存费用，必须确定一个经济批量 Q^* 使库存费用最小.

综上所述在讨论库存问题时，涉及三种费用，即采购费、工装调整费和保管费. 下面介绍不允许缺货情况下的一种库存模型.

3. 瞬时送货的确定型库存问题

假设某工厂生产需求速率稳定，库存下降到零时，再订购进货，一次采购量为 Q，进货有保障有规律. 在只考虑采购费及保管费(不考虑工装调整费)的前提下，试确定最经济的采购量 Q^*，使库存费用为最小，并求最小库存费.

模型假设

(1) 设采购费为 C，一次采购费为 C_0；

(2) 保管费为 H，每单位物资的保管费为 C_H；

(3) 总库存费为 T；

(4) 计划期内总需求量为 R；

(5) 一次采购量为 Q；

(6) 平均库存量为 $\bar{Q}$.

模型建立与求解

由于

$$\text{库存费用 } T = \text{采购费 } C + \text{保管费 } H,$$

其中，$C=\frac{R}{Q}C_0\left(\frac{R}{Q}\text{ 为计划期内的采购次数}\right)$，$H=\bar{Q}C_H$，所以 $T=\frac{R}{Q}C_0+\bar{Q}C_H$.

当企业的需求恒定时，保管费的消费速度是均匀的，而平均库存量与一次采购量的关系 $\bar{Q}=\frac{Q}{2}$（有关平均库存量的计算需要用积分的知识，此处直接给出结论）. 于是可将库存费用 T 表示为 Q 的一次函数

$$T=f(Q)=\frac{R}{Q}C_0+\frac{1}{2}C_HQ.$$

问题归结为对一个一元函数求最小值，所以用微分法求最优解.

令 $f'(Q)=-\frac{R}{Q^2}C_0+\frac{1}{2}C_H=0$，解得 $Q^*=\sqrt{\frac{2RC_0}{C_H}}$.

此为唯一驻点，根据问题的实际意义，这就是所要求的经济采购量，此时库存的最小费用为 $T^*=\sqrt{2RC_0C_H}$.

总习题 3

1. 填空题.

(1) 设 $f(x)=1-x^{\frac{2}{3}}$，则 $f(x)$ 在 $[-1,1]$ 上不满足罗尔定理的一个条件是________.

(2) 函数 $f(x)=e^x$ 及 $g(x)=x^2$ 在区间 $[a,b]$ 上满足河西中值定理条件，即存在点 $\xi\in(a,b)$，使________.

(3) 设 $\lim\limits_{x\to0}\frac{\ln(1+x)-\left(ax+\frac{b}{2}x^2\right)}{x\sin x}=12$，则 $a=$________，$b=$________.

(4) 函数 $f(x)=\frac{e^x}{x}$ 的单调增加区间是________，单调减少区间是________.

(5) 设 $f(x)$ 在 $[a,b]$ $(a<b)$ 连续，在 (a,b) 内可导，且在 (a,b) 内除 x_1，x_2 两点的导数为零外，其他各点处的导数都为负值，则 $f(x)$ 在 $[a,b]$ 上的最大值为________.

(6) 设 $f(x)=x(x+1)(2x+1)(3x-1)$，则在 $(-1,0)$ 内方程 $f'(x)=0$ 有________个实根；在

（-1，1）内方程 $f'(x)=0$ 有________个实根.

2. 选择题

(1) 函数 $f(x)=x^2+5$ 在区间 $[2, 4]$ 上满足拉格朗日中值定理的中值 $\xi=$(　　).

A. 3　　B. 4　　C. $\frac{5}{4}$　　D. $\frac{3}{2}$

(2) 求极限 $\lim\limits_{x\to\infty}\frac{x-\sin x}{x+\sin x}$，下列解法正确的是(　　).

A. 用洛必达法则，原式 $=\lim\limits_{x\to\infty}\frac{1-\cos x}{1+\cos x}=\lim\limits_{x\to\infty}\frac{\sin x}{-\sin x}=1$

B. 不用洛必达法则，极限不存在

C. 不用洛必达法则，原式 $=\lim\limits_{x\to\infty}\frac{1-\frac{\sin x}{x}}{1+\frac{\sin x}{x}}=\frac{1-1}{1+1}=0$

D. 不用洛必达法则，原式 $=\lim\limits_{x\to\infty}\frac{1-\frac{\sin x}{x}}{1+\frac{\sin x}{x}}=\frac{1-0}{1+0}=1$

(3) 设 x_0 为 $f(x)$ 的极大值点，则(　　).

A. 必有 $f'(x_0)=0$　　B. 必有 $f''(x_0)<0$

C. $f'(x_0)=0$ 或不存在　　D. $f(x_0)$ 为 $f(x)$ 在定义域内的最大值点

(4) 设 x_0 为 $f(x)$ 在 $[a, b]$ 上的最大值点，则(　　).

A. $f'(x_0)=0$ 或不存在　　B. 必有 $f''(x_0)<0$

C. x_0 为 $f(x)$ 的极值点　　D. $x_0=a, b$ 或为 $f(x)$ 的极大值点

3. 证明：多项式 $f(x)=x^3-3x+a$ 在 $(0, 1)$ 上不可能有两个零点.

4. 设 $f(x)$ 在 $[a, b]$ 上连续，在 (a, b) 内可导，证明：在 (a, b) 内至少存在一点 ξ，使

$$\frac{bf(b)-af(a)}{b-a}=f(\xi)+\xi f'(\xi).$$

5. 求下列极限.

(1) $\lim\limits_{x\to+\infty}\frac{x}{e^x}$；　　(2) $\lim\limits_{x\to 0}\frac{e^x-e^{-x}}{\sin x}$；

(3) $\lim\limits_{x\to 0}\frac{e^x-1}{xe^x+e^x-1}$；　　(4) $\lim\limits_{x\to\frac{\pi}{2}}\frac{\ln\sin x}{(\pi-2x)^2}$.

6. 讨论函数 $f(x)=\frac{\ln x}{x}$ 的单调区间和极值.

7. 求函数 $y=\frac{x^2}{1+x}$ 在区间 $\left[\frac{1}{2}, 1\right]$ 上的最大值和最小值.

8. 欲做一个底为正方形、容积为 $108\ \mathrm{m}^3$ 的长方体开口容器，怎样做用料最省？

第4章

不定积分

微分学的基本问题是研究如何从已知函数求出它的导函数，那么与之相反的问题是：求一个未知函数，使其导数恰好是某一已知的函数. 这种逆问题不仅是数学理论本身的需要，而且还出现在许多实际问题中. 例如，已知曲线上每一点处的切线斜率（或它满足的某种规律），求曲线方程；已知速度 $v(t)$，求路程 $s(t)$；等等. 这是积分学的基本问题，积分学部分包括不定积分和定积分. 现在先介绍第一部分——不定积分.

4.1 不定积分的概念与性质

4.1.1 原函数与不定积分的概念

定义 1 设函数 $f(x)$ 在区间 I 上有定义，如果存在函数 $F(x)$，使得对任何 $x \in I$，均有

$$F'(x) = f(x) \quad 或 \quad \mathrm{d}F(x) = f(x)\mathrm{d}x,$$

则称函数 $F(x)$ 为 $f(x)$ 在区间 I 上的一个**原函数**.

例如，$\frac{1}{3}x^3$ 是 x^2 在区间 $(-\infty, +\infty)$ 上的一个原函数，因为 $\left(\frac{1}{3}x^3\right)' = x^2$；又 $\frac{1}{2}\sin 2x$ 与 $1+\frac{1}{2}\sin 2x$ 都是 $\cos 2x$ 在区间 $(-\infty, +\infty)$ 内的原函数，因为

$$\left(\frac{1}{2}\sin 2x\right)' = \left(1+\frac{1}{2}\sin 2x\right)' = \cos 2x.$$

下面给出两点说明：

(1) 如果函数 $f(x)$ 有一个原函数 $F(x)$，即 $F'(x) = f(x)$，那么，对于任意常数 C，显然也有

$$[F(x)+C]' = F'(x) = f(x),$$

即函数 $F(x)+C$ 也是 $f(x)$ 的原函数，故函数 $f(x)$ 的原函数有无穷多个.

(2) 如果函数 $f(x)$ 有一个原函数 $F(x)$，则 $F(x)+C$ 包含了函数 $f(x)$ 的所有原函数.

综上所述，如果函数存在一个原函数，则必有无穷多个原函数，且它们彼此间只相差一个常数. 同时也揭示了全体原函数的结构，即若 $F(x)$ 是 $f(x)$ 在区间 I 上的一个原函数，则 $f(x)$ 的全体原函数可以写成 $F(x)+C$ 的形式，其中 C 为任意常数. 由此给出函数不定积分的定义.

定义 2 函数 $f(x)$ 在区间 I 上的全体原函数称为 $f(x)$ 在区间 I 上的**不定积分**，记作

$$\int f(x)\mathrm{d}x,$$

其中，称 $\int$ 为**积分号**，$f(x)$ 为**被积函数**，$f(x)\mathrm{d}x$ 为**被积表达式**，x 为**积分变量**.

注 由不定积分的定义可以看出，求函数 $f(x)$ 的不定积分，就是求 $f(x)$ 的全体原函数，只需要找出函数 $f(x)$ 的一个原函数，再加上任意常数 C 即可.

因此，本节开始时所举的例子可写为

$$\int x^2\mathrm{d}x=\frac{1}{3}x^3+C,$$

$$\int \cos 2x\mathrm{d}x=\frac{1}{2}\sin 2x+C.$$

几何意义 若 $F(x)$ 是 $f(x)$ 的一个原函数，则称 $y=F(x)$ 的图像为 $f(x)$ 的一条**积分曲线**. 于是，函数 $f(x)$ 的不定积分在几何上表示 $f(x)$ 的某一条积分曲线沿纵轴方向任意平移所得的一切积分曲线组成的曲线族(图 4-1). 如果规定所求曲线通过点 (x_0, y_0)，则从

$$y_0=F(x_0)+C$$

中能唯一地确定 C，这种条件称为**初始条件**.

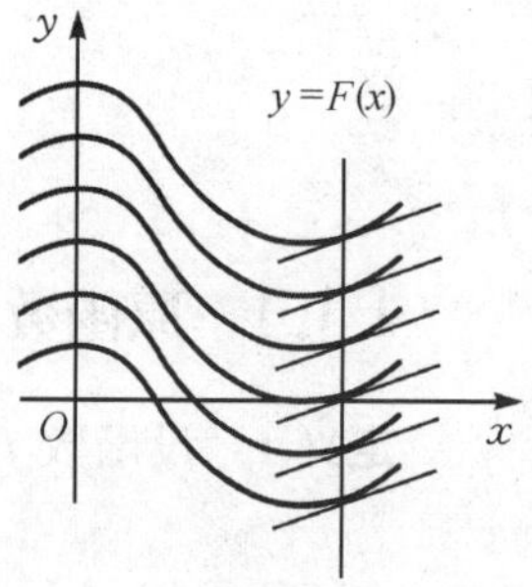

图 4-1

例 1 已知曲线 $y=f(x)$ 在任一点切线斜率为 x^2，且曲线通过点 $(0, 1)$，求曲线的方程.

解 由题意可知 $f'(x)=x^2$，即 $f(x)$ 是 x^2 的一个原函数，从而

$$f(x)=\int x^2\mathrm{d}x=\frac{1}{3}x^3+C,$$

又由于曲线经过点 $(0, 1)$，故 $C=1$，

于是所求曲线为
$$y=\frac{1}{3}x^3+1.$$

例 2 求不定积分 $\int\frac{1}{x}\mathrm{d}x$.

解 当 $x>0$ 时，由于 $(\ln x)'=\frac{1}{x}$，所以 $\ln x$ 是 $\frac{1}{x}$ 在 $(0, +\infty)$ 内的一个原函数. 因

此在 $(0, +\infty)$ 内，$\int \frac{1}{x}\mathrm{d}x = \ln x + C$；

当 $x < 0$ 时，由于 $[\ln(-x)]' = -\frac{1}{x}(-1) = \frac{1}{x}$，所以 $\ln(-x)$ 是 $\frac{1}{x}$ 在$(-\infty, 0)$ 内的一个原函数. 因此在 $(-\infty, 0)$ 内，$\int \frac{1}{x}\mathrm{d}x = \ln(-x) + C$，将 $x > 0$ 及 $x < 0$ 的结果合起来，可得

$$\int \frac{1}{x}\mathrm{d}x = \ln|x| + C.$$

例 3　设曲线通过点 $(1, 2)$，且其上任意一点处的切线的斜率等于这点横坐标的两倍，求此曲线方程.

解　设所求曲线方程为 $y = f(x)$，由题义有 $f'(x) = 2x$，$f(1) = 2$.

从而
$$f(x) = \int 2x\mathrm{d}x = x^2 + C,$$

再由 $f(1) = 2$，得 $C = 1$，所以曲线方程为 $y = x^2 + 1$.

4.1.2　基本积分表

如何求函数 $f(x)$ 的原函数？我们发现这要比求导数困难很多. 原因在于原函数的定义不像导数那样具有构造性，即它只告诉我们其导数恰好等于 $f(x)$，而没有指出怎样由 $f(x)$ 求出它的原函数的具体形式和途径. 但由不定积分的定义可知

(1) $\left[\int f(x)\mathrm{d}x\right]' = f(x)$　或　$\mathrm{d}\left[\int f(x)\mathrm{d}x\right] = f(x)\mathrm{d}x$；　(4.1)

(2) $\int f'(x)\mathrm{d}x = f(x) + C$　或　$\int \mathrm{d}f(x) = f(x) + C$.　(4.2)

式(4.1)表明先积分后求导，二者作用相互抵消；反之，式(4.2)表明先求导后积分，二者作用抵消后还留有积分常数. 所以在常数范围内，积分运算与求导运算(或微分运算)是互逆的. 因此由基本初等函数的求导公式，可以写出与之相对应的不定积分公式. 为了今后应用的方便，我们把一些基本的积分公式列成一个表，这个表通常称为**基本积分表**.

(1) $\int k\mathrm{d}x = kx + C$　(k 为常数)；

(2) $\int x^{\mu}\mathrm{d}x = \frac{x^{\mu+1}}{\mu+1} + C\ (\mu \neq -1)$；

(3) $\int \frac{1}{x}\mathrm{d}x = \ln|x| + C$；

(4) $\int \frac{\mathrm{d}x}{1+x^2} = \arctan x + C$；

(5) $\int \frac{\mathrm{d}x}{\sqrt{1-x^2}} = \arcsin x + C$；

(6) $\int \cos x\mathrm{d}x = \sin x + C$；

(7) $\int \sin x\mathrm{d}x = -\cos x + C$；

(8) $\int \frac{\mathrm{d}x}{\cos^2 x} = \int \sec^2 x\mathrm{d}x = \tan x + C$；

(9) $\int \frac{\mathrm{d}x}{\sin^2 x} = \int \csc^2 x\mathrm{d}x = -\cot x + C$；

(10) $\int \sec x\tan x\mathrm{d}x = \sec x + C$；

(11) $\int \csc x \cot x \mathrm{d}x = -\csc x + C$;　　　(12) $\int \mathrm{e}^x \mathrm{d}x = \mathrm{e}^x + C$;

(13) $\int a^x \mathrm{d}x = \dfrac{a^x}{\ln a} + C\ (a > 0,\ a \neq 1)$.

以上基本积分公式是求不定积分的基础,必须熟记.

例 4　求不定积分 $\int \dfrac{1}{\sqrt{x}} \mathrm{d}x$.

解　$\int \dfrac{1}{\sqrt{x}} \mathrm{d}x = \int x^{-\frac{1}{2}} \mathrm{d}x = \dfrac{1}{-\dfrac{1}{2}+1} x^{-\frac{1}{2}+1} + C = 2x^{\frac{1}{2}} + C$.

4.1.3　不定积分的性质

性质 1　设函数 $f(x)$ 及 $g(x)$ 的原函数存在,则

$$\int [f(x) \pm g(x)] \mathrm{d}x = \int f(x) \mathrm{d}x \pm \int g(x) \mathrm{d}x.$$

性质 2　设函数 $f(x)$ 的原函数存在,k 为非零常数,则

$$\int k f(x) \mathrm{d}x = k \int f(x) \mathrm{d}x.$$

利用基本积分表以及不定积分的这两个性质,可以求出一些简单函数的不定积分.

例 5　求不定积分 $\int (\mathrm{e}^x - 2\sin x + \sqrt{2} x^3) \mathrm{d}x$.

解　$\int (\mathrm{e}^x - 2\sin x + \sqrt{2} x^3) \mathrm{d}x = \int \mathrm{e}^x \mathrm{d}x - 2\int \sin x \mathrm{d}x + \sqrt{2} \int x^3 \mathrm{d}x$

$$= \mathrm{e}^x + 2\cos x + \frac{\sqrt{2}}{4} x^4 + C.$$

例 6　求不定积分 $\int \dfrac{(1-x)^3}{x^2} \mathrm{d}x$.

解　$\int \dfrac{(1-x)^3}{x^2} \mathrm{d}x = \int \dfrac{1-3x+3x^2-x^3}{x^2} \mathrm{d}x = \int \left(\dfrac{1}{x^2} - \dfrac{3}{x} + 3 - x \right) \mathrm{d}x$

$$= -\frac{1}{x} - 3\ln|x| + 3x - \frac{1}{2} x^2 + C.$$

例 7　求不定积分 $\int \dfrac{x^2}{1+x^2} \mathrm{d}x$.

解　$\int \dfrac{x^2}{1+x^2} \mathrm{d}x = \int \dfrac{(x^2+1)-1}{1+x^2} \mathrm{d}x = \int \left(1 - \dfrac{1}{1+x^2} \right) \mathrm{d}x$

$$= \int \mathrm{d}x - \int \frac{1}{1+x^2} \mathrm{d}x = x - \arctan x + C.$$

例 8　求不定积分 $\int \tan^2 x \mathrm{d}x$.

解 $\int \tan^2 x\mathrm{d}x = \int (\sec^2 x - 1)\mathrm{d}x = \tan x - x + C.$

例 9 求不定积分.

(1) $\int \sin^2 \frac{x}{2}\mathrm{d}x$； (2) $\int \frac{1}{\sin^2 \frac{x}{2}\cos^2 \frac{x}{2}}\mathrm{d}x.$

解 (1) $\int \sin^2 \frac{x}{2}\mathrm{d}x = \int \frac{1}{2}(1-\cos x)\mathrm{d}x = \frac{1}{2}(x-\sin x)+C$；

(2) $\int \frac{1}{\sin^2 \frac{x}{2}\cos^2 \frac{x}{2}}\mathrm{d}x = \int \frac{1}{\left(\frac{\sin x}{2}\right)^2}\mathrm{d}x = 4\int \csc^2 x\mathrm{d}x = -4\cot x + C.$

习题 4.1

1. 求下列不定积分.

(1) $\int \sqrt{x\sqrt{x}}\mathrm{d}x$；

(2) $\int (\sqrt{x}-1)\left(x+\frac{1}{\sqrt{x}}\right)\mathrm{d}x$；

(3) $\int \frac{1}{x^2(1+x^2)}\mathrm{d}x$；

(4) $\int \left(\frac{3}{1+x^2}-\frac{2}{\sqrt{1-x^2}}\right)\mathrm{d}x$；

(5) $\int \frac{2\cdot 3^x - 5\cdot 2^x}{3^x}\mathrm{d}x$；

(6) $\int \cot^2 x\mathrm{d}x$；

(7) $\int \frac{\mathrm{e}^{2x}-1}{\mathrm{e}^x - 1}\mathrm{d}x$；

(8) $\int \frac{x^2+\sin^2 x}{x^2\sin^2 x}\mathrm{d}x$；

(9) $\int \frac{\cos 2x}{\cos x + \sin x}\mathrm{d}x$；

(10) $\int \sec x(\sec x - \tan x)\mathrm{d}x$；

(11) $\int \frac{1}{1+\cos 2x}\mathrm{d}x$；

(12) $\int \frac{\cos 2x}{\cos x + \sin x}\mathrm{d}x.$

2. 已知曲线上任一点 x 处的切线的斜率为 $\frac{1}{2\sqrt{x}}$，且曲线经过点 (4, 3)，求此曲线的方程.

3. 一物体作直线运动，速度为 $v(t) = (3t^2+4t)$ (m/s)，当 $t = 2$ s 时，这物体经过的路程为 $s = 16$ cm，求这物体的运动方程(路程 s 与时间 t 的关系).

4.2 换元积分法

能直接利用基本积分公式和性质计算的不定积分是十分有限的，因此有必要进一步研究不定积分的求法. 本节把复合函数的求导法则反过来用于求不定积分，就得到了不定积分的**换元积分法**，换元积分法有两类：第一换元积分法和第二换元积分法. 下面分别来讨论.

4.2.1 第一换元积分法(凑微分法)

定理 1 设函数 $f(u)$ 具有原函数 $F(u)$，$u = \varphi(x)$ 可导，则有换元公式

$$\int f[\varphi(x)]\varphi'(x)\mathrm{d}x \xlongequal{\text{令 } u=\varphi(x)} \int f(u)\mathrm{d}u = F(u)+C \xlongequal{\text{令 } u=\varphi(x) \text{ 代回}} F[\varphi(x)]+C.$$

证明 因为 $F'(u)=f(u)$, $u=\varphi(x)$，根据复合函数微分法有

$$(F[\varphi(x)]+C)'=F'[\varphi(x)]\cdot\varphi'(x)=f[\varphi(x)]\cdot\varphi'(x),$$

所以
$$\int f[\varphi(x)]\varphi'(x)\mathrm{d}x=F[\varphi(x)]+C.$$

第一换元积分法是将用基本积分表和积分性质不易求的的积分 $\int g(x)\mathrm{d}x$，凑成 $\int f[\varphi(x)]\varphi'(x)\mathrm{d}x$ 的形式，再作变换 $u=\varphi(x)$，因此第一换元积分法也称为**凑微分法**.

例 1 求不定积分 $\int \sin 2x\mathrm{d}x$.

解 被积函数 $\sin 2x$ 是一个复合函数：$\sin 2x=\sin u$，$u=2x$. 而 $u'=2$，因此令 $u=2x$，有

$$\int\sin 2x\mathrm{d}x=\frac{1}{2}\int\sin 2x\cdot 2\mathrm{d}x=\frac{1}{2}\int\sin 2x\mathrm{d}x(2x)=\frac{1}{2}\int\sin u\mathrm{d}u$$
$$=-\frac{1}{2}\cos u+C=-\frac{1}{2}\cos 2x+C.$$

例 2 求不定积分 $\int x\mathrm{e}^{x^2}\mathrm{d}x$.

解 令 $u=x^2$, $u'=2x$，则

$$\int x\mathrm{e}^{x^2}\mathrm{d}x=\frac{1}{2}\int\mathrm{e}^{x^2}\mathrm{d}x^2=\frac{1}{2}\int\mathrm{e}^u\mathrm{d}u=\frac{1}{2}\mathrm{e}^u+C=\frac{1}{2}\mathrm{e}^{x^2}+C.$$

例 3 求不定积分 $\int x\sqrt{1+2x^2}\mathrm{d}x$.

解 令 $u=1+2x^2$, $u'=4x$，则

$$\int x\sqrt{1+2x^2}\mathrm{d}x=\frac{1}{4}\int\sqrt{1+2x^2}\mathrm{d}(1+2x^2)=\frac{1}{4}\int u^{\frac{1}{2}}\mathrm{d}u$$
$$=\frac{1}{4}\cdot\frac{2}{3}u^{\frac{3}{2}}+C=\frac{1}{6}(1+2x^2)^{\frac{3}{2}}+C.$$

从以上例子可以看出，第一类换元法的关键是"凑微分"，即能看出一个函数与 $\mathrm{d}x$ 的乘积是哪一个函数的微分. 这就要求熟悉导数公式或微分公式，并能将它们反过来用，例如，

$$x\mathrm{d}x=\frac{1}{2}\mathrm{d}x^2=\frac{1}{4}\mathrm{d}(1+2x^2).$$

那么，凑成什么形式好呢？应遵循以下两点：

(1) $\varphi(x)$ 恰好为被积函数 $f[\varphi(x)]$ 的内部函数；

(2) $\int f(u)\mathrm{d}u$ 的积分容易求得.

下面列出一些常用的凑微分形式：

(1) $\mathrm{d}x=\frac{1}{a}\mathrm{d}(ax+b)$；

(2) $\frac{1}{x}\mathrm{d}x=\mathrm{d}(\ln|x|)=\frac{1}{a}\mathrm{d}(a\ln|x|+b)$；

(3) $x\mathrm{d}x=\frac{1}{2}\mathrm{d}x^2=\frac{1}{2a}\mathrm{d}(ax^2+b)$；

(4) $\frac{1}{\sqrt{x}}\mathrm{d}x=2\mathrm{d}\sqrt{x}=\frac{2}{a}\mathrm{d}(a\sqrt{x}+b)$；

(5) $a^x\mathrm{d}x=\frac{1}{\ln a}\mathrm{d}a^x$；

(6) $\frac{1}{x^2}\mathrm{d}x=-\mathrm{d}\left(\frac{1}{x}\right)$；

(7) $\cos x\mathrm{d}x=\mathrm{d}(\sin x)$；

(8) $\sin x\mathrm{d}x=-\mathrm{d}(\cos x)$；

(9) $\sec^2 x\mathrm{d}x=\mathrm{d}(\tan x)$；

(10) $\csc^2 x\mathrm{d}x=-\mathrm{d}(\cot x)$；

(11) $\sec x\tan x\mathrm{d}x=\mathrm{d}(\sec x)$；

(12) $\csc x\cot x\mathrm{d}x=-\mathrm{d}(\csc x)$；

(13) $\frac{1}{\sqrt{1-x^2}}\mathrm{d}x=\mathrm{d}(\arcsin x)$；

(14) $\frac{1}{1+x^2}\mathrm{d}x=\mathrm{d}(\arctan x)$.

凑微分法运用熟练后，可以省略换元步骤，直接写出结果.

例 4 求不定积分 $\int\frac{1}{x^2}\cos\frac{1}{x}\mathrm{d}x$.

解 $\int\frac{1}{x^2}\cos\frac{1}{x}\mathrm{d}x=-\int\cos\frac{1}{x}\mathrm{d}\left(\frac{1}{x}\right)=-\sin\frac{1}{x}+C$.

例 5 求不定积分 $\int\cos^2 x\mathrm{d}x$.

解
$$\begin{aligned}\int\cos^2 x\mathrm{d}x&=\int\frac{1+\cos 2x}{2}\mathrm{d}x=\frac{1}{2}\left(\int\mathrm{d}x+\int\cos 2x\mathrm{d}x\right)\\&=\frac{1}{2}x+\frac{1}{4}\int\cos 2x\mathrm{d}(2x)=\frac{1}{2}x+\frac{1}{4}\sin 2x+C.\end{aligned}$$

例 6 求不定积分 $\int\tan x\mathrm{d}x$.

解 $\int\tan x\mathrm{d}x=\int\frac{\sin x}{\cos x}\mathrm{d}x=-\int\frac{1}{\cos x}\mathrm{d}(\cos x)=-\ln|\cos x|+C$.

例 7 求不定积分 $\int\sec x\mathrm{d}x$.

解
$$\begin{aligned}\int\sec x\mathrm{d}x&=\int\frac{1}{\cos x}\mathrm{d}x=\int\frac{\cos x}{\cos^2 x}\mathrm{d}x=\int\frac{\mathrm{d}(\sin x)}{1-\sin^2 x}=\frac{1}{2}\ln\left(\frac{1+\sin x}{1-\sin x}\right)+C\\&=\ln\left|\frac{1+\sin x}{\cos x}\right|+C=\ln|\sec x+\tan x|+C.\end{aligned}$$

4.2.2 第二换元积分法

如果不定积分 $\int f(x)\mathrm{d}x$ 用前面介绍的方法都不易求得，但作适当的变量替换 $x=\varphi(t)$ 后，所得到的关于新积分变量 t 的不定积分

$$\int f[\varphi(t)]\varphi'(t)\mathrm{d}t$$

可以求得,从而可以解决 $\int f(x)\mathrm{d}x$ 的计算问题,这就是**第二换元积分法**.

定理 2 设 $x=\varphi(t)$ 是单调、可导函数,且 $\varphi'(t)\neq 0$, 又设 $f[\varphi(t)]\varphi'(t)$ 具有原函数 $F(t)$, 则

$$\int f(x)\mathrm{d}x=\int f[\varphi(t)]\varphi'(t)\mathrm{d}t=F(t)+C=F[\varphi^{-1}(x)]+C.$$

注 由定理 2 可见,第二换元积分法的换元与回代过程与第一换元积分法的正好相反.

第二换元积分法常用于求解含有根式的被积函数的不定积分.下面介绍两种常用的第二换元法.

1. 三角代换

例 8 求不定积分 $\int\sqrt{a^2-x^2}\mathrm{d}x\ (a>0)$.

解 令 $x=a\sin t$, $t\in\left(-\frac{\pi}{2},\frac{\pi}{2}\right)$, 则

$$\sqrt{a^2-x^2}=\sqrt{a^2-a^2\sin^2 t}=a\cos t,\quad \mathrm{d}x=a\cos t\mathrm{d}t,$$

于是

$$\begin{aligned}\int\sqrt{a^2-x^2}\mathrm{d}x&=\int a^2\cos^2 t\mathrm{d}t=a^2\int\frac{1+\cos 2t}{2}\mathrm{d}t\\&=\frac{a^2}{2}\left(t+\frac{1}{2}\sin 2t\right)+C=\frac{a^2}{2}(t+\sin t\cos t)+C.\end{aligned}$$

为了将变量 t 还原回原来的积分变量 x, 由 $x=a\sin t$ 作直角三角形(图 4-2), 可知 $\cos t=\frac{\sqrt{a^2-x^2}}{a}$, 代入上式得

$$\begin{aligned}\int\sqrt{a^2-x^2}\mathrm{d}x&=\frac{a^2}{2}\left[\arcsin\frac{x}{a}+\frac{x}{a}\cdot\frac{\sqrt{a^2-x^2}}{a}\right]+C\\&=\frac{a^2}{2}\arcsin\frac{x}{a}+\frac{x}{2}\sqrt{a^2-x^2}+C.\end{aligned}$$

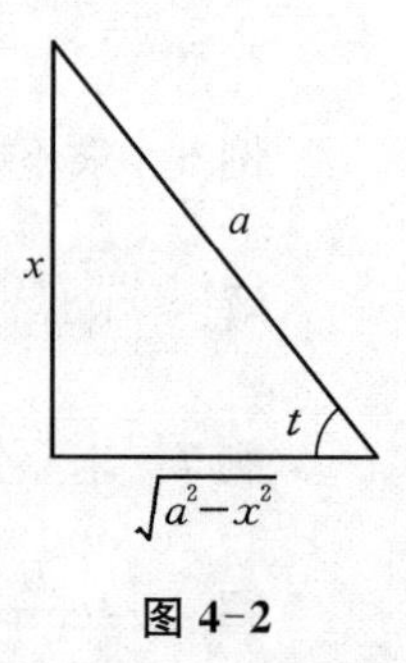

图 4-2

例 9 求不定积分 $\int\frac{1}{\sqrt{x^2+a^2}}\mathrm{d}x\ (a>0)$.

解 令 $x=a\tan t$, $t\in\left(-\frac{\pi}{2},\frac{\pi}{2}\right)$, 则

$$\sqrt{x^2+a^2}=\sqrt{a^2+a^2\tan^2 t}=a\sec t,\quad \mathrm{d}x=a\sec^2 t\mathrm{d}t,$$

于是

$$\int\frac{1}{\sqrt{x^2+a^2}}\mathrm{d}x=\int\frac{1}{a\sec t}\cdot a\sec^2 t\mathrm{d}t=\int\sec t\mathrm{d}t=\ln|\sec t+\tan t|+C.$$

由 $x=a\tan t$ 作直角三角形(图 4-3),可知 $\sec t=\dfrac{\sqrt{x^2+a^2}}{a}$,代入上式得

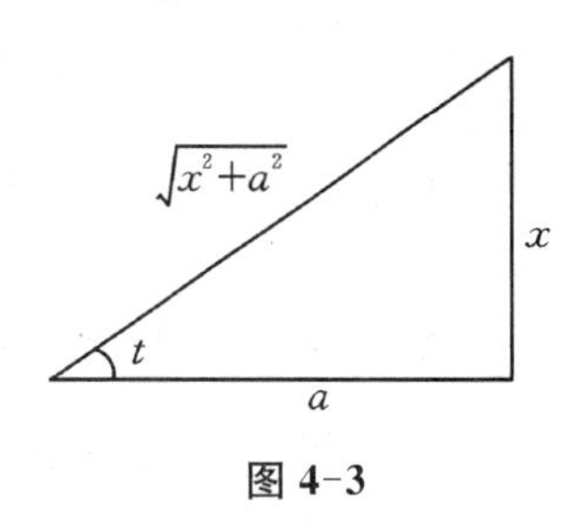

图 4-3

$$\begin{aligned}\int\frac{1}{\sqrt{x^2+a^2}}dx&=\ln\left|\frac{\sqrt{x^2+a^2}}{a}+\frac{x}{a}\right|+C\\&=\ln\left|\sqrt{x^2+a^2}+x\right|+C_1,\end{aligned}$$

其中 $C_1=C-\ln a$.

例 10 求不定积分 $\displaystyle\int\frac{1}{\sqrt{x^2-a^2}}dx\ (a>0)$.

解 设 $x=a\sec t$, $t\in\left(0,\dfrac{\pi}{2}\right)$,则

$$\sqrt{x^2-a^2}=\sqrt{a^2\sec^2t-a^2}=a\tan t,\quad dx=a\sec t\tan t dt,$$

于是

$$\begin{aligned}\int\frac{1}{\sqrt{x^2-a^2}}dx&=\int\frac{1}{a\tan t}\cdot a\sec t\tan t dt=\int\sec t dt\\&=\ln|\sec t+\tan t|+C.\end{aligned}$$

由 $x=a\sec t$ 作直角三角形(图 4-4),可知 $\tan t=\dfrac{\sqrt{x^2-a^2}}{a}$,代入上式得

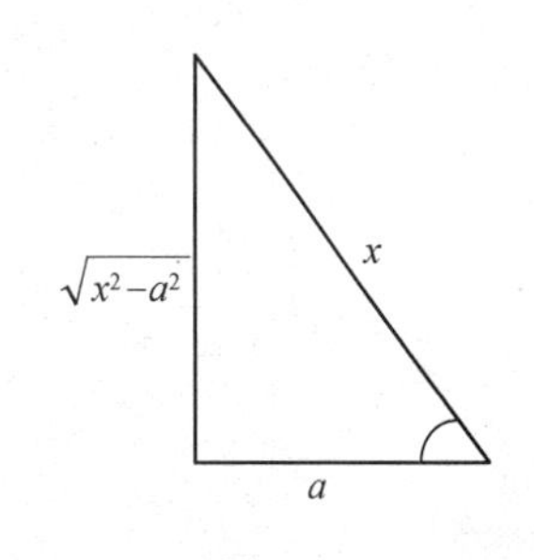

图 4-4

$$\begin{aligned}\int\frac{1}{\sqrt{x^2-a^2}}dx&=\ln\left|\frac{x}{a}+\frac{\sqrt{x^2-a^2}}{a}\right|+C\\&=\ln\left|x+\sqrt{x^2-a^2}\right|+C,\end{aligned}$$

其中 $C_1=C-\ln a$.

通过上述三个例子可以看到,三角代换常用于求解被积函数为二次根式的不定积分,而且当被积函数有 $\sqrt{a^2-x^2}$, $\sqrt{x^2+a^2}$ 或 $\sqrt{x^2-a^2}$ 时,可分别作代换 $x=a\sin t$, $x=a\tan t$, $x=a\sec t$,从而化去根式.

2. 简单根式代换

例 11 求不定积分 $\displaystyle\int\frac{\sqrt{x-1}}{x}dx$.

解 令 $\sqrt{x-1}=t$,则 $x=1+t^2$, $dx=2tdt$,于是

$$\begin{aligned}\int\frac{\sqrt{x-1}}{x}dx&=\int\frac{t}{1+t^2}\cdot 2tdt=2\int\left(1-\frac{1}{1+t^2}\right)dt\\&=2(t-\arctan t)+C\end{aligned}$$

$$= 2(\sqrt{x-1} - \arctan\sqrt{x-1}) + C.$$

例 12 求不定积分 $\int \frac{dx}{\sqrt{x}+\sqrt[3]{x}}$.

解 令 $\sqrt[6]{x} = t$，则 $x = t^6$，$dx = 6t^5 dt$，于是

$$\int \frac{dx}{\sqrt{x}+\sqrt[3]{x}} = \int \frac{1}{t^3+t^2} \cdot 6t^5 dt = 6\int \left(t^2 - t + 1 - \frac{1}{1+t}\right) dt$$

$$= 2t^3 - 3t^2 + 6t - 6\ln|1+t| + C$$

$$= 2\sqrt{x} - 3\sqrt[3]{x} + 6\sqrt[6]{x} - 6\ln|1+\sqrt[6]{x}| + C.$$

本节中一些例题的结果以后经常遇到，所以它们通常也被当作公式使用. 常用的积分公式，除了基本积分表中的公式外，再补充下面一些公式(其中常数 $a > 0$).

(1) $\int \tan x dx = -\ln|\cos x| + C$；　　(2) $\int \cot x dx = \ln|\sin x| + C$；

(3) $\int \sec x dx = \ln|\sec x + \tan x| + C$；　　(4) $\int \csc x dx = \ln|\csc x - \cot x| + C$；

(5) $\int \frac{1}{a^2+x^2} dx = \frac{1}{a}\arctan\frac{x}{a} + C$；　　(6) $\int \frac{1}{x^2-a^2} dx = \frac{1}{2a}\ln\left|\frac{x-a}{x+a}\right| + C$；

(7) $\int \frac{1}{\sqrt{a^2-x^2}} dx = \arcsin\frac{x}{a} + C$；

(8) $\int \sqrt{a^2-x^2} dx = \frac{a^2}{2}\arcsin\frac{x}{a} + \frac{x}{2}\sqrt{a^2-x^2} + C$；

(9) $\int \frac{1}{\sqrt{x^2 \pm a^2}} dx = \ln\left|x + \sqrt{x^2 \pm a^2}\right| + C$.

习题 4.2

1. 填空使下列等式成立.

(1) $x^3 dx =$ ________ $d(3x^4 - 2)$；　　(2) $\frac{1}{x^2} dx =$ ________ $d\left(\frac{1}{x} + 3\right)$；

(3) $\frac{1}{\sqrt{x}} dx =$ ________ $d(2 - \sqrt{x})$；　　(4) $\frac{1}{x} dx =$ ________ $d(3 - 5\ln|x|)$；

(5) $e^{2x} dx =$ ________ $d(e^{2x} + 1)$；　　(6) $\frac{1}{\cos^2 2x} dx =$ ________ $d(\tan 2x + 1)$；

(7) $\frac{1}{\sqrt{1-9x^2}} dx =$ ________ $d(\arcsin 3x)$；　　(8) $\frac{1}{1+9x^2} dx =$ ________ $d(5 - 3\arctan 3x)$.

2. 求下列不定积分.

(1) $\int \frac{x}{1+x^2} dx$；　　(2) $\int \frac{1}{\sqrt[3]{2-3x}} dx$；

(3) $\int \frac{\ln x}{x} dx$；　　(4) $\int \frac{\cos\sqrt{x}}{\sqrt{x}} dx$；

(5) $\int \frac{1}{x\ln x\ln\ln x} dx$；　　(6) $\int \frac{1}{x^2} e^{\frac{1}{x}} dx$；

(7) $\int \frac{1}{e^x + e^{-x}} dx$；　　(8) $\int \frac{\sin x}{\cos^3 x} dx$；

(9) $\int \cos^3 x dx$；　　(10) $\int \tan^3 x dx$.

3. 求下列不定积分.

(1) $\int \frac{\sqrt{x^2-9}}{x} dx$；　　(2) $\int \frac{1}{1+\sqrt{1-x^2}} dx$；

(3) $\int \frac{dx}{\sqrt{(x^2+1)^3}}$；　　(4) $\int \frac{1}{\sqrt{9x^2-4}} dx$；

(5) $\int x\sqrt{x-2} dx$；　　(6) $\int \frac{1}{\sqrt{x}+\sqrt[4]{x}} dx$；

(7) $\int \frac{\sqrt{x+1}-1}{\sqrt{x+1}+1} dx$；　　(8) $\int \frac{1}{1+\sqrt{2x}} dx$.

4.3 分部积分法

前面在复合函数求导法则的基础上，得到了换元积分法，从而可以解决许多积分的计算问题. 但有些积分，如 $\int xe^x dx$，$\int x\cos x dx$ 等，利用换元法仍无法求解. 本节要介绍另一个求积分的基本方法——分部积分法，它是由两个函数乘积的微分法推导而来的.

设 $u = u(x)$，$v = v(x)$ 具有连续导数，由函数乘积的微分法有

$$d(uv) = udv + vdu,$$

即

$$udv = d(uv) - vdu,$$

两边求不定积分得

$$\int udv = uv - \int vdu. \tag{4.3}$$

式(4.3)称为**分部积分公式**. 它的特点是先求出一部分积分 uv，另一部分积分 $\int vdu$ 比 $\int udv$ 容易求得.

下面通过例题来说明如何运用这个重要公式.

例 1 求不定积分 $\int x\cos x dx$.

解法 1 设 $u = x$，$dv = \cos x dx$，则 $du = dx$，$v = \sin x$，由式(4.3)得

$$\int x\cos x dx = x\sin x - \int \sin x dx = x\sin x + \cos x + C.$$

解法 2 设 $u = \cos x$，$dv = x dx$，则 $du = -\sin x dx$，$v = \frac{x^2}{2}$，由式(4.3)得

$$\int x\cos x\mathrm{d}x=\frac{x^2}{2}\cos x+\int\frac{x^2}{2}\sin x\mathrm{d}x.$$

比较一下不难发现，解法 2 中，被积函数中 x 的幂次反而升高了，积分的难度更大了，因此这样选择 u, v 是不合适的. 一般地，在应用分部积分选取 u 和 $\mathrm{d}v$ 时的原则如下：

(1) v 要容易求得；

(2) $\int v\mathrm{d}u$ 要比 $\int u\mathrm{d}v$ 容易积分.

例 2 求不定积分 $\int x^2\mathrm{e}^x\mathrm{d}x$.

解 设 $u=x^2$, $\mathrm{d}v=\mathrm{e}^x\mathrm{d}x$, 则 $\mathrm{d}u=2x\mathrm{d}x$, $v=\mathrm{e}^x$, 于是，由式(4.3)得

$$\int x^2\mathrm{e}^x\mathrm{d}x=\int x^2\mathrm{d}\,\mathrm{e}^x=x^2\mathrm{e}^x-\int 2x\mathrm{e}^x\mathrm{d}x.$$

这里积分 $\int x\mathrm{e}^x\mathrm{d}x$ 应比 $\int x^2\mathrm{e}^x\mathrm{d}x$ 容易计算，因为被积函数中 x 的幂次降低了一次，对 $\int x\mathrm{e}^x\mathrm{d}x$ 再用一次分部积分法. 设 $u=x$, $\mathrm{d}v=\mathrm{e}^x\mathrm{d}x$, 则 $\mathrm{d}u=\mathrm{d}x$, $v=\mathrm{e}^x$, 于是

$$\begin{aligned}\int x^2\mathrm{e}^x\mathrm{d}x&=x^2\mathrm{e}^x-2\int x\mathrm{d}\mathrm{e}^x=x^2\mathrm{e}^x-2\left(x\mathrm{e}^x-\int\mathrm{e}^x\mathrm{d}x\right)\\&=x^2\mathrm{e}^x-2x\mathrm{e}^x+2\mathrm{e}^x+C.\end{aligned}$$

例 3 求不定积分 $\int\ln x\mathrm{d}x$.

解 设 $u=\ln x$, $\mathrm{d}v=\mathrm{d}x$, 则 $\mathrm{d}u=\frac{1}{x}\mathrm{d}x$, $v=x$, 由式(4.3)得

$$\int\ln x\mathrm{d}x=x\ln x-\int x\cdot\frac{1}{x}\mathrm{d}x=x\ln x-x+C.$$

例 4 求不定积分 $\int x\arctan x\mathrm{d}x$.

解 设 $u=\arctan x$, $\mathrm{d}v=x\mathrm{d}x$, 则 $\mathrm{d}u=\frac{1}{1+x^2}\mathrm{d}x$, $v=\frac{x^2}{2}$, 由式(4.3)得

$$\begin{aligned}\int x\arctan x\mathrm{d}x&=\int\arctan x\mathrm{d}\left(\frac{1}{2}x^2\right)=\frac{1}{2}x^2\arctan x-\frac{1}{2}\int\frac{x^2}{1+x^2}\mathrm{d}x\\&=\frac{1}{2}(x^2+1)\arctan x-\frac{1}{2}x+C.\end{aligned}$$

总结上面四个例题可知：如果被积函数是幂函数与正(余)弦函数或幂函数与指数函数的乘积，可以考虑用分部积分法，并选幂函数为 u; 如果被积函数是幂函数和对数函数或幂函数与反三角函数的乘积，也可以考虑用分部积分法，这时选对数函数或反三角函数为 u.

在运算方法熟练后，分部积分的替换过程可以省略.

例 5 求不定积分 $\int x\ln x\mathrm{d}x$.

解 $\int x\ln x\mathrm{d}x=\int \ln x\mathrm{d}\,\frac{x^2}{2}=\frac{x^2}{2}\ln x-\int\frac{x^2}{2}\mathrm{d}\ln x$

$$=\frac{x^2}{2}\ln x-\frac{1}{2}\int x\mathrm{d}x=\frac{x^2}{2}\ln x-\frac{x^2}{4}+C.$$

例 6 求不定积分 $\int \mathrm{e}^x\sin x\mathrm{d}x$.

解 $\int \mathrm{e}^x\sin x\mathrm{d}x=\int\sin x\cdot\mathrm{d}\mathrm{e}^x=\mathrm{e}^x\sin x-\int\mathrm{e}^x\cos x\mathrm{d}x=\mathrm{e}^x\sin x-\int\cos x\mathrm{d}\mathrm{e}^x$

$$=\mathrm{e}^x\sin x-\mathrm{e}^x\cos x-\int\mathrm{e}^x\sin x\mathrm{d}x.$$

上式最后一项正好是所求积分,移到等式左边后除以 2,便得

$$\int\mathrm{e}^x\sin x\mathrm{d}x=\frac{1}{2}\mathrm{e}^x(\sin x-\cos x)+C.$$

注 上例是一个运用分部积分法的典型例子. 事实上,这里也可以选取 $u=\mathrm{e}^x$, $\mathrm{d}v=\sin x\mathrm{d}x$,同样也是经过两次分部积分后产生循环式,从而解出所求积分. 值得注意的是,最后一步移项后,等式右端已不包含积分项,所以必须加上任意常数 C.

在积分过程中往往要兼用换元法和分部法,如下面的例 7.

例 7 求 $\int\mathrm{e}^{\sqrt{x}}\mathrm{d}x$.

解 令 $\sqrt{x}=t$, 则 $x=t^2$, $\mathrm{d}x=2t\mathrm{d}t$. 于是

$$\int\mathrm{e}^{\sqrt{x}}\mathrm{d}x=2\int t\mathrm{e}^t\mathrm{d}t=2\int t\mathrm{d}\mathrm{e}^t=2\left(t\mathrm{e}^t-\int\mathrm{e}^t\mathrm{d}t\right)=2\mathrm{e}^t(t-1)+C,$$

再用 $t=\sqrt{x}$ 回代,便得

$$\int\mathrm{e}^{\sqrt{x}}\mathrm{d}x=2\mathrm{e}^{\sqrt{x}}(\sqrt{x}-1)+C.$$

习题 4.3

求下列不定积分.

(1) $\int x\sin 2x\mathrm{d}x$;　　(2) $\int x^2\cos\mathrm{d}x$;

(3) $\int\ln^2 x\mathrm{d}x$;　　(4) $\int x\mathrm{e}^{-x}\mathrm{d}x$;

(5) $\int\arcsin x\mathrm{d}x$;　　(6) $\int x^2\arctan x\mathrm{d}x$;

(7) $\int\mathrm{e}^{-2x}\sin\frac{x}{2}\mathrm{d}x$;　　(8) $\int\mathrm{e}^{\sqrt[3]{x}}\mathrm{d}x$;

(9) $\int \sec^3 x\mathrm{d}x$；　　　　(10) $\int \cos \ln x\mathrm{d}x$.

本章应用拓展——不定积分模型

1. 植物生长初步模型

问题的提出

像人和动物生长依靠植物一样，植物生长主要依靠碳和氮元素.植物需要的碳主要由大气提供，通过光合作用由叶吸收，而氮由土壤提供，通过植物的根部吸收.植物吸收这些元素，在植物体内输送、结合导致植物生长.这一过程的机理尚未完全研究清楚，有许多复杂的生物学模型试图解释这个过程.激素肯定在植物生长的过程中起着重要的作用，这种作用有待于进一步弄清楚，现在这方面的研究方兴未艾.

通过对植物生长过程的观察，可以发现以下五个基本的事实：

(1) 碳由叶部吸收，氮由根部吸收；

(2) 植物生长对碳氮元素的需求大致有一个固定的比例；

(3) 碳可由叶部输送到根部，氮也可由根部输送至叶部；

(4) 在植物生长的每一时刻补充的碳元素的多少与其叶部尺寸有关，补充的氮与其根部尺寸有关；

(5) 植物生长过程中，叶部尺寸和根部尺寸维持着某种均衡的关系.

依据上述基本事实，避开其他更加复杂的因素，考虑能否建立一个描述单株植物在光合作用和从土壤吸收养料情形下的生长规律的实用的数学模型.

植物生长过程中能量转换

植物组织生长所需要的能量是由促使从大气中获得碳和从土壤中获得氮相结合的光合作用提供的.即将建立的模型主要考虑这两种元素，不考虑其他的化学物质.

叶接受光照同时吸收二氧化碳通过光合作用形成糖.根吸收氮并通过代谢转化为蛋白质，蛋白质构成新的细胞和组织的成分，糖是能量的来源.

糖的能量有以下四个方面的用途：

(1) 工作能，根部吸收氮和在植物内部输送碳和氮需要的能量；

(2) 转化能，将氮转化为蛋白质和将葡萄糖转化为其他糖类和脂肪所需的能量；

(3) 结合能，将大量分子结合成为组织需要的能量；

(4) 维持能，用来维持很容易分解的蛋白质结构稳定的能量.

在植物的每个细胞中，碳和氮所占的比例大体上是固定的，新产生细胞中碳和氮保持相同的比例，我们不妨将植物想象成由保存在一些“仓库”中的碳和氮构成的.碳和氮可以在植物的其他部分和仓库之间运动.诚然，这样的仓库实际上并不存在，但对人们直观想象植物的生长过程是有好处的.

通常植物被分成根、茎、叶三个部分，但我们将其简化为两个部分，生长在地下的根部和生长在地上的叶部.

由于植物生长过程比较复杂，我们分三个阶段分别建立三个独立的模型，但由于知识的限制，这里我们只讨论初步模型.

植物生长初步模型

若不区分植物的根部和叶部，也不分碳和氮，笼统地将生长过程视作植物吸收养料而长大，就可以得到一个简单的数学模型.

由于不分根和叶也不分碳和氮，设想植物吸收的养料和植物的体积成正比是有一定道理的. 设植物的质量为 W，体积为 V，则 $\frac{dW}{dt}$ 与 V 成正比，即

$$\frac{dW}{dt}=kV,$$

其中 k 为比例系数. 若设 ρ 为植物的密度，则

$$\frac{dW}{dt}=k\frac{W}{\rho}, \tag{4.4}$$

式(4.4)称为**植物生长方程**，将其改写为 $\frac{dW}{W}=\frac{k}{\rho}dt$，对 t 积分，有 $\ln W=\frac{k}{\rho}t+C_1$，$W=e^{\frac{k}{\rho}t+C_1}=Ce^{\frac{k}{\rho}t}$，若 $W\Big|_{t=0}=W_0$，则 $C=W_0$，故 $W=W_0e^{\frac{kt}{\rho}}$，其中 W_0 为初始时植物的质量. 这里常数 k 不仅与可供给的养料有关，而且与养料转化成的能量中的结合能、维持能和工作能的比例有关.

这个生长方程的解是一个指数函数，随时间的增长可无限地增大，这是不符合实际的，事实上随着植物长大，需要的维持能增加了，结合能随之减少，植物生长减缓，所以要修改这个模型.

于是为了反映这一现象，可将 k 取为变量，随着植物的长大而变小. 例如，取 $k=a-bW$，a，b 为正常数，生长方程化为

$$\frac{dW}{dt}=(a-bW)\frac{W}{\rho},$$

令 $k=\frac{a}{\rho}$，$W_m=\frac{k\rho}{b}$，上式可写成

$$\frac{dW}{dt}=kW\frac{W_m-W}{W_m},$$

即

$$\frac{dW}{(W_m-W)W}=\frac{k}{W_m}dt,$$

两端积分有 $\int\frac{dW}{(W_m-W)W}=\int\frac{k}{W_m}dt$，

$$\frac{1}{W_m}\int\left[\frac{1}{(W_m-W)}+\frac{1}{W}\right]dW=\int\frac{k}{W_m}dt,$$

$$\ln \frac{W}{W_m - W} = kt + C_2,$$

即 $\dfrac{W}{W_m - W} = Ce^{kt}$，当 $t=0$ 时，$W=W_0$，代入得 $C = \dfrac{W_0}{W_m - W_0}$，

所以
$$\frac{W}{W_m - W} = \frac{W_0}{W_m - W_0}e^{kt},$$

解方程得
$$W(t) = \frac{W_m}{1 - \left(1 - \dfrac{W_m}{W_0}\right)e^{-kt}}.$$

显然，$W(t)$ 是 t 的单调增加函数，且当 $t \to \infty$ 时，$W(t) \to W_m$，即 W_m 的实际意义是植物的极大质量.

事实上，本问题要全部得到解决还需要建立碳氮需求比例模型，寻求植物生长与碳氮的函数关系 $f(C, N)$ 以及质量守恒方程，最后是对模型的求解与验证，有兴趣的读者可参考复旦大学出版社(2004年)出版的由谭永基和蔡志杰等编写的《数学模型》.

总习题 4

1. 填空题.

(1) 设 $f(x)$ 是连续函数，则 $d\int f(x)dx =$ ________，$\int df(x) =$ ________，

$\dfrac{d}{dx}\int f(x)dx =$ ________，$\int f'(x)dx =$ ________.[其中 $f'(x)$ 存在].

(2) 设 $F_1(x)$，$F_2(x)$ 是 $f(x)$ 的两个不同的原函数，且 $f(x) \neq 0$，则 $F_1(x) - F_2(x) =$ ________.

(3) 若 $f(x)$ 的导函数是 $\sin x$，则 $f(x)$ 的全体原函数为________.

(4) $\int \dfrac{2x dx}{1+x^2} =$ ________，$\int \dfrac{2x dx}{1+x^4} =$ ________.

(5) 设 $f'(x^2) = \dfrac{1}{x}$ $(x>0)$，则 $f(x) =$ ________.

(6) $\int f(x)dx = e^x \cos 2x + C$，则 $f(x) =$ ________.

2. 选择题.

(1) 下列函数中，是同一函数的原函数的是(　　).

A. $\sin^2 x$ 与 $\dfrac{1}{2}\cos 2x$　　B. $\sin^2 x$ 与 $-\dfrac{1}{2}\cos 2x$

C. $\ln\ln x$ 与 $2\ln x$　　D. $\tan^2 \dfrac{x}{2}$ 与 $\csc^2 \dfrac{x}{2}$

(2) 下列各式中正确的是(　　).

A. $\int \cos x dx = -\sin x + C$　　B. $\int x^3 dx = 3x^2 + C$

C. $\int 2^x dx = 2^x + C$　　D. $\int 3x^{-4} dx = -x^{-3} + C$

(3) 若 $f'(\ln x)=1+x$, 则 $f(x)=($　　$)$.

A. $x+e^{x}+C$　　B. $x+\dfrac{x^2}{2}+C$

C. $x+e^{-x}+C$　　D. x^2+C

(4) 若 $\int f(x)dx=x^2+C$, 则 $\int xf(1-x^2)dx=($　　$)$.

A. $2(1-x^2)^2+C$　　B. $-2(1-x^2)^2+C$

C. $\dfrac{1}{2}(1-x^2)^2+C$　　D. $-\dfrac{1}{2}(1-x^2)^2+C$

3. 求下列不定积分.

(1) $\int \dfrac{x}{x+5}dx$;　　(2) $\int \dfrac{x}{\sqrt{2-3x^2}}dx$;

(3) $\int \dfrac{e^{3x}-1}{e^{x}-1}dx$;　　(4) $\int \dfrac{2^x-3^{x-1}}{6^{x+1}}dx$;

(5) $\int \ln 9x dx$;　　(6) $\int \dfrac{1}{x\ln^2 x}dx$;

(7) $\int \dfrac{x}{x+5}dx$;　　(8) $\int e^{\sqrt{2x+1}}dx$;

(9) $\int x^3\ln x dx$;　　(10) $\int \dfrac{\arcsin x}{x^2}dx$;

(11) $\int \sin x\ln\tan x dx$;　　(12) $\int e^{2x}\sin^2 x dx$.

4. 已知一曲线在任一点的切线斜率为切点横坐标的5倍,且经过点(1,4),求该曲线的方程.

第5章

定积分及其应用

5.1 定积分的概念与性质

第 4 章讨论了积分学中的不定积分问题，下面将讨论积分学的另一个重要的问题——定积分问题. 它与不定积分是完全不同的概念，首先将从实际问题中引出定积分的定义，然后讨论它的有关性质，并建立定积分与不定积分的联系，从而给出定积分的计算方法.

5.1.1 定积分问题举例

1. 求曲边梯形的面积

设函数 $y=f(x)$ 为闭区间 $[a, b]$ 上的连续函数，且 $f(x)\geqslant 0$. 由曲线 $y=f(x)$，直线 $x=a$，$x=b$ 以及 x 轴所围成的平面图形(图 5-1)，称为**曲边梯形**.

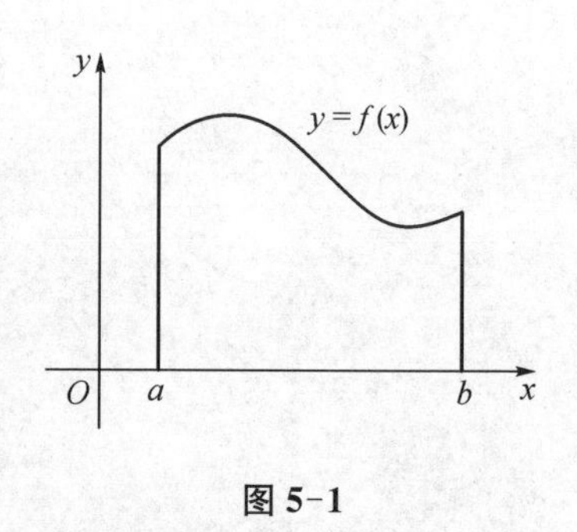

图 5-1

如何计算上述曲边梯形的面积呢？首先，不难看出该曲边梯形的面积 A 取决于区间 $[a, b]$ 及定义在这个区间上的函数 $f(x)$. 如果 $f(x)$ 在 $[a, b]$ 上恒为常数 h，此时曲边梯形为矩形，其面积 $A=h(b-a)$. 现在的问题是 $f(x)$ 在 $[a, b]$ 上不是常数，而是变化着的，因此它的面积就不能简单地用矩形的面积公式来计算. 但是又由于 $f(x)$ 在 $[a, b]$ 上是连续的，即当 x 的改变很小时，$f(x)$ 的改变也很小. 因此，如果将 $[a, b]$ 分成许多小区间，相应地将曲边梯形分割成许多小曲边梯形，每个小曲边梯形可以近似地看成小矩形，则所有这些小矩形面积的和就是整个曲边梯形面积的近似值. 显然，对曲边梯形的分割愈细，近似的程度愈好. 因此，将区间 $[a, b]$ 无限地细分，并使每个小区间的长度都趋于零时，则小矩形面积之和的极限就可以定义为所要求的曲边梯形的面积.

根据上述分析，曲边梯形的面积 A 可按下面的步骤得到(图 5-2)：

(1) **分割**　在区间 $[a, b]$ 内任意插入 $n-1$ 个分点，即

$$a=x_0<x_1<x_2<\cdots x_{i-1}<x_i<\cdots<x_{n-1}<x_n=b,$$

把区间 $[a, b]$ 分成 n 个小区间：

$$[x_0, x_1], [x_1, x_2], \cdots, [x_{i-1}, x_i], \cdots, [x_{n-1}, x_n].$$

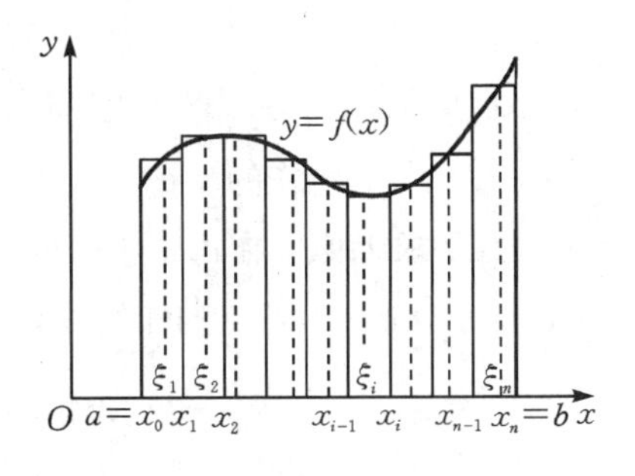

图 5-2

然后用直线 $x=x_i(i=1, 2, \cdots, n-1)$ 把曲边梯形相应地分割成 n 个小曲边梯形，记小区间 $[x_{i-1}, x_i]$ 的长度为 $\Delta x_i=x_i-x_{i-1}(i=1, 2, \cdots, n)$，并将区间 $[x_{i-1}, x_i]$ 上的小曲边梯形的面积记作 $\Delta A_i(i=1, 2, \cdots, n)$.

(2) **求近似**　在每个小区间 $[x_{i-1}, x_i]$ 上任取一点 $\xi_i(x_{i-1}\leqslant\xi_i\leqslant x_i)$，以 $f(\xi_i)$ 为高、Δx_i 为底边作小矩形，其面积为 $f(\xi_i)\Delta x_i(i=1, 2, \cdots, n)$，以此作为 $[x_{i-1}, x_i]$ 上的小曲边梯形面积 ΔA_i 的近似值，即

$$\Delta A_i\approx f(\xi_i)\Delta x_i\quad(i=1, 2, \cdots, n).$$

(3) **求和**　将这 n 个小矩形的面积相加，就得到曲边梯形面积 A 的近似值，即

$$A=\sum_{i=1}^{n}\Delta A_i\approx\sum_{i=1}^{n}f(\xi_i)\Delta x_i.$$

(4) **取极限**　当上述分割越来越细时，取上面和式的极限，便得所求曲边梯形的面积 A. 记 $\lambda=\max\{\Delta x_1, \Delta x_2, \cdots, \Delta x_n\}$，只要 $\lambda\to 0$，就可以保证所有小区间的长度趋于零，即

$$A=\lim_{\lambda\to 0}\sum_{i=1}^{n}f(\xi_i)\Delta x_i.$$

注　$\lambda\to 0$ 表示分割越来越细的极限过程，这时插入的分点数 n 也越来越多，即 $n\to\infty$；但反过来，当 $n\to\infty$ 时，并不一定能保证 $\lambda\to 0$.

2. 求变力所作的功

设物体受力 F 的作用沿 x 轴由点 a 移动至点 b，并设 F 处处平行于 x 轴(图 5-3). 求力 F 对物体所作的功. 如果 F 是恒力，则 $W=F\cdot(b-a)$. 现在的问题是 F 是物体所在位置 x 的连续函数：

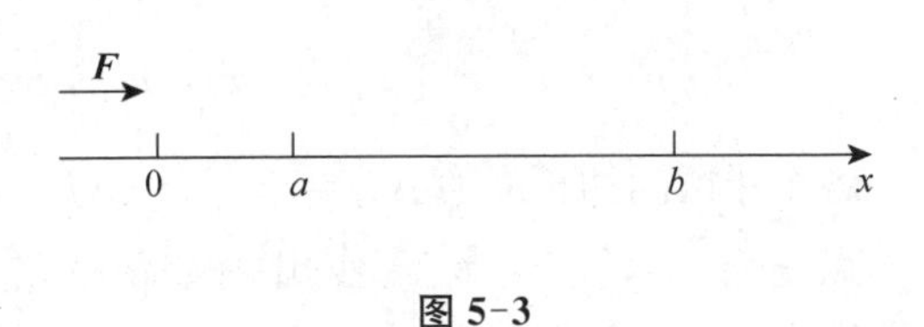

图 5-3

$$F=F(x),\quad a\leqslant x\leqslant b,$$

那么 F 对物体所作的功 W 应如何计算呢？我们仍按求曲边梯形面积的思想来分析.

(1) **分割**　在 $[a, b]$ 中任意插入 $n-1$ 个分点，即

$$a=x_0<x_1<x_2<\cdots<x_{i-1}<x_i<\cdots<x_{n-1}<x_n=b,$$

把区间 $[a, b]$ 分成 n 个小区间：

$$[x_0, x_1], [x_1, x_2], \cdots, [x_{i-1}, x_i], \cdots, [x_{n-1}, x_n],$$

记小区间 $[x_{i-1}, x_i]$ 的长度为 $\Delta x_i = x_i - x_{i-1}(i = 1, 2, \cdots, n)$，并将力 $F(x)$ 在区间 $[x_{i-1}, x_i]$ 上所作的功记为 $\Delta W_i(i = 1, 2, \cdots, n)$.

(2) **求近似** 在每个小区间 $[x_{i-1}, x_i]$ 上任取一点 ξ_i，以 ξ_i 处的作用力 $F(\xi_i)$ 作为小区间 $[x_{i-1}, x_i]$ 上各点的作用力，于是

$$\Delta W_i \approx F(\xi_i)\Delta x_i \quad (i = 1, 2, \cdots, n).$$

(3) **求和** 将 n 个小区间上的功相加，就得到力 $F(x)$ 所作功的近似值，即

$$W = \sum_{i=1}^{n} \Delta W_i \approx \sum_{i=1}^{n} F(\xi_i)\Delta x_i.$$

(4) **取极限** 为保证所有小区间的长度都趋于零，记 $\lambda = \max\{\Delta x_1, \Delta x_2, \cdots, \Delta x_n\}$，当 $\lambda \to 0$ 时，取上述和式的极限，得到力 $F(x)$ 在区间 $[a, b]$ 上所作的功，即

$$W = \lim_{\lambda \to 0} \sum_{i=1}^{n} F(\xi_i)\Delta x_i.$$

从上述两个例子可以看出，无论是求曲边梯形的面积，还是求变力所作的功，通过“分割、求近似、求和、取极限”，都能转化为形如 $\sum\limits_{i=1}^{n} f(\xi_i)\Delta x_i$ 的和式的极限问题，在科学技术中还有许多问题都归结为求这种和式的极限，抽象地研究这种和式的极限，就得到定积分的概念.

5.1.2 定积分的概念

定义 1 设函数 $f(x)$ 在区间 $[a, b]$ 上有定义，在 $[a, b]$ 中任意插入 $n-1$ 个分点，即

$$a = x_0 < x_1 < x_2 \cdots < x_{i-1} < x_i < \cdots < x_{n-1} < x_n = b,$$

把 $[a, b]$ 分成 n 个小区间：

$$[x_0, x_1], [x_1, x_2], \cdots, [x_{i-1}, x_i], \cdots, [x_{n-1}, x_n],$$

各个小区间的长度为 $\Delta x_i = x_i - x_{i-1}(i = 1, 2, \cdots, n)$. 在每个小区间 $[x_{i-1}, x_i]$ 上任取一点 $\xi_i(x_{i-1} \leqslant \xi_i \leqslant x_i)$，作出函数值 $f(\xi_i)$ 与小区间长度 Δx_i 的乘积 $f(\xi_i)\Delta x_i(i = 1, 2, \cdots, n)$，并作和式

$$\sum_{i=1}^{n} f(\xi_i)\Delta x_i.$$

记 $\lambda = \max\{\Delta x_1, \Delta x_2, \cdots, \Delta x_n\}$. 如果不论对 $[a, b]$ 怎样的分法，也不论在小区间 $[x_{i-1}, x_i]$ 上点 ξ_i 怎样取法，只要当 $\lambda \to 0$ 时，上述和式的极限都存在且相等，则称此极限值为函数 $f(x)$ 在区间 $[a, b]$ 上的**定积分**，记作 $\int_a^b f(x)\mathrm{d}x$，即

$$\int_a^b f(x)\mathrm{d}x = \lim_{\lambda \to 0}\sum_{i=1}^n f(\xi_i)\Delta x_i.$$

其中，$f(x)$ 称为**被积函数**，$f(x)\mathrm{d}x$ 称为**被积表达式**，x 称为**积分变量**，a 称为**积分下限**，b 称为**积分上限**，$[a, b]$ 称为**积分区间**.

当 $\int_a^b f(x)\mathrm{d}x$ 存在时，也称函数 $f(x)$ 在区间 $[a, b]$ 上**可积**. 通常把和式 $\sum_{i=1}^n f(\xi_i)\Delta x_i$ 称为 $f(x)$ 的**积分和**.

对于定积分的概念要注意以下两点：

(1) 定积分 $\int_a^b f(x)\mathrm{d}x$ 是积分和式的极限，是一个数值，它的值仅与被积函数 $f(x)$ 和积分区间有关，而与积分变量的记号无关，即

$$\int_a^b f(x)\mathrm{d}x = \int_a^b f(t)\mathrm{d}t = \int_a^b f(u)\mathrm{d}u.$$

(2) 一般说来，积分和 $\sum_{i=1}^n f(\xi_i)\Delta x_i$ 与区间 $[a, b]$ 的分法和 ξ_i 的选取有关，而定积分 $\int_a^b f(x)\mathrm{d}x$ 存在是指积分和 $\sum_{i=1}^n f(\xi_i)\Delta x_i$ 在 $\lambda \to 0$ 时的极限存在，与区间 $[a, b]$ 的分法和 ξ_i 的选取无关.

函数 $f(x)$ 在区间 $[a, b]$ 上满足怎样的条件，可保证 $f(x)$ 在区间 $[a, b]$ 上一定可积? 这就是 $f(x)$ 可积的充分条件问题，这个问题这里不作深入讨论，只给出下面三个结论：

(1) 若函数 $f(x)$ 在区间 $[a, b]$ 上连续，则 $f(x)$ 在区间 $[a, b]$ 上可积.

(2) 若函数 $f(x)$ 在区间 $[a, b]$ 上有界，且只有有限个间断点，则 $f(x)$ 在区间 $[a, b]$ 上可积.

(3) 若函数 $f(x)$ 在区间 $[a, b]$ 上单调，则 $f(x)$ 在区间 $[a, b]$ 上可积.

本章以下所讨论的函数 $f(x)$，如不作声明，总假定所讨论的定积分是存在的(即 $f(x)$ 是可积的).

由定积分的定义可知，前面所讨论的两个例子均可用定积分来计算.

(1) 曲边梯形的面积 A 等于函数 $f(x)$ ($f(x) \geqslant 0$) 在 $[a, b]$ 上的定积分，即

$$A = \int_a^b f(x)\mathrm{d}x.$$

(2) 变力所做的功 W 等于函数 $F(x)$ 在区间 $[a, b]$ 上的定积分，即

$$W = \int_a^b F(x)\mathrm{d}x.$$

例 1　求定积分 $\int_0^1 x^2\mathrm{d}x$.

解　因为被积函数 $f(x) = x^2$ 是区间 $[0, 1]$ 上的连续函数，所以此定积分是存在的，且与区间 $[0, 1]$ 的分法和 ξ_i 的选取无关. 为了便于计算，不妨将区间 $[0, 1]$ 分成 n 个相等

的小区间,则各小区间的长 $\Delta x_i=\dfrac{1}{n}$,分点为

$$x_0=0,\ x_1=\frac{1}{n},\ x_2=\frac{2}{n},\ \cdots,\ x_n=\frac{n}{n}=1,$$

取 $\xi_i=x_i(i=1,2,\cdots,n)$,则

$$\begin{aligned}\sum_{i=1}^{n}f(\xi_i)\Delta x_i&=\sum_{i=1}^{n}\left(\frac{i}{n}\right)^2\cdot\frac{1}{n}=\frac{1}{n^3}(1^2+2^2+\cdots+n^2)\\&=\frac{1}{6}\cdot\frac{n(n+1)(2n+1)}{n^3}=\frac{1}{6}\left(1+\frac{1}{n}\right)\left(2+\frac{1}{n}\right).\end{aligned}$$

因此 $$\int_0^1 x^2\mathrm{d}x=\lim_{n\to\infty}\sum_{i=1}^{n}f(\xi_i)\Delta x_i=\frac{1}{6}\lim_{n\to\infty}\left(1+\frac{1}{n}\right)\left(2+\frac{1}{n}\right)=\frac{1}{3}.$$

5.1.3 定积分的几何意义

由前面的讨论知在 $[a,b]$ 上 $f(x)\geqslant 0$ 时,定积分 $\int_a^b f(x)\mathrm{d}x$ 在几何上表示由曲线 $y=f(x)$,直线 $y=0$, $x=a$, $x=b$ 所围成曲边梯形(图 5-4)的面积 A.

如果在 $[a,b]$ 上 $f(x)\leqslant 0$ 时,由曲线 $y=f(x)$,直线 $y=0$, $x=a$, $x=b$ 所围成的曲边梯形位于 x 轴的下方(图 5-5),此时 $\int_a^b f(x)\mathrm{d}x$ 在几何上表示该曲边梯形面积的相反数.

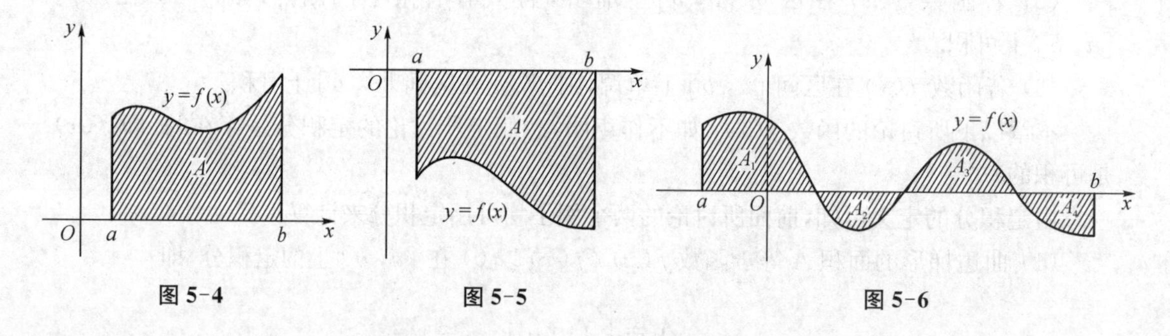

图 5-4　　图 5-5　　图 5-6

如图 5-6 所示, $f(x)$ 在区间 $[a,b]$ 上既可取正值也可取负值,则 $\int_a^b f(x)\mathrm{d}x$ 在几何上表示介于曲线 $y=f(x)$,直线 $y=0$, $x=a$, $x=b$ 之间各部分面积的代数和,即

$$\int_a^b f(x)\mathrm{d}x=A_1-A_2+A_3-A_4.$$

5.1.4 定积分的性质

为了进一步讨论定积分的计算,下面介绍定积分的一些性质.下面的讨论中假定被积函数是可积的,同时,为了计算和应用方便起见,这里先对定积分作两点补充规定:

(1) 当 $a=b$ 时，$\int_a^b f(x)\mathrm{d}x=0$；

(2) 当 $a>b$ 时，$\int_a^b f(x)\mathrm{d}x=-\int_b^a f(x)\mathrm{d}x$.

上述规定是容易理解的. 这样，不论是 $a<b$, $a>b$, $a=b$, 符号 $\int_a^b f(x)\mathrm{d}x$ 均有意义.

根据上述规定，交换定积分的上、下限，其绝对值不变而符号相反. 因此，在下面的讨论中如无特别指出，对定积分上、下限的大小不加限制.

性质 1　$\int_a^b [f(x)\pm g(x)]\mathrm{d}x=\int_a^b f(x)\mathrm{d}x\pm\int_a^b g(x)\mathrm{d}x$.

注　此性质可以推广到有限多个函数的情形.

性质 2　$\int_a^b kf(x)\mathrm{d}x=k\int_a^b f(x)\mathrm{d}x$　(k 为常数).

性质 3　$\int_a^b f(x)\mathrm{d}x=\int_a^c f(x)\mathrm{d}x+\int_c^b f(x)\mathrm{d}x$, 其中 c 可以在 $[a, b]$ 之内，也可以在 $[a, b]$ 之外. 当然此时要求 $f(x)$ 在相应的区间可积.

性质 3 表明：定积分对于积分区间具有可加性.

性质 4　$\int_a^b 1\mathrm{d}x=\int_a^b \mathrm{d}x=b-a$.

$\int_a^b \mathrm{d}x$ 在几何上表示以 $[a, b]$ 为底、$f(x)=1$ 为高的矩形的面积.

性质 5　如果在 $[a, b]$ 上有 $f(x)\leqslant g(x)$, 则有

$$\int_a^b f(x)\mathrm{d}x\leqslant\int_a^b g(x)\mathrm{d}x.$$

推论 1　若在区间 $[a, b]$ 上 $f(x)\geqslant 0$, 则 $\int_a^b f(x)\mathrm{d}x\geqslant 0$　$(a<b)$.

推论 2　$\left|\int_a^b f(x)\mathrm{d}x\right|\leqslant\int_a^b |f(x)|\mathrm{d}x$　$(a<b)$.

例 2　比较下列积分的大小.

(1) $\int_0^1 x^2\mathrm{d}x$ 与 $\int_0^1 x^3\mathrm{d}x$；　　(2) $\int_0^1 \mathrm{e}^x\mathrm{d}x$ 与 $\int_0^1 (1+x)\mathrm{d}x$.

解　(1) 当 $x\in[0, 1]$ 时，有 $x^2\geqslant x^3$, 从而 $\int_0^1 x^2\mathrm{d}x\geqslant\int_0^1 x^3\mathrm{d}x$；

(2) 当 $x\in[0, 1]$ 时，有 $\mathrm{e}^x\geqslant 1+x$, 从而 $\int_0^1 \mathrm{e}^x\mathrm{d}x\geqslant\int_0^1 (1+x)\mathrm{d}x$.

性质 6　设 M 及 m 分别是函数 $f(x)$ 在区间 $[a, b]$ 上的最大值和最小值，则

$$m(b-a)\leqslant\int_a^b f(x)\mathrm{d}x\leqslant M(b-a).$$

性质 7(定积分中值定理)　如果函数 $f(x)$ 在区间 $[a, b]$ 上连续，则在 $[a, b]$ 上至少存在一点 ξ, 使得

$$\int_a^b f(x)\mathrm{d}x = f(\xi)(b-a) \quad (a \leqslant \xi \leqslant b).$$

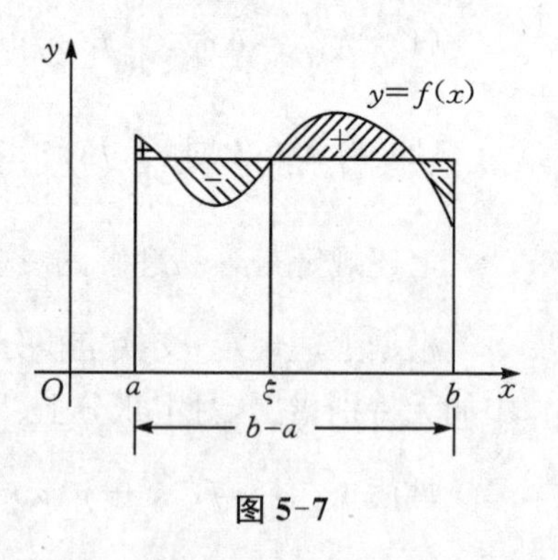

图 5-7

这个公式称为**积分中值公式**.

几何意义 由曲线 $y=f(x)$ $(f(x)\geqslant 0)$，直线 $y=0$，$x=a$，$x=b$ 所围成的曲边梯形的面积等于以区间 $[a,b]$ 为底、$f(\xi)$ 为高的矩形的面积(图 5-7).

由上述几何意义易知，数值 $\dfrac{1}{b-a}\displaystyle\int_a^b f(x)\mathrm{d}x$ 表示连续曲线 $f(x)$ 在区间 $[a,b]$ 上的平均高度，称其为函数 $f(x)$ 在区间 $[a,b]$ 上的**平均值**.

习题 5.1

1. 利用定积分的定义计算 $\int_a^b x\mathrm{d}x\ (a<b)$.

2. 利用定积分的几何意义，说明下列等式.

(1) $\int_0^1 2x\mathrm{d}x=1$； (2) $\int_0^1 \sqrt{1-x^2}\mathrm{d}x=\dfrac{\pi}{4}$；

(3) $\int_{-\pi}^{\pi} \sin x\mathrm{d}x=0$； (4) $\int_0^{2\pi} \cos x\mathrm{d}x=0$.

3. 设 $\int_{-1}^1 3f(x)\mathrm{d}x=18$，$\int_{-1}^3 f(x)\mathrm{d}x=4$，$\int_{-1}^3 g(x)\mathrm{d}x=3$，求

(1) $\int_{-1}^1 f(x)\mathrm{d}x$； (2) $\int_1^3 f(x)\mathrm{d}x$；

(3) $\int_3^{-1} g(x)\mathrm{d}x$； (4) $\int_{-1}^3 \dfrac{1}{5}[4f(x)+3g(x)]\mathrm{d}x$.

4. 根据定积分的性质，比较下列各对积分的大小.

(1) $\int_0^1 x^2\mathrm{d}x$ 与 $\int_0^1 x^3\mathrm{d}x$； (2) $\int_1^2 x^2\mathrm{d}x$ 与 $\int_1^2 x^3\mathrm{d}x$；

(3) $\int_1^2 \ln x\mathrm{d}x$ 与 $\int_1^2 \ln^2 x\mathrm{d}x$； (4) $\int_0^{\frac{\pi}{2}} x\mathrm{d}x$ 与 $\int_0^{\frac{\pi}{2}} \sin x\mathrm{d}x$.

5. 估计下列各积分的值.

(1) $\int_0^1 (x^2+1)\mathrm{d}x$； (2) $\int_1^4 \dfrac{1}{2+x}\mathrm{d}x$；

(3) $\int_1^2 \dfrac{x}{1+x^2}\mathrm{d}x$； (4) $\int_{\frac{\pi}{4}}^{\frac{5\pi}{4}} (1+\sin^2 x)\mathrm{d}x$.

5.2 微积分基本定理

积分学中的一个重要问题是定积分的计算问题，如果用定积分的定义(通过求和的极限)来计算，往往是十分复杂的，甚至是不可能的. 下面介绍的定理不仅揭示了定积分和不定积分这两个看起来完全不相干的概念之间的联系，还提供了计算定积分的有效方法.

5.2.1　变上限函数及其导数

设函数 $f(x)$ 在 $[a,b]$ 上连续，则对于任意一点 $x\in[a,b]$，积分 $\int_a^x f(t)\mathrm{d}t$ 在 $[a,b]$ 上定义了一个关于 x 的函数，记为 $\Phi(x)$，即

$$\Phi(x)=\int_a^x f(t)\mathrm{d}t \quad (a\leqslant x\leqslant b).$$

它称为**变上限函数**(或**积分上限函数**).

如果 $f(x)\geqslant 0$ ($\forall x\in[a,b]$)，则 $\Phi(x)$ 表示的是右侧直线可移动的曲边梯形的面积. 如图 5-8 所示，曲边梯形的面积 $\Phi(x)$ 随 x 的位置的变动而改变，当 x 给定后，面积 $\Phi(x)$ 也就随之而确定了.

关于 $\Phi(x)$ 的可导性有下面的定理.

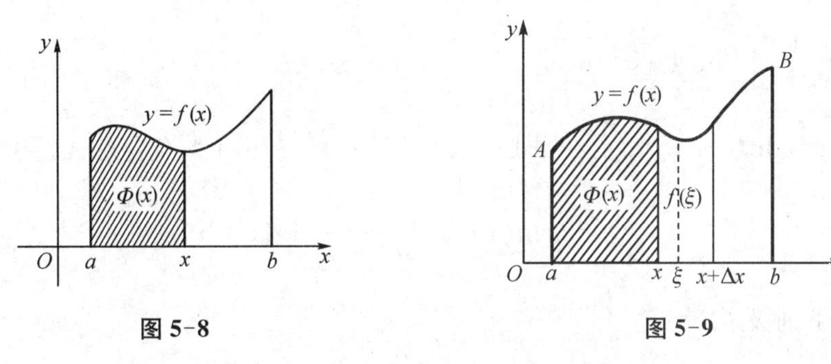

图 5-8　　　　图 5-9

定理 1　若函数 $f(x)$ 在 $[a,b]$ 上连续，则变上限函数 $\Phi(x)=\int_a^x f(t)\mathrm{d}t$ 在 $[a,b]$ 上可导，且其导数

$$\Phi'(x)=\frac{\mathrm{d}}{\mathrm{d}x}\int_a^x f(t)\mathrm{d}t=f(x) \quad (a\leqslant x\leqslant b).$$

证明　设 $x\in(a,b)$，取 $|\Delta x|$ 充分小，使 $x+\Delta x\in(a,b)$ (图 5-9)，则

$$\Phi(x+\Delta x)-\Phi(x)=\int_a^{x+\Delta x} f(t)\mathrm{d}t-\int_a^x f(t)\mathrm{d}t=\int_x^{x+\Delta x} f(t)\mathrm{d}t.$$

由于 $f(x)$ 在 $[a,b]$ 上连续，由积分中值定理知，存在 ξ，它介于 x 与 $x+\Delta x$ 之间，使得

$$\int_x^{x+\Delta x} f(t)\mathrm{d}t=f(\xi)\Delta x.$$

所以
$$\lim_{\Delta x\to 0}\frac{\Phi(x+\Delta x)-\Phi(x)}{\Delta x}=\lim_{\Delta x\to 0} f(\xi)=\lim_{\xi\to x} f(\xi)=f(x).$$

同理，当 $x=a$ 或 $x=b$ 时，有 $\Phi'_+(x)=f(a)$，$\Phi'_-(x)=f(b)$. 故

$$\Phi'(x)=\frac{\mathrm{d}}{\mathrm{d}x}\int_a^x f(t)\mathrm{d}t=f(x) \quad (a\leqslant x\leqslant b).$$

推论 如果 $f(x)$ 在 $[a, b]$ 上连续,则 $f(x)$ 必有原函数.

事实上,变上限函数就是 $f(x)$ 的一个原函数.

利用定积分的性质和复合函数求导法则,可进一步得到下列公式:

(1) $\frac{\mathrm{d}}{\mathrm{d}x}\left[\int_x^b f(t)\mathrm{d}t\right]=-f(x)$;

(2) $\frac{\mathrm{d}}{\mathrm{d}x}\left[\int_a^{\varphi(x)} f(t)\mathrm{d}t\right]=f[\varphi(x)]\varphi'(x)$;

(3) $\frac{\mathrm{d}}{\mathrm{d}x}\left[\int_{\psi(x)}^{\varphi(x)} f(t)\mathrm{d}t\right]=f[\varphi(x)]\varphi'(x)-f[\psi(x)]\psi'(x)$.

(证明从略)

例 1 求 $\frac{\mathrm{d}}{\mathrm{d}x}\left(\int_0^x \mathrm{e}^{t^2-t}\mathrm{d}t\right)$.

解 $\frac{\mathrm{d}}{\mathrm{d}x}\left(\int_0^x \mathrm{e}^{t^2-t}\mathrm{d}t\right)=\mathrm{e}^{x^2-x}$.

例 2 求 $\frac{\mathrm{d}}{\mathrm{d}x}\left[\int_{\sqrt{x}}^{x^2}\ln(1+t^2)\mathrm{d}t\right]$.

解
$$\begin{aligned}\frac{\mathrm{d}}{\mathrm{d}x}\left[\int_{\sqrt{x}}^{x^2}\ln(1+t^2)\mathrm{d}t\right]&=\ln[1+(x^2)^2](x^2)'-\ln[1+(\sqrt{x})^2](\sqrt{x})'\\&=2x\ln(1+x^4)-\frac{1}{2\sqrt{x}}\ln(1+x).\end{aligned}$$

例 3 求下列极限.

(1) $\lim\limits_{x\to 0}\frac{\int_{2x}^0 \sin t^2\mathrm{d}t}{x^3}$; (2) $\lim\limits_{x\to 0}\frac{\int_0^x(\mathrm{e}^t-\mathrm{e}^{-t})\mathrm{d}t}{1-\cos x}$.

解 (1) 这是 $\frac{0}{0}$ 型未定式,可以利用洛必达法则,得

$$\begin{aligned}\lim_{x\to 0}\frac{\int_{2x}^0 \sin t^2\mathrm{d}t}{x^3}&=\lim_{x\to 0}\frac{\left(\int_{2x}^0 \sin t^2\mathrm{d}t\right)'}{(x^3)'}=\lim_{x\to 0}\frac{-2\sin 4x^2}{3x^2}\\&=\lim_{x\to 0}\frac{-2\cdot 4x^2}{3x^2}=-\frac{8}{3}.\end{aligned}$$

(2) 这也是 $\frac{0}{0}$ 型未定式,可以利用洛必达法则,得

$$\lim_{x\to 0}\frac{\int_0^x(\mathrm{e}^t-\mathrm{e}^{-t})\mathrm{d}t}{1-\cos x}=\lim_{x\to 0}\frac{\left[\int_0^x(\mathrm{e}^t-\mathrm{e}^{-t})\mathrm{d}t\right]'}{(1-\cos x)'}=\lim_{x\to 0}\frac{\mathrm{e}^x-\mathrm{e}^{-x}}{\sin x}=\lim_{x\to 0}\frac{\mathrm{e}^x+\mathrm{e}^{-x}}{\cos x}=2.$$

5.2.2 微积分基本定理(牛顿-莱布尼茨公式)

定理 2 设函数 $f(x)$ 在 $[a, b]$ 上连续, $F(x)$ 是 $f(x)$ 在 $[a, b]$ 上的任一原函数,则

$$\int_a^b f(x)\mathrm{d}x = F(b) - F(a). \tag{5.1}$$

证明　已知 $F(x)$ 是 $f(x)$ 的一个原函数，由定理 1 知 $\Phi(x) = \int_a^x f(t)\mathrm{d}t$ 也是 $f(x)$ 的一个原函数，所以

$$\Phi(x) - F(x) = C \quad (C\text{为常数}),$$

即

$$\int_a^x f(t)\mathrm{d}t = F(x) + C.$$

在上式中令 $x = a$，得 $C = -F(a)$，再代入上式得

$$\int_a^x f(t)\mathrm{d}t = F(x) - F(a).$$

再令 $x = b$ 并把积分变量 t 换成 x，便得

$$\int_a^b f(x)\mathrm{d}x = F(b) - F(a).$$

定理 1 与定理 2 将导数或微分与定积分联系起来，是沟通微分学与积分学之间的桥梁. 式(5.1)把定积分的计算归结为求原函数的问题，揭示了定积分与不定积分的内在联系，称为**牛顿-莱布尼茨公式**，或称为**微积分基本定理**. 通常将 $F(b) - F(a)$ 记为 $[F(x)]_a^b$ 或 $F(x)\big|_a^b$，于是牛顿-莱布尼茨公式可写成

$$\int_a^b f(x)\mathrm{d}x = [F(x)]_a^b \quad \text{或} \quad \int_a^b f(x)\mathrm{d}x = F(x)\Big|_a^b.$$

例 4　计算 $\int_0^1 x^2\mathrm{d}x$.

解　由于 $\dfrac{x^3}{3}$ 是 x^2 的一个原函数，由牛顿-莱布尼茨公式有

$$\int_0^1 x^2\mathrm{d}x = \frac{x^3}{3}\Big|_0^1 = \frac{1}{3} - \frac{0}{3} = \frac{1}{3}.$$

例 5　计算 $\int_{-1}^1 \dfrac{1}{1+x^2}\mathrm{d}x$.

解　由于 $\arctan x$ 是 $\dfrac{1}{1+x^2}$ 的一个原函数，所以

$$\int_{-1}^1 \frac{1}{1+x^2}\mathrm{d}x = \arctan x\Big|_{-1}^1 = \arctan 1 - \arctan(-1) = \frac{\pi}{2}.$$

例 6　计算 $\int_0^2 f(x)\mathrm{d}x$，其中，$f(x) = \begin{cases} x+1, & x \leqslant 1, \\ \dfrac{x^2}{2}, & x > 1. \end{cases}$

解 $\int_0^2 f(x)\mathrm{d}x = \int_0^1 (x+1)\mathrm{d}x + \int_1^2 \frac{x^2}{2}\mathrm{d}x = \frac{(x+1)^2}{2}\Big|_0^1 + \frac{x^3}{6}\Big|_1^2 = \frac{8}{3}.$

例 7 求函数 $f(x) = \int_0^x (t-1)\mathrm{d}t$ 的极值.

解 因为可导函数的极值只能在导数为零的点取得，
而 $f'(x) = x-1$, $f''(x) = 1$,
令 $f'(x) = 0$, 得 $x = 1$, 因为 $f''(1) = 1 > 0$,
所以 $f(x)$ 在 $x = 1$ 处取得极小值,且极小值为

$$f(1) = \int_0^1 (t-1)\mathrm{d}t = -\frac{1}{2}.$$

习题 5.2

1. 求下列各导数.

(1) $\frac{\mathrm{d}}{\mathrm{d}x}\int_0^x \mathrm{e}^{t^2-t}\mathrm{d}t$;　　(2) $\frac{\mathrm{d}}{\mathrm{d}x}\int_x^{-1} t\mathrm{e}^{-t}\mathrm{d}t$;

(3) $\frac{\mathrm{d}}{\mathrm{d}x}\int_0^{x^2} \frac{1}{\sqrt{1+t^2}}\mathrm{d}t$;　　(4) $\frac{\mathrm{d}}{\mathrm{d}x}\int_{x^2}^{x^3} \mathrm{e}^t\mathrm{d}t$.

2. 求下列定积分.

(1) $\int_{-1}^1 (x^3+3x^2-x+2)\mathrm{d}x$;　　(2) $\int_1^2 \left(x^2+\frac{1}{x^4}\right)\mathrm{d}x$;

(3) $\int_4^9 \sqrt{x}(1+\sqrt{x})\mathrm{d}x$;　　(4) $\int_{-1}^0 \frac{3x^4+3x^2+1}{x^2+1}\mathrm{d}x$;

(5) $\int_{-\frac{1}{2}}^{\frac{1}{2}} \frac{1}{\sqrt{1-x^2}}\mathrm{d}x$;　　(6) $\int_0^{\sqrt{3}a} \frac{\mathrm{d}x}{a^2+x^2}$;

(7) $\int_0^{\frac{\pi}{4}} \tan^2\theta\mathrm{d}\theta$;　　(8) $\int_0^{2\pi} |\sin x|\mathrm{d}x$.

3. 设函数 $f(x) = \begin{cases} \sqrt{x}, & 0 \leqslant x \leqslant 1, \\ \mathrm{e}^x, & 1 < x \leqslant 3, \end{cases}$ 求 $\int_0^3 f(x)\mathrm{d}x$.

4. 求下列极限.

(1) $\lim\limits_{x\to 0}\frac{\int_0^x \arctan t\mathrm{d}t}{x^2}$;　　(2) $\lim\limits_{x\to 0}\frac{\int_0^x \cos t^2\mathrm{d}t}{\int_0^x \frac{\sin t}{t}\mathrm{d}t}$;

(3) $\lim\limits_{x\to 0}\frac{\int_0^{\sin x} \mathrm{e}^{-t^2}\mathrm{d}t}{x}$;　　(4) $\lim\limits_{x\to 0}\frac{\int_0^{x^2} \sin^{\frac{3}{2}} t\mathrm{d}t}{\int_0^x t(t-\sin t)\mathrm{d}t}$.

5. 设 $F(x) = \int_0^x (x-u)f(u)\mathrm{d}u$, 其中 $f(x)$ 连续, 求 $F''(x)$.

5.3 定积分的换元积分法和分部积分法

由微积分基本公式知，求定积分 $\int_a^b f(x)\mathrm{d}x$ 的问题可以转化为求被积函数 $f(x)$ 的原函数在区间 $[a, b]$ 上的增量的问题，前面用换元积分法和分部积分法可以求出一些函数的原函数，因此，在一定条件下，这两种方法对定积分仍适用，下面介绍这两种积分方法.

5.3.1 定积分的换元积分法

定理1 设函数 $f(x)$ 在区间 $[a, b]$ 上连续，函数 $x=\varphi(t)$ 满足下列条件：

(1) $\varphi(\alpha)=a$，$\varphi(\beta)=b$；

(2) $\varphi(t)$ 在 $[\alpha, \beta]$（或$[\beta, \alpha]$）上单调，且其导数 $\varphi'(t)$ 连续，

则有

$$\int_a^b f(x)\mathrm{d}x=\int_\alpha^\beta f[\varphi(t)]\varphi'(t)\mathrm{d}t. \tag{5.2}$$

式(5.2)称为**定积分的换元公式**.

（证明从略）

在利用公式(5.2)时有以下三点值得注意：

(1) 用 $x=\varphi(t)$ 把原来的变量 x 替换成新变量 t 时，积分限也要换成相应于新变量 t 的积分限，即“换元换限”.

(2) 由 $\varphi(\alpha)=a$，$\varphi(\beta)=b$ 确定的 α，β，可能有 $\alpha<\beta$，也可能有 $\alpha>\beta$，但对于新变量 t 的积分来说，一定是 α 对应于 $x=\alpha$ 的值，β 对应于 $x=b$ 的值.

(3) 在求出 $f[\varphi(t)]\varphi'(t)$ 的一个原函数 $G(t)$ 后，不必像求不定积分那样用 $t=\varphi^{-1}(x)$ 回代，而只要直接计算 $G(\beta)-G(\alpha)$ 即可.

例1 求 $\int_0^a \sqrt{a^2-x^2}\mathrm{d}x\ (a>0)$.

解 设 $x=a\sin t$，则 $\mathrm{d}x=a\cos t\mathrm{d}t$，且当 $x=0$ 时，$t=0$；当 $x=a$ 时，$t=\frac{\pi}{2}$. 于是

$$\int_0^a \sqrt{a^2-x^2}\mathrm{d}x=a^2\int_0^{\frac{\pi}{2}}\cos^2 t\mathrm{d}t=a^2\int_0^{\frac{\pi}{2}}\frac{1+\cos 2t}{2}\mathrm{d}t$$

$$=\frac{a^2}{2}\left[t+\frac{1}{2}\sin 2t\right]_0^{\frac{\pi}{2}}=\frac{\pi a^2}{4}.$$

建议读者不妨设 $x=a\cos t$ 再计算一次.

例2 求 $\int_0^4 \frac{\sqrt{x}\mathrm{d}x}{1+\sqrt{x}}$.

解 设 $\sqrt{x}=t$，则 $x=t^2$，$\mathrm{d}x=2t\mathrm{d}t$. 且当 $x=0$ 时，$t=0$；当 $x=4$ 时，$t=2$. 于是

$$\int_0^4 \frac{\sqrt{x}\,\mathrm{d}x}{1+\sqrt{x}} = \int_0^2 \frac{t \cdot 2t\,\mathrm{d}t}{1+t} = 2\int_0^2 \frac{(t^2-1)+1}{t+1}\mathrm{d}t = 2\int_0^2 \left(t-1+\frac{1}{1+t}\right)\mathrm{d}t$$

$$= 2\left[\frac{t^2}{2} - t + \ln(1+t)\right]_0^2 = 2\ln 3.$$

例 3 求 $\int_0^4 \frac{x+2}{\sqrt{2x+1}}\mathrm{d}x$.

解 设 $\sqrt{2x+1} = t$，则 $x = \frac{t^2-1}{2}$，$\mathrm{d}x = t\mathrm{d}t$. 当 $x = 0$ 时，$t = 1$；当 $x = 4$ 时，$t = 3$. 于是

$$\int_0^4 \frac{x+2}{\sqrt{2x+1}}\mathrm{d}x = \int_1^3 \frac{\frac{t^2-1}{2}+2}{t} t\,\mathrm{d}t = \frac{1}{2}\int_1^3 (t^2+3)\,\mathrm{d}t = \frac{1}{2}\left(\frac{1}{3}t^3 + 3t\right)\Big|_1^3 = \frac{22}{3}.$$

例 4 求 $\int_0^{\frac{\pi}{2}} \cos^5 x \sin x \mathrm{d}x$.

解 $$\int_0^{\frac{\pi}{2}} \cos^5 x \sin x \mathrm{d}x = -\int_0^{\frac{\pi}{2}} \cos^5 x \mathrm{d}(\cos x).$$

令 $t = \cos x$，当 $x = 0$ 时，$t = 1$；当 $x = \frac{\pi}{2}$ 时，$t = 0$. 于是

$$\int_0^{\frac{\pi}{2}} \cos^5 x \sin x \mathrm{d}x = -\int_1^0 t^5 \mathrm{d}t = \left[\frac{1}{6}t^6\right]_0^1 = \frac{1}{6}.$$

也可以不换字母，直接计算：

$$\int_0^{\frac{\pi}{2}} \cos^5 x \sin x \mathrm{d}x = -\int_0^{\frac{\pi}{2}} \cos^5 x \mathrm{d}(\cos x) = -\frac{1}{6}\cos^6 x\Big|_0^{\frac{\pi}{2}} = \frac{1}{6}.$$

例 5 证明：(1) 若 $f(x)$ 在 $[-a, a]$ 上连续且为偶函数，则

$$\int_{-a}^a f(x)\mathrm{d}x = 2\int_0^a f(x)\mathrm{d}x;$$

(2) 若 $f(x)$ 在 $[-a, a]$ 上连续且为奇函数，则 $\int_{-a}^a f(x)\mathrm{d}x = 0$.

证明 $\int_{-a}^a f(x)\mathrm{d}x = \int_{-a}^0 f(x)\mathrm{d}x + \int_0^a f(x)\mathrm{d}x$.

对积分 $\int_{-a}^0 f(x)\mathrm{d}x$ 作变量代换，令 $x = -t$，则 $\mathrm{d}x = -\mathrm{d}t$，且当 $x = -a$ 时，$t = a$；当 $x = 0$ 时，$t = 0$. 于是

$$\int_{-a}^0 f(x)\mathrm{d}x = -\int_a^0 f(-t)\mathrm{d}t = \int_0^a f(-t)\mathrm{d}t.$$

(1) 若 $f(x)$ 是偶函数,则 $f(-t)=f(t)$,于是

$$\int_{-a}^{0} f(x)\mathrm{d}x=\int_{0}^{a} f(-t)\mathrm{d}t=\int_{0}^{a} f(t)\mathrm{d}t=\int_{0}^{a} f(x)\mathrm{d}x,$$

所以
$$\int_{-a}^{a} f(x)\mathrm{d}x=2\int_{0}^{a} f(x)\mathrm{d}x.$$

(2) 若 $f(x)$ 是奇函数,则 $f(-t)=-f(t)$,于是

$$\int_{-a}^{0} f(x)\mathrm{d}x=\int_{0}^{a} f(-t)\mathrm{d}t=-\int_{0}^{a} f(t)\mathrm{d}t=-\int_{0}^{a} f(x)\mathrm{d}x,$$

所以
$$\int_{-a}^{a} f(x)\mathrm{d}x=\int_{0}^{a} f(x)\mathrm{d}x-\int_{0}^{a} f(x)\mathrm{d}x=0.$$

由例5可知,利用对称区间上奇函数、偶函数的积分性质,可简化定积分的计算.

例如,求 $\int_{-3}^{3}\frac{2\sin x}{x^4+3x^2+1}\mathrm{d}x$. 由于积分区间 $[-3, 3]$ 是对称区间,且 $\frac{2\sin x}{x^4+3x^2+1}$ 是奇函数,所以 $\int_{-3}^{3}\frac{2\sin x}{x^4+3x^2+1}\mathrm{d}x=0$.

例6 求 $\int_{-\frac{\pi}{2}}^{\frac{\pi}{2}}(\mathrm{e}^x-\mathrm{e}^{-x}+\cos x)\mathrm{d}x$.

解 因为 $\left[-\frac{\pi}{2}, \frac{\pi}{2}\right]$ 是对称区间,且 $\mathrm{e}^x-\mathrm{e}^{-x}$ 是奇函数, $\cos x$ 是偶函数,所以

$$\begin{aligned}\int_{-\frac{\pi}{2}}^{\frac{\pi}{2}}(\mathrm{e}^x-\mathrm{e}^{-x}+\cos x)\mathrm{d}x&=\int_{-\frac{\pi}{2}}^{\frac{\pi}{2}}(\mathrm{e}^x-\mathrm{e}^{-x})\mathrm{d}x+\int_{-\frac{\pi}{2}}^{\frac{\pi}{2}}\cos x\mathrm{d}x\\&=0+2\int_{0}^{\frac{\pi}{2}}\cos x\mathrm{d}x=2\sin x\Big|_{0}^{\frac{\pi}{2}}=2.\end{aligned}$$

5.3.2 定积分的分部积分法

设函数 $u=u(x)$, $v=v(x)$ 在区间 $[a, b]$ 上具有连续导数,则

$$\mathrm{d}(uv)=u\mathrm{d}v+v\mathrm{d}u,$$

移项得
$$u\mathrm{d}v=\mathrm{d}(uv)-v\mathrm{d}u,$$

分别求上式两端在 $[a, b]$ 上的定积分,得

$$\int_{a}^{b} u\mathrm{d}v=\int_{a}^{b}\mathrm{d}(uv)-\int_{a}^{b} v\mathrm{d}u,$$

即
$$\int_{a}^{b} u\mathrm{d}v=uv\Big|_{a}^{b}-\int_{a}^{b} v\mathrm{d}u. \tag{5.3}$$

这就是**定积分的分部积分公式**.

例 7 求$\int_1^2 x\ln x\mathrm{d}x$.

解 $$\int_1^2 x\ln x\mathrm{d}x=\frac{1}{2}\int_1^2 \ln x\mathrm{d}x^2=\frac{1}{2}\left[x^2\ln x\Big|_1^2-\int_1^2 x^2\mathrm{d}(\ln x)\right]$$
$$=2\ln 2-\frac{1}{2}\int_1^2 x\mathrm{d}x=2\ln 2-\frac{1}{4}x^2\Big|_1^2=2\ln 2-\frac{3}{4}.$$

例 8 求$\int_{\frac{1}{2}}^1 \mathrm{e}^{-\sqrt{2x-1}}\mathrm{d}x$.

解 令$t=\sqrt{2x-1}$，则$\mathrm{d}x=t\mathrm{d}t$，且当$x=\frac{1}{2}$时，$t=0$；当$x=1$时，$t=1$. 于是
$$\int_{\frac{1}{2}}^1 \mathrm{e}^{-\sqrt{2x-1}}\mathrm{d}x=\int_0^1 t\mathrm{e}^{-t}\mathrm{d}t,$$
再利用分部积分法得
$$\int_0^1 t\mathrm{e}^{-t}\mathrm{d}t=-t\mathrm{e}^{-t}\Big|_0^1+\int_0^1 \mathrm{e}^{-t}\mathrm{d}t=-\frac{1}{\mathrm{e}}-(\mathrm{e}^{-t})\Big|_0^1=1-\frac{2}{\mathrm{e}}.$$

例 9 求$\int_0^{\frac{1}{2}} \arcsin x\mathrm{d}x$.

解 $$\int_0^{\frac{1}{2}} \arcsin x\mathrm{d}x=x\arcsin x\Big|_0^{\frac{1}{2}}-\int_0^{\frac{1}{2}}\frac{x\mathrm{d}x}{\sqrt{1-x^2}}=\frac{\pi}{12}+\frac{1}{2}\int_0^{\frac{1}{2}}\frac{1}{\sqrt{1-x^2}}\mathrm{d}(1-x^2)$$
$$=\frac{\pi}{12}+\sqrt{1-x^2}\Big|_0^{\frac{1}{2}}=\frac{\pi}{12}+\frac{\sqrt{3}}{2}-1.$$

例 10 证明：$I_n=\int_0^{\frac{\pi}{2}}\sin^n x\mathrm{d}x=\int_0^{\frac{\pi}{2}}\cos^n x\mathrm{d}x$.

证明 设$x=\frac{\pi}{2}-t$，则$\mathrm{d}x=-\mathrm{d}t$，且当$x=0$时，$t=\frac{\pi}{2}$；当$x=\frac{\pi}{2}$时，$t=0$. 于是
$$\int_0^{\frac{\pi}{2}}\sin^n x\mathrm{d}x=-\int_{\frac{\pi}{2}}^0\sin^n\left(\frac{\pi}{2}-t\right)\mathrm{d}t=\int_0^{\frac{\pi}{2}}\cos^n t\mathrm{d}t=\int_0^{\frac{\pi}{2}}\cos^n x\mathrm{d}x.$$
下面只需证明对于$\int_0^{\frac{\pi}{2}}\sin^n x\mathrm{d}x$的结论正确即可.

当$n=1$时，$$I_1=\int_0^{\frac{\pi}{2}}\sin x\mathrm{d}x=-\cos x\Big|_0^{\frac{\pi}{2}}=1.$$

当$n\geqslant 2$时，
$$I_n=\int_0^{\frac{\pi}{2}}\sin^n x\mathrm{d}x=-[\sin^{n-1}x\cos x]_0^{\frac{\pi}{2}}+(n-1)\int_0^{\frac{\pi}{2}}\sin^{n-2}x\cos^2 x\mathrm{d}x$$
$$=(n-1)\int_0^{\frac{\pi}{2}}\sin^{n-2}x\mathrm{d}x-(n-1)\int_0^{\frac{\pi}{2}}\sin^n x\mathrm{d}x=(n-1)I_{n-2}-(n-1)I_n,$$

所以
$$I_n=\frac{n-1}{n}I_{n-2}.$$

如果将 n 换成 $n-2$，则得
$$I_{n-2}=\frac{n-3}{n-2}I_{n-4}.$$

依次进行下去，直到 I_n 的下标递减到 0 和 1 为止，于是

$$I_{2m}=\frac{2m-1}{2m}\cdot\frac{2m-3}{2m-2}\cdot\cdots\frac{3}{4}\cdot\frac{1}{2}I_0\quad(m=1,2,\cdots),$$
$$I_{2m+1}=\frac{2m}{2m+1}\cdot\frac{2m-2}{2m-1}\cdot\cdots\frac{4}{5}\cdot\frac{2}{3}I_1\quad(m=1,2,\cdots).$$

而

$$I_0=\int_0^{\frac{\pi}{2}}\mathrm{d}x=\frac{\pi}{2},\quad I_1=\int_0^{\frac{\pi}{2}}\sin x\mathrm{d}x=1,$$

所以有

$$I_{2m}=\frac{2m-1}{2m}\cdot\frac{2m-3}{2m-2}\cdot\cdots\frac{3}{4}\cdot\frac{1}{2}\cdot\frac{\pi}{2}\quad(m=1,2,\cdots),$$
$$I_{2m+1}=\frac{2m}{2m+1}\cdot\frac{2m-2}{2m-1}\cdot\cdots\frac{4}{5}\cdot\frac{2}{3}\quad(m=1,2,\cdots).$$

故

$$I_n=\int_0^{\frac{\pi}{2}}\sin^n x\mathrm{d}x=\int_0^{\frac{\pi}{2}}\cos^n x\mathrm{d}x.$$

且当 $n(n>0)$ 为偶数时，

$$I_n=\frac{n-1}{n}\cdot\frac{n-3}{n-2}\cdot\cdots\cdot\frac{3}{4}\cdot\frac{1}{2}I_0=\frac{n-1}{n}\cdot\frac{n-3}{n-2}\cdot\cdots\cdot\frac{3}{4}\cdot\frac{1}{2}\cdot\frac{\pi}{2};$$

当 $n(n>1)$ 为奇数时，

$$I_n=\frac{n-1}{n}\cdot\frac{n-3}{n-2}\cdot\cdots\cdot\frac{4}{5}\cdot\frac{2}{3}I_1=\frac{n-1}{n}\cdot\frac{n-3}{n-2}\cdot\cdots\cdot\frac{4}{5}\cdot\frac{2}{3}.$$

习题 5.3

1. 计算下列定积分.

(1) $\int_1^2\frac{1}{(3x-1)^2}\mathrm{d}x$;

(2) $\int_{\frac{\pi}{6}}^{\frac{\pi}{2}}\cos^2 u\mathrm{d}u$;

(3) $\int_4^9\frac{\sqrt{x}}{\sqrt{x}-1}\mathrm{d}x$;

(4) $\int_1^{\mathrm{e}}\frac{(\ln x)^4}{x}\mathrm{d}x$;

(5) $\int_0^{\pi} \sqrt{\sin x - \sin^3 x} \mathrm{d}x$；　　(6) $\int_0^a x^2 \sqrt{a^2 - x^2} \mathrm{d}x \ (a > 0)$；

(7) $\int_0^{\frac{\pi}{2}} \sin \varphi \cos^2 \varphi \mathrm{d}\varphi$；　　(8) $\int_0^1 \frac{1}{\mathrm{e}^x + \mathrm{e}^{-x}} \mathrm{d}x$.

2. 设 $f(x)$ 在 $[a, b]$ 上连续，且 $\int_a^b f(x) \mathrm{d}x = 1$，求 $\int_a^b f(a + b - x) \mathrm{d}x$.

3. 证明：$\int_x^1 \frac{\mathrm{d}u}{1 + u^2} = \int_1^{\frac{1}{x}} \frac{\mathrm{d}u}{1 + u^2} \ (x > 0)$.

4. 利用函数的奇偶性计算下列定积分.

(1) $\int_{-\pi}^{\pi} x^2 \sin x \mathrm{d}x$；　　(2) $\int_{-\frac{\pi}{2}}^{\frac{\pi}{2}} 4\cos^4 x \mathrm{d}x$；

(3) $\int_{-1}^1 \frac{1}{\sqrt{4 - x^2}} \left(\frac{1}{1 + \mathrm{e}^x} - \frac{1}{2} \right) \mathrm{d}x$；　　(4) $\int_{-2}^3 x \sqrt{|x|} \mathrm{d}x$.

5. 计算下列定积分.

(1) $\int_0^{\frac{\pi}{4}} x\cos 2x \mathrm{d}x$；　　(2) $\int_0^1 t^2 \mathrm{e}^t \mathrm{d}t$；

(3) $\int_0^1 x\arctan x \mathrm{d}x$；　　(4) $\int_{\frac{1}{\mathrm{e}}}^{\mathrm{e}} |\ln x| \mathrm{d}x$.

5.4 定积分的应用

定积分在几何学、物理学、经济学、社会学等方面都有着广泛的应用，它已经成为研究各种自然规律与社会现象必不可少的工具. 我们在学习的过程中，不仅要掌握计算某些实际问题的公式，更重要的还在于深刻领会用定积分解决实际问题的基本思想和方法——微元法.

5.4.1 微元法

定积分的所有应用问题，一般总可按“分割、近似、求和、取极限”四个步骤把所求量表示为定积分的形式. 为了更好地说明这种方法，我们先来回顾前面讨论过的求曲边梯形面积的问题.

设曲边梯形由连续曲线 $y = f(x)\ (f(x) \geqslant 0)$，$x$ 轴与直线 $x = a$，$x = b$ 所围成，试求面积 A.

(1) **分割**　任意插入 $n-1$ 个分点将区间 $[a, b]$ 分成长度为 $\Delta x_i (i = 1, 2, \cdots, n)$ 的 n 个小区间，相应地将曲边梯形分成 n 个小曲边梯形，记第 i 个曲边梯形面积为 ΔA_i.

(2) **求近似**　在第 i 个小区间上任取一点 ξ_i，则 $\Delta A_i \approx f(\xi_i) \Delta x_i$.

(3) **求和**　得曲边梯形的面积 A 的近似值 $A = \sum_{i=1}^n \Delta A_i \approx \sum_{i=1}^n f(\xi_i) \Delta x_i$.

(4) **取极限**　得面积 A 的精确值 $A = \lim_{\lambda \to 0} \sum_{i=1}^n f(\xi_i) \Delta x_i = \int_a^b f(x) \mathrm{d}x$，

其中 $\lambda = \max\{\Delta x_1, \Delta x_2, \cdots, \Delta x_n\}$.

对上述分析过程，在实际应用中可略去其下标，改写如下：

(1) **分割**　把区间 $[a, b]$ 分成 n 个小区间,任取其中一个小区间 $[x, x+\mathrm{d}x]$,用 ΔA 表示 $[x, x+\mathrm{d}x]$ 上小曲边梯形的面积.

(2) **求近似**　取 $[x, x+\mathrm{d}x]$ 的左端点 x 为 ξ,以点 x 处的函数值 $f(x)$ 为高、$\mathrm{d}x$ 为底的小矩形的面积 $f(x)\mathrm{d}x$(也称**面积微元**,记为 $\mathrm{d}A$)作为 ΔA 的近似值(图 5-10),即

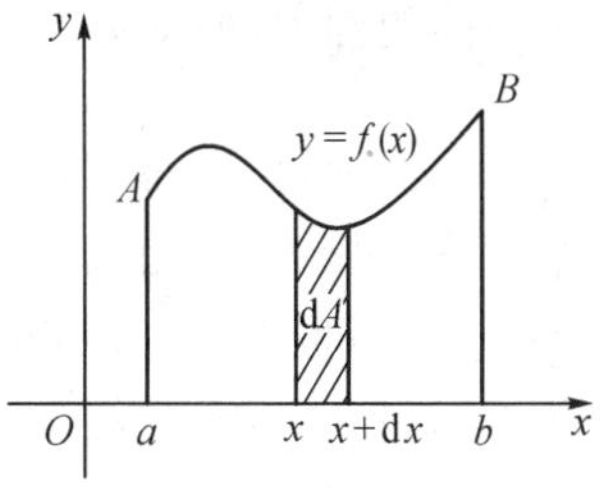

$$\Delta A \approx \mathrm{d}A = f(x)\mathrm{d}x.$$

图 5-10

(3) **求和**　得面积 A 的近似值

$$A = \sum \Delta A \approx \sum \mathrm{d}A = \sum f(x)\mathrm{d}x.$$

(4) **取极限**　得面积 A 的精确值

$$A = \lim_{\lambda \to 0} \sum f(x)\mathrm{d}x = \int_a^b f(x)\mathrm{d}x.$$

由上述分析,可以抽象出在应用学科中广泛应用的将所求量 A 表示为定积分的方法——**微元法**.

一般地,如果某一实际问题中要求的量 A 满足以下条件:

(1) 所求的量 A 与自变量 x 的一个变化区间 $[a, b]$ 有关;

(2) 量 A 对于区间 $[a, b]$ 具有可加性,即若把区间 $[a, b]$ 分成若干部分区间,则 A 相应地分成若干个部分量 ΔA,而 A 是这些部分量 ΔA 之和;

(3) 对于部分量 ΔA,能够求得它的近似值,即 $\Delta A \approx f(x)\Delta x$. 这里的近似,确切地说是指:当 $\Delta x \to 0$ 时,$\Delta A - f(x)\Delta x = o(\Delta x)$,即 $f(x)\Delta x$ 是 ΔA 的线性主部,亦即 $\mathrm{d}A = f(x)\mathrm{d}x$ 是 A 的微分,称为 A 的**微元**.

于是由定积分的定义,将所求的微元"无限积累",即从 a 到 b 积分,便得

$$A = \int_a^b \mathrm{d}A = \int_a^b f(x)\mathrm{d}x.$$

不难发现,微元法的关键是找到小区间 $[x, x+\mathrm{d}x]$ 上部分量 ΔA 的线性主部,即找 A 的微元:

$$\mathrm{d}A = f(x)\mathrm{d}x.$$

5.4.2　平面图形的面积

由前面的讨论我们知道,对于非负函数 $f(x)$,定积分 $\int_a^b f(x)\mathrm{d}x$ 表示由曲线 $y = f(x)$ 与直线 $x=a$, $x=b$ 以及 x 轴所围成的曲边梯形的面积. 被积表达式 $f(x)\mathrm{d}x$ 就是面积微元 $\mathrm{d}A$,即

$$\mathrm{d}A = f(x)\mathrm{d}x,$$

所求曲边梯形面积为 $$A=\int_a^b \mathrm{d}A=\int_a^b f(x)\mathrm{d}x.$$

一般地，由两条曲线 $y=f(x)$，$y=g(x)(f(x)\geqslant g(x))$ 及直线 $x=a$，$x=b$ 所围成的图形(图 5-11)的面积 A，可取横坐标 x 为积分变量，它的变化区间为 $[a,b]$，相应于 $[a,b]$ 上的任一个小区间 $[x,x+\mathrm{d}x]$ 的窄条的面积近似等于高为 $f(x)-g(x)$、底为 $\mathrm{d}x$ 的窄矩形的面积，从而得到面积微元为

$$\mathrm{d}A=[f(x)-g(x)]\mathrm{d}x.$$

以 $[f(x)-g(x)]\mathrm{d}x$ 为被积表达式，在区间 $[a,b]$ 上求定积分，使得所求面积为

$$A=\int_a^b [f(x)-g(x)]\mathrm{d}x. \tag{5.4}$$

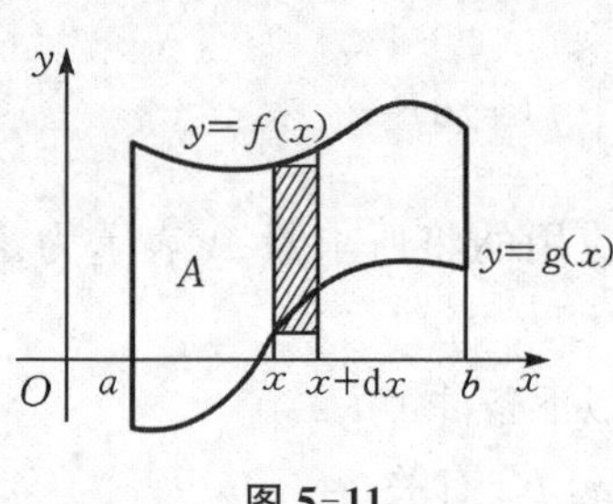

图 5-11

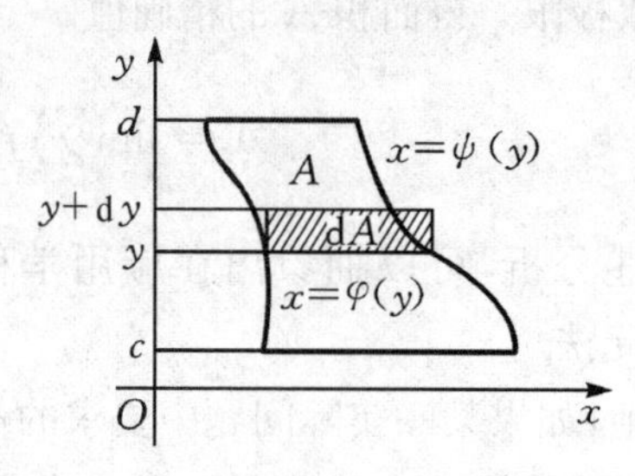

图 5-12

类似地，若求由 $x=\psi(y)$，$x=\varphi(y)(\psi(y)\geqslant\varphi(y))$ 及直线 $y=c$，$y=d$ 所围成的图形(图 5-12)的面积 A，可选择 y 为积分变量，由微元法得

$$A=\int_c^d [\psi(y)-\varphi(y)]\mathrm{d}y. \tag{5.5}$$

例 1 求曲线 $y=\frac{1}{2}(x-1)^2$ 与直线 $y=x+3$ 所围图形面积.

解 作出草图，如图 5-13 所示，由方程组

$$\begin{cases} y=\dfrac{1}{2}(x-1)^2, \\ y=x+3, \end{cases}$$

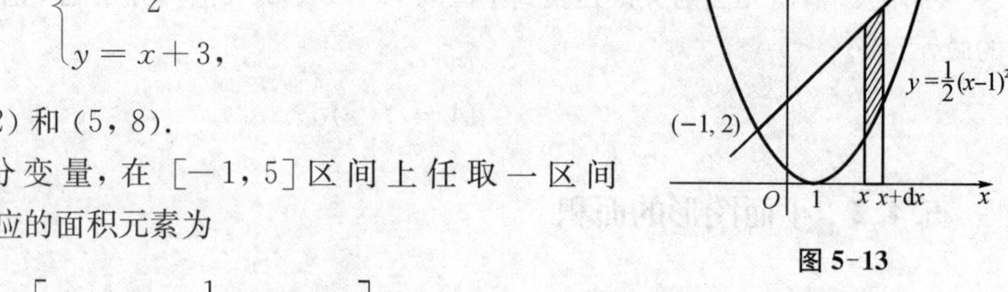

图 5-13

得交点为 $(-1,2)$ 和 $(5,8)$.

取 x 为积分变量，在 $[-1,5]$ 区间上任取一区间 $[x,x+\mathrm{d}x]$，对应的面积元素为

$$\mathrm{d}A=\left[(x+3)-\frac{1}{2}(x-1)^2\right]\mathrm{d}x,$$

故所求面积为

$$A=\int_{-1}^5\left[(x+3)-\frac{1}{2}(x-1)^2\right]\mathrm{d}x=\left[\frac{(x+3)^2}{2}-\frac{1}{6}(x-1)^3\right]_{-1}^5=18.$$

上例如果取 y 为积分变量，则 y 的变化区间 $[0, 8]$ 应分成两个区间 $[0, 2]$ 和 $[2, 8]$，在 $[0, 2]$ 上面积元素为 $\mathrm{d}A=[(1+\sqrt{2y})-(1-\sqrt{2y})]\mathrm{d}y$，在 $[2, 8]$ 上面积元素 $\mathrm{d}A=[(1+\sqrt{2y})-(y-3)]\mathrm{d}y$，故所求面积为

$$A=\int_0^2[(1+\sqrt{2y})-(1-\sqrt{2y})]\mathrm{d}y+\int_2^8[(1+\sqrt{2y})-(y-3)]\mathrm{d}y.$$

显然选择取 x 为积分变量比较简单，由此可见在具体计算中选取合适是积分变量是非常重要的.

式(5.4)，式(5.5)也可作为公式直接使用.

例 2　求抛物线 $\sqrt{y}=x$ 与直线 $y=-x$，$y=1$ 所围图形的面积.

解　作出草图，如图 5-14 所示，显然曲线交点为 $(-1, 1)$，$(0, 0)$ 及 $(1, 1)$. 从图形看，选取 y 为积分变量较合适. y 的变化范围为 $[0, 1]$，由式(5.5)知所求面积为

$$A=\int_0^1[\sqrt{y}-(-y)]\mathrm{d}y=\frac{7}{6}.$$

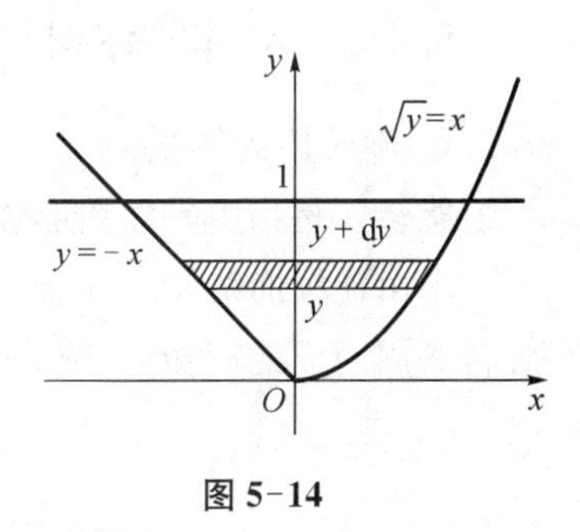

图 5-14

2. 极坐标下平面图形的面积

若曲线的方程由极坐标形式给出

$$\rho=\rho(\theta)\quad(\alpha\leqslant\theta\leqslant\beta).$$

设 $\rho=\rho(\theta)$ 在区间 $[\alpha, \beta]$ 上连续且 $\rho(\theta)\geqslant 0$，求曲线 $\rho=\rho(\theta)$ 及射线 $\theta=\alpha$，$\theta=\beta$ 所围图形的面积 A（图 5-15). 步骤如下：

(1) 选取 θ 为变量，$\alpha\leqslant\theta\leqslant\beta$；

(2) 在 $[\alpha, \beta]$ 上任取一小区间 $[\theta, \theta+\mathrm{d}\theta]$，其相应的部分面积记为 ΔA，用扇型面积(夹角为 $\mathrm{d}\theta$，半径为 $\rho=\rho(\theta)$) 近似代替，有 $\Delta A=\frac{1}{2}[\rho(\theta)]^2\mathrm{d}\theta$，故 $\mathrm{d}A=\frac{1}{2}[\rho(\theta)]^2\mathrm{d}\theta$，从而

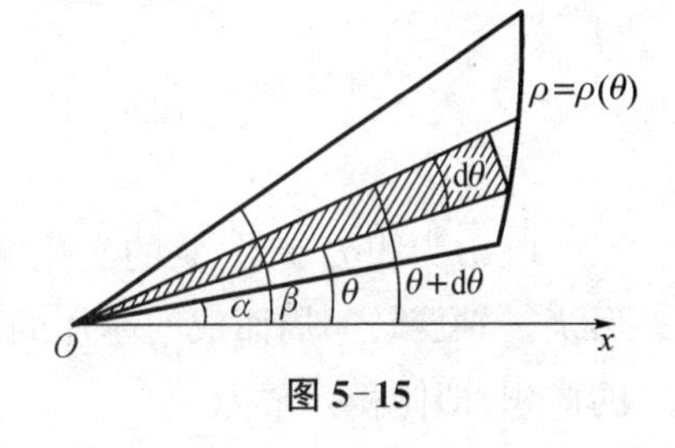

图 5-15

$$A=\int_\alpha^\beta\mathrm{d}A=\frac{1}{2}\int_\alpha^\beta[\rho(\theta)]^2\mathrm{d}\theta. \tag{5.6}$$

注　也可取夹角为 $\mathrm{d}\theta$、半径为 $\rho=\rho(\xi)$ $(\theta\leqslant\xi\leqslant\theta+\mathrm{d}\theta)$ 的扇形面积近似 ΔA，式(5.6)实际就是求极坐标下平面图形面积的公式.

例 3　计算心形线 $\rho=a(1+\cos\theta)$ $(a>0)$ 所围成图形的面积.

解　作出草图(图 5-16)，此图关于极轴对称，因此所求图形的面积 A 是极轴以上部分图形面积 A_1 的两倍，对于极轴以上部分图形，θ 的变化区间为 $[0, \pi]$，利用极坐标下求面积公式有

$$A_1 = \frac{1}{2}\int_0^{\pi} [a(1+\cos\theta)]^2 \mathrm{d}\theta = \frac{a^2}{2}\int_0^{\pi}(1+2\cos\theta+\cos^2\theta)\mathrm{d}\theta$$

$$= \frac{a^2}{2}\int_0^{\pi}\left(\frac{2}{3}+2\cos\theta+\frac{1}{2}\cos 2\theta\right)\mathrm{d}\theta$$

$$= \frac{a^2}{2}\left[\frac{3}{2}\theta+2\sin\theta+\frac{1}{4}\sin 2\theta\right]_0^{\pi} = \frac{3}{4}\pi a^2.$$

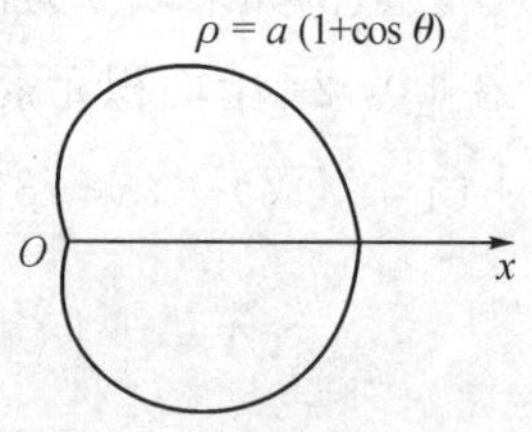

图 5-16

故所求面积为 $A = 2A_1 = \frac{3}{2}\pi a^2$.

5.4.3 立体的体积

1. 旋转体的体积

旋转体是指由平面图形绕着它所在平面内的一条直线旋转一周而成的立体.

求由连续曲线 $y=f(x)$，直线 $x=a$，$x=b(a<b)$ 及 x 轴所围成的曲边梯形绕 x 轴旋转一周而成的旋转体(图 5-17)的体积.

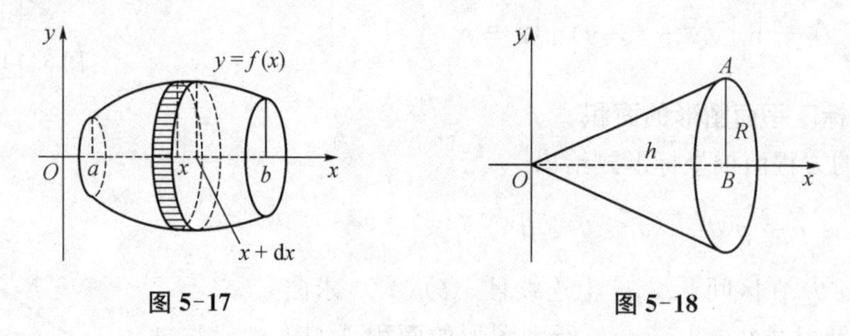

图 5-17　　图 5-18

取 x 为积分变量，它的变化区间是 $[a, b]$，在任一小区间 $[x, x+\mathrm{d}x]$ 上的窄曲边梯形绕 x 轴旋转一周而成的薄片的体积，近似等于以 $|f(x)|$ 为底半径、$\mathrm{d}x$ 为高的扁圆柱体的体积，即体积元素为

$$\mathrm{d}V = \pi[f(x)]^2\mathrm{d}x,$$

以 $\pi[f(x)]^2\mathrm{d}x$ 为被积表达式，在闭区间 $[a, b]$ 上作定积分，便得所求旋转体的体积为

$$V = \int_a^b \pi[f(x)]^2\mathrm{d}x. \tag{5.7}$$

例 4　求底半径为 R、高为 h 的圆锥体的体积.

解　取直角坐标系如图 5-18 所示，圆锥体可以看作是由直角三角形 OAB 绕 x 轴旋转得到的旋转体. 而 OA 的方程为

$$y = \frac{R}{h}x.$$

因此

$$V=\pi\int_0^h\left(\frac{R}{h}x\right)^2\mathrm{d}x=\frac{\pi R^2}{h^2}\cdot\frac{1}{3}x^3\Big|_0^h=\frac{\pi}{3}R^2h.$$

类似地，可求得由曲线 $x=\varphi(y)$，直线 $y=c$，$y=d\ (c<d)$ 及 y 轴所围成的曲边梯形绕 y 轴旋转一周而成的旋转体(图 5-19)的体积为

$$V=\pi\int_c^d[\varphi(y)]^2\mathrm{d}y. \tag{5.8}$$

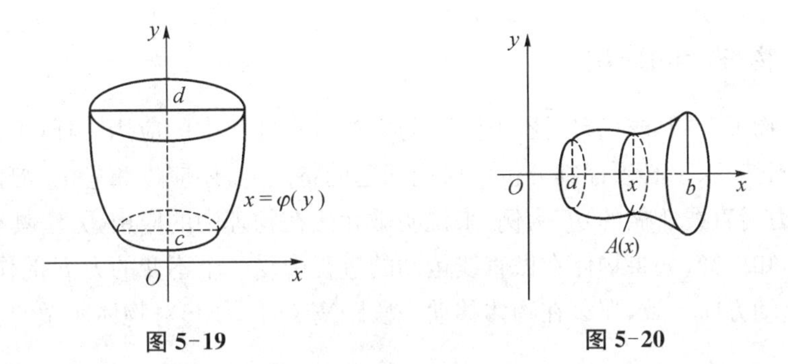

图 5-19　　　　图 5-20

2. 平行截面面积为已知的立体体积

设一立体位于 $x=a$ 与 $x=b$，$(a<b)$ 且垂直于 x 轴的两个平面之间，$A(x)$ 表示任意垂直于 x 轴的截面面积. $A(x)$ 在 $[a, b]$ 上连续，求此立体的体积 V (图 5-20).

具体步骤：

(1) 以 x 轴为定轴，选取 x 为积分变量且 $a\leqslant x\leqslant b$；

(2) 在区间 $[a, b]$ 上取小区间 $[x, x+\mathrm{d}x]$，该小区间相应的部分体积记为 ΔV，由于 x 处的截面面积 $A(x)$ 为已知的函数，因此用以 $A(x)$ 为底面积、高为 $\mathrm{d}x$ 的柱体体积近似于 ΔV，有 $\Delta V\approx A(x)\mathrm{d}x$，故 $\mathrm{d}V=A(x)\mathrm{d}x$，以 $A(x)\mathrm{d}x$ 为被积表达式，在闭区间 $[a, b]$ 上作定积分，则得立体的体积为

$$V=\int_a^b\mathrm{d}V=\int_a^bA(x)\mathrm{d}x. \tag{5.9}$$

注　式(5.9)实际就是求平行截面面积为已知的立体体积的公式，应用此公式的关键是写出 $A(x)$.

例 5　一平面经过半径为 R 的圆柱体的底圆中心，并与底面交成角 α，计算此平面截圆柱体所得的体积.

分析　该立体不是旋转体，只有用截面的面积为已知的立体的计算公式，首先要把截面的面积表示成变量函数.

解　建立坐标系，取此平面与圆柱体的底面的交线为 x 轴，底面上过圆中心，且垂直 x 轴的直线为 y 轴，由此可知该题为求平行截面面积为已知的立体体积，关键是求出平行截面的面积函数 $A(x)$.

取 x 为变量，x 的范围为 $[-R, R]$，在 $(-R, R)$ 内任取一点 x，过此点作 x 轴的垂面(图 5-21)，该面与所求立体的截面为一直角三角形. 由于底圆的方程为 $x^2+y^2=R^2$，因此

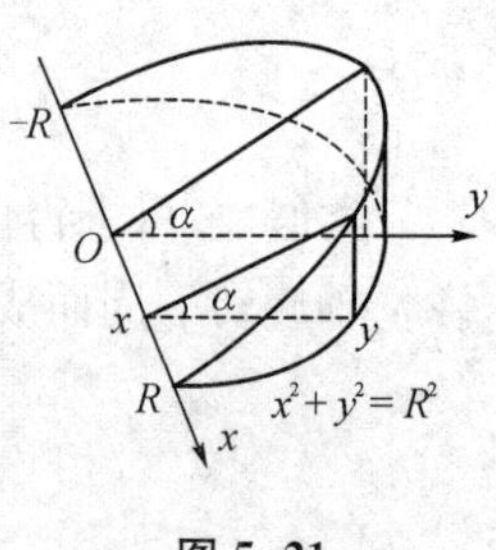

图 5-21

直角三角形两直角边的长分别为 y 和 $y\tan\alpha$，即 $\sqrt{R^2-x^2}$，$\sqrt{R^2-x^2}\tan\alpha$. 因而截面面积 $A(x)=\frac{1}{2}(R^2-x^2)\tan\alpha$.

于是所求立体体积为

$$V=\int_{-R}^{R}\frac{1}{2}(R^2-x^2)\tan\alpha\mathrm{d}x=\frac{2}{3}R^3\tan\alpha.$$

5.4.4 物理上的应用

定积分在物理上同样有着广泛的应用. 与定积分在几何中的应用一样,关键是要找出所求量的微元. 当然,除了必须仔细分析所讨论问题的特点外,还应以相应的物理定律为依据. 下面仅以“变力沿直线所做的功”为例,来说明微元法在物理中的应用,方法具有一般性.

由物理学知识知,如果物体在做直线运动的过程中受一个不变的力 F 的作用,且力的方向与物体的运动方向一致,那么在物体移动一段距离 s 时,力 F 对物体所做的功为

$$W=F\cdot s.$$

如果物体在运动过程中所受的力是变化的,设做直线运动的物体所受的力与移动的距离 x 之间满足 $y=F(x)$，求此力将物体从 $x=a$ 移动到 $x=b$ 所做的功.

变力在 $[x, x+\mathrm{d}x]$ 一小段距离上所做的功可视为常力所做的功,功微元为

$$\mathrm{d}W=F(x)\mathrm{d}x.$$

因此,力 $F(x)$ 所做的总功为 $W=\int_a^b F(x)\mathrm{d}x$.

例 6 如图 5-22 所示,把一个带 $+q$ 电量的点电荷放在 x 轴上坐标原点处,它产生一个电场. 这个电场对周围的电荷有作用力. 由物理学知识可知,如果一个单位正电荷放在这个电场中距离原点为 r 的地方,那么电场对它的作用力的大小为 $F=k\frac{q}{r^2}$ (k 为常数)，当这个单位正电荷在电场中从 $r=a$ 处沿 r 轴移动到 $r=b$ 处时,计算电场力 F 对它所做的功.

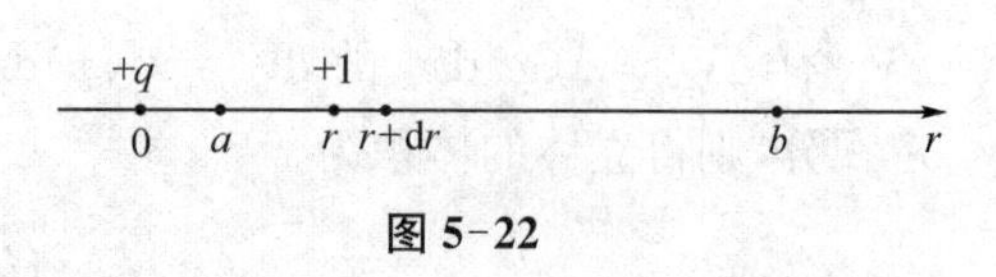

图 5-22

解 取 r 为积分变量，$r\in[a, b]$，取任一小区间 $[r, r+\mathrm{d}r]$，功元素为

$$\mathrm{d}W=\frac{kq}{r^2}\mathrm{d}r,$$

于是所求功为

$$W=\int_a^b\frac{kq}{r^2}\mathrm{d}r=kq\cdot\left(-\frac{1}{r}\right)\Big|_a^b=kq\left(\frac{1}{a}-\frac{1}{b}\right).$$

如果要考虑将单位电荷移到无穷远处,则

$$W=\int_a^{+\infty}\frac{kq}{r^2}\mathrm{d}r=kq\cdot\left(-\frac{1}{r}\right)\Big|_a^{+\infty}=\frac{kq}{a}.$$

例 7　一个圆柱形蓄水池高为 5 m，底半径为 3 m，池内盛满了水，要把池内的水全部吸出，需做多少功？

解　建立坐标系，如图 5-23 所示，取 x 为积分变量，$x\in[0,5]$，取任一小区间 $[x,x+\mathrm{d}x]$，把这一薄层水吸出的功元素为

$$\mathrm{d}W=\rho g\,\mathrm{d}V=9.8\pi\cdot 3^2x\mathrm{d}x,$$

于是

$$W=\int_0^5 9.8\pi\cdot 3^2x\mathrm{d}x=88.2\pi\cdot\frac{x^2}{2}\Big|_0^5\approx 3\,462(\mathrm{J}).$$

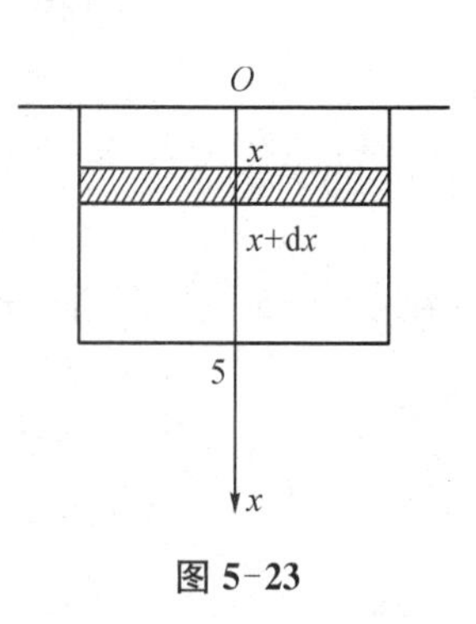

图 5-23

5.4.5　经济上的应用

由第 3 章边际分析的讨论可知，对一个已知的经济函数 $F(x)$（如需求函数 $Q(P)$，总成本函数 $C(x)$，总收入函数 $R(x)$ 和利润函数 $L(x)$ 等），它的边际函数就是它的导函数 $F'(x)$. 若对已知的边际函数 $F'(x)$ 求不定积分 $\int F'(x)\mathrm{d}x$，就可求得原经济函数，其中积分常数 C 由 $F(x_0)=F_0$ 的具体条件确定，通常取 $x_0=0$.

在学习了牛顿-莱布尼茨公式后，可得

$$\int_0^x F'(x)=F(x)-F(0),$$

从而，由变上限的定积分就可求得经济函数 $F(x)$，即

$$F(x)=\int_0^x F'(x)+F(0).$$

另外，若要求经济函数从 a 到 b 的增量，则

$$\Delta F=F(b)-F(a)=\int_a^b F'(x)\mathrm{d}x.$$

例 8　已知某商品的需求量 Q 是价格 P 的函数，且边际需求是 $Q'(P)=-2$，该商品的最大需求量为 600，求需求量与价格的关系函数.

解　在需求函数中，一般地，当价格 $P=0$ 时，需求量达到最大，故由题意知，当 $P=0$ 时，$Q(0)=600$. 因此，需求函数为

$$Q(P)=\int_0^P Q'(P)\mathrm{d}P+Q(0)=\int_0^P(-2)\mathrm{d}P+600=-2P+600\quad(P>0).$$

例 9　已知生产某产品 x 单位时的边际收入为 $R'(x)=100-2x$（单位：元），求生产 40 单位时的总收入及平均收入，若再增加生产 10 个单位，求增加的总收入.

解　在收入函数中，一般当销量为零时，总收入也为零，即 $R(0)=0$. 因此，当 $x=40$ 时

的总收入为

$$R(40)=\int_0^{40}(100-2x)\mathrm{d}x=\Big[100x-x^2\Big]_0^{40}=2\,400\text{ 元}.$$

平均收入为
$$\overline{R}(40)=\frac{R(40)}{40}=\frac{2\,400}{40}=60\text{ 元}.$$

在生产 40 单位后再生产 10 单位所增加的总收入为

$$\Delta R=R(50)-R(40)=\int_{40}^{50}R'(x)\mathrm{d}x=\int_{40}^{50}(100-2x)\mathrm{d}x$$
$$=\Big[100x-x^2\Big]_{40}^{50}=100\text{ 元}.$$

习题 5.4

1. 求由曲线 $y=\sqrt{x}$ 与直线 $y=x$ 所围成图形的面积.

2. 求由抛物线 $y^2=2x$ 与直线 $x-y-4=0$ 所围成图形的面积.

3. 求在区间 $\left[0,\dfrac{\pi}{2}\right]$ 上,曲线 $y=\sin x$ 与直线 $x=0$, $y=1$ 所围成图形的面积.

4. 求由曲线 $\rho=2a\cos\theta$ 所围成图形的面积.

5. 求下列平面图形分别绕 x 轴、y 轴旋转所得旋转体的体积.

(1) 曲线 $y=\sqrt{x}$ 与直线 $x=1$, $x=4$, $y=0$ 围成的图形;

(2) 曲线 $y=x^3$ 与直线 $x=2$, $y=0$ 所围成的图形.

6. 求底面是半径为 R 的圆,而垂直于底面上的一条固定直径的所有截面都是等边三角形的立体体积.

7. 当 a 为何值时,抛物线 $y=x^2$ 与三条直线 $x=a$, $x=a+1$, $y=0$ 所围成的图形面积最小,求最小面积.

8. 证明:平面图形 $y=f(x)(f(x)>0,\ 0\leqslant a\leqslant x\leqslant b)$ 绕 y 轴旋转一周后所得的旋转体的体积为 $V=2\pi\int_a^b xf(x)\mathrm{d}x$.

9. 已知某商场销售某件商品的边际利润为 $L'(x)=250-\dfrac{x}{10}\ (x\geqslant 20)$, 试求

(1) 商场售出该商品 40 件的总利润;

(2) 商场售出该商品 60 件时,前 30 件与后 30 件的平均利润各为多少?

5.5 反常积分

前面所讨论的定积分 $\int_a^b f(x)\mathrm{d}x$ 有两个最基本的限制: 积分区间 $[a,b]$ 的有限性以及被积函数 $f(x)$ 的有界性. 但在一些实际问题中,我们常会遇到无穷区间上的积分或被积函数在积分区间上无界的积分,这两类积分称为广义积分或反常积分. 相应地,前面所讨论的定积分称为常义积分或正常积分.

5.5.1 无穷区间上的反常积分

定义 1 设函数 $f(x)$ 在无穷区间 $[a, +\infty)$ 上连续，称 $\int_a^{+\infty} f(x)\mathrm{d}x$ 为**函数 $f(x)$ 在无穷区间 $[a, +\infty)$ 上的反常积分**. 如果对任意的 $b > a$，极限 $\lim\limits_{b\to+\infty}\int_a^b f(x)\mathrm{d}x$ 存在，则称 $\int_a^{+\infty} f(x)\mathrm{d}x$ **收敛**，并规定

$$\int_a^{+\infty} f(x)\mathrm{d}x = \lim_{b\to+\infty}\int_a^b f(x)\mathrm{d}x;$$

否则，称 $\int_a^{+\infty} f(x)\mathrm{d}x$ **发散**，这时 $\int_a^{+\infty} f(x)\mathrm{d}x$ 仅仅是一个记号，没有数值意义.

类似地，设 $f(x)$ 是 $(-\infty, b]$ 上的连续函数，如果对于任意的 $a < b$，极限 $\lim\limits_{a\to-\infty}\int_a^b f(x)\mathrm{d}x$ 存在，则称 **$f(x)$ 在 $(-\infty, b]$ 上的反常积分 $\int_{-\infty}^{b} f(x)\mathrm{d}x$ 收敛**，并规定

$$\int_{-\infty}^{b} f(x)\mathrm{d}x = \lim_{a\to-\infty}\int_a^b f(x)\mathrm{d}x;$$

否则，称反常积分 $\int_{-\infty}^{b} f(x)\mathrm{d}x$ **发散**.

若 $f(x)$ 在 $(-\infty, +\infty)$ 上连续，且两个反常积分 $\int_{-\infty}^{c} f(x)\mathrm{d}x$ 和 $\int_c^{+\infty} f(x)\mathrm{d}x$ 都收敛，则称 **$f(x)$ 在 $(-\infty, +\infty)$ 上的反常积分 $\int_{-\infty}^{+\infty} f(x)\mathrm{d}x$ 收敛**，并规定

$$\int_{-\infty}^{+\infty} f(x)\mathrm{d}x = \int_{-\infty}^{c} f(x)\mathrm{d}x + \int_c^{+\infty} f(x)\mathrm{d}x;$$

否则，称 $\int_{-\infty}^{+\infty} f(x)\mathrm{d}x$ **发散**.

容易看出，反常积分 $\int_{-\infty}^{+\infty} f(x)\mathrm{d}x$ 收敛与否以及收敛时的值均与常数 C 的取法无关. 因此为了计算简单，常取 $C = 0$.

上述反常积分统称为**无穷区间上的反常积分**.

利用牛顿-莱布尼茨公式，若 $F(x)$ 是 $f(x)$ 的一个原函数，记

$$F(+\infty) = \lim_{x\to+\infty} F(x), \quad F(-\infty) = \lim_{x\to-\infty} F(x),$$

则如果极限存在，反常积分可表示为

$$\int_a^{+\infty} f(x)\mathrm{d}x = F(x)\Big|_a^{+\infty} = F(+\infty) - F(a);$$

$$\int_{-\infty}^{b} f(x)\mathrm{d}x = F(x)\Big|_{-\infty}^{b} = F(b) - F(-\infty);$$

$$\int_{-\infty}^{+\infty} f(x)\mathrm{d}x = F(x)\Big|_{-\infty}^{+\infty} = F(+\infty) - F(-\infty).$$

例 1 计算反常积分$\int_0^{+\infty} x\mathrm{e}^{-x^2}\mathrm{d}x$.

解 对任意的$b>0$,有

$$\int_0^b x\mathrm{e}^{-x^2}\mathrm{d}x=-\frac{1}{2}\mathrm{e}^{-x^2}\Big|_0^b=\frac{1}{2}(1-\mathrm{e}^{-b^2}),$$

于是 $\lim\limits_{b\to+\infty}\int_0^b x\mathrm{e}^{-x^2}\mathrm{d}x=\lim\limits_{b\to+\infty}\frac{1}{2}(1-\mathrm{e}^{-b^2})=\frac{1}{2}$,

所以 $\int_0^{+\infty} x\mathrm{e}^{-x^2}\mathrm{d}x=\lim\limits_{b\to+\infty}\int_0^b x\mathrm{e}^{-x^2}\mathrm{d}x=\frac{1}{2}$.

在理解反常积分定义的实质后,上述求解过程也可直接写成

$$\int_0^{+\infty} x\mathrm{e}^{-x^2}\mathrm{d}x=-\frac{1}{2}\mathrm{e}^{-x^2}\Big|_0^{+\infty}=-\frac{1}{2}(0-1)=\frac{1}{2}.$$

例 2 判断反常积分$\int_0^{+\infty}\sin x\mathrm{d}x$的敛散性.

解 对任意的$b>0$,有

$$\int_0^b \sin x\mathrm{d}x=\cos x\Big|_0^b=1-\cos b,$$

因为$\lim\limits_{b\to+\infty}(1-\cos b)$不存在,所以反常积分$\int_0^{+\infty}\sin x\mathrm{d}x$发散.

例 3 计算反常积分$\int_{-\infty}^{+\infty}\frac{\mathrm{d}x}{1+x^2}$.

解 $\int_{-\infty}^{+\infty}\frac{\mathrm{d}x}{1+x^2}=\arctan x\Big|_{-\infty}^{+\infty}=\lim\limits_{x\to+\infty}\arctan x-\lim\limits_{x\to-\infty}\arctan x=\frac{\pi}{2}-\left(-\frac{\pi}{2}\right)=\pi$.

例 4 讨论反常积分$\int_a^{+\infty}\frac{\mathrm{d}x}{x^p}\ (a>0)$的敛散性.

解 当$p=1$时,

$$\int_a^{+\infty}\frac{\mathrm{d}x}{x^p}=\int_a^{+\infty}\frac{\mathrm{d}x}{x}=[\ln x]_a^{+\infty}=+\infty;$$

当$p\neq 1$时,

$$\int_a^{+\infty}\frac{\mathrm{d}x}{x^p}=\left[\frac{x^{1-p}}{1-p}\right]_a^{+\infty}=\begin{cases}+\infty, & p<1,\\ \dfrac{a^{1-p}}{p-1}, & p>1.\end{cases}$$

因此,当$p>1$时,该反常积分收敛,其值为$\frac{a^{1-p}}{p-1}$;当$p\leqslant 1$时,该反常积分发散.

5.5.2 无界函数的反常积分

下面我们把定积分的概念推广到被积函数在积分区间上无界的情况.

若函数 $f(x)$ 在区间 $[a, b]$ 上除某些点外连续，在这些点的小邻域内无界，则在形式上称“积分”

$$\int_a^b f(x)\mathrm{d}x$$

为**无界函数的反常积分**（或简称**瑕积分**），而那些点则称为这个积分的**瑕点**.

定义 2　设函数 $f(x)$ 在区间 $(a, b]$ 上连续，在点 a 的右邻域内无界，取 $\varepsilon > 0$，如果极限

$$\lim_{\varepsilon \to 0^+}\int_{a+\varepsilon}^b f(x)\mathrm{d}x$$

存在，则称反常积分 $\int_a^b f(x)\mathrm{d}x$ **收敛**，并称此极限为**反常积分的值**，即有

$$\int_a^b f(x)\mathrm{d}x = \lim_{\varepsilon \to 0^+}\int_{a+\varepsilon}^b f(x)\mathrm{d}x;$$

否则，称反常积分 $\int_a^b f(x)\mathrm{d}x$ **发散**，$x = a$ 为其**瑕点**.

类似地，设函数 $f(x)$ 在区间 $[a, b)$ 上连续，在点 b 的左邻域内无界，若极限

$$\lim_{\varepsilon \to 0^+}\int_a^{b-\varepsilon} f(x)\mathrm{d}x$$

存在，则称反常积分 $\int_a^b f(x)\mathrm{d}x$ **收敛**；否则，称反常积分 $\int_a^b f(x)$ **发散**，此时 $x = b$ 为其**瑕点**.

若函数 $f(x)$ 在区间 $[a, b]$ 上除点 c $(a < c < b)$ 外连续，在点 c 的小邻域内无界，则当两个反常积分 $\int_a^c f(x)\mathrm{d}x$ 和 $\int_c^b f(x)\mathrm{d}x$ 都收敛时，称反常积分 $\int_a^b f(x)\mathrm{d}x$ **收敛**，并且

$$\int_a^b f(x)\mathrm{d}x = \int_a^c f(x)\mathrm{d}x + \int_c^b f(x)\mathrm{d}x = \lim_{\varepsilon_1 \to 0^+}\int_a^{c-\varepsilon_1} f(x)\mathrm{d}x + \lim_{\varepsilon_2 \to 0^+}\int_{c+\varepsilon_2}^b f(x)\mathrm{d}x;$$

否则，称反常积分 $\int_a^b f(x)\mathrm{d}x$ **发散**，$x = c$ 为其**瑕点**.

例 5　求 $\int_0^a \frac{1}{\sqrt{a^2 - x^2}}\mathrm{d}x \quad (a > 0)$.

解　被积函数 $f(x) = \frac{1}{\sqrt{a^2 - x^2}}$ 在$[0, a)$上连续，且 $\lim_{x \to a^-} f(x) = \infty$，即 $f(x)$ 在 $x = a$ 处无界，所以

$$\int_0^a \frac{1}{\sqrt{a^2 - x^2}}\mathrm{d}x = \lim_{\varepsilon \to 0^+}\int_0^{a-\varepsilon} \frac{1}{\sqrt{a^2 - x^2}}\mathrm{d}x = \lim_{\varepsilon \to 0^+}\left[\arcsin\frac{x}{a}\right]_0^{a-\varepsilon}$$

$$= \lim_{\varepsilon \to 0^+}\arcsin\frac{a-\varepsilon}{a} = \frac{\pi}{2}.$$

例 6 讨论积分 $\int_{-1}^{1}\frac{1}{x^2}\mathrm{d}x$ 的敛散性.

解 被积函数 $f(x)=\frac{1}{x^2}$ 在 $[-1,1]$ 上除 $x=0$ 外都连续,且 $\lim\limits_{x\to 0}\frac{1}{x^2}=\infty$,即 $f(x)$ 在点 $x=0$ 处无界,所以

$$\begin{aligned}\int_{-1}^{1}\frac{1}{x^2}\mathrm{d}x&=\int_{-1}^{0}\frac{1}{x^2}\mathrm{d}x+\int_{0}^{1}\frac{1}{x^2}\mathrm{d}x=\lim_{\varepsilon_1\to 0^+}\int_{-1}^{0-\varepsilon_1}\frac{1}{x^2}\mathrm{d}x+\lim_{\varepsilon_2\to 0^+}\int_{0+\varepsilon_2}^{1}\frac{1}{x^2}\mathrm{d}x\\&=\lim_{\varepsilon_1\to 0^+}\left[-\frac{1}{x}\right]_{-1}^{-\varepsilon_1}+\lim_{\varepsilon_2\to 0^+}\left[-\frac{1}{x}\right]_{\varepsilon_2}^{1}\\&=\lim_{\varepsilon_1\to 0^+}\left(\frac{1}{\varepsilon_1}-1\right)+\lim_{\varepsilon_2\to 0^+}\left(-1+\frac{1}{\varepsilon_2}\right).\end{aligned}$$

由于这两个极限都不存在,所以反常积分 $\int_{-1}^{1}\frac{1}{x^2}\mathrm{d}x$ 是发散的.

此题如果没有注意到 $x=0$ 是被积函数的瑕点,仍然按正常积分计算,就会得出如下错误的结果:

$$\int_{-1}^{1}\frac{1}{x^2}\mathrm{d}x=\left[-\frac{1}{x}\right]_{-1}^{1}=-2.$$

例 7 讨论反常积分 $\int_{0}^{1}\frac{\mathrm{d}x}{x^q}\ (q>0)$ 的敛散性.

解 当 $q=1$ 时,取 $\varepsilon>0$,

$$\int_{0}^{1}\frac{\mathrm{d}x}{x^q}=\lim_{\varepsilon\to 0^+}\int_{\varepsilon}^{1}\frac{\mathrm{d}x}{x}=\lim_{\varepsilon\to 0^+}[\ln x]_{\varepsilon}^{1}=\lim_{\varepsilon\to 0^+}[0-\ln\varepsilon]=+\infty,$$

这时,反常积分发散.

当 $q\neq 1$ 时,

$$\int_{0}^{1}\frac{\mathrm{d}x}{x^q}=\lim_{\varepsilon\to 0^+}\int_{\varepsilon}^{1}\frac{\mathrm{d}x}{x^q}=\lim_{\varepsilon\to 0^+}\left[\frac{x^{1-q}}{1-q}\right]_{\varepsilon}^{1}=\lim_{\varepsilon\to 0^+}\left(\frac{1}{1-q}-\frac{\varepsilon^{1-q}}{1-q}\right)=\begin{cases}\frac{1}{1-q}, & q<1,\\ +\infty, & q>1.\end{cases}$$

综上所述,该反常积分当 $q<1$ 时收敛,收敛于 $\frac{1}{1-q}$;当 $q\geqslant 1$ 时发散.

习题 5.5

1. 判断下列反常积分的敛散性,若收敛,求其值.

(1) $\int_{1}^{+\infty}\frac{1}{x^4}\mathrm{d}x$;

(2) $\int_{\frac{2}{\pi}}^{+\infty}\frac{1}{x^2}\sin\frac{1}{x}\mathrm{d}x$;

(3) $\int_{0}^{+\infty} e^{-\sqrt{x}} dx$;　　　　(4) $\int_{1}^{5} \frac{x}{\sqrt{5-x}} dx$;

(5) $\int_{1}^{e} \frac{dx}{x\sqrt{1-(\ln x)^2}}$;　　　　(6) $\int_{\frac{\pi}{4}}^{\frac{3\pi}{4}} \frac{1}{\cos^2 x} dx$.

2. 已知 $\int_{-\infty}^{+\infty} P(x)dx = 1$，其中

$$P(x)=\begin{cases}\dfrac{C}{\sqrt{1-x^2}}, & |x|<1,\\ 0, & |x|\geqslant 1,\end{cases}$$

求 C 的值.

本章应用拓展——定积分模型

1. 钓鱼问题

例 1　某游乐场新建一鱼塘，在钓鱼季节来临之前将鱼放入鱼塘，鱼塘的平均深度为 4 m. 计划开始时每立方米放 1 条鱼，并且在钓鱼季节结束时所剩的鱼是开始时的 $\frac{1}{4}$. 如果一张钓鱼证平均可钓 20 条鱼，试问最多可卖出多少张钓鱼证？(鱼塘面积如图5-24所示，单位为 m，间距为 10 m)

分析　设鱼塘面积为 $S(\text{m}^2)$，则鱼塘体积为 $4S(\text{m}^3)$，因为开始时每立方米有 1 条鱼，所以应有 $4S$ 条鱼. 由于结束时鱼剩 $\frac{1}{4}$，于是被钓的鱼就是 $4S\times\frac{3}{4}=3S$；又因每张钓鱼证平均可钓 20 条鱼，所以最多可卖钓鱼证为 $\frac{3S}{20}$(张). 因此问题归结为求鱼塘的面积. 由题目已知条件及图 5-24 可知，可利用定积分的“分割、近似、求和”的思想，求出鱼塘面积的近似值.

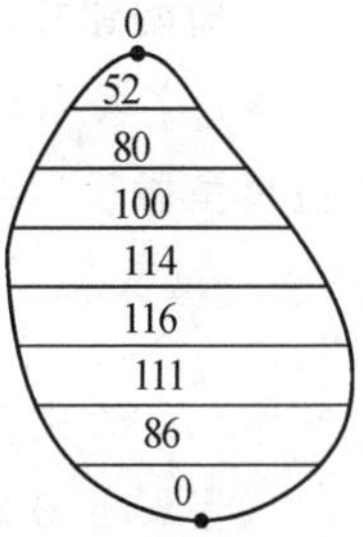

0
52
80
100
114
116
111
86
0

图 5-24

解　如图 5-24 所示，将图形分割为 8 等份，间距为 10 m，即 $\Delta x_i = 10$ m，设宽度 $f(x)$ 为

$$\begin{aligned}&f(x_0)=0\text{ m}, && f(x_1)=86\text{ m},\\ &f(x_2)=111\text{ m}, && f(x_3)=116\text{ m},\\ &f(x_4)=114\text{ m}, && f(x_5)=100\text{ m},\\ &f(x_6)=80\text{ m}, && f(x_7)=52\text{ m},\\ &f(x_8)=0\text{ m}.\end{aligned}$$

现利用梯形近似曲边梯形，任一小梯形面积为

$$\begin{aligned}S_i &= \frac{1}{2}[f(x_{i-1})+f(x_i)]\Delta x_i\\ &= \frac{10}{2}[f(x_{i-1})+f(x_i)]\quad (i=1,2,3,\cdots,8).\end{aligned}$$

故总面积为

$$\begin{aligned}S &= \sum_{i=1}^{8} S_i = 5\sum_{i=1}^{8}[f(x_{i-1})+f(x_i)] \\ &=5[f(x_0)+2f(x_1)+2f(x_2)+\cdots+2f(x_7)+f(x_8)] \\ &=10[f(x_1)+f(x_2)+\cdots+f(x_7)] \\ &=10(86+111+116+114+100+80+52) \\ &=6\,590(\text{m}^2).\end{aligned}$$

由于 $\dfrac{3S}{20}=\dfrac{3\times 6\,590}{20}=988.5$，因此，最多可卖钓鱼证 988 张.

2. 扫雪机清扫积雪模型

例 2 冬天大雪纷飞，在长 10 km 的公路上，由一台扫雪车负责清扫积雪，每当路面积雪平均厚度达到 0.5 m 时，扫雪机开始工作. 但扫雪机开始工作后，大雪仍然下个不停，当积雪厚度达到 1.5 m 时，扫雪机将无法工作. 如果大雪以恒速 $R=0.025$ cm/s 下了一个小时，问扫雪任务能否完成？

模型假设

(1) 扫雪机的工作速度 v(m/s) 与积雪厚度 h 成正比；

(2) 扫雪机在没有雪的路上行驶速度为 10 m/s；

(3) 扫雪机以工作速度前进的距离就是已经完成清扫的路段.

模型建立与求解

设 t 表示时间，从扫雪机开始工作起计时开始，$S(t)$ 表示 t 时刻扫雪机行驶的距离，由模型假设(1)得

$$v=k_1h+k_2,$$

其中，k_1 为比例系数，k_2 为初始参数.

当 $h=0$ 时，$v=10$；当 $h=1.5$ 时，$v=0$，得扫雪机与积雪厚度的函数关系为

$$v=10\left(1-\frac{2}{3}h\right),$$

由于积雪厚度 h 随 t 而增加，t 时刻增加厚度为 $Rt\,(\text{cm})=\dfrac{Rt}{100}(\text{m})$，所以

$$h(t)=0.5+\frac{Rt}{100},$$

代入上式得

$$v(t)=\frac{10}{3}\left(2-\frac{Rt}{50}\right).$$

由速度与距离的关系可得扫雪距离的积分模型

$$S(t)=\int_0^t v(x)\mathrm{d}x=\frac{10}{3}\int_0^t\left(2-\frac{Rt}{50}\right)\mathrm{d}x=\frac{20}{3}t-\frac{R}{30}t^2,$$

当 $v(t)=0$ 时，扫雪机停止工作，记此时刻为 T，则

$$\frac{10}{3}\left(2-\frac{Rt}{50}\right)=0,$$

解得 $T=\dfrac{100}{R}$，当 $R=0.025\ \text{cm/s}$ 时，$T=4\,000\ \text{s}\approx 66.67\ \text{min}$，此时

$$S(t)=S(4\,000)\approx 13.33\ \text{km},$$

所以扫雪 10 km 的任务可以完成.

总习题 5

1. 填空题.

(1) 定积分的值取决于________.

(2) 若 $\int_0^a (2x-1)\mathrm{d}x=2$，则 $a=$ ________.

(3) 若 $f(x)$ 在 $[a,b]$ 上连续，且 $\int_a^b f(x)=0$，则 $\int_a^b (f(x)+1)=$ ________.

(4) 设 $f(t)=\int_0^x |t|\,\mathrm{d}t$，则 $f'(x)=$ ________.

(5) 设 $f(x)$ 是连续的奇函数，且 $\int_0^1 f(x)\mathrm{d}x=1$，则 $\int_{-1}^0 f(x)\mathrm{d}x=$ ________.

(6) $\int_{-\infty}^{+\infty}\dfrac{A}{1+x^2}\mathrm{d}x=1$，则 $A=$ ________.

2. 选择题.

(1) 定积分 $\int_a^b f(x)\mathrm{d}x$ 是(　　).

A. 一个确定的常数　　B. $f(x)$ 的一个原函数

C. 一个函数族　　D. 一个非负常数

(2) 下列积分正确的是(　　).

A. $\int_{-\frac{\pi}{2}}^{\frac{\pi}{2}}\sin x\mathrm{d}x=2\int_0^{\frac{\pi}{2}}\sin x\mathrm{d}x=2$　　B. $\int_{-\frac{\pi}{2}}^{\frac{\pi}{2}}\cos x\mathrm{d}x=2\int_0^{\frac{\pi}{2}}\cos x\mathrm{d}x=2$

C. $\int_{-1}^1\dfrac{1}{x^2}\mathrm{d}x=-\dfrac{1}{x}\Big|_{-1}^{1}=2$　　D. $\int_1^2\ln x\mathrm{d}x=\dfrac{1}{x}\Big|_1^2=-\dfrac{1}{2}$

(3) 设 $f(x)$在$[a,b]$上连续，且 x 与 t 无关，则下列积分正确的是(　　).

A. $\int_a^b tf(x)\mathrm{d}x=t\int_a^b f(x)\mathrm{d}x$　　B. $\int_a^b xf(x)\mathrm{d}x=x\int_a^b f(x)\mathrm{d}x$

C. $\int_a^b tf(x)\mathrm{d}t=t\int_a^b f(x)\mathrm{d}t$　　D. $\int_a^b tf(t)\mathrm{d}t=x\int_a^b f(t)\mathrm{d}x$

(4) 设 $f(x)$ 是连续函数，$F(x)=\int_x^{-x}f(t)\mathrm{d}t$，则 $F'(x)=$(　　).

A. $f(x)+f(-x)$　　B. $f(x)-f(-x)$

C. $-f(x)+f(-x)$　　D. $-f(x)-f(-x)$

(5) 已知 $\int_0^x[2f(t)-1]\mathrm{d}t=f(x)-1$，则 $f'(0)=$(　　).

A. 2　　B. $2\mathrm{e}-1$　　C. 1　　D. $\mathrm{e}-1$

(6) $\varphi(x)$ 在$[a, b]$上连续，$f(x)=(x-b)\int_a^x \varphi(t)\mathrm{d}t$，由罗尔定理，必有$\xi \in (a, b)$，使$f'(\xi)=($　　$)$.

A. $\varphi(\xi)$　　B. 1　　C. -1　　D. 0

3. 求下列定积分.

(1) $\int_0^{\frac{1}{3}} \frac{1}{4-3x}\mathrm{d}x$；　　(2) $\int_0^{\pi}\cos^2\left(\frac{x}{2}\right)\mathrm{d}x$；

(3) $\int_0^{\frac{\pi}{2}} \sqrt{1-\sin 2x}\mathrm{d}x$；　　(4) $\int_0^{\pi} x\sqrt{\cos^2 x-\cos^4 x}\mathrm{d}x$；

(5) $\int_0^1 \mathrm{e}^{\sqrt{x}}\mathrm{d}x$；　　(6) $\int_2^{+\infty}\frac{1}{x^2-x}\mathrm{d}x$.

4. 设 $f(x)=\begin{cases} x^2, & 0\leqslant x\leqslant 1, \\ 2-x, & 1<x\leqslant 2,\end{cases}$ 求$\int_0^2 f(x)\mathrm{d}x$.

5. 设 $f(5)=2$，$\int_0^5 f(x)\mathrm{d}x=3$，求$\int_0^5 xf'(x)\mathrm{d}x$.

6. 求由曲线 $y=\sin x$，$y=\cos x$ 与直线 $x=0$，$x=\pi$ 所围成图形的面积.

7. 求由曲线 $y=\mathrm{e}^x$ 与直线 $y=\mathrm{e}$ 及 y 轴所围成图形的面积.

8. 求在区间$\left[0, \frac{\pi}{2}\right]$上，由曲线 $y=\sin x$ 与直线 $x=\frac{\pi}{2}$，$y=0$ 所围成的图形分别绕 x 轴，y 轴旋转所得的两个旋转体的体积.

9. 半径为 r 的球沉入水中，球的上部与水面相切，球的密度与水相同，现将球从水中取出，需做多少功?

10. 某城市 2000 年的人口密度近似为 $P(r)=\frac{4}{r^2+20}$，$P(r)$ 表示距离市中心 r km 区域内的人口数，单位为每平方千米 10 万人.

(1) 试求距离市中心 2 km 的人口数；

(2) 若人口密度近似为 $P(r)=1.2\mathrm{e}^{-0.2r}$（单位不变），试求距离市中心 2 km 区域内的人口数.

第6章

多元函数微分学及其应用

前面的章节中，我们讨论的函数都只有一个自变量，即一元函数. 在自然科学和工程技术等许多实际问题中，常常会遇到一个因变量依赖于两个或两个以上自变量的情形，反映到数学上，就是多元的问题. 本章在一元函数微积分学的基础上，主要讨论最简单且唯一具有直观几何图形的多元函数——二元函数，所得到的概念和方法大都能自然推广到二元以上的多元函数.

6.1 空间解析几何简介

6.1.1 空间直角坐标系

从空间中取一个定点 O，作三条相互垂直的数轴 Ox，Oy，Oz，每条轴给定相同的单位长度，这三条数轴依次记为 x 轴(横轴)、y 轴(纵轴)、z 轴(竖轴)，统称为**坐标轴**，定点 O 称为**原点**，这就建立了一个**空间直角坐标系** $Oxyz$，如图 6-1 所示.

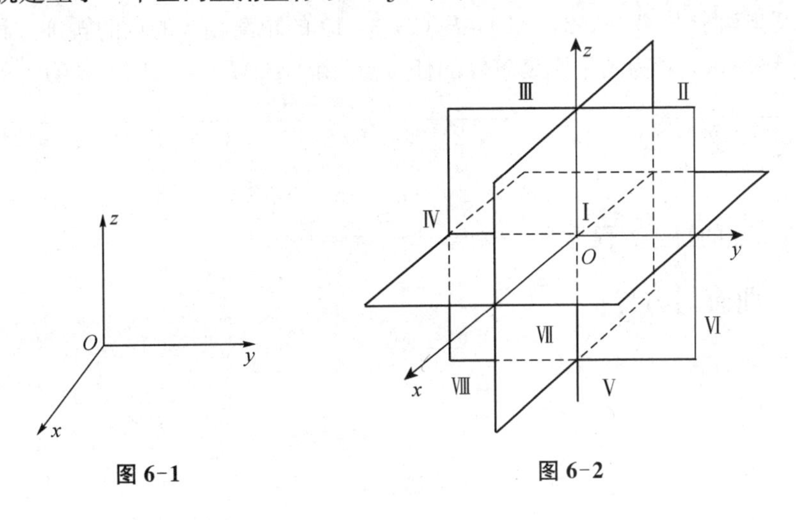

图 6-1　　图 6-2

由任意每两条坐标轴所确定的平面称为**坐标平面**. 三个坐标平面分别记为 xOy 面, yOz 面, xOz 面. 三个坐标面将空间分为八个部分,每个部分称为**卦限**. 含有 x 轴、y 轴、z 轴正半轴的卦限称为第Ⅰ卦限,在 xOy 面的上方,按逆时针方向,依次是第Ⅱ,Ⅲ,Ⅳ卦限;在 xOy 面下方,第Ⅰ卦限的下方称为第Ⅴ卦限,按逆时针方向,依次为第Ⅵ,Ⅶ,Ⅷ卦限,如图 6-2 所示.

6.1.2 点的坐标和距离公式

设 M 是空间中任一点,过 M 分别作垂直于三条坐标轴的平面,垂足 P, Q, R 在三坐标轴上的坐标依次为 x, y, z,从而得到点 M 与三元数组 (x, y, z) 对应;反之,给定三个有序实数 x, y, z,分别在 x, y, z 轴上有对应点 P, Q, R,分别在此三点作垂直于 x, y, z 轴的平面,得交点 M,从而得到一个三元数组 (x, y, z) 与点 M 对应. 称三元数组 (x, y, z) 为点 M 的**坐标**, x, y, z 分别称为**横坐标**,**纵坐标**,**竖坐标**,如图 6-3 所示.

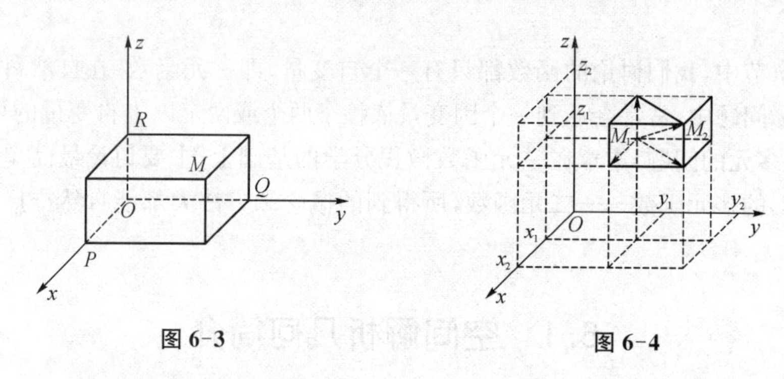

图 6-3　　图 6-4

设空间中任意两点 $M_1(x_1, y_1, z_1)$ 和 $M_2(x_2, y_2, z_2)$,利用勾股定理可得 M_1 与 M_2 之间的距离(图 6-4),即

$$d=|M_1M_2|=\sqrt{(x_2-x_1)^2+(y_2-y_1)^2+(z_2-z_1)^2}.$$

特别地,点 $M(x, y, z)$ 到原点的距离为 $d=|OM|=\sqrt{x^2+y^2+z^2}$.

例 1 求与两定点 $P_1(1, 2, -2)$, $P_2(2, 3, 1)$ 的距离相等的点的轨迹方程.

解 设 $M(x,y,z)$ 为满足题设条件的任一点,由 $|P_1M|=|P_2M|$,有

$$\sqrt{(x-1)^2+(y-2)^2+(z+2)^2}=\sqrt{(x-2)^2+(y-3)^2+(z-1)^2},$$

化简得
$$2x+2y+6z-5=0.$$

因此,所求点的轨迹方程为 $2x+2y+6z-5=0$.

6.1.3 曲面与方程

设有空间曲面 S 与三元方程

$$F(x, y, z)=0, \tag{6.1}$$

如果曲面 S 上任一点的坐标 (x, y, z) 都满足方程(6.1),不在曲面 S 上的点的坐标都不满

足该方程；而满足方程(6.1)的一组数 x, y, z 作为坐标得到的点(x, y, z)都在曲面 S 上，则称曲面 S 为**方程 $F(x, y, z)=0$ 的曲面**，方程 $F(x, y, z)=0$ 称为**曲面 S 的方程**.

下面介绍几类常见的曲面.

1. 平面

平面是空间中最简单而且最重要的曲面，空间平面的一般方程为

$$ax+by+cz+d=0,$$

其中，a, b, c, d 为常数，且 a, b, c 不全为零.

当 $d=0$ 时，方程 $ax+by+cz=0$ 表示一个过原点的平面；

当 a, b, c 中有一个为零时，例如 $c=0$，则方程 $ax+by+d=0$ 表示一平行于 z 轴的平面；

当 a, b, c 中有两个为零时，例如 $a=b=0$，则方程 $cz+d=0$ 表示一平行于 xOy 面的平面.

2. 柱面

直线 L 沿定曲线 C 平行移动所形成的空间曲面称为**柱面**. 这条定曲线 C 称为柱面的**准线**，动直线 L 称为柱面的**母线**.

例如，在空间直角坐标系中，方程 $y=x^2$ 表示母线平行于 z 轴的抛物柱面，如图 6-5 所示.

又如，方程 $x^2+z^2=R^2$ 表示母线平行于 y 轴的圆柱面，如图 6-6 所示.

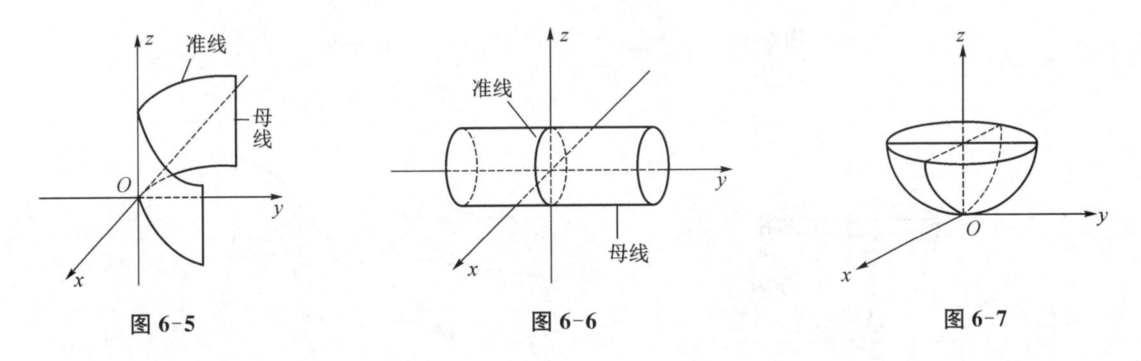

图 6-5　　图 6-6　　图 6-7

3. 旋转曲面

空间曲线 C 以定直线 L 为轴旋转所形成的空间曲面称为**旋转曲面**.

例如，旋转抛物面 $z=x^2+y^2$，如图 6-7 所示.

4. 二次曲面

三元二次方程

$$a_1x^2+a_2y^2+a_3z^2+b_1xy+b_2yz+b_3xz+c_1x+c_2y+c_3z=d$$

表示的曲面称为**二次曲面**，其中，a_i, b_i, $c_i (i=1, 2, 3)$ 及 d 均为常数.

上面介绍的柱面与旋转曲面都是二次曲面，下面再给出几种常见的二次曲面的方程和图形.

球面(图 6-8)　　$(x-x_0)^2+(y-y_0)^2+(z-z_0)^2=R^2 \quad (R>0).$

椭球面(图 6-9) $\dfrac{x^2}{a^2}+\dfrac{y^2}{b^2}+\dfrac{z^2}{c^2}=1\quad(a>0,\ b>0,\ c>0).$

椭圆抛物面(图 6-10) $z=\dfrac{x^2}{a^2}+\dfrac{y^2}{b^2}\quad(a\ 与\ b\ 同号).$

双曲抛物面(图 6-11) $z=\dfrac{x^2}{a^2}-\dfrac{y^2}{b^2}\quad(a\ 与\ b\ 同号).$

二次锥面(图 6-12) $\dfrac{x^2}{a^2}+\dfrac{y^2}{b^2}-\dfrac{z^2}{c^2}=0\quad(a>0,\ b>0,\ c>0).$

单叶双曲面(图 6-13) $\dfrac{x^2}{a^2}+\dfrac{y^2}{b^2}-\dfrac{z^2}{c^2}=1\quad(a>0,\ b>0,\ c>0).$

双叶双曲面(图 6-14) $\dfrac{x^2}{a^2}-\dfrac{y^2}{b^2}+\dfrac{z^2}{c^2}=-1\quad(a>0,\ b>0,\ c>0).$

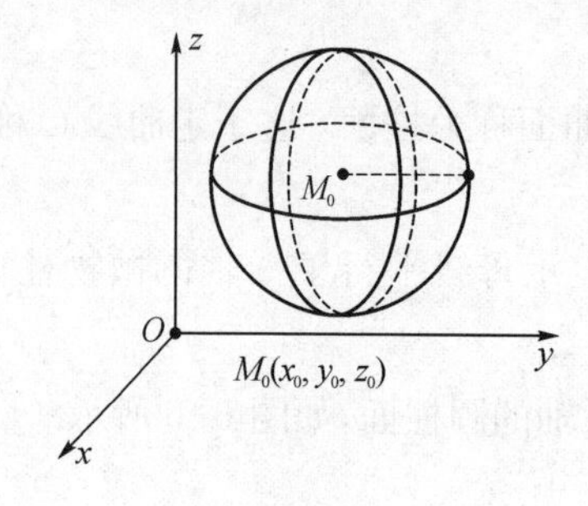

图 6-8

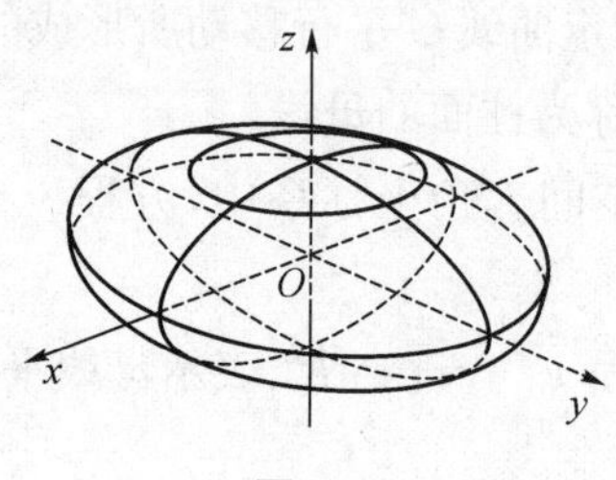

图 6-9

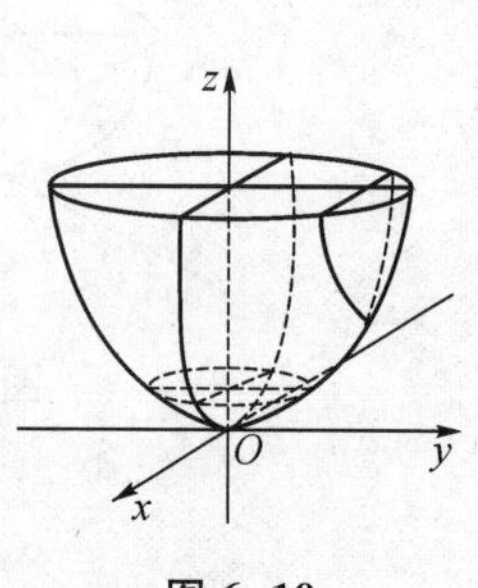

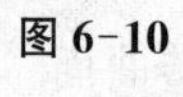

图 6-10

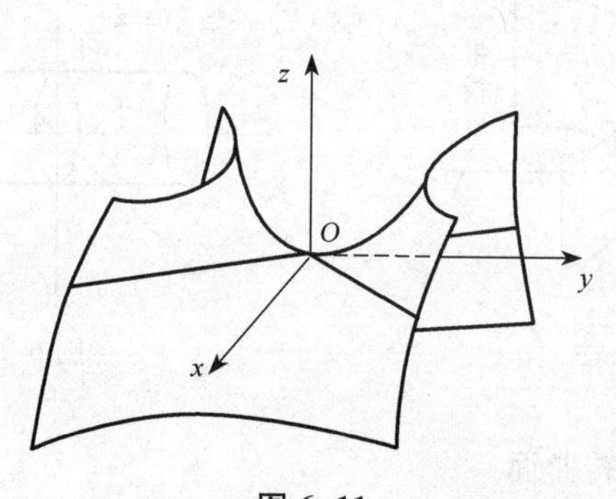

图 6-11

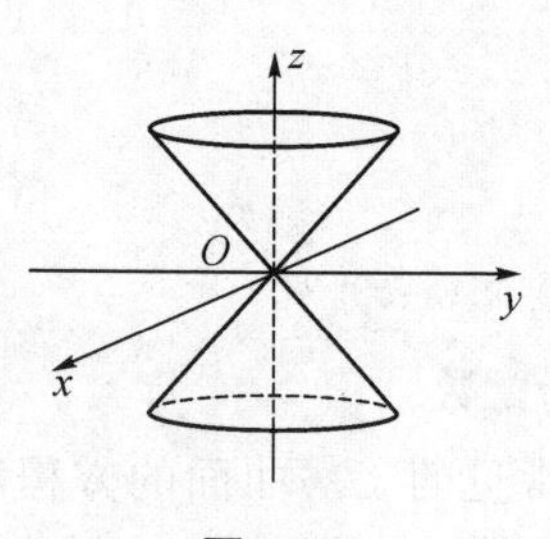

图 6-12

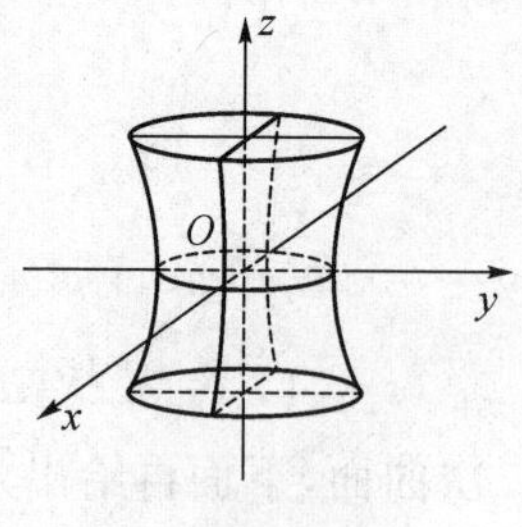

图 6-13

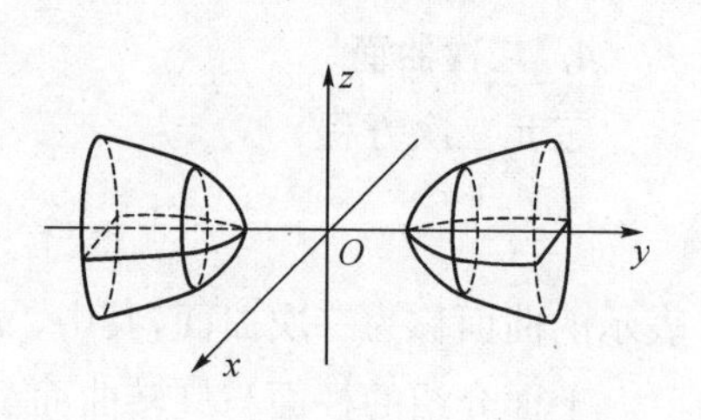

图 6-14

习题 6.1

1. 指出下列各点在空间直角坐标系中的位置.

(1) $(-1, 0, 0)$;　　(2) $(0, 2, 0)$;　　(3) $(0, 0, -3)$;

(4) $(1, -2, 0)$;　　(5) $(3, 0, -2)$;　　(6) $(0, 1, -3)$;

(7) $(1, 2, 3)$;　　(8) $(-1, -2, 3)$;　　(9) $\left(\sin\frac{2}{3}\pi, \cos\frac{2}{3}\pi, \tan\frac{2}{3}\pi\right)$.

2. 求以点 $O(1, 3, -2)$ 为球心,且通过坐标原点的球面方程.

3. 设 P 在 x 轴上,它到点 $P_1(0, \sqrt{2}, 3)$ 的距离是到点 $P_2(0, 1, -1)$ 的距离的两倍,求点 P 的坐标.

6.2　多元函数的基本概念

6.2.1　平面区域

坐标平面上满足某些条件的点的集合称为**平面区域**.围成平面区域的曲线称为该区域的**边界**,包含边界的平面区域称为**闭区域**,不含边界的平面区域称为**(开)区域**.如果一个区域总可被包含在一个以原点为圆心的圆域内,则称此区域为**有界区域**;否则,称为**无界区域**.

例如,点集 $\{(x, y) \mid 1 < x^2 + y^2 < 3\}$ 是一有界开区域,如图6-15所示;点集 $\{(x, y) \mid 1 \leqslant x^2 + y^2 \leqslant 3\}$ 是一有界闭区域,如图6-16所示;点集 $\{(x, y) \mid x + y < 0\}$ 是一无界区域,如图6-17所示.

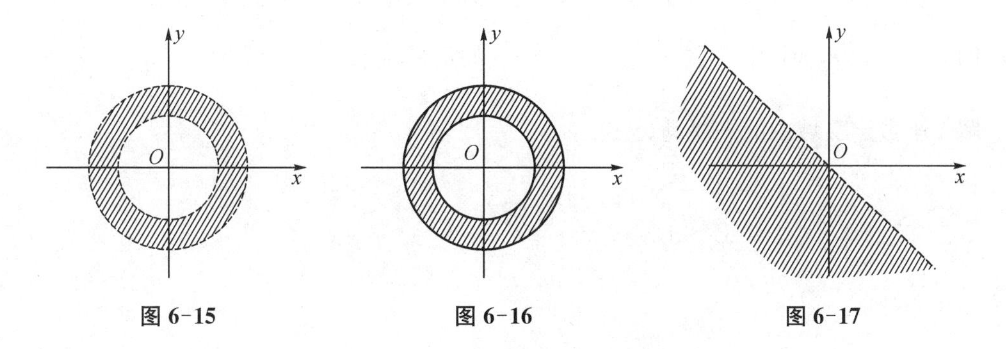

图 6-15　　图 6-16　　图 6-17

设 $P_0(x_0, y_0)$ 为平面上的一点,以 (x_0, y_0) 为一圆心,以 δ 为半径的开圆域 $U(P_0, \delta) = \{(x, y) \mid (x - x_0)^2 + (y - y_0)^2 < \delta^2\}$ 为 P_0 的一个**邻域**,称 $\mathring{U}(P_0, \delta) = \{(x, y) \mid 0 < (x - x_0)^2 + (y - y_0)^2 < \delta^2\}$ 为 P_0 的**去心邻域**.

6.2.2　多元函数的概念

定义1　设 D 是 xOy 平面上的一个平面点集,f 为一个对应法则,如果对于 D 内的任一点 $P(x, y)$,都可由对应法则 f 确定唯一的实数 z 与之对应,则称 f 是定义在 D 上的**二元函数**,记作

$$z = f(x, y) \quad 或 \quad z = f(P),$$

其中，x，y 称为**自变量**，z 称为**因变量**．点集 D 称为该函数的**定义域**，因变量 z 的取值范围 $\{z \mid z = f(x, y), (x, y) \in D\}$ 称为该函数的**值域**．

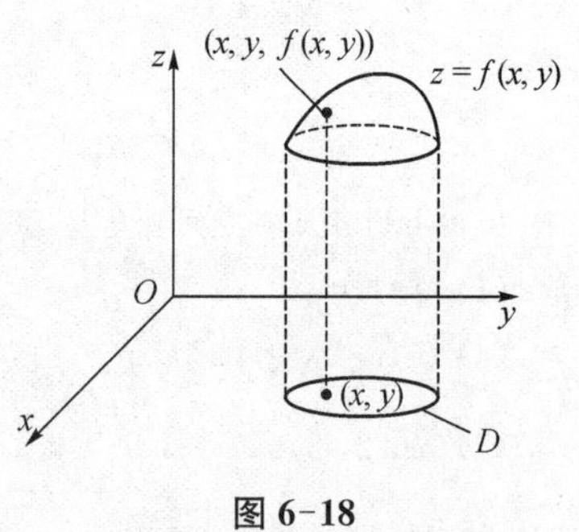

图 6-18

$z = f(x, y)$ 可看作一个三元方程 $F(x, y, z) = z - f(x, y) = 0$，故二元函数的图形就是空间中区域 D 上的一个曲面(图 6-18)．定义域 D 为该曲面在 xOy 平面上的**投影**．

类似地，可定义三元及三元以上函数．当 $n \geqslant 2$ 时，n 元函数统称为**多元函数**．

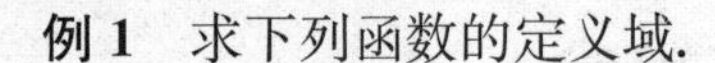

例 1 求下列函数的定义域．

(1) $z = \ln(x^2 + y^2 - 2) + \dfrac{1}{\sqrt{3 - x^2 - y^2}}$；

(2) $z = \arccos(x - y)$．

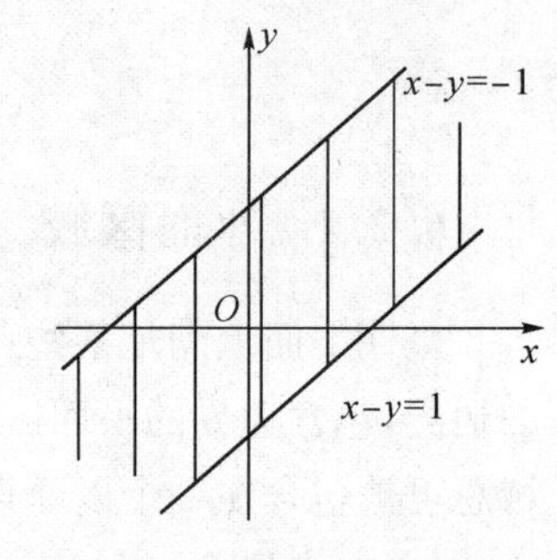

图 6-19

解 (1) 函数定义域中的点要满足

$$\begin{cases} x^2 + y^2 - 2 > 0, \\ 3 - x^2 - y^2 > 0, \end{cases}$$

即函数的定义域 $D = \{(x, y) \mid 2 < x^2 + y^2 < 3\}$．

(2) 函数定义域

$D = \{(x, y) \mid -1 \leqslant x - y \leqslant 1\}$，如图 6-19 所示．

例 2 求 $f(x, y) = \dfrac{\arcsin(3 - x^2 - y^2)}{\sqrt{x - y^2}}$ 的定义域．

解 函数定义域中的点要满足

$$\begin{cases} |3 - x^2 - y^2| \leqslant 1, \\ x - y^2 > 0, \end{cases} \quad 则有 \quad \begin{cases} 2 \leqslant x^2 + y^2 \leqslant 4, \\ x > y^2, \end{cases}$$

所求定义域为

$$D = \{(x, y) \mid 2 \leqslant x^2 + y^2 \leqslant 4, x > y^2\}.$$

6.2.3 二元函数的极限

定义 2 设函数 $z = f(x, y)$ 在点 $P_0(x_0, y_0)$ 的某一去心邻域内有定义，如果当点 $P(x, y)$ 以任意方式无限趋近于点 $P_0(x_0, y_0)$ 时，函数 $f(x, y)$ 无限趋近于一个常数 A，则称 A 为**函数 $z=f(x, y)$ 当 $(x, y) \to (x_0, y_0)$ 时的极限**，记作

$$\lim_{(x, y) \to (x_0, y_0)} f(x, y) = A \quad 或 \quad \lim_{\substack{x \to x_0 \\ y \to y_0}} f(x, y) = A,$$

也记作 $f(x, y) \to A((x, y) \to (x_0, y_0))$.

注 1　定义中 $P \to P_0$ 的方式是任意的,即平面上的点 $P(x, y)$ 沿着任何路径无限趋近于点 $P_0(x_0, y_0)$, $f(x, y)$ 都趋近于 A.

注 2　二元函数的极限也称为二重极限.

注 3　二元函数的极限与一元函数的极限具有相同的性质和运算法则,对于一些简单的二元函数的极限,可将其化为一元函数的极限并沿用原来的公式以及运算法则.

注 4　此命题的逆否命题常用来证明一个二元函数的极限不存在,即如果点 $P(x, y)$ 沿某一路径趋于点 $P_0(x_0, y_0)$ 时, $f(x, y)$ 无极限;或点 $P(x, y)$ 沿不同的路径趋于点 $P_0(x_0, y_0)$ 时, $f(x, y)$ 的极限不同,都有 $\lim\limits_{(x, y)\to(x_0, y_0)} f(x, y)$ 不存在.

例 3　求极限 $\lim\limits_{(x, y)\to(3, 0)} \dfrac{\sin(xy)}{y}$.

解　$\lim\limits_{(x, y)\to(3, 0)} \dfrac{\sin(xy)}{y} = \lim\limits_{(x, y)\to(3, 0)} \dfrac{\sin(xy)}{xy} \cdot x = 1 \times 3 = 3.$

例 4　求极限 $\lim\limits_{\substack{x\to 0\\ y\to 0}} \dfrac{\sin(x^2 y)}{x^2+y^2}$.

解　$\lim\limits_{\substack{x\to 0\\ y\to 0}} \dfrac{\sin(x^2 y)}{x^2+y^2} = \lim\limits_{\substack{x\to 0\\ y\to 0}} \dfrac{\sin(x^2 y)}{x^2 y} \cdot \dfrac{x^2 y}{x^2+y^2}$, 其中 $\lim\limits_{\substack{x\to 0\\ y\to 0}} \dfrac{\sin(x^2 y)}{x^2 y} = 1$.

因为 $\left|\dfrac{x^2 y}{x^2+y^2}\right| \leqslant \dfrac{1}{2}|x|$, 当 $x \to 0$ 时, $\dfrac{1}{2}|x| \to 0$,

所以 $\lim\limits_{\substack{x\to 0\\ y\to 0}} \dfrac{\sin(x^2 y)}{x^2+y^2} = 0$.

例 5　证明 $\lim\limits_{\substack{x\to 0\\ y\to 0}} \dfrac{xy}{x^2+y^2}$ 不存在.

证明　取 $y = kx$ (k 为常数),当点 (x, y) 沿 $y = kx$ 趋于点 $(0, 0)$ 时,有

$$\lim_{\substack{x\to 0\\ y=kx\to 0}} \frac{xy}{x^2+y^2} = \lim_{x\to 0} \frac{x \cdot kx}{x^2+(kx)^2} = \frac{k}{1+k^2},$$

此时极限随 k 的变化而取不同的值,因此极限不存在.

6.2.4　二元函数的连续性

定义 3　设函数 $z = f(x, y)$ 在点(x_0, y_0)的某一邻域内有定义,如果

$$\lim_{(x, y)\to(x_0, y_0)} f(x, y) = f(x_0, y_0),$$

则称函数 $z = f(x, y)$ 在点 (x_0, y_0) 处**连续**;否则,称函数 $z = f(x, y)$ 在 (x_0, y_0) 处**间断**,此时称点 (x_0, y_0) 为该函数的**间断点**.

注　$f(x, y)$ 在点 $P_0(x_0, y_0)$ 处连续,必须满足以下三点:

(1) $f(x, y)$在点 P_0 有定义;

(2) $f(x, y)$在点 P_0 极限存在；

(3) $\lim\limits_{P \to P_0} f(x, y) = \lim\limits_{(x, y) \to (x_0, y_0)} f(x, y) = f(x_0, y_0)$.

如果函数 $z = f(x, y)$ 在区域 D 内每一点都连续，称该函数在**区域 D 内连续**，此时函数在区域 D 上的图形是一个连续曲面.

同一元初等函数一样，也有多元初等函数：由多元多项式及基本初等函数经过有限次的四则运算和复合步骤所构成的可用一个式子所表示的多元函数称为**多元初等函数**. 一切多元初等函数在其定义区域内是连续的.

定义区域是指包含在定义域内的区域或闭区域.

求 $\lim\limits_{P \to P_0} f(P)$ 时，如果 $f(P)$ 是初等函数，且 P_0 是 $f(P)$ 定义域的内点，则 $f(P)$ 在点 P_0 处连续，于是 $\lim\limits_{P \to P_0} f(P) = f(P_0)$.

例 6 求 $\lim\limits_{\substack{x \to 0 \\ y \to 1}} \dfrac{e^x + y}{x + y}$.

解 不难验证 $f(x, y) = \dfrac{e^x + y}{x + y}$ 在点(0, 1)处连续，

故 $\lim\limits_{\substack{x \to 0 \\ y \to 1}} \dfrac{e^x + y}{x + y} = \dfrac{e^0 + 1}{0 + 1} = 2$.

例 7 讨论 $f(x, y) = \begin{cases} (x^2 + y^2)\sin\dfrac{1}{x^2 + y^2}, & (x, y) \neq (0, 0), \\ 0, & (x, y) = (0, 0) \end{cases}$ 在 (0, 0) 处的连续性.

解 因为 $\lim\limits_{(x, y) \to (0, 0)} f(x, y) = \lim\limits_{(x, y) \to (0, 0)} (x^2 + y^2)\sin\dfrac{1}{x^2 + y^2} = 0 = f(0, 0)$,

所以函数在 (0, 0) 处连续.

例 8 讨论函数 $f(x, y) = \begin{cases} \dfrac{xy}{x^2 + y^2}, & x^2 + y^2 \neq 0, \\ 0, & x^2 + y^2 = 0 \end{cases}$ 在 (0, 0) 处的连续性.

解 令 $y = kx$，则有

$$\lim_{\substack{x \to 0 \\ y \to 0}} \frac{xy}{x^2 + y^2} = \lim_{\substack{x \to 0 \\ y = kx}} \frac{kx^2}{x^2 + k^2 x^2} = \frac{k}{1 + k^2}.$$

其值随 k 的不同而变化，极限不存在，故函数在 (0, 0) 处不连续.

类似于一元连续函数在闭区间上连续的性质，有界闭区域上的二元连续函数也有如下性质.

定理 1(最大值和最小值定理) 有界闭区域 D 上的二元连续函数，必在 D 上取得最大值和最小值.

定理 2(介值定理) 设有界闭区域 D 上的二元连续函数 $f(x, y)$，它在 D 上的最大值为 M，最小值为 m，且 $M \neq m$，则对任意的 C，$m < C < M$，至少存在一点 $(\xi, \eta) \in D$，使

$$f(\xi, \eta) = C.$$

例 9　求极限 $\lim\limits_{\substack{x \to 0 \\ y \to 0}} \dfrac{\sqrt{xy+1}-1}{xy}$.

解　$\lim\limits_{\substack{x \to 0 \\ y \to 0}} \dfrac{\sqrt{xy+1}-1}{xy} = \lim\limits_{\substack{x \to 0 \\ y \to 0}} \dfrac{xy+1-1}{xy(\sqrt{xy+1}+1)} = \lim\limits_{\substack{x \to 0 \\ y \to 0}} \dfrac{1}{\sqrt{xy+1}+1} = \dfrac{1}{2}$.

习题 6.2

1. 求下列函数的定义域.

(1) $z = \ln(y^2 - 3x + 2)$；　　(2) $\arcsin(x+y)$.

2. 求下列函数的极限.

(1) $\lim\limits_{(x, y) \to (0, 2)} \dfrac{\sin(xy)}{x}$；　　(2) $\lim\limits_{(x, y) \to (0, 0)} (x^2+y^2)\sin\dfrac{1}{x^2+y^2}$；

(3) $\lim\limits_{\substack{x \to 0 \\ y \to 0}} \dfrac{xy}{\sqrt{1+xy}-1}$；　　(4) $\lim\limits_{\substack{x \to 0 \\ y \to 2}} \left[\ln(y-x) + \dfrac{y}{\sqrt{1-x^2}}\right]$；

(5) $\lim\limits_{\substack{x \to +\infty \\ y \to +\infty}} (x^2+y^2)e^{-(x+y)}$；　　(6) $\lim\limits_{\substack{x \to 0 \\ y \to 0}} \dfrac{xy}{\sqrt{x^2+y^2}}$.

3. 证明 $\lim\limits_{(x, y) \to (0, 0)} \dfrac{x-y}{x+y}$ 不存在.

4. 证明 $\lim\limits_{\substack{x \to 0 \\ y \to 0}} \dfrac{x^3 y}{x^6+y^2}$ 不存在.

5. 设 $f\left(x+y, \dfrac{y}{x}\right) = x^2 + y$，求 $f(x, y)$.

6. 讨论函数 $f(x, y) = \begin{cases} \dfrac{xy^2}{x^2+y^2}, & x^2+y^2 \neq 0, \\ 0, & 2^{+} y^2 = 0 \end{cases}$ 的连续性.

6.3 偏导数

在一元函数微分学中，导数定义为因变量对自变量的变化率. 对于多元函数，由于自变量多于一个，因变量与自变量的关系比一元函数要复杂得多. 在考虑多元函数的因变量对自变量的变化率时，最简单的是因变量对一个自变量的变化率，这时其余的自变量都看成常数，这就产生了多元函数的偏导数概念.

6.3.1 偏导数

设二元函数 $z = f(x, y)$ 在点 (x_0, y_0) 的某邻域内有定义，当自变量 $y = y_0$ 保持不变，而自变量 x 在 x_0 处取得改变量 Δx 时，函数相应的改变量称为函数 $f(x, y)$ **关于 x 的偏增量**，记作

$$\Delta_x z = f(x_0 + \Delta x,\ y_0) - f(x_0,\ y_0).$$

类似地,函数 $f(x, y)$ **关于 y 的偏增量**为

$$\Delta_y z = f(x_0,\ y_0 + \Delta y) - f(x_0,\ y_0).$$

当自变量 x, y 分别在 x_0, y_0 取得改变量 Δx, Δy 时,函数 $f(x, y)$ 相应的改变量称为函数 $f(x, y)$ 的**全增量**,记作

$$\Delta z = f(x_0 + \Delta x,\ y_0 + \Delta y) - f(x_0,\ y_0).$$

定义 1 设函数 $z = f(x, y)$ 在点 (x_0, y_0) 的某一邻域内有定义,如果极限

$$\lim_{\Delta x \to 0} \frac{\Delta_x z}{\Delta x} = \lim_{\Delta x \to 0} \frac{f(x_0 + \Delta x,\ y_0) - f(x_0,\ y_0)}{\Delta x}$$

存在,则称此极限值为函数 $z = f(x, y)$ 在点 (x_0, y_0) 处**对 x 的偏导数**,记作

$$f'_x(x_0,\ y_0) \quad 或 \quad \left.\frac{\partial z}{\partial x}\right|_{(x_0,\ y_0)} \quad 或 \quad \left.\frac{\partial f}{\partial x}\right|_{(x_0,\ y_0)} \quad 或 \quad z'_x\big|_{(x_0,\ y_0)}.$$

类似地,如果极限 $\lim\limits_{\Delta y \to 0} \dfrac{\Delta_y z}{\Delta y} = \lim\limits_{\Delta y \to 0} \dfrac{f(x_0,\ y_0 + \Delta y) - f(x_0,\ y_0)}{\Delta y}$ 存在,则称此极限值为函数 $z = f(x, y)$ 在点 (x_0, y_0) 处**对 y 的偏导数**,记作

$$f'_y(x_0,\ y_0) \quad 或 \quad \left.\frac{\partial z}{\partial y}\right|_{(x_0,\ y_0)} \quad 或 \quad \left.\frac{\partial f}{\partial y}\right|_{(x_0,\ y_0)} \quad 或 \quad z'_y\big|_{(x_0,\ y_0)}.$$

如果函数 $z = f(x, y)$ 在区域 D 内任一点 (x, y) 处的偏导数 $f'_x(x, y)$, $f'_y(x, y)$ 都存在,它们都是区域 D 上关于 x, y 的二元函数,称为函数 $z = f(x, y)$ 的**偏导函数**,简称为**偏导数**,分别记作

$$f'_x(x,\ y) \quad 或 \quad \frac{\partial z}{\partial x} \quad 或 \quad \frac{\partial f}{\partial x} \quad 或 \quad z'_x; \quad f'_y(x,\ y) \quad 或 \quad \frac{\partial z}{\partial y} \quad 或 \quad \frac{\partial f}{\partial y} \quad 或 \quad z'_y.$$

偏导数的概念可以推广到二元以上的函数.例如,三元函数 $u = f(x, y, z)$ 在点 (x, y, z) 处对 x 的偏导数可定义为

$$f'_x(x,\ y,\ z) = \lim_{\Delta x \to 0} \frac{f(x + \Delta x,\ y,\ z) - f(x,\ y,\ z)}{\Delta x}.$$

根据偏导数定义,在求函数 $z = f(x, y)$ 的偏导数 $f'_x(x, y)$(或 $f'_y(x, y)$)时,只需将 y(或 x)看作常数,利用一元函数的求导公式及法则,计算 $f(x, y)$ 对 x(或 y)的导数.

例 1 求 $f(x, y) = x^3 + 2x^2y - 3y^3$ 在点(1, 1)处的偏导数.

解 $f'_x(x, y) = 3x^2 + 4xy$, $f'_y(x, y) = 2x^2 - 9y^2$,所以

$$f'_x(1,\ 1) = 3 \times 1^2 + 4 \times 1 \times 1 = 7, \quad f'_y(1,\ 1) = 2 \times 1^2 - 9 \times 1^2 = -7.$$

例 2 设 $u = y^x + e^{xyz^2}$,求 u'_x, u'_y, u'_z.

解 $u'_x=(y^x+e^{xyz^2})'_x=(y^x)'_x+(e^{xyz^2})'_x=y^x\ln y+yz^2e^{xyz^2}$,

$u'_y=(y^x+e^{xyz^2})'_y=(y^x)'_y+(e^{xyz^2})'_y=xy^{x-1}+xz^2e^{xyz^2}$,

$u'_z=(y^x+e^{xyz^2})'_z=(y^x)'_z+(e^{xyz^2})'_z=0+2xyze^{xyz^2}=2xyze^{xyz^2}$.

例 3 求 $z=x\ln(x+y)$ 的偏导数.

解 $\dfrac{\partial z}{\partial x}=\ln(x+y)+x\cdot\dfrac{1}{x+y}\cdot(x+y)'_x=\ln(x+y)+\dfrac{x}{x+y}$,

$\dfrac{\partial z}{\partial y}=x\cdot\dfrac{1}{x+y}\cdot(x+y)'_y=\dfrac{x}{x+y}$.

例 4 设 $z=x^y(x>0,\ x\neq 1)$，求证：$\dfrac{x}{y}\dfrac{\partial z}{\partial x}+\dfrac{1}{\ln x}\dfrac{\partial z}{\partial y}=2z$.

证明 $\dfrac{\partial z}{\partial x}=yx^{y-1}$，$\dfrac{\partial z}{\partial y}=x^y\ln x$，则有

$$\frac{x}{y}\frac{\partial z}{\partial x}+\frac{1}{\ln x}\frac{\partial z}{\partial y}=\frac{x}{y}yx^{y-1}+\frac{1}{\ln x}x^y\ln x=2z.$$

例 5 已知理想气体的状态方程为 $pV=RT$（R 为常数），求证：

$$\frac{\partial p}{\partial V}\cdot\frac{\partial V}{\partial T}\cdot\frac{\partial T}{\partial p}=-1.$$

证明 因为 $p=\dfrac{RT}{V}$，所以 $\dfrac{\partial p}{\partial V}=-\dfrac{RT}{V^2}$.

由 $V=\dfrac{RT}{p}$，得 $\dfrac{\partial V}{\partial T}=\dfrac{R}{p}$；

由 $T=\dfrac{pV}{R}$，得 $\dfrac{\partial T}{\partial p}=\dfrac{V}{R}$，

从而有

$$\frac{\partial p}{\partial V}\cdot\frac{\partial V}{\partial T}\cdot\frac{\partial T}{\partial p}=-\frac{RT}{V^2}\cdot\frac{R}{p}\cdot\frac{V}{R}=-\frac{RT}{pV}=-1.$$

注 1 偏导数 $\dfrac{\partial u}{\partial x}$ 是一个整体记号，不能拆分.

注 2 求分界点、不连续点处的偏导数要用定义求.

例 6 设函数 $f(x,y)=\begin{cases}\dfrac{xy}{x^2+y^2}, & x^2+y^2\neq 0,\\ 0, & x^2+y^2=0,\end{cases}$ 求 $f(x,y)$ 在 $(0,0)$ 处的偏导数.

解 $f_x(0,0)=\lim\limits_{\Delta x\to 0}\dfrac{f(\Delta x,0)-f(0,0)}{\Delta x}=\lim\limits_{\Delta x\to 0}\dfrac{0}{\Delta x}=0$,

$$f_y(0,0)=\lim_{\Delta y\to 0}\frac{f(0,\Delta y)-f(0,0)}{\Delta y}=\lim_{\Delta y\to 0}\frac{0}{\Delta y}=0.$$

由 6.2 节例 8 知函数在 $(0,0)$ 处并不连续，所以对于多元函数来说，即使各个偏导数在某点都存在，也不能保证函数在该点连续，这与一元函数可导必连续是不同的.

6.3.2 高阶偏导数

一般来说，二元函数 $z=f(x,y)$ 分别对于 x 和 y 的偏导数 $f'_x(x,y)$ 和 $f'_y(x,y)$ 仍是关于 x，y 的二元函数. 如果这两个偏导数关于 x，y 的偏导数也存在，则称它们为函数 $z=f(x,y)$ 的**二阶偏导数**. 按照对变量求导次序的不同，共有下列四个二阶偏导数：

$$\frac{\partial}{\partial x}\left(\frac{\partial z}{\partial x}\right)=\frac{\partial^2 z}{\partial x^2}=z''_{xx}=f''_{xx},\quad \frac{\partial}{\partial y}\left(\frac{\partial z}{\partial x}\right)=\frac{\partial^2 z}{\partial x\partial y}=z''_{xy}=f''_{xy},$$

$$\frac{\partial}{\partial x}\left(\frac{\partial z}{\partial y}\right)=\frac{\partial^2 z}{\partial y\partial x}=z''_{yx}=f''_{yx},\quad \frac{\partial}{\partial y}\left(\frac{\partial z}{\partial y}\right)=\frac{\partial^2 z}{\partial y^2}=z''_{yy}=f''_{yy}.$$

其中 z''_{xy} 和 z''_{yx} 称为**二阶混合偏导数**.

类似地，可以定义三阶以上偏导数. 我们把二阶及二阶以上的偏导数统称为**高阶偏导数**.

例 7 设 $z=x^3+2x^2y-3y^3$，求其二阶偏导数.

解 在例 1 中，已求得 $\dfrac{\partial z}{\partial x}=3x^2+4xy$，$\dfrac{\partial z}{\partial y}=2x^2-9y^2$，

则 $$\frac{\partial^2 z}{\partial x^2}=6x+4y,\quad \frac{\partial^2 z}{\partial x\partial y}=4x,\quad \frac{\partial^2 z}{\partial y^2}=-18y,\quad \frac{\partial^2 z}{\partial y\partial x}=4x.$$

例 8 求 $z=x\ln(x+y)$ 的二阶偏导数.

解 在例 3 中已求得 $\dfrac{\partial z}{\partial x}=\ln(x+y)+\dfrac{x}{x+y}$，$\dfrac{\partial z}{\partial y}=\dfrac{x}{x+y}$，故

$$\frac{\partial^2 z}{\partial x^2}=\frac{1}{x+y}+\frac{x+y-x(x+y)'_x}{(x+y)^2}=\frac{x+2y}{(x+y)^2},$$

$$\frac{\partial^2 z}{\partial x\partial y}=\frac{1}{x+y}+\frac{0-x(x+y)'_y}{(x+y)^2}=\frac{y}{(x+y)^2},$$

$$\frac{\partial^2 z}{\partial y^2}=\frac{0-x(x+y)'_y}{(x+y)^2}=\frac{-x}{(x+y)^2},$$

$$\frac{\partial^2 z}{\partial y\partial x}=\frac{x+y-x(x+y)'_x}{(x+y)^2}=\frac{y}{(x+y)^2}.$$

上述两例中，都有 $\dfrac{\partial^2 z}{\partial y\partial x}=\dfrac{\partial^2 z}{\partial x\partial y}$，即两个二阶混合偏导数与求导次序无关. 但是一般情况下，二阶混合偏导数不一定相等，只有当二阶混合偏导数 $\dfrac{\partial^2 z}{\partial y\partial x}$ 及 $\dfrac{\partial^2 z}{\partial x\partial y}$ 都连续时，

才有 $\dfrac{\partial^2 z}{\partial y \partial x} = \dfrac{\partial^2 z}{\partial x \partial y}$. 此结论对更高阶的混合偏导数仍成立.

定理 1　如果函数 $z = f(x, y)$ 的两个二阶混合偏导数 $\dfrac{\partial^2 z}{\partial y \partial x}$ 及 $\dfrac{\partial^2 z}{\partial x \partial y}$ 在区域 D 内连续,那么在该区域内这两个二阶混合偏导数必相等.

例 9　验证函数 $u(x, y) = \ln\sqrt{x^2 + y^2}$ 满足拉普拉斯方程 $\dfrac{\partial^2 u}{\partial x^2} + \dfrac{\partial^2 u}{\partial y^2} = 0$.

证明　因为 $\ln\sqrt{x^2 + y^2} = \dfrac{1}{2}\ln(x^2 + y^2)$,所以

$$\frac{\partial u}{\partial x} = \frac{x}{x^2 + y^2},\ \frac{\partial u}{\partial y} = \frac{y}{x^2 + y^2},$$

$$\frac{\partial^2 u}{\partial x^2} = \frac{(x^2 + y^2) - x \cdot 2x}{(x^2 + y^2)^2} = \frac{y^2 - x^2}{(x^2 + y^2)^2},$$

$$\frac{\partial^2 u}{\partial y^2} = \frac{(x^2 + y^2) - y \cdot 2y}{(x^2 + y^2)^2} = \frac{x^2 - y^2}{(x^2 + y^2)^2}.$$

故

$$\frac{\partial^2 u}{\partial x^2} + \frac{\partial^2 u}{\partial y^2} = \frac{y^2 - x^2}{(x^2 + y^2)^2} + \frac{x^2 - y^2}{(x^2 + y^2)^2} = 0.$$

习题 6.3

1. 求下列函数的偏导数.

(1) $z = x^2 - 2xy^2 + y^3$;　　(2) $z = (x^2 + y^2)\ln(x^2 + y^2)$;

(3) $z = x^y$;　　(4) $z = \arctan\dfrac{y}{x}$.

2. 设 $z = y^x \ln(xy)$,求 $\dfrac{\partial z}{\partial x}$, $\dfrac{\partial z}{\partial y}$.

3. 求下列函数的二阶偏导数 $\dfrac{\partial^2 z}{\partial x^2}$, $\dfrac{\partial^2 z}{\partial y^2}$, $\dfrac{\partial^2 z}{\partial x \partial y}$.

(1) $z = \sin(x^2 + y^2)$;　　(2) $z = y^x$;　　(3) $z = \mathrm{e}^{-\frac{y^2}{x}}$.

4. 设 $z = \mathrm{e}^{-\left(\frac{1}{x} + \frac{1}{y}\right)}$,求证: $x^2 \dfrac{\partial z}{\partial x} + y^2 \dfrac{\partial z}{\partial y} = 2z$.

5. 设 $z = 2\cos^2\left(x - \dfrac{t}{2}\right)$,证明: $2\dfrac{\partial^2 z}{\partial t^2} + \dfrac{\partial^2 z}{\partial x \partial t} = 0$.

6.4 全微分

6.4.1 全微分的概念

现在,先分析一个具体问题. 设有一圆柱体,受压后发生变形,它的底面半径由 r 变化到

$r+\Delta r$，高度由 h 变化到 $h+\Delta h$，问圆柱体的体积 V 改变了多少？

圆柱体的体积为 $V=\pi r^2 h$，体积的改变量可以看作是当 r，h 分别取得增量 Δr，Δh 时函数 V 相应的全增量 ΔV，即

$$\begin{aligned}\Delta V &= \pi(r+\Delta r)^2(h+\Delta h)-\pi r^2 h=\pi(r^2+2r\Delta r+\Delta r^2)(h+\Delta h)-\pi r^2 h\\ &=2\pi rh\Delta r+\pi r^2\Delta h+2\pi r\Delta r\Delta h+\pi h\Delta r^2+\pi\Delta r^2\Delta h.\end{aligned}$$

显然，用上式计算 ΔV 是比较麻烦的. 但是，由上式可以看到，ΔV 可以分成两个部分.

第一部分是

$$2\pi rh\Delta r+\pi r^2\Delta h,$$

它是关于 Δr 和 Δh 的一个线性函数.

第二部分是

$$2\pi r\Delta r\Delta h+\pi h\Delta r^2+\pi\Delta r^2\Delta h,$$

可以证明(证明从略)，它是比 $\rho=\sqrt{\Delta r^2+\Delta h^2}$ 高阶的无穷小，即

$$2\pi r\Delta r\Delta h+\pi h\Delta r^2+\pi\Delta r^2\Delta h=o(\rho)\quad(\text{当 }\rho\to 0\text{ 时}).$$

因此，当 $|\Delta r|$ 和 $|\Delta h|$ 很小时，体积的全增量

$$\Delta V\approx 2\pi hr\Delta r+\pi r^2\Delta h$$

与一元函数相类似，关于 Δr 和 Δh 的线性函数 $2\pi rh\Delta r+\pi r^2\Delta h$ 就称为函数 V 的全微分.

将上面的函数 V 换成一般的二元函数 $z=f(x, y)$，就得到函数 $z=f(x, y)$ 全微分的定义.

定义 1 如果函数 $z=f(x, y)$ 在点 (x, y) 的全增量

$$\Delta z=f(x+\Delta x, y+\Delta y)-f(x, y)$$

可以表示为

$$\Delta z=A\Delta x+B\Delta y+o(\rho),$$

其中 A，B 与 x，y 有关，与 Δx，Δy 无关，$\rho=\sqrt{(\Delta x)^2+(\Delta y)^2}$，$o(\rho)$ 是比 ρ 高阶的无穷小量，则称函数 $z=f(x, y)$ 在点 (x, y) 处**可微**，$A\Delta x+B\Delta y$ 称为函数 $z=f(x, y)$ 在点 (x, y) 的**全微分**，记作 $\mathrm{d}z$，即

$$\mathrm{d}z=A\Delta x+B\Delta y.$$

定理 2(可微分的必要条件) 设函数 $z=f(x, y)$ 在点 (x, y) 可微，则

(1) 函数 $z=f(x, y)$ 在点 (x, y) 连续；

(2) 函数 $z=f(x, y)$ 在点 (x, y) 的偏导数 $\dfrac{\partial z}{\partial x}$，$\dfrac{\partial z}{\partial y}$ 必存在，且

$$A=\frac{\partial z}{\partial x},\quad B=\frac{\partial z}{\partial y}.$$

证明　(1) 因为函数 $z=f(x, y)$ 在点 (x, y) 可微,由定义可知

$$\Delta z=f(x+\Delta x, y+\Delta y)-f(x, y)=A\Delta x+B\Delta y+o(\rho).$$

当 $(\Delta x,\Delta y)\to(0, 0)$ 时, $\Delta z\to 0$, 即

$$\lim_{\substack{\Delta x\to 0\\ \Delta y\to 0}} f(x+\Delta x, y+\Delta y)=\lim_{\Delta z\to 0}[f(x, y)+\Delta z]=f(x, y),$$

所以函数 $z=f(x, y)$ 在点 (x, y) 处连续.

(2) 因为函数 $z=f(x, y)$ 在点 (x, y) 可微,由定义可知

$$\Delta z=A\Delta x+B\Delta y+o(\rho),$$

取 $\Delta y=0$, 此时 $\Delta z=f(x+\Delta x, y)-f(x, y)=A\Delta x+o(|\Delta x|)$ 为 $f(x, y)$ 关于 x 的偏增量 $\Delta_x z$, 且 $\rho=|\Delta x|$,

$$\frac{\Delta_x z}{\Delta x}=\frac{f(x+\Delta x, y)-f(x, y)}{\Delta x}=A+\frac{o(|\Delta x|)}{\Delta x},$$

所以

$$\frac{\partial z}{\partial x}=\lim_{\Delta x\to 0}\frac{\Delta_x z}{\Delta x}=\lim_{\Delta x\to 0}\frac{f(x+\Delta x, y)-f(x, y)}{\Delta x}=\lim_{\Delta x\to 0}\left(A+\frac{o(|\Delta x|)}{\Delta x}\right)=A.$$

同理可证 $\dfrac{\partial z}{\partial y}=B$.

由定理 2 可知,函数 $z=f(x, y)$ 的全微分为 $\mathrm{d}z=\dfrac{\partial z}{\partial x}\Delta x+\dfrac{\partial z}{\partial y}\Delta y$. 而习惯上,常将自变量的增量 Δx, Δy 分别记作 $\mathrm{d}x$, $\mathrm{d}y$, 则函数 $z=f(x, y)$ 的全微分就表示为

$$\mathrm{d}z=\frac{\partial z}{\partial x}\mathrm{d}x+\frac{\partial z}{\partial y}\mathrm{d}y.$$

二元函数全微分的定义和计算公式,可推广到三元及三元以上的多元函数. 例如,三元函数 $u=f(x, y, z)$ 的全微分可表示为

$$\mathrm{d}u=\frac{\partial u}{\partial x}\mathrm{d}x+\frac{\partial u}{\partial y}\mathrm{d}y+\frac{\partial u}{\partial z}\mathrm{d}z.$$

请思考,一元函数在某点的导数存在则微分存在;若多元函数的各偏导数存在,全微分一定存在吗? 答案是否定的.

例如,函数 $f(x, y)=\begin{cases}\dfrac{xy}{\sqrt{x^2+y^2}}, & x^2+y^2\neq 0,\\ 0, & x^2+y^2=0\end{cases}$ 在点 $(0, 0)$ 处有 $f'_x(0, 0)=f'_y(0, 0)=0$, 说明其偏导数存在.

下面分析函数在点 $(0, 0)$ 处是否可微,若可微,由可微定义可得

$$\Delta z-[f'_x(0,0)\Delta x+f'_y(0,0)\Delta y]=o(\rho).$$

事实上，

$$\Delta z-[f'_x(0,0)\Delta x+f'_y(0,0)\Delta y]=\frac{\Delta x\cdot\Delta y}{\sqrt{(\Delta x)^2+(\Delta y)^2}},$$

如果考虑点 $P'(\Delta x,\Delta y)$ 沿着直线 $y=x$ 趋近于 $(0,0)$，则

$$\lim_{\Delta x\to 0,\ \Delta y\to 0}\frac{\dfrac{\Delta x\cdot\Delta y}{\sqrt{(\Delta x)^2+(\Delta y)^2}}}{\rho}=\lim_{\Delta x\to 0,\ \Delta y\to 0}\frac{\Delta x\cdot\Delta x}{(\Delta x)^2+(\Delta x)^2}=\frac{1}{2},$$

即
$$\Delta z-[f'_x(0,0)\Delta x+f'_y(0,0)\Delta y]\neq o(\rho),$$

从而函数在点 $(0,0)$ 处不可微.

由此可知,偏导数存在是可微分的必要条件而不是充分条件,那么在什么条件下能保证函数是可微分的呢?

定理 3(可微分的充分条件) 如果函数 $z=f(x,y)$ 的偏导数 $\dfrac{\partial z}{\partial x}$, $\dfrac{\partial z}{\partial y}$ 在点 (x,y) 存在且连续,则该函数在点 (x,y) 是可微分的.

(证明从略)

例 1 求函数 $z=e^{xy}$ 的全微分.

解 因为 $\dfrac{\partial z}{\partial x}=ye^{xy}$, $\dfrac{\partial z}{\partial y}=xe^{xy}$, 故

$$dz=\frac{\partial z}{\partial x}dx+\frac{\partial z}{\partial y}dy=ye^{xy}dx+xe^{xy}dy.$$

例 2 设 $z=x^2y$, 求

(1)dz;(2)当 $x=1$, $y=1$, $\Delta x=0.01$, $\Delta y=0.02$ 时 dz 的值.

解 (1) 因为 $\dfrac{\partial z}{\partial x}=2xy$, $\dfrac{\partial z}{\partial y}=x^2$, 故

$$dz=\frac{\partial z}{\partial x}dx+\frac{\partial z}{\partial y}dy=2xy\,dx+x^2dy.$$

(2) 当 $x=1$, $y=1$, $\Delta x=0.01$, $\Delta y=0.02$ 时,故

$$dz=2xy\Delta x+x^2\Delta y=2\times 1\times 1\times 0.01+1^2\times 0.02=0.04.$$

例 3 求函数 $u=z^{xy}$ 的全微分.

解 因为 $\dfrac{\partial u}{\partial x}=yz^{xy}\ln z$, $\dfrac{\partial u}{\partial y}=xz^{xy}\ln z$, $\dfrac{\partial u}{\partial z}=xyz^{xy-1}$, 故

$$du=\frac{\partial u}{\partial x}dx+\frac{\partial u}{\partial y}dy+\frac{\partial u}{\partial z}dz=yz^{xy}\ln z\,dx+xz^{xy}\ln z\,dy+xyz^{xy-1}dz.$$

6.4.2　全微分在近似计算中的应用

由二元函数全微分定义及全微分存在的充分条件可知，当二元函数 $z=f(x, y)$ 的两个偏导数 $f'_x(x, y)$，$f'_y(x, y)$ 在点 (x, y) 连续，且 $|\Delta x|$，$|\Delta y|$ 都较小时，有近似式

$$\Delta z \approx \mathrm{d}z = f'_x(x, y)\Delta x + f'_y(x, y)\Delta y.$$

即得二元函数的全微分近似计算公式

$$f(x+\Delta x, y+\Delta y) \approx f(x, y) + f'_x(x, y)\Delta x + f'_y(x, y)\Delta y.$$

例 4　计算 $(0.98)^{2.03}$ 的近似值.

解　设 $f(x, y)=x^y$，则要计算 $f(0.98, 2.03)=(0.98)^{2.03}$ 的近似值.

取 $x=1$，$y=2$，$\Delta x=-0.02$，$\Delta y=0.03$，
由于 $f(1, 2)=1^2=1$，且 $f'_x(x, y)=yx^{y-1}$，$f'_y(x, y)=x^y\ln x$，
所以，$f'_x(1, 2)=2$，$f'_y(1, 2)=0$，由近似计算公式，得

$$(0.98)^{2.03}=(1-0.02)^{(2+0.03)} \approx 1+2\times(-0.02)+0\times 0.03=0.96.$$

习题 6.4

1. 求下列函数的全微分.

(1) $z=x^2+3xy+y^2$；　(2) $z=x^2\mathrm{e}^{x^2-y^2}$；　(3) $u=x^{yz}$；

(4) $z=3x^2y+\dfrac{x}{y}$；　(5) $z=\sin(x\cos y)$.

2. 求函数 $z=\dfrac{x}{y}$ 在 $x=2$，$y=1$，$\Delta x=0.1$，$\Delta y=-0.2$ 的全增量 Δz 和全微分 $\mathrm{d}z$.

3. 求函数 $z=2^{xy}$ 在 $x=1$，$y=-1$ 处的全微分.

4. 计算 $\sqrt{(1.02)^3+(1.97)^3}$ 的近似值.

6.5　多元复合函数与隐函数微分法

6.5.1　多元复合函数的求导法则

本节要将一元函数微分学中复合函数的求导法则推广到多元复合函数的情况，多元复合函数的求导法则在多元函数微分学中也起着重要作用. 由于多元复合函数的构成比较复杂，因此，需要分不同的情形去研究多元复合函数的求导法则.

1. 复合函数的中间变量为一元函数

设函数 $z=f(u,v)$，$u=\varphi(x)$，$v=\psi(x)$ 构成复合函数 $z=f[\varphi(x), \psi(x)]$，其变量之间的关系见链式图 6-20.

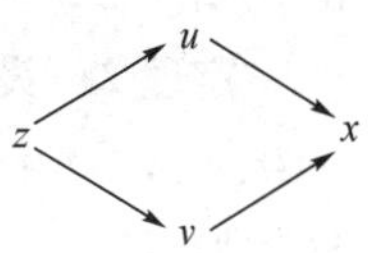

图 6-20

定理 1 设函数 $z=f(u,v)$ 的偏导数 $\dfrac{\partial z}{\partial u}$，$\dfrac{\partial z}{\partial v}$ 连续，函数 $u=\varphi(x)$，$v=\psi(x)$ 可导，则复合函数 $z=f[\varphi(x),\psi(x)]$ 可导，且有

$$\frac{\mathrm{d}z}{\mathrm{d}x}=\frac{\partial z}{\partial u}\cdot\frac{\mathrm{d}u}{\mathrm{d}x}+\frac{\partial z}{\partial v}\cdot\frac{\mathrm{d}v}{\mathrm{d}x}. \tag{6.2}$$

公式(6.2)称为**全导数公式**.

(证明从略)

上述定理的结论可推广到中间变量多于两个的情况，如 $z=f(u,v,\omega)$，其中，u,v,ω 是关于 x 的一元函数，其变量之间的关系如图 6-21 所示，则有全导数公式

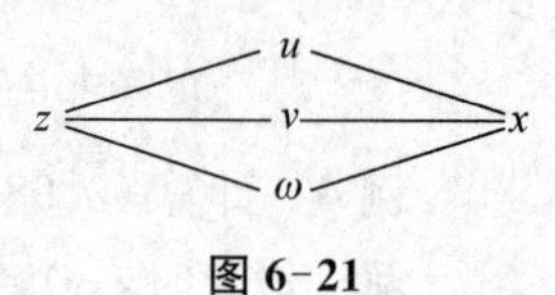

图 6-21

$$\frac{\mathrm{d}z}{\mathrm{d}x}=\frac{\partial z}{\partial u}\cdot\frac{\mathrm{d}u}{\mathrm{d}x}+\frac{\partial z}{\partial v}\cdot\frac{\mathrm{d}v}{\mathrm{d}x}+\frac{\partial z}{\partial \omega}\cdot\frac{\mathrm{d}\omega}{\mathrm{d}x}.$$

例 1 设 $z=u\mathrm{e}^{uv}$，而 $u=\cos x$，$v=x^3$，求全导数 $\dfrac{\mathrm{d}z}{\mathrm{d}x}$.

解 由于
$$\frac{\partial z}{\partial u}=\mathrm{e}^{uv}+uv\mathrm{e}^{uv},\ \frac{\partial z}{\partial v}=u^2\mathrm{e}^{uv};$$

$$\frac{\mathrm{d}u}{\mathrm{d}x}=-\sin x,\quad \frac{\mathrm{d}v}{\mathrm{d}x}=3x^2;$$

所以
$$\begin{aligned}\frac{\mathrm{d}z}{\mathrm{d}x}&=\frac{\partial z}{\partial u}\cdot\frac{\mathrm{d}u}{\mathrm{d}x}+\frac{\partial z}{\partial v}\cdot\frac{\mathrm{d}v}{\mathrm{d}x}=(\mathrm{e}^{uv}+uv\mathrm{e}^{uv})(-\sin x)+u^2\mathrm{e}^{uv}\cdot 3x^2\\&=(-\sin x-x^3\cos x\sin x+3x^2\cos^2 x)\mathrm{e}^{x^3\cos x}.\end{aligned}$$

例 2 设 $z=u^v(u>0,\ u\neq 1)$，而 $u=u(x)$，$v=v(x)$ 均可导，求 $\dfrac{\mathrm{d}z}{\mathrm{d}x}$.

解 根据复合函数求导法则，有

$$\begin{aligned}\frac{\mathrm{d}z}{\mathrm{d}x}&=\frac{\partial z}{\partial u}\cdot\frac{\mathrm{d}u}{\mathrm{d}x}+\frac{\partial z}{\partial v}\cdot\frac{\mathrm{d}v}{\mathrm{d}x}=vu^{v-1}\frac{\mathrm{d}u}{\mathrm{d}x}+u^v\ln u\frac{\mathrm{d}v}{\mathrm{d}x}\\&=u^v\left(\frac{v}{u}\cdot\frac{\mathrm{d}u}{\mathrm{d}x}+\ln u\frac{\mathrm{d}v}{\mathrm{d}x}\right).\end{aligned}$$

2. 复合函数的中间变量为多元函数

以中间变量是二元函数为例，设 $z=f(u,v)$，$u=\varphi(x,y)$，$v=\psi(x,y)$ 构成复合函数 $z=f[\varphi(x,y),\psi(x,y)]$，其变量之间的关系见链式图 6-22.

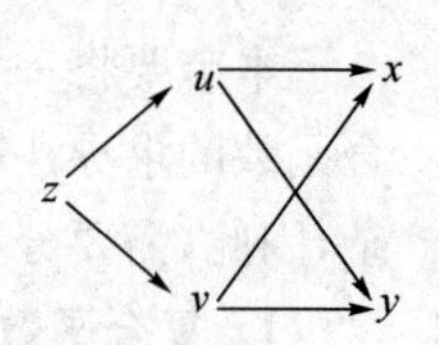

图 6-22

定理 2 设函数 $z=f(u,v)$ 有连续的偏导数，函数 $u=\varphi(x,y)$，$v=\psi(x,y)$ 的偏导数存在，则复合函数 $z=f[\varphi(x,y),\psi(x,y)]$ 的偏导数如下：

$$\frac{\partial z}{\partial x}=\frac{\partial z}{\partial u}\cdot\frac{\partial u}{\partial x}+\frac{\partial z}{\partial v}\cdot\frac{\partial v}{\partial x},\tag{6.3}$$

$$\frac{\partial z}{\partial y}=\frac{\partial z}{\partial u}\cdot\frac{\partial u}{\partial y}+\frac{\partial z}{\partial v}\cdot\frac{\partial v}{\partial y}.\tag{6.4}$$

（证明从略）

例 3　设 $z=(2x+y^2)^{\frac{x}{y}}$，求 $\frac{\partial z}{\partial x}$ 和 $\frac{\partial z}{\partial y}$.

解　设 $u=2x+y^2$, $v=\frac{x}{y}$，则 $z=u^v$，有

$$\begin{aligned}\frac{\partial z}{\partial x}&=\frac{\partial z}{\partial u}\cdot\frac{\partial u}{\partial x}+\frac{\partial z}{\partial v}\cdot\frac{\partial v}{\partial x}=vu^{v-1}\cdot 2+u^v\ln u\cdot\frac{1}{y}\\&=\frac{1}{y}(2x+y^2)^{\frac{x}{y}}\left[\frac{2x}{2x+y^2}+\ln(2x+y^2)\right];\\\frac{\partial z}{\partial y}&=\frac{\partial z}{\partial u}\cdot\frac{\partial u}{\partial y}+\frac{\partial z}{\partial v}\cdot\frac{\partial v}{\partial y}=vu^{v-1}\cdot 2y+u^v\ln u\cdot\left(-\frac{x}{y^2}\right)\\&=\frac{x}{y}(2x+y^2)^{\frac{x}{y}}\left[\frac{2y}{2x+y^2}-\frac{1}{y}\ln(2x+y^2)\right].\end{aligned}$$

例 4　设 $z=f(xy,\ x^2+y^2)$，求 $\frac{\partial z}{\partial x}$, $\frac{\partial z}{\partial y}$.

解　设 $u=xy$, $v=x^2+y^2$，则 $z=f(u,\ v)$，有

$$\frac{\partial z}{\partial x}=\frac{\partial z}{\partial u}\cdot\frac{\partial u}{\partial x}+\frac{\partial z}{\partial v}\cdot\frac{\partial v}{\partial x}=f'_u\cdot y+f'_v\cdot 2x,$$

$$\frac{\partial z}{\partial y}=\frac{\partial z}{\partial u}\cdot\frac{\partial u}{\partial y}+\frac{\partial z}{\partial v}\cdot\frac{\partial v}{\partial y}=f'_u\cdot x+f'_v\cdot 2y.$$

3. 复合函数的中间变量既有一元函数，又有多元函数

定理 3　设函数 $z=f(u,\ v)$ 有连续的偏导数，其中 $u=\varphi(x,\ y)$, $v=\psi(y)$ 的偏导数存在，则复合函数 $z=f[\varphi(x,\ y),\ \psi(y)]$ 的偏导数如下：

$$\frac{\partial z}{\partial x}=\frac{\partial z}{\partial u}\cdot\frac{\partial u}{\partial x};\quad \frac{\partial z}{\partial y}=\frac{\partial z}{\partial u}\cdot\frac{\partial u}{\partial y}+\frac{\partial z}{\partial v}\cdot\frac{\mathrm{d}v}{\mathrm{d}y}.$$

（证明从略）

上述情形实际上是情形 2 的一种特例，即在情形 2 中，如变量 v 与 x 无关，从而 $\frac{\partial v}{\partial x}=0$，在 v 对 y 求导时，由于 v 是 y 的一元函数，故 $\frac{\partial v}{\partial y}$ 换成 $\frac{\mathrm{d}v}{\mathrm{d}y}$，就得到上述结果.

推论　设函数 $z=f(u,\ x,\ y)$ 有连续的偏导数，其中 $u=\varphi(x,\ y)$，则 $z=f[\varphi(x,\ y),\ x,\ y]$ 的偏导数为

$$\frac{\partial z}{\partial x}=\frac{\partial f}{\partial u}\cdot\frac{\partial u}{\partial x}+\frac{\partial f}{\partial x},\quad \frac{\partial z}{\partial y}=\frac{\partial f}{\partial u}\cdot\frac{\partial u}{\partial y}+\frac{\partial f}{\partial y}.$$

注 $\frac{\partial z}{\partial x}$ 把复合函数 $z=f[\varphi(x, y), x, y]$ 中的 y 看作常数而对 x 的偏导数；而 $\frac{\partial f}{\partial x}$ 把 $z=f(u, x, y)$ 中的 u 及 y 看作常数而对 x 的偏导数，$\frac{\partial z}{\partial y}$，$\frac{\partial f}{\partial y}$ 也有类似的区别.

由于多元函数的复合关系是多种多样的，在利用复合函数微分法的时候，应先理清变量之间的关系，必要时可画出变量间的链式关系图，明确哪些是中间变量，哪些是自变量，然后运用公式计算出结果.

例 5 设 $u=f(x, y, z)=\mathrm{e}^{xyz}$，$z=x^2\cos y$，求 $\frac{\partial u}{\partial x}$，$\frac{\partial u}{\partial y}$.

解 $\frac{\partial u}{\partial x}=\frac{\partial f}{\partial z}\cdot\frac{\partial z}{\partial x}+\frac{\partial f}{\partial x}=xy\mathrm{e}^{xyz}\cdot 2x\cos y+yz\mathrm{e}^{xyz}$

$$=y(2x^2+z)\mathrm{e}^{xyz}=yx^2(2+\cos y)\mathrm{e}^{x^3y\cos y},$$

$$\frac{\partial u}{\partial y}=\frac{\partial f}{\partial z}\cdot\frac{\partial z}{\partial y}+\frac{\partial f}{\partial y}=xy\mathrm{e}^{xyz}\cdot(-x^2\sin y)+xz\mathrm{e}^{xyz}$$

$$=x^3(\cos y-y\sin y)\mathrm{e}^{x^3y\cos y}.$$

6.5.2 隐函数微分法

在一元微分学中，曾利用复合函数求导法求出了由 $F(x, y)=0$ 所确定的隐函数 $y=f(x)$ 的导数，下面通过多元复合函数微分法来建立用偏导数求隐函数的公式，给出一套所谓的"隐式"求导法.

1. 由方程 $F(x, y)=0$ 所确定的隐函数 $y=f(x)$ 的求导公式

定理 4(一元隐函数存在定理) 设函数 $F(x, y)$ 在点 $P(x_0, y_0)$ 的某一邻域内具有连续的偏导数，且 $F(x_0, y_0)=0$，$F'_y(x_0, y_0)\neq 0$，则方程 $F(x, y)=0$ 在点 $P(x_0, y_0)$ 的某一邻域内恒能唯一确定一个单值连续且具有连续导数的函数 $y=f(x)$，它满足条件 $y_0=f(x_0)$，并有

$$\frac{\mathrm{d}y}{\mathrm{d}x}=-\frac{F'_x}{F'_y}. \tag{6.5}$$

(证明从略)

例 6 已知函数 $\ln\sqrt{x^2+y^2}=\arctan\frac{y}{x}$ 确定的隐函数为 $y=f(x)$，求 $\frac{\mathrm{d}y}{\mathrm{d}x}$.

解 令 $F(x, y)=\ln\sqrt{x^2+y^2}-\arctan\frac{y}{x}$，则

$$F'_x(x, y)=\frac{x+y}{x^2+y^2},\quad F'_y(x, y)=\frac{y-x}{x^2+y^2},$$

所以
$$\frac{dy}{dx}=-\frac{F_x'}{F_y'}=-\frac{x+y}{y-x}.$$

例7 已知 $e^{x+y}=1-y\sin x$ 确定的隐函数为 $y=f(x)$，求 $\left.\frac{dy}{dx}\right|_{x=0}$.

解 令 $F(x, y)=e^{x+y}+y\sin x-1$，则
$$F_x'(x, y)=e^{x+y}+y\cos x,\quad F_y'(x, y)=e^{x+y}+\sin x,$$
所以
$$\frac{dy}{dx}=-\frac{F_x'}{F_y'}=-\frac{e^{x+y}+y\cos x}{e^{x+y}+\sin x}.$$
将 $x=0$ 代入方程中，得 $y=0$，所以 $\left.\frac{dy}{dx}\right|_{x=0}=-1$.

2. 由三元方程 $F(x, y, z)=0$ 所确定的二元隐函数 $z=f(x, y)$ 的求导公式

定理5(二元隐函数存在定理) 设函数 $F(x, y, z)$ 在点 $P(x_0, y_0, z_0)$ 的某一邻域内有连续的偏导数，且 $F(x_0, y_0, z_0)=0$，$F_z'(x_0, y_0, z_0)\neq 0$，则方程 $F(x, y, z)=0$ 在点 $P(x_0, y_0, z_0)$ 的某一邻域内恒能唯一确定一个单值连续且具有连续偏导数的函数 $z=f(x, y)$，它满足条件 $z_0=f(x_0, y_0)$，并有
$$\frac{\partial z}{\partial x}=-\frac{F_x'}{F_z'},\quad \frac{\partial z}{\partial y}=-\frac{F_y'}{F_z'}. \tag{6.6}$$

(证明从略)

例8 求由方程 $z^3=2xz-y$ 所确定的隐函数 $z=f(x, y)$ 的偏导数 $\frac{\partial z}{\partial x}$，$\frac{\partial z}{\partial y}$.

解法1 设 $F(x, y, z)=z^3-2xz+y$，则

$F_x'=-2z$，$F_y'=1$，$F_z'=3z^2-2x$，故
$$\frac{\partial z}{\partial x}=-\frac{F_x'}{F_z'}=\frac{2z}{3z^2-2x},\quad \frac{\partial z}{\partial y}=-\frac{F_y'}{F_z'}=\frac{1}{2x-3z^2}.$$

解法2 将方程两边直接对 x 求偏导，得 $3z^2\frac{\partial z}{\partial x}=2z+2x\frac{\partial z}{\partial x}$，整理后得
$$\frac{\partial z}{\partial x}=\frac{2z}{3z^2-2x};$$
将方程两边直接对 y 求偏导，得
$$3z^2\frac{\partial z}{\partial y}=2x\frac{\partial z}{\partial y}-1,\quad 即\quad \frac{\partial z}{\partial y}=\frac{1}{2x-3z^2}.$$

注 在解法2中，计算 $\frac{\partial z}{\partial x}$，$\frac{\partial z}{\partial y}$ 时应注意 z 是 x，y 的函数，正确运用复合函数微分法计算.

例 9 设 $e^{xy}+y^2=\cos x$，求 $\dfrac{dy}{dx}$.

解 令 $F(x,\ y)=e^{xy}+y^2-\cos x$，

则
$$F'_x=ye^{xy}+\sin x,\quad F'_y=xe^{xy}+2y,$$
所以
$$\frac{dy}{dx}=-\frac{F'_x}{F'_y}=-\frac{ye^{xy}+\sin x}{xe^{xy}+2y}.$$

例 10 设 $x^2+y^2+z^2-4z=0$ 确定隐函数为 $z=f(x,\ y)$，求 $\dfrac{\partial^2 z}{\partial x^2}$.

解 令 $F(x,\ y,\ z)=x^2+y^2+z^2-4z$，则 $F_x=2x$，$F_z=2z-4$，

所以
$$\frac{\partial z}{\partial x}=-\frac{F_x}{F_z}=\frac{x}{2-z},$$
$$\frac{\partial^2 z}{\partial x^2}=\frac{(2-z)+x\dfrac{\partial z}{\partial x}}{(2-z)^2}=\frac{(2-z)+x\cdot\dfrac{x}{2-z}}{(2-z)^2}=\frac{(2-z)^2+x^2}{(2-z)^3}.$$

习题 6.5

1. 设 $z=u^2v$，而 $u=e^x$，$v=\cos x$，求导数 $\dfrac{dz}{dx}$.

2. 设函数 $z=x^y$，$x=\sin t$，$y=\cos t$，求 $\dfrac{dz}{dt}$.

3. 设 $z=e^u\sin v$，而 $u=xy$，$v=x+y$，求 $\dfrac{\partial z}{\partial x}$，$\dfrac{\partial z}{\partial y}$.

4. 已知 $\ln\sqrt{x^2+y^2}=\arctan\dfrac{y}{x}$，求 $\dfrac{dy}{dx}$.

5. 设 $z=(x^2-2y)^{xy}$，求 $\dfrac{\partial z}{\partial x}$，$\dfrac{\partial z}{\partial y}$.

6. 设 $x+2y+z-2\sqrt{xyz}=0$，求 $\dfrac{\partial z}{\partial x}$，$\dfrac{\partial z}{\partial y}$.

7. 设函数 f 可导，$z=xyf\left(\dfrac{y}{x}\right)$，求 $xz'_x+yz'_y$.

8. 设方程 $e^z=xyz$ 确定了隐函数 $z=f(x,\ y)$，求 $\dfrac{\partial z}{\partial x}$，$\dfrac{\partial z}{\partial y}$.

6.6 二元函数的极值

6.6.1 无条件极值

定义 1 设函数 $z=f(x,\ y)$ 在点 $(x_0,\ y_0)$ 的某一邻域内有定义，如果对于该邻域内异于 $(x_0,\ y_0)$ 的任意一点 $(x,\ y)$，有

$$f(x, y) < f(x_0, y_0) \quad 或 \quad f(x, y) > f(x_0, y_0),$$

则称函数 $f(x, y)$ 在 (x_0, y_0) 处取得**极大值**(或**极小值**);点 (x_0, y_0) 称为 $f(x, y)$ 的**极大值点**(或**极小值点**);极大值与极小值统称为**极值**.极大值点与极小值点统称为**极值点**.

在求函数 $f(x, y)$ 的极值时,如果只要求函数的自变量落在定义域内,并无其他限制条件,这类极值称为**无条件极值**.

例1　求函数 $z = x^2 + 2y^2$ 的极值.

解　$z = x^2 + 2y^2$ 在点(0, 0)的某领域内,对任意的点 $(x, y) \neq (0, 0)$,都有 $z = x^2 + 2y^2 > 0$,所以函数在点(0, 0)处取得极小值0.

从函数图像上看,$z = x^2 + 2y^2$ 表示一开口向上的曲面,点(0, 0, 0)是它的最低点,如图6-23所示.

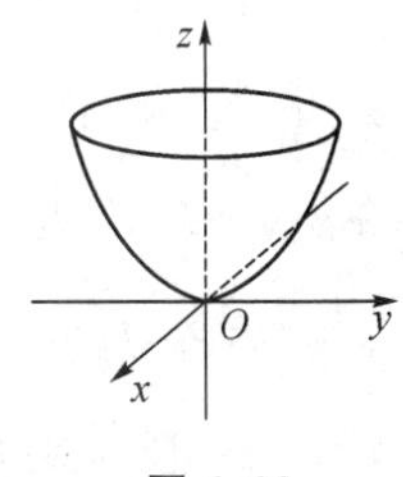

图6-23

此例比较简单,可以利用定义直接判断极值.对于一般的二元函数极值,则可利用下面的定理计算.

定理1(极值存在的必要条件)　设函数 $z = f(x, y)$ 在点 (x_0, y_0) 具有偏导数,且在点 (x_0, y_0) 处取得极值,则有

$$f'_x(x_0, y_0) = 0, \quad f'_y(x_0, y_0) = 0.$$

(证明从略)

与一元函数的情形类似,对于多元函数,凡是能使所有一阶偏导数同时为零的点称为函数的**驻点**.

根据定理1,具有偏导数的函数的极值点必定是驻点,但是,驻点未必是极值点.例如,点(0, 0)是 $z = xy$ 的驻点,但是函数在该点并无极值.

又如,函数 $z = -\sqrt{x^2 + y^2}$ 在点(0, 0)处有极大值,但在点(0, 0)处不存在偏导数,所以二元函数的极值点可以从函数的驻点或使函数偏导数不存在的点中去选择.

下面仅介绍判断函数的驻点是否为函数极值点的方法.

定理2(极值存在的充分条件)　设函数 $z = f(x, y)$ 在点 (x_0, y_0) 的某邻域内有二阶连续偏导数,又 $f'_x(x_0, y_0) = 0$, $f'_y(x_0, y_0) = 0$,记作

$$f''_{xx}(x_0, y_0) = A, \quad f''_{xy}(x_0, y_0) = B, \quad f''_{yy}(x_0, y_0) = C,$$

则

(1) 若当 $AC - B^2 > 0$ 时,函数 $f(x, y)$ 在 (x_0, y_0) 处有极值,且当 $A > 0$ 时,有极小值 $f(x_0, y_0)$; $A < 0$ 时,有极大值 $f(x_0, y_0)$;

(2) 若当 $AC - B^2 < 0$ 时,函数 $f(x, y)$ 在 (x_0, y_0) 处没有极值;

(3) 若当 $AC - B^2 = 0$ 时,函数 $f(x, y)$ 在 (x_0, y_0) 处可能有极值,也可能没有极值.

(证明从略)

根据定理2,如果函数 $f(x, y)$ 具有二阶连续偏导数,则求 $z = f(x, y)$ 的极值的一般步骤如下:

第一步　解方程组 $f'_x(x, y) = 0$, $f'_y(x, y) = 0$,求出 $f(x, y)$ 所有的驻点.

第二步 计算函数 $f(x, y)$ 的二阶偏导数,依次确定各驻点处 A, B, C 的值,计算 $AC-B^2$ 来判定.

第三步 如有极值点,求出函数 $f(x, y)$ 在极值点处的极值.

例 2 求函数 $f(x, y)=x^3-y^2+6y-12x+5$ 的极值.

解 $\begin{cases} f'_x(x, y)=3x^2-12=0, \\ f'_y(x, y)=-2y+6=0, \end{cases}$ 得驻点$(2, 3)$,$(-2, 3)$,

又 $$f''_{xx}(x, y)=6x, \quad f''_{xy}(x, y)=0, \quad f''_{yy}(x, y)=-2,$$

在点$(2, 3)$处,有

$$A=f''_{xx}(2, 3)=12, \quad B=f''_{xy}(2, 3)=0, \quad C=f''_{yy}(2, 3)=-2,$$

且 $AC-B^2=-24<0$,故函数在点$(2, 3)$处不取极值.

在点$(-2, 3)$处,有

$$A=f''_{xx}(-2, 3)=-12, \quad B=f''_{xy}(-2, 3)=0, \quad C=f''_{yy}(-2, 3)=-2,$$

且 $AC-B^2=24>0$,又 $A<0$,故函数在点$(-2, 3)$处取极大值 $f(-2, 3)=30$.

在实际问题中常常会遇到最值问题,一般情况下,如果所研究的可微函数 $f(x, y)$ 在 D 内只有一个驻点,而且根据问题的性质和实际意义,可以判断出函数 $f(x, y)$ 的最大(小)值一定在 D 的内部取得,则该驻点就是函数的最大(小)值点,该驻点的函数值就是函数 $f(x, y)$ 在 D 上的最大(小)值.

例 3 某工厂生产两种产品 A 与 B,出售单价分别为 10 元与 9 元,生产 x 件的产品 A 与生产 y 件的产品 B 的总费用是

$$0.03x^2+0.01xy+0.03y^2+2x+3y+400(\text{元}).$$

求取得最大利润时,两种产品的产量各是多少?

解 设生产 x 件的产品 A 与生产 y 件的产品 B 的总利润函数是 $f(x, y)$,所以

$$\begin{aligned} f(x, y) &= 10x+9y-(0.03x^2+0.01xy+0.03y^2+2x+3y+400) \\ &= 8x+6y-0.03x^2-0.01xy-0.03y^2-400. \end{aligned}$$

由 $$\begin{cases} f'_x(x, y)=8-0.06x-0.01y=0, \\ f'_y(x, y)=6-0.01x-0.06y=0, \end{cases}$$

得唯一驻点$(120, 80)$,而该问题本身存在最大利润,所以生产 120 件的产品 A 与生产 80 件的产品 B 时所得的总利润最大,此时产生的最大利润为 $f(120, 80)=320$(元).

6.6.2 条件极值

对于目标函数 $z=f(x, y)$,如果对于自变量 x, y 还有附加的限制条件(称为**约束条件**)$\varphi(x, y)=0$,那么这时所求的极值问题称为**条件极值**.

若由约束条件 $\varphi(x, y)=0$ 能解出 $y=y(x)$,再将 $y=y(x)$ 代入函数 $z=f(x, y)$ 中,此时求条件极值就转化为了求一元函数的无条件极值,可由一元函数求极值的方法

求解.

但在很多情况下,直接将条件极值转化为无条件极值是比较困难的,我们来介绍求条件极值的常用方法——**拉格朗日乘数法**.

求函数 $z=f(x, y)$ 在约束条件 $\varphi(x, y)=0$ 下的极值的拉格朗日乘数法的基本步骤如下:

(1) 构造拉格朗日函数

$$L(x, y, \lambda)=f(x, y)+\lambda\varphi(x, y),$$

其中 λ 为待定常数,称为**拉格朗日乘数**.

(2) 求出 $L(x, y, \lambda)$ 所有的一阶偏导,并令其等于0,得方程组

$$\begin{cases} L'_x=f'_x(x, y)+\lambda\varphi'_x(x, y)=0, \\ L'_y=f'_y(x, y)+\lambda\varphi'_y(x, y)=0, \\ L'_\lambda=\varphi(x, y)=0. \end{cases}$$

(3) 解方程组,求出驻点 (x_0, y_0, λ_0),则 (x_0, y_0) 就是函数 $z=f(x, y)$ 在约束条件 $\varphi(x, y)=0$ 下的可能极值点.

(4) 根据问题的实际意义来判定所求的点是不是极值点.

例4　某工厂生产某产品的产量 Q 与所用两种原材料甲、乙的数量 x, y 间满足关系式: $Q=0.005x^2y$,现用150元购买原材料,已知原材料甲、乙的单价分别为1元和2元,问应购进两种原材料各多少,可使某产品产量最高?最高产量是多少?

解　因只有150元购买原材料,所以此问题可归结为在约束条件 $x+2y=150$ 下的条件极值.

设 $L(x, y, \lambda)=0.005x^2y+\lambda(x+2y-150)$,

求解
$$\begin{cases} L'_x=0.01xy+\lambda=0, \\ L'_y=0.005x^2+2\lambda=0, \\ L'_\lambda=x+2y-150=0, \end{cases}$$

得 $x=100, y=25$,

根据问题的实际意义,产品数量必有最大值.

因此,应购进原材料甲、乙各100和25个单位,产品产量最高,最高产量是

$$Q_{max}=0.005\times100^2\times25=1\,250.$$

例5　要做一个容积为 $32\ cm^3$ 的无盖长方体箱子,问长、宽、高各为多少时才能使用料最省?

解　设长方体箱子的表面积为 A,长、宽、高分别为 x, y, z. 按题意,所要解决的问题就是求函数 $A=xy+2yz+2xz$ 在条件 $xyz=32$ 下的最小值.

作辅助函数

$$L(x, y, z)=xy+2yz+2xz+\lambda(xyz-32),$$

其中,λ 是常数. 组成方程组

$$
\begin{cases}
L'_x = y + 2z + \lambda yz = 0, \\
L'_y = x + 2z + \lambda xz = 0, \\
L'_z = 2x + 2y + \lambda xy = 0, \\
L'_\lambda = xyz - 32 = 0,
\end{cases}
$$

得

$$
-\frac{y+2z}{yz} = -\frac{x+2z}{xz} = -\frac{2y+2x}{xy} = \lambda,
$$

解得 $x = 4$, $y = 4$, $z = 2$.

由实际意义知,当长、宽、高分别为 4 cm, 4 cm, 2 cm 时,用料最省.

习题 6.6

1. 求下列函数的极值.

(1) $z = x^3 - y^3 + 3x^2 + 3y^2 - 9x$;

(2) $z = x^2 + y^2 - 2\ln x - 2\ln y$;

(3) $f(x, y) = x^3 - y^3 - 3xy$.

2. 求 $z = x^2 + y^2$ 在约束条件 $x + y = 1$ 下的极值.

3. 已知某商店售出 x 单位的商品 A 和 y 单位的商品 B 的利润为

$$
L(x, y) = 4\,000x + 5\,000y - x^2 - y^2 - xy - 2\,000,
$$

试确定 x 和 y 的值,使利润 L 取得最大值.

4. 某公司可通过电视和报纸两种方式做销售商品的广告,根据统计资料,销售收入 R(单位:百万元)与花费在两种广告宣传的费用 x, y(单位:百万元)之间的关系为

$$
R = 15 + 14x + 32y - 8xy - 2x^2 - 10y^2,
$$

其中利润等于销售收入扣除广告费用.

(1) 如果不限制广告费用支出,求最优广告策略;

(2) 如果广告费用总预算金是 1.5(百万元),求最优广告策略.

5. 某厂要用铁板做成一个体积为 4 000 cm^3 的无盖长方体水箱. 应如何选择水箱的尺寸,才能使用料最省?

本章应用拓展——多元函数微分学模型

最优价格模型

在生产和销售商品的过程中,显然,销售价格上涨将使厂家在单位商品上获得的利润增加,但同时也使消费者的购买欲望下降,造成销售量下降,导致厂家消减产量. 但在规模生产中,单位商品的生产成本随产量的增加而降低,因此销售量、成本与销售价格是相互影响的. 厂家要选择合理的销售价格才能获得最大的利润,称此价格为最优价格.

例 1 一家电视机厂在进行某种型号电视机的销售价格决策时,有如下数据:

(1) 根据市场调查,当地对该种电视机的年需求量为 100 万台;

(2) 去年该厂共售出 10 万台,每台售价为 4 000 元;

(3) 仅生产一台电视机的成本为 4 000 元,但在批量生产后,生产 1 万台时成本降低为每台 3 000 元.

问:在生产方式不变的情况下,今年的最优销售价格是多少?

解　(1) 建立数学模型.

设这种电视机的总销售量为 x,每台生产成本为 c,销售价格为 P,那么厂家的利润为

$$u(c,\ P,\ x)=(P-c)x.$$

根据市场预测,销售量与销售价格之间有下面的关系:

$$x=Me^{-\alpha P},\quad M>0,\ \alpha>0,$$

这里 M 为市场的最大需求量,α 是价格系数(该公式也反映出销售价格越高,销售量越少).

同时,生产部门对每台电视机的成本有如下测算:

$$c=c_0-k\ln x,\quad c_0,\ k,\ x>0,$$

这里 c_0 是只生产 1 台电视机时的成本,k 是规模系数(这也反映出产量越大即销售量越大,成本越低).

于是,问题转化为求利润函数 $u(c,\ P,\ x)=(P-c)x$ 在约束条件 $\begin{cases}x=Me^{-\alpha P},\\ c=c_0-k\ln x\end{cases}$ 下的极值问题.

(2) 模型求解.

作拉格朗日函数

$$L(c,\ P,\ x,\ \lambda,\ \mu)=(P-c)x-\lambda(x-Me^{-\alpha P})-\mu(c-c_0+k\ln x).$$

令 $\nabla L=0$,即

$$\begin{cases}L_c=-x-\mu=0, & ①\\ L_P=x-\lambda Me^{-\alpha P}=0, & ②\\ L_x=P-c-\lambda-\mu\dfrac{k}{x}=0, & ③\\ L_\lambda=x-Me^{-\alpha P}=0, & ④\\ L_\mu=c-c_0+k\ln x=0. & ⑤\end{cases}$$

由方程②和方程④得 $\lambda\alpha=1$,即 $\lambda=\dfrac{1}{\alpha}$. 将方程④代入方程⑤得 $c=c_0-k(\ln M-\alpha P)$,再由方程①知 $\mu=-x$. 将所得的这三个式子代入 $L_x=0$,得 $P-[c_0-k(\ln M-\alpha P)]-\dfrac{1}{\alpha}+k=0$,由此解得最优价格为

$$P^* = \frac{c_0 - k\ln M + \frac{1}{\alpha} - k}{1 - \alpha k}.$$

只要确定了规模系数 k 与价格系数 α，问题就解决了.

现在利用这个模型解决开始的问题. 此时 $M = 1\,000\,000$，$c_0 = 4\,000$，去年该厂售出10万台，每台销售价格为4 000元，因此得

$$\alpha = \frac{\ln M - \ln x}{P} = \frac{\ln 1\,000\,000 - \ln 100\,000}{4\,000} \approx 0.000\,58;$$

又生产1万台时成本就降低为每台3 000元，因此得

$$k = \frac{c_0 - c}{\ln x} = \frac{4\,000 - 3\,000}{\ln 10\,000} \approx 108.57.$$

将这些数据代入 P^*，得到今年的最优价格应为

$$P^* \approx 4\,392(\text{元}/\text{台}).$$

总习题6

1. 填空题.

(1) 设 $f(x, y) = \dfrac{\ln(e^x + y)}{\sqrt{x^2 + y^2}}$，则 $f(1, 0) =$ ________，$f(0, e) =$ ________.

(2) 设 $f(x + y, x - y) = x^2 - y^2$，则 $f(x, y) =$ ________.

(3) 若 $f(x, y) = x^2 + 6xy + 3y^2$，则 $f'_x(1, 2) =$ ________，$f'_y(1, 2) =$ ________.

(4) $\lim\limits_{\substack{x\to 0\\ y\to 0}}(5x^2 + 2y^2)\sin\dfrac{1}{3x^2 + 4y^2} =$ ________.

(5) 二重极限 $\lim\limits_{\substack{x\to 0\\ y\to 0}}\dfrac{xy^2}{x^2 + y^4}$ 值为________.

(6) 函数 $f(x, y)$ 在点 (x, y) 处可微是它在该点偏导数 $\dfrac{\partial z}{\partial x}$ 与 $\dfrac{\partial z}{\partial y}$ 连续的________条件(填"必要""充分"或"充要").

2. 判断题.

(1) 若函数 $z = f(x, y)$ 在点 (x_0, y_0) 处的两个偏导数 $f'_x(x_0, y_0)$ 与 $f'_y(x_0, y_0)$ 均存在，则该函数在点 (x_0, y_0) 处一定连续. ( )

(2) 若函数 $z = f(x, y)$ 在点 (x_0, y_0) 处的二阶偏导数存在，一定有 $f''_{xy}(x_0, y_0) = f''_{yx}(x_0, y_0)$. ( )

(3) 二元函数的驻点必为极值点. ( )

(4) 二元函数的极小值一定比极大值小. ( )

3. 选择题.

(1) 设函数 $f(x, y) = \begin{cases} x\sin\dfrac{1}{y} + y\sin\dfrac{1}{x}, & xy \neq 0, \\ 0, & xy = 0, \end{cases}$ 则极限 $\lim\limits_{\substack{x\to 0\\ y\to 0}} f(x, y) =$ ( ).

A. 不存在　　B. 等于 1　　C. 等于 0　　D. 等于 2

(2) 设函数 $f(x, y)=\begin{cases}\dfrac{xy}{\sqrt{x^2+y^2}}, & x^2+y^2\neq 0,\\ 0, & x^2+y^2=0,\end{cases}$ 则 $f(x, y)$ (　　).

A. 处处连续　　B. 处处有极限,但不连续

C. 仅在(0, 0)点连续　　D. 除(0, 0)点外处处连续

(3) 若 $z=f(x, y)$ 在点 (x_0, y_0) 处可微,则下列结论错误的是(　　).

A. $z=f(x, y)$ 在点 (x_0, y_0) 处连续

B. $f_x(x, y)$, $f_y(x, y)$ 在点 (x_0, y_0) 处连续

C. $f_x(x, y)$, $f_y(x, y)$ 在点 (x_0, y_0) 处存在

D. 曲面 $z=f(x, y)$ 在点 $(x_0, y_0, f(x_0, y_0))$ 处有切平面

(4) 设 $u=\arctan\dfrac{y}{x}$, 则 $\dfrac{\partial u}{\partial x}=$(　　).

A. $\dfrac{x}{x^2+y^2}$　　B. $-\dfrac{y}{x^2+y^2}$　　C. $\dfrac{y}{x^2+y^2}$　　D. $\dfrac{-x}{x^2+y^2}$

(5) 设 $f(x, y)=\arcsin\sqrt{\dfrac{y}{x}}$, 则 $f'_x(2, 1)=$(　　).

A. $-\dfrac{1}{4}$　　B. $\dfrac{1}{4}$　　C. $-\dfrac{1}{2}$　　D. $\dfrac{1}{2}$

(6) 设函数 $z=1-\sqrt{x^2+y^2}$, 则点 (0, 0) 是函数 z 的(　　).

A. 极大值点但非最大值点　　B. 极大值点且是最大值点

C. 极小值点但非最小值点　　D. 极小值点且是最小值点

4. 求下列函数的定义域.

(1) $z=\dfrac{\sqrt{4x-y^2}}{\ln(1-x^2-y^2)}$;　　(2) $z=\arcsin\dfrac{x^2+y^2}{4}$;

(3) $z=\sqrt{1-x^2}+\sqrt{y^2-1}$;　　(4) $z=\dfrac{\arcsin(3-x^2-y^2)}{\sqrt{x-y^2}}$.

5. 求下列二元函数的极限.

(1) $\lim\limits_{(x, y)\to(0, -1)}\ln(e^x+|y|)$;　　(2) $\lim\limits_{(x, y)\to(0, 0)}\dfrac{\sqrt{xy+4}-2}{xy}$;

(3) $\lim\limits_{\substack{x\to 0\\ y\to 0}}(1+xy)^{xy}$;　　(4) $\lim\limits_{\substack{x\to 0\\ y\to 0}}\dfrac{\sin(x^2y)}{x^2+y^2}$.

6. 求下列函数的偏导数.

(1) $z=e^{\frac{x}{y}}+e^{\frac{y}{x}}$;　　(2) $z=\arctan\dfrac{x+y}{1-xy}$.

7. 求下列函数的 $\dfrac{\partial^2 z}{\partial x^2}$, $\dfrac{\partial^2 z}{\partial x\partial y}$, $\dfrac{\partial^2 z}{\partial y^2}$.

(1) $z=x^3y-3x^2y^3$;　　(2) $z=\arctan\dfrac{y}{x}$.

8. 求下列函数的全微分.

(1) $z=\arcsin xy$;　　(2) $u=x^2+\sin\dfrac{y}{2}+e^{yz}$.

9. (1) 设 $z=\dfrac{v}{u}$，且 $u=\mathrm{e}^{x}$，$v=1-\mathrm{e}^{2x}$，求全导数 $\dfrac{\mathrm{d}z}{\mathrm{d}x}$.

(2) 设 $z=u^{2}\ln v$，$u=\dfrac{x}{y}$，$v=x^{2}-y^{2}$，求 $\dfrac{\partial z}{\partial x}$ 和 $\dfrac{\partial z}{\partial y}$.

10. (1) 已知 $\mathrm{e}^{x}+\sin y-xy^{2}=0$，求 $\dfrac{\mathrm{d}y}{\mathrm{d}x}$.

(2) 设 $\dfrac{x}{z}=\ln\dfrac{z}{y}$，求 $\dfrac{\partial z}{\partial x}$ 和 $\dfrac{\partial z}{\partial y}$.

11. (1) 求 $z=x^{3}+y^{3}-3xy$ 的极值；

(2) 求 $z=xy$ 在约束条件 $x+y=1$ 下的极值.

12. 设商品 A 的需求量为 x(吨)，价格为 p(万元)，需求函数为 $x=26-p$；商品 B 的需求量为 y(吨)，价格为 q(万元)，需求函数为 $y=10-\dfrac{1}{4}q$；生产两种商品的总成本 $c(x, y)=x^{2}+2xy+y^{2}$，问两种商品各生产多少时，才能获得最大利润？最大利润是多少？

第 7 章

二 重 积 分

一元函数中讨论的定积分，其被积函数是一元函数，积分范围是区间，在应用中只能用来计算与一元函数及区间有关的量. 但在实际应用与科学技术中，往往需要计算与多元函数或空间区域有关的量. 如立体体积、曲面面积、非均匀物体的质量和质心等. 这些量的计算一般不能直接用定积分来解决. 因此，将定积分推广，当被积函数是二元函数或三元函数、积分范围是平面区域或空间区域时，这样的积分就成为二重积分或三重积分. 本章仅对二重积分进讨论.

7.1 二重积分的概念与性质

7.1.1 二重积分的概念

引例 曲顶柱体的体积.

在空间直角坐标系中，设 $z=f(x, y)$ 是定义在有界闭区域 D 上的非负连续函数，以 $z=f(x, y)$ 为顶，D 为底，以 D 的边界曲线为准线，平行于 z 轴的直线为母线所构成的柱体，称为**曲顶柱体**(图 7-1).

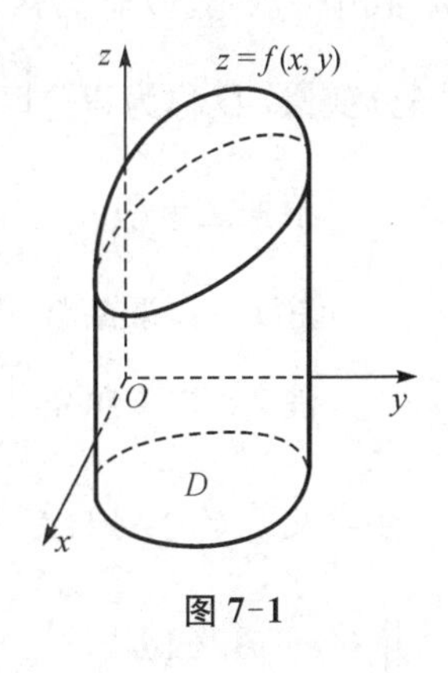

图 7-1

下面仿照求曲边梯形面积的方法，求曲顶柱体的体积.

(1) **分割** 在 xOy 平面上用一组直线网将区域 D 分成 n 个小区域 $\Delta\sigma_1, \Delta\sigma_2, \cdots, \Delta\sigma_n$，且第 i 个小区域的面积仍用 $\Delta\sigma_i$ 表示，以每个小区域的边界曲线为准线，作母线平行于 z 轴的小曲顶柱体，这样，原曲顶柱体被分成了 n 个小曲顶柱体，体积分别为 $\Delta V_i\,(i=1, 2, \cdots, n)$，如图 7-2 所示.

(2) **求近似** 对每个小曲顶柱体，当 $\Delta\sigma_i$ 的直径 λ_i(指该小区域上任意两点的最大距离)很小时，$f(x, y)$ 在 $\Delta\sigma_i$ 上各点处的函数值变化很小，小曲顶柱体可近似看作平顶柱体. 在每

个小区域 $\Delta\sigma_i$ 上任取一点 (ξ_i,η_i)，每个小曲顶柱体的体积可近似表示为 $\Delta V_i \approx f(\xi_i,\eta_i)\Delta\sigma_i (i=1, 2, \cdots, n)$.

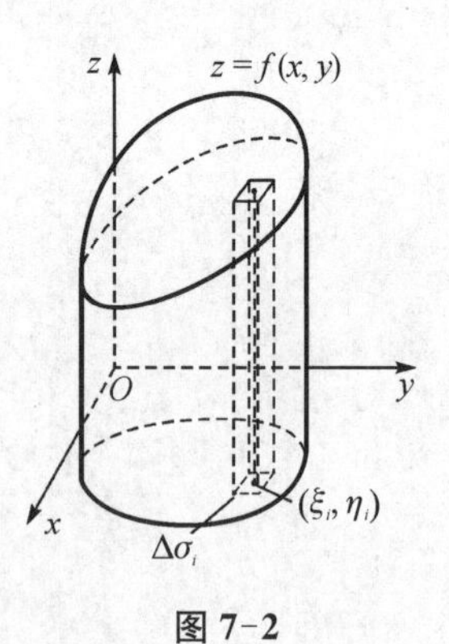

图 7-2

(3) **求和** 把这样得到的 n 个小平顶柱体的体积之和作为所求曲顶柱体的体积 V 的近似值，即

$$V=\sum_{i=1}^{n}\Delta V_i \approx \sum_{i=1}^{n} f(\xi_i, \eta_i)\Delta\sigma_i.$$

(4) **取极限** 令 n 个小区域的直径中的最大值为 λ，即 $\lambda=\max\{\lambda_1, \lambda_2, \cdots, \lambda_n\}$，当 $\lambda\to 0$ 时，每个小区域的直径都将趋于零，此时区域 D 将被无限细分，使得上述和式的极限值就为所求曲顶柱体的体积，即

$$V=\lim_{\lambda\to 0}\sum_{i=1}^{n} f(\xi_i, \eta_i)\Delta\sigma_i.$$

从这个引例可以看出，曲顶柱体的体积最终可归结为一个二元函数构成的和式的极限.

定义 1 设 $z=f(x, y)$ 是定义在有界闭区域 D 上的有界函数，将 D 任意分成 n 个小闭区域 $\Delta\sigma_i (i=1, 2, \cdots, n)$，第 i 个小区域的面积仍用 $\Delta\sigma_i$ 表示，记 $\Delta\sigma_i$ 的直径为 λ_i，令 $\lambda=\max\{\lambda_1, \lambda_2, \cdots, \lambda_n\}$，在每个小区域 $\Delta\sigma_i$ 上任取一点 (ξ_i, η_i)，作和式 $\sum\limits_{i=1}^{n} f(\xi_i, \eta_i)\Delta\sigma_i$，如果极限 $\lim\limits_{\lambda\to 0}\sum\limits_{i=1}^{n} f(\xi_i, \eta_i)\Delta\sigma_i$ 总存在，则称 $f(x, y)$ 在区域 D 上**可积**. 此极限值为函数 $f(x, y)$ 在区域 D 上的**二重积分**，记作 $\iint\limits_D f(x, y)\mathrm{d}\sigma$，即

$$\iint\limits_D f(x, y)\mathrm{d}\sigma=\lim_{\lambda\to 0}\sum_{i=1}^{n} f(\xi_i,\eta_i)\Delta\sigma_i, \tag{7.1}$$

其中，$f(x, y)$ 称为**被积函数**，$f(x, y)\mathrm{d}\sigma$ 称为**被积表达式**，$\mathrm{d}\sigma$ 称为**面积元素**，x 和 y 称为**积分变量**，D 称为**积分区域**，$\sum\limits_{i=1}^{n} f(\xi_i, \eta_i)\Delta\sigma_i$ 称为**积分和**.

根据二重积分的定义，引例中曲顶柱体的体积可表示为 $V=\iint\limits_D f(x, y)\mathrm{d}\sigma$.

注 1 如果函数 $f(x, y)$ 在区域 D 上连续，则 $f(x, y)$ 在区域 D 上可积.

注 2 二重积分 $\iint\limits_D f(x, y)\mathrm{d}\sigma$ 只与被积函数 $f(x, y)$ 和积分区域 D 有关，与 (ξ_i, η_i) 的取法以及 D 的分割无关，因此，在直角坐标系中，可取面积微元 $\mathrm{d}\sigma=\mathrm{d}x\mathrm{d}y$，即有 $\iint\limits_D f(x, y)\mathrm{d}\sigma=\iint\limits_D f(x, y)\mathrm{d}x\mathrm{d}y$.

7.1.2 二重积分的性质

二重积分与定积分具有类似的性质.

性质1 设α, β为常数,则

$$\iint_D[\alpha f(x, y)+\beta g(x, y)]\mathrm{d}\sigma=\alpha\iint_D f(x, y)\mathrm{d}\sigma+\beta\iint_D g(x, y)\mathrm{d}\sigma.$$

性质2 若$D=D_1\cup D_2$,则

$$\iint_D f(x, y)\mathrm{d}\sigma=\iint_{D_1}f(x, y)\mathrm{d}\sigma+\iint_{D_2}f(x, y)\mathrm{d}\sigma.$$

性质3 若在闭区域D上,$f(x, y)\equiv 1$,区域D的面积为σ,则

$$\iint_D 1\mathrm{d}\sigma=\iint_D\mathrm{d}\sigma=\sigma.$$

性质4 若在闭区域D上,有$f(x, y)\leqslant g(x, y)$,则

$$\iint_D f(x, y)\mathrm{d}\sigma\leqslant\iint_D g(x, y)\mathrm{d}\sigma.$$

性质5(二重积分的估值定理) 若在闭区域D上,有$m\leqslant f(x, y)\leqslant M$,$\sigma$为区域$D$的面积,则

$$m\sigma\leqslant\iint_D f(x, y)\mathrm{d}\sigma\leqslant M\sigma.$$

性质6(二重积分的中值定理) 函数$f(x, y)$在闭区域D上连续,σ为区域D的面积,则在D上至少存在一点(ξ, η),使得

$$\iint_D f(x, y)\mathrm{d}\sigma=f(\xi, \eta)\cdot\sigma.$$

几何意义 区域D上以曲面$z=f(x, y)$ $(f(x, y)\geqslant 0)$为顶的曲顶柱体的体积,等于以区域D内某一点(ξ, η)的函数值$f(\xi, \eta)$为高的平顶柱体的体积.

例1 根据二重积分的性质,比较$\iint_D \mathrm{e}^{x+y}\mathrm{d}\sigma$与$\iint_D \mathrm{e}^{(x+y)^2}\mathrm{d}\sigma$的大小,其中$D$是直线$x+y=1$与两坐标轴所围成的闭区域.

解 在区域D内有 $$0\leqslant x+y\leqslant 1,$$

故 $$x+y\geqslant(x+y)^2,$$

于是 $$\mathrm{e}^{x+y}\geqslant\mathrm{e}^{(x+y)^2},$$

由性质4可知 $$\iint_D\mathrm{e}^{x+y}\mathrm{d}\sigma\geqslant\iint_D\mathrm{e}^{(x+y)^2}\mathrm{d}\sigma.$$

例2 根据二重积分的性质,估计$\iint_D\ln(x^2+y^2+1)\mathrm{d}\sigma$的值,其中$D$是圆环域:$1\leqslant x^2+y^2\leqslant 2$.

解 在区域D内有 $$2\leqslant x^2+y^2+1\leqslant 3,$$

故 $$\ln 2 \leqslant \ln(x^2+y^2+1) \leqslant \ln 3,$$

由估值定理可知 $$\pi\ln 2 \leqslant \iint\limits_D \ln(x^2+y^2+1)\mathrm{d}\sigma \leqslant \pi\ln 3.$$

习题 7.1

1. 根据二重积分的性质,比较下列积分的大小.

(1) $\iint\limits_D (x+y)^2\mathrm{d}\sigma$ 与 $\iint\limits_D (x+y)^3\mathrm{d}\sigma$, 其中, D 是由 $x+y=1$ 与两坐标轴所围成的闭区域;

(2) $\iint\limits_D \ln(x+y)\mathrm{d}\sigma$ 与 $\iint\limits_D [\ln(x+y)]^2\mathrm{d}\sigma$, 其中, D 是由直线 $x=3$, $x+y=5$ 及 $y=0$ 所围成的闭区域.

2. 根据二重积分的性质,估计下列积分的值.

(1) $I=\iint\limits_D \sin^2 x\sin^2 y\mathrm{d}\sigma$, 其中, $D=\{(x,y)\mid 0\leqslant x\leqslant \pi, 0\leqslant y\leqslant \pi\}$;

(2) $I=\iint\limits_D (x^2+4y^2+9)\mathrm{d}\sigma$, 其中, $D=\{(x,y)\mid x^2+y^2\leqslant 4\}$.

7.2 二重积分的计算

一般利用二重积分的定义计算二重积分比较困难,下面介绍一种计算二重积分的常用方法,其基本思路是将二重积分化为两次定积分来计算,转化后的这种两次定积分常称为**二次积分或累次积分**.下面分别在直角坐标系和极坐标系下讨论二重积分的计算.

7.2.1 直角坐标系下二重积分的计算

1. 积分区域 D 为 x 型区域

x 型区域: $D=\{(x,y)\mid a\leqslant x\leqslant b, \varphi_1(x)\leqslant y\leqslant \varphi_2(x)\}$, 其中函数 $\varphi_1(x)$, $\varphi_2(x)$ 在区间 $[a,b]$ 上连续.这种区域的特点是:用垂直于 x 轴的直线 $x=x_0(a<x_0<b)$ 与区域 D 的边界至多交于两点,如图 7-3 所示.

下面计算以非负连续函数 $z=f(x,y)$ 为顶,以 x 型区域 D 为底的曲顶柱体的体积 V,如图 7-4 所示.

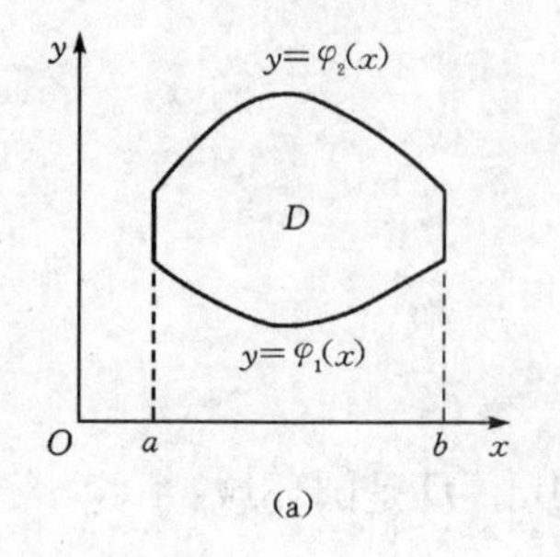

y=φ2(x)
D
y=φ1(x)
O a b x
(b)

图 7-3

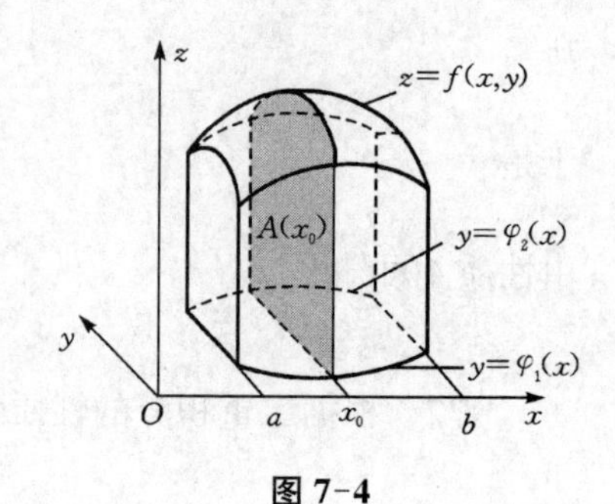

图 7-4

对于任意一点 $x_0\in[a,b]$, 过 x_0 作平行于 yOz 面的平面 $x=x_0$, 所得截面的面积记为

$A(x_0)$，由定积分的应用知 $A(x_0)=\int_{\varphi_1(x_0)}^{\varphi_2(x_0)} f(x_0, y)\mathrm{d}y$，对于任何 $x\in[a, b]$，有 $A(x)=\int_{\varphi_1(x)}^{\varphi_2(x)} f(x, y)\mathrm{d}y$. 因为曲顶柱体的体积 $V=\int_a^b A(x)\mathrm{d}x$，又因为 $V=\iint\limits_D f(x, y)\mathrm{d}\sigma$，所以，综上得

$$\iint\limits_D f(x, y)\mathrm{d}\sigma=\int_a^b\left[\int_{\varphi_1(x)}^{\varphi_2(x)} f(x, y)\mathrm{d}y\right]\mathrm{d}x=\int_a^b \mathrm{d}x\int_{\varphi_1(x)}^{\varphi_2(x)} f(x, y)\mathrm{d}y. \tag{7.2}$$

式(7.2)最右端称为**先对 y 后对 x 的二次积分**. 这样，二重积分的计算就转化为二次积分的计算.

2. 积分区域 D 为 y 型区域

y 型区域：$D=\{(x, y)\mid c\leqslant y\leqslant d, \varphi_1(y)\leqslant x\leqslant\varphi_2(y)\}$，其中函数 $\varphi_1(y)$，$\varphi_2(y)$ 在区间 $[c, d]$ 上连续. 这种区域的特点是：用垂直于 y 轴的直线 $y=y_0(c<y_0<d)$ 与区域 D 的边界至多交于两点，如图 7-5 所示.

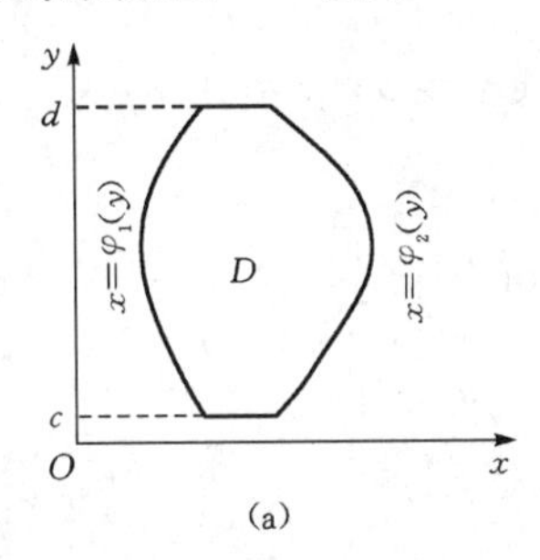

图 7-5

利用与 x 型区域相似的分析方法，可得

$$\iint\limits_D f(x, y)\mathrm{d}\sigma=\int_c^d\left[\int_{\varphi_1(y)}^{\varphi_2(y)} f(x, y)\mathrm{d}x\right]\mathrm{d}y=\int_c^d \mathrm{d}y\int_{\varphi_1(y)}^{\varphi_2(y)} f(x, y)\mathrm{d}x. \tag{7.3}$$

式(7.3)最右端称为**先对 x 后对 y 的二次积分.**

3. 积分区域既非 x 型又非 y 型区域

对于既 x 型又非 y 型区域 D，可将其划分成若干个小区域，使每个小区域或者为 x 型区域，或者为 y 型区域. 如图 7-6 所示，可先将区域 D 分成三个小区域，再利用二重积分区域可加性分别计算出每个小区域上的二重积分后，相加起来就是整个区域 D 上的二重积分.

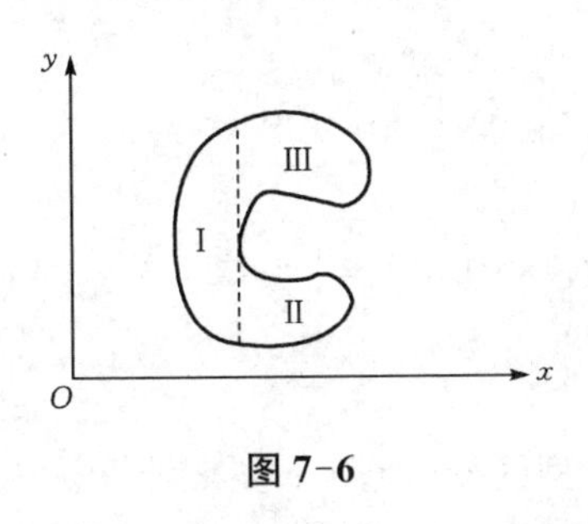

图 7-6

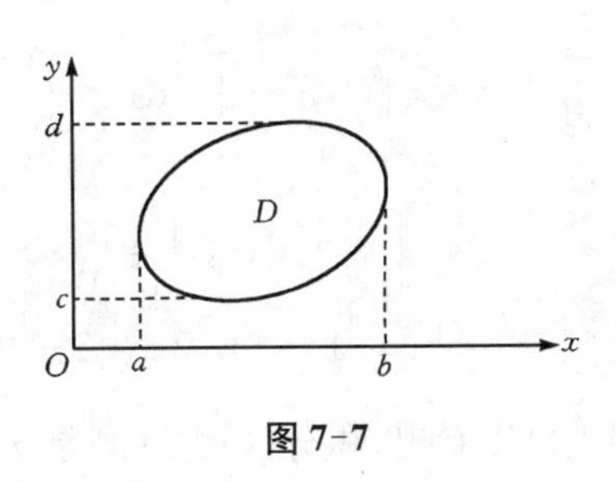

图 7-7

4. 积分区域既是 x 型又是 y 型区域

如图 7-7 所示，$D=\{(x, y)\mid a\leqslant x\leqslant b, \varphi_1(x)\leqslant y\leqslant\varphi_2(x)\}=\{(x, y)\mid c\leqslant y\leqslant$

$d,\ \varphi_1(y)\leqslant x\leqslant \varphi_2(y)\}$，则有

$$\iint\limits_D f(x,\ y)\mathrm{d}x\mathrm{d}y=\int_a^b \mathrm{d}x\int_{\varphi_1(x)}^{\varphi_2(x)} f(x,\ y)\mathrm{d}y=\int_c^d \mathrm{d}y\int_{\varphi_1(y)}^{\varphi_2(y)} f(x,\ y)\mathrm{d}x.$$

将二重积分化为二次积分时，确定积分限是一个关键. 积分限是根据积分区域 D 来确定的. 先画出积分区域 D 的图形，假如积分区域 D 如图 7-8 所示，将 D 往 x 轴上投影，可得投影区间 $[a,\ b]$，在区间 $[a,\ b]$ 上任意取定一个 x 值，积分区域上以这个 x 值为横坐标的点在一段直线上，这段直线平行于 y 轴，该线段上纵坐标从 $\varphi_1(x)$ 变到 $\varphi_2(x)$，这就是公式(7.2)中先把 x 看作常量而对 y 积分时的下限和上限. 因为上面的 x 需在 $[a,\ b]$ 上任意取定，所以再把 x 看作变量而对 x 积分时，积分区间就是 $[a,\ b]$.

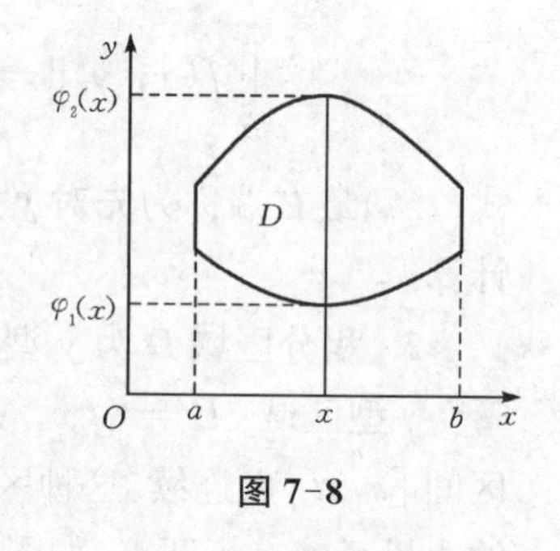

图 7-8

例 1 计算二重积分 $\iint\limits_D \mathrm{e}^x\mathrm{d}\sigma$，其中 D 是由直线 $y=x$，$y=3-2x$ 及 $x=0$ 所围成的闭区域(图 7-9).

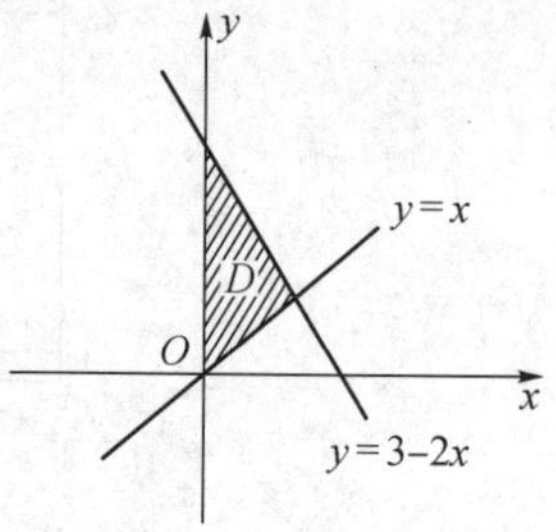

图 7-9

解法 1 若视积分区域 D 是 x 型区域，则 D 可表示为

$$D=\{(x,\ y)\mid 0\leqslant x\leqslant 1,\ x\leqslant y\leqslant 3-2x\},$$

所以

$$\begin{aligned}\iint\limits_D \mathrm{e}^x\mathrm{d}\sigma&=\int_0^1\mathrm{d}x\int_x^{3-2x}\mathrm{e}^x\mathrm{d}y=\int_0^1\mathrm{e}^x\cdot y\Big|_x^{3-2x}\mathrm{d}x=\int_0^1\mathrm{e}^x(3-3x)\mathrm{d}x\\&=3\left(\int_0^1\mathrm{e}^x\mathrm{d}x-\int_0^1 x\mathrm{e}^x\mathrm{d}x\right)=3\left(\mathrm{e}^x\Big|_0^1-x\mathrm{e}^x\Big|_0^1+\mathrm{e}^x\Big|_0^1\right)\\&=3(\mathrm{e}-2).\end{aligned}$$

解法 2 若视积分区域 D 是 y 型区域，则 $D=D_1\cup D_2$，

其中，
$$D_1=\{(x,\ y)\mid 0\leqslant y\leqslant 1,\ 0\leqslant x\leqslant y\},$$
$$D_2=\left\{(x,\ y)\mid 1\leqslant y\leqslant 3,\ 0\leqslant x\leqslant \frac{1}{2}(3-y)\right\},$$

所以
$$\begin{aligned}\iint\limits_D \mathrm{e}^x\mathrm{d}\sigma&=\iint\limits_{D_1}\mathrm{e}^x\mathrm{d}\sigma+\iint\limits_{D_2}\mathrm{e}^x\mathrm{d}\sigma=\int_0^1\mathrm{d}y\int_0^y\mathrm{e}^x\mathrm{d}x+\int_1^3\mathrm{d}y\int_0^{\frac{1}{2}(3-y)}\mathrm{e}^x\mathrm{d}x\\&=\int_0^1\mathrm{e}^x\Big|_0^y\mathrm{d}y+\int_1^3\mathrm{e}^x\Big|_0^{\frac{1}{2}(3-y)}\mathrm{d}y=\int_0^1(\mathrm{e}^y-1)\mathrm{d}y-\int_1^3\left[\mathrm{e}^{\frac{1}{2}(3-y)}-1\right]\mathrm{d}y\\&=\mathrm{e}-1-1+2\mathrm{e}-2-2=3(\mathrm{e}-2).\end{aligned}$$

由例 1 可以看出，积分区域 D 既是 x 型又是 y 型区域，但用 x 型来计算比用 y 型来计算要简单. 这也提醒我们在化二重积分为累次积分时，需选择恰当的累次积分次序，以便简化计算.

例 2 计算二重积分 $\iint\limits_D \frac{\sin y}{y}\mathrm{d}\sigma$，其中 D 是由抛物线 $x=y^2$ 及直线 $y=x$ 所围成的闭区域.

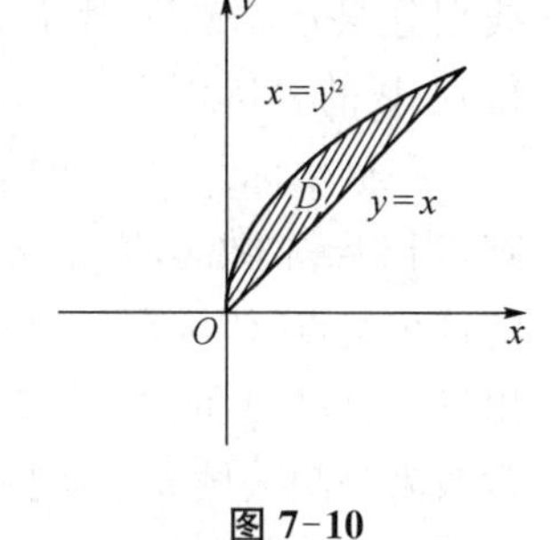

图 7-10

解 如图 7-10 所示，若视积分区域 D 是 y 型区域，则

$$D=\{(x,\ y)\mid 0\leqslant y\leqslant 1,\ y^2\leqslant x\leqslant y\},$$

所以

$$\iint\limits_D \frac{\sin y}{y}\mathrm{d}\sigma=\int_0^1\mathrm{d}y\int_{y^2}^{y}\frac{\sin y}{y}\mathrm{d}x$$
$$=\int_0^1(\sin y-y\sin y)\mathrm{d}y=1-\sin 1.$$

注 若视 D 是 x 型区域，则 $D=\{(x,\ y)\mid 0\leqslant x\leqslant 1,\ x\leqslant y\leqslant\sqrt{x}\}$，有 $\iint\limits_D\frac{\sin y}{y}\mathrm{d}\sigma=\int_0^1\mathrm{d}x\int_x^{\sqrt{x}}\frac{\sin y}{y}\mathrm{d}y$，但是函数 $\frac{\sin y}{y}$ 的原函数无法用初等函数表示，故用此法求不出积分.

例 3 交换二次积分 $I=\int_0^1\mathrm{d}x\int_{-\sqrt{x}}^{\sqrt{x}}f(x,\ y)\mathrm{d}y+\int_1^4\mathrm{d}x\int_{x-2}^{\sqrt{x}}f(x,\ y)\mathrm{d}y$ 的积分次序.

解 首先确定两个二次积分对应的积分区域：

$$D_1=\{(x,\ y)\mid 0\leqslant x\leqslant 1,\ -\sqrt{x}\leqslant y\leqslant\sqrt{x}\},$$
$$D_2=\{(x,\ y)\mid 1\leqslant x\leqslant 4,\ x-2\leqslant y\leqslant\sqrt{x}\},$$

D_1 和 D_2 正好合并成为一个积分区域 $D=\{(x,\ y)\mid -1\leqslant y\leqslant 2,\ y^2\leqslant x\leqslant y+2\}$，如图 7-11 所示，所以

$$I=\int_{-1}^2\mathrm{d}y\int_{y^2}^{y+2}f(x,\ y)\mathrm{d}x.$$

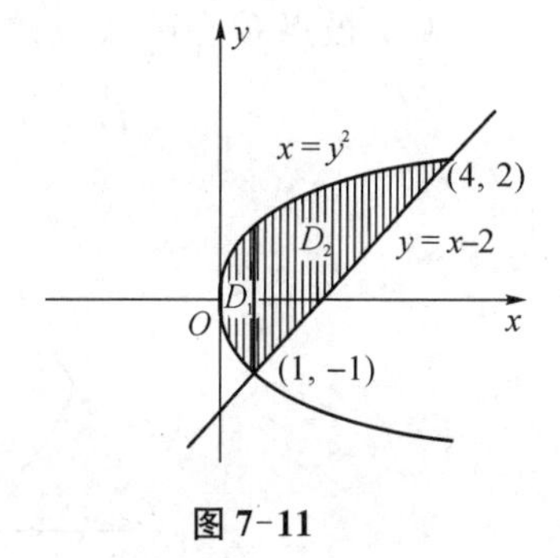

图 7-11

7.2.2 极坐标系下二重积分的计算

换元积分法是计算定积分的一种常用的方法，在二重积分中也有类似的换元法，本节所介绍的一种换元法，就是将二重积分的积分变量从直角坐标变换为极坐标. 对于某些被积函数用极坐标变量表达比较简单，而积分区域 D 的边界曲线用极坐际表示又较为方便的二重积分，就可以考虑用极坐标来计算.

直角坐标与极坐标变换公式为

$$\begin{cases}x=\rho\cos\theta,\\ y=\rho\sin\theta.\end{cases}$$

对于被积函数 $f(x,\ y)$，利用直角坐标与极坐标的关系，可以变换为

$$f(x,\ y)=f(\rho\cos\theta,\ \rho\sin\theta).$$

现在来求极坐标系中的面积元素 $\mathrm{d}\sigma$. 如前所述，直角坐标系中若用平行于坐标轴的直

线划分积分区域 D，则有 $\mathrm{d}\sigma=\mathrm{d}x\mathrm{d}y$. 在极坐标系中，也可用特殊的曲线划分积分区域 D，以得到 $\mathrm{d}\sigma$ 的表达式.

在极坐标系中，点的极坐标是 (ρ, θ). 当 $\rho=$ 常数时，表示以极点 O 为中心的一组同心圆；当 $\theta=$ 常数时，表示从极点 O 出发的一组射线. 根据极坐标系的这个特点，假设在极坐标系中区域 D 的边界曲线与从极点 O 出发且穿过 D 的内部的射线相交不多于两点，用 $\rho=$ 常数和 $\theta=$ 常数来分割区域 D，设 $\Delta\sigma_i$ 是由半径分别为 ρ_i 和 $\rho_i+\Delta\rho_i$ 的两个圆弧与极角分别等于 θ_i 和 $\theta_i+\Delta\theta_i$ 的两条射线所围成的小区域. 由于阴影部分的内圈的弧长为 $\rho_i\Delta\theta_i$，故这个小区域可近似地看作是边长分别为 $\Delta\rho_i$ 和 $\rho_i\Delta\theta_i$ 的小矩形，所以，它的面积为 $\Delta\sigma_i\approx\rho_i\Delta\rho_i\Delta\theta_i$，如图 7-12 所示. 因此，极坐标系中的面积元素 $\mathrm{d}\sigma=\rho\mathrm{d}\rho\mathrm{d}\theta$. 于是得到二重积分在极坐标系中的表达式为

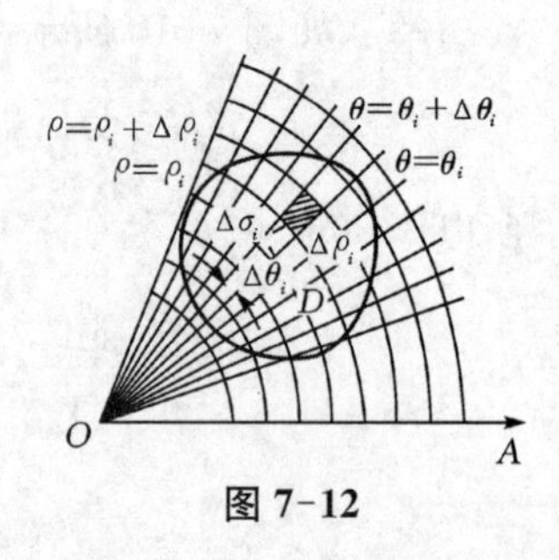

图 7-12

$$\iint_D f(x, y)\mathrm{d}\sigma=\iint_D f(\rho\cos\theta, \rho\sin\theta)\rho\mathrm{d}\rho\mathrm{d}\theta. \tag{7.4}$$

式(7.4)就是二重积分的变量**从直角坐标变换为极坐标的变换公式**.

下面来说明如何把极坐标系中的二重积分化为二次积分来计算.

(1) 极点 O 在区域 D 之外(图 7-13)，此时区域

$$D=\{(\rho, \theta)\mid\varphi_1(\theta)\leqslant\rho\leqslant\varphi_2(\theta), \alpha\leqslant\theta\leqslant\beta\},$$

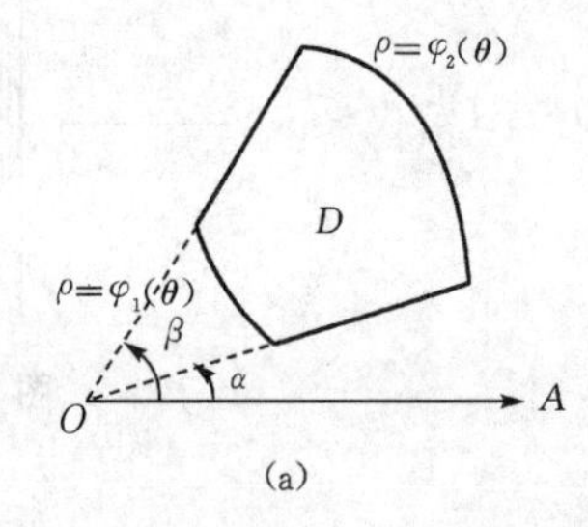

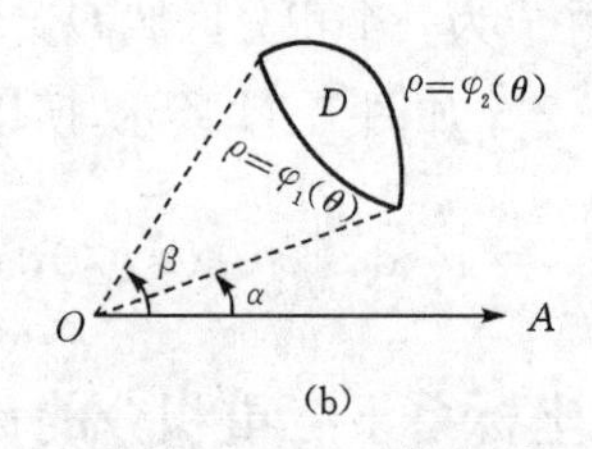

图 7-13

于是得到

$$\iint_D f(\rho\cos\theta, \rho\sin\theta)\rho\mathrm{d}\rho\mathrm{d}\theta=\int_\alpha^\beta\mathrm{d}\theta\int_{\varphi_1(\theta)}^{\varphi_2(\theta)}f(\rho\cos\theta, \rho\sin\theta)\rho\mathrm{d}\rho. \tag{7.5}$$

式(7.5)右端称为**先对 $\boldsymbol{\rho}$ 后对 $\boldsymbol{\theta}$ 的二次积分**.

(2) 极点 O 在区域 D 的边界上(图 7-14)，此时区域

$$D=\{(\rho, \theta)\mid 0\leqslant\rho\leqslant\varphi(\theta), \alpha\leqslant\theta\leqslant\beta\},$$

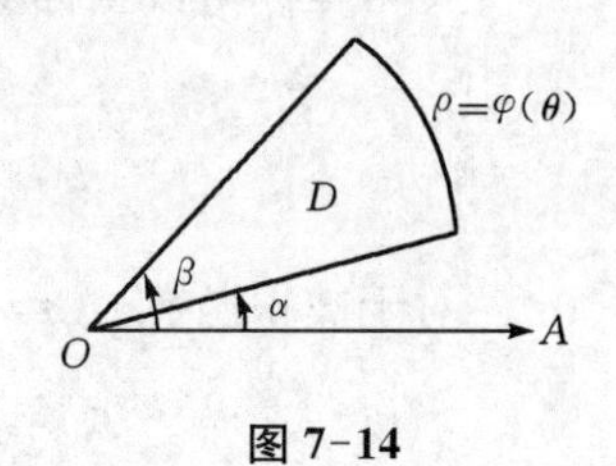

图 7-14

于是得到

$$\iint_D f(\rho\cos\theta, \rho\sin\theta)\rho\mathrm{d}\rho\mathrm{d}\theta=\int_\alpha^\beta\mathrm{d}\theta\int_0^{\varphi(\theta)}f(\rho\cos\theta, \rho\sin\theta)\rho\mathrm{d}\rho.$$

(2) 极点O在区域D之内(图7-15),此时区域

$$D=\{(\rho,\theta)\mid 0\leqslant\rho\leqslant\varphi(\theta),\ 0\leqslant\theta\leqslant 2\pi\},$$

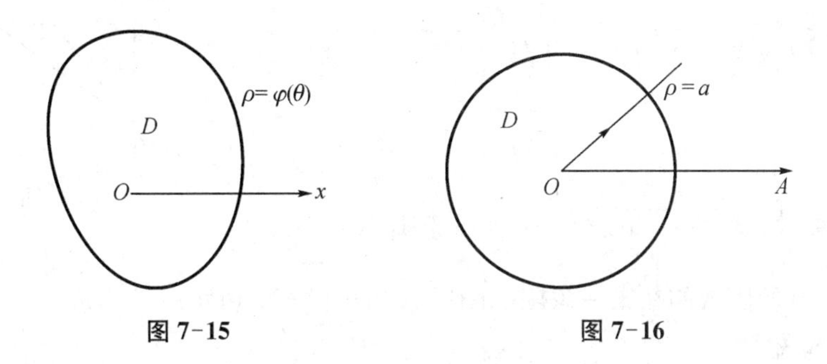

图7-15　　图7-16

于是得到

$$\iint\limits_D f(\rho\cos\theta,\ \rho\sin\theta)\rho\mathrm{d}\rho\mathrm{d}\theta=\int_0^{2\pi}\mathrm{d}\theta\int_0^{\varphi(\theta)}f(\rho\cos\theta,\ \rho\sin\theta)\rho\mathrm{d}\rho.$$

例1　计算$\iint\limits_D \mathrm{e}^{-x^2-y^2}\mathrm{d}x\mathrm{d}y$,其中$D$: $x^2+y^2\leqslant a^2$,如图7-16所示.

解　$D=\{(\rho,\theta)\mid 0\leqslant\rho\leqslant a,\ 0\leqslant\theta\leqslant 2\pi\}$,于是

$$\iint\limits_D \mathrm{e}^{-x^2-y^2}\mathrm{d}x\mathrm{d}y=\iint\limits_D \mathrm{e}^{-\rho^2}\rho\mathrm{d}\rho\mathrm{d}\theta=\int_0^{2\pi}\left(\int_0^a \mathrm{e}^{-\rho^2}\rho\mathrm{d}\rho\right)\mathrm{d}\theta$$
$$=\int_0^{2\pi}\left[-\frac{1}{2}\mathrm{e}^{-\rho^2}\right]_0^a\mathrm{d}\theta=\pi(1-\mathrm{e}^{-a^2}).$$

注　此题利用直角坐标计算不出来.

例2　计算$\iint\limits_D \sin\sqrt{x^2+y^2}\,\mathrm{d}x\mathrm{d}y$,其中$D$是圆环域$\frac{\pi^2}{4}\leqslant x^2+y^2\leqslant\pi^2$在第一象限的部分闭区域,如图7-17所示.

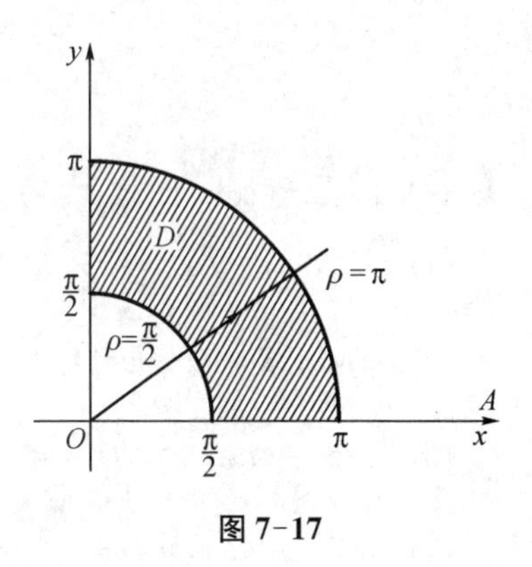

图7-17

解　$D=\left\{(\rho,\theta)\,\middle|\,\frac{\pi}{2}\leqslant\rho\leqslant\pi,\ 0\leqslant\theta\leqslant\frac{\pi}{2}\right\}$,

于是

$$\iint\limits_D \sin\sqrt{x^2+y^2}\,\mathrm{d}x\mathrm{d}y=\iint\limits_D \rho\sin\rho\mathrm{d}\rho\mathrm{d}\theta$$
$$=\int_0^{\frac{\pi}{2}}\left(\int_{\frac{\pi}{2}}^{\pi}\rho\sin\rho\mathrm{d}\rho\right)\mathrm{d}\theta$$
$$=\frac{\pi}{2}(\pi-1).$$

例3　化二次积分$\int_0^2\mathrm{d}x\int_x^{\sqrt{3}x}f(\sqrt{x^2+y^2})\mathrm{d}y$为极坐标系下的二次积分.

解　由题意知,在直角坐标系下有$D=\{(x,y)\mid 0\leqslant x\leqslant 2,\ x\leqslant y\leqslant\sqrt{3}x\}$.

画草图 7-18,将 D 转换为极坐标下有

$$D=\left\{(\rho,\ \theta)\left|\ \frac{\pi}{4}\leqslant\theta\leqslant\frac{\pi}{3},0\leqslant\rho\leqslant\frac{2}{\cos\theta}\right.\right\},$$

所以 $\displaystyle\int_0^2 dx\int_x^{\sqrt{3}x} f(\sqrt{x^2+y^2})dy=\iint_D f(\sqrt{x^2+y^2})dxdy$

$$=\int_{\frac{\pi}{4}}^{\frac{\pi}{3}} d\theta\int_0^{\frac{2}{\cos\theta}} f(\rho)\rho d\rho.$$

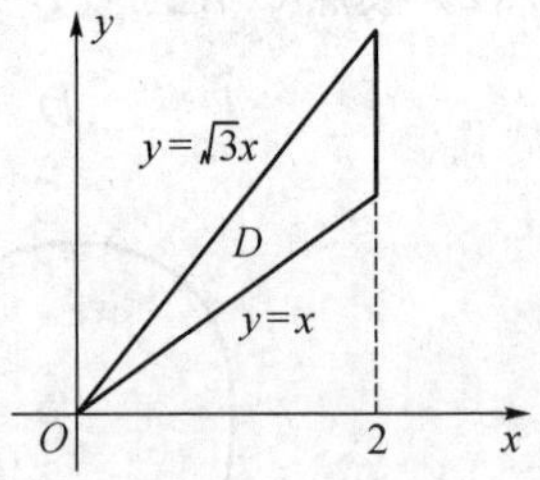

图 7-18

例 4 计算 $\displaystyle\iint_D x\sqrt{x^2+y^2}dxdy$,其中 D 是圆周 $x^2+y^2=2y$ 和直线 $x=0$ 所围成的在第一象限的闭区域,如图 7-19 所示.

解 由题意知

$$D=\left\{(\rho,\ \theta)\left|\ 0\leqslant\rho\leqslant 2\sin\theta,\ 0\leqslant\theta\leqslant\frac{\pi}{2}\right.\right\},$$

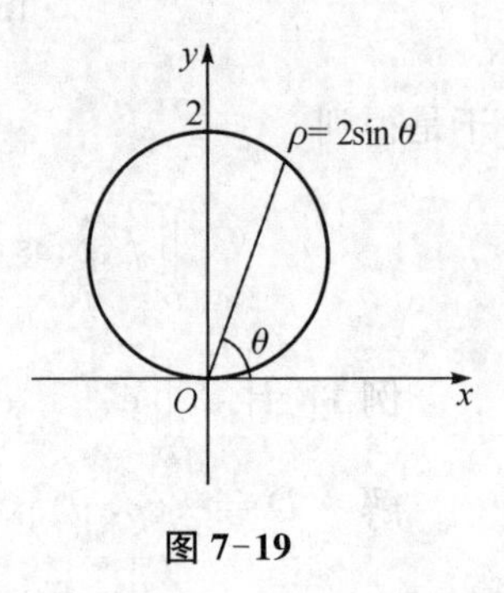

图 7-19

于是

$$\iint_D x\sqrt{x^2+y^2}dxdy=\iint_D \rho\cos\theta\cdot\rho\cdot\rho d\rho d\theta$$

$$=\int_0^{\frac{\pi}{2}}\left(\int_0^{2\sin\theta}\rho^3\cos\theta d\rho\right)d\theta=\frac{4}{5}.$$

注 例 2、例 4 采用直角坐标系计算就比较复杂. 因此,在具体计算二重积分时,选择适当的坐标系是很重要的. 一般来说,当二重积分的积分区域是圆形域、扇形域或环形域等,而当被积函数为 $f(x^2+y^2)$ 的形式时,可考虑采用极坐标计算,它可能会比采用直角坐标计算简便些.

习题 7.2

1. 计算下列二重积分.

(1) $\displaystyle\iint_D e^{x+y}d\sigma$, 其中 $D=\{(x,\ y)\mid 0\leqslant x\leqslant 1,\ 0\leqslant y\leqslant 2\}$;

(2) $\displaystyle\iint_D xyd\sigma$, 其中 D 是由抛物线 $y^2=x$ 及直线 $y=x-2$ 所围成的闭区域;

(3) $\displaystyle\iint_D x(x-y)d\sigma$, 其中 D 是由两坐标轴与直线 $x+y=1$ 围成的闭区域;

(4) $\displaystyle\iint_D x\sqrt{y}dxdy$, 其中 D 由抛物线 $y=\sqrt{x}$, $y=x^2$ 围成;

(5) $\displaystyle\iint_D xy^2dxdy$, 其中 D 由 $0\leqslant x\leqslant\sqrt{4-y^2}$ 确定;

(6) $\displaystyle\iint_D \frac{x^2}{y^2}dxdy$, 其中 D 由 $x=2$, $y=x$, $xy=1$ 围成;

(7) $\displaystyle\iint_D \cos(x+y)dxdy$, 其中 D 由 $y=0$, $y=x$, $x=\pi$ 围成;

(8) $\iint\limits_D y\mathrm{e}^{xy}\mathrm{d}x\mathrm{d}y$，其中 D 由 $xy=1$ 及直线 $x=2$，$y=1$ 围成；

(9) $\iint\limits_D (|x|+y)\mathrm{d}x\mathrm{d}y$，其中 D 由 $|x|+|y|\leqslant 1$ 确定.

2. 画出下列二次积分的积分区域，并改变其积分次序.

(1) $\int_0^1 \mathrm{d}x\int_x^{2-x} f(x, y)\mathrm{d}y$；　　(2) $\int_0^1 \mathrm{d}y\int_0^y f(x, y)\mathrm{d}x$；

(3) $\int_1^2 \mathrm{d}y\int_{2-y}^{\sqrt{2y-y^2}} f(x, y)\mathrm{d}x$；　　(4) $\int_0^1 \mathrm{d}y\int_0^{2y} f(x, y)\mathrm{d}x+\int_1^3 \mathrm{d}y\int_0^{3-y} f(x, y)\mathrm{d}x$.

3. 利用极坐标计算下列积分.

(1) $\iint\limits_D \mathrm{e}^{x^2+y^2}\mathrm{d}\sigma$，其中 D 由 $x^2+y^2\leqslant 4$ 确定；

(2) $\iint\limits_D \sqrt{x^2+y^2}\mathrm{d}\sigma$，其中 D 由 $1\leqslant x^2+y^2\leqslant 4$ 确定；

(3) $\iint\limits_D \arctan\dfrac{y}{x}\mathrm{d}\sigma$，其中 D 由 $1\leqslant x^2+y^2\leqslant 4$，$0\leqslant y\leqslant x$ 确定；

(4) $\iint\limits_D \ln(1+x^2+y^2)\mathrm{d}\sigma$，其中 D 由 $x^2+y^2=1$ 及坐标轴围成的区域在第一象限的部分.

本章应用拓展——重积分模型

例题模型(飓风的能量有多大)

在一个简化的飓风模型中，假定速度只取单纯的圆周方向，其大小为 $v(r, z)=\Omega r\mathrm{e}^{-\frac{z}{h}-\frac{r}{a}}$，其中 r，z 是柱坐标的两个坐标变量，Ω，h，a 为常量. 以海平面飓风中心处作为坐标原点，如果大气密度 $\rho(z)=\rho_0\mathrm{e}^{-\frac{z}{h}}$，求运动的全部动能. 并问在哪一位置速度具有最大值？

解 先求动能 E.

因为 $E=\dfrac{1}{2}mv^2$，$\mathrm{d}E=\dfrac{v^2}{2}\cdot\Delta m=\dfrac{v^2}{2}\cdot\rho\cdot\mathrm{d}V$，所以

$$E=\frac{1}{2}\iiint\limits_V v^2\rho\mathrm{d}V.$$

因为飓风活动空间很大，所以在选用柱坐标计算中，z 由零趋于无穷大，所以

$$E=\frac{1}{2}\rho_0\Omega^2\int_0^{2\pi}\mathrm{d}\theta\int_0^{+\infty} r^2\mathrm{e}^{-\frac{2r}{a}}r\mathrm{d}r\int_0^{+\infty}\mathrm{e}^{-\frac{3z}{h}}\mathrm{d}z,$$

其中 $\int_0^{+\infty} r^3\mathrm{e}^{-\frac{2r}{a}}\mathrm{d}r$，用分部积分法算得 $\dfrac{3}{8}a^4$，$\int_0^{+\infty}\mathrm{e}^{-\frac{3z}{h}}\mathrm{d}z=-\dfrac{h}{3}\cdot\mathrm{e}^{-\frac{3z}{h}}\Big|_0^{+\infty}=\dfrac{h}{3}$，最后有

$$E=\frac{h\rho_0\pi}{8}\Omega^2 a^4.$$

下面计算何处速度最大.

由于$v(r, z)=\Omega r\mathrm{e}^{-\frac{z}{h}-\frac{r}{a}}$，所以

$$\frac{\partial v}{\partial z}=\Omega r\left(-\frac{1}{h}\right)\mathrm{e}^{-\frac{z}{h}-\frac{r}{a}}=0,\quad \frac{\partial v}{\partial r}=\Omega\left[\mathrm{e}^{-\frac{z}{h}-\frac{r}{a}}+r\cdot\left(-\frac{1}{a}\right)\cdot\mathrm{e}^{-\frac{z}{h}-\frac{r}{a}}\right]=0.$$

由第一式得$r=0$. 显然，当$r=0$时，$v=0$，不是最大值(实际上是最小值)，舍去. 由第二式解得$r=a$. 此时$v(a, z)=\Omega a\mathrm{e}^{-1}\mathrm{e}^{-\frac{z}{h}}$，它是$z$的单调下降函数. 故$r=a$，$z=0$处速度最大，也即海平面上风眼边缘处速度最大.

总习题 7

1. 填空题.

(1) 比较大小$\iint\limits_{D}\ln(x+y)\mathrm{d}\sigma$ ________ $\iint\limits_{D}[\ln(x+y)]^2\mathrm{d}\sigma$，其中积分区域$D$是三角形区域，三顶点分别为(1, 0)，(1, 1)，(2, 0).

(2) 由二重积分的几何意义得到$\iint\limits_{x^2+y^2\leqslant 1}\mathrm{d}\sigma=$ ________.

(3) $\int_0^1\mathrm{d}y\int_0^{2y}y\mathrm{d}x=$ ________.

(4) $D=\{(x, y)\mid 0\leqslant x\leqslant 2, x\leqslant y\leqslant 2\}$，则$\iint\limits_{D}\mathrm{e}^{-y^2}\mathrm{d}x\mathrm{d}y=$ ________.

(5) 将二重积分$\iint\limits_{D}f(x, y)\mathrm{d}x\mathrm{d}y$，其中$D$是由$x$轴与$y=\ln x$，$x=e$围成的闭区域，则化为先$y$后$x$的积分为________，化为先$x$后$y$的积分为________.

(6) 二重积分$\iint\limits_{D}f(x, y)\mathrm{d}x\mathrm{d}y$，，其中$D$是由$x$轴与$y=x^2$，$y=\sqrt{2-x^2}$围成的闭区域，则化为先$y$后$x$的积分为________，化为先$x$后$y$的积分为________.

(7) 设D为由$x^2+y^2\leqslant ax\ (a>0)$，$y\geqslant 0$围成的闭区域，则$\iint\limits_{D}x^2\mathrm{d}x\mathrm{d}y$化为极坐标下的二次积分的表达式为________.

(8) 设$D=\{(x, y)\mid a^2\leqslant x^2+y^2\leqslant b^2, 0<a<b\}$，将二重积分$\iint\limits_{D}f(x, y)\mathrm{d}x\mathrm{d}y$化为极坐标形式的累次积分为________.

2. 选择题.

(1) 设$I_1=\iint\limits_{x^2+y^2\leqslant 1}|xy|\mathrm{d}x\mathrm{d}y$，$I_2=\iint\limits_{|x|+|y|\leqslant 1}|xy|\mathrm{d}x\mathrm{d}y$，$I_3=\iint\limits_{|x|+|y|\leqslant 1}|xy|^2\mathrm{d}x\mathrm{d}y$，则(　　).

A. $I_1<I_2<I_3$　　B. $I_1<I_3<I_2$

C. $I_2<I_1<I_3$　　D. $I_3<I_2<I_1$

(2) 设D：$x^2+y^2\leqslant 4$在第一象限部分，则由估值不等式得$\iint\limits_{D}(4x^2+4y^2+1)\mathrm{d}x\mathrm{d}y$在(　　)之间.

A. 1, 17　　B. 0, 16　　C. 0, 16π　　D. π, 17π

(3) 设区域D是$x^2+y^2\leqslant 1$在第一，四象限部分，$f(x, y)$在D上连续，则二重积分$\iint\limits_{D}f(x, y)\mathrm{d}x\mathrm{d}y=$

(　　).

A. $\int_0^1 dx\int_{-1}^1 f(x, y)dy$　　B. $\int_{-1}^1 dy\int_0^{\sqrt{1-y^2}} f(x, y)dx$

C. $2\int_0^1 dx\int_0^{\sqrt{1-x^2}} f(x, y)dy$　　D. $\int_{-\frac{\pi}{2}}^{\frac{\pi}{2}} d\theta\int_0^1 f(\theta, r)rdr$

(4) 设 $D=\left\{(x, y)\mid x^2+y^2\leqslant 1, x\geqslant -\frac{1}{2}\right\}$，则 $\iint\limits_D (x^2+y^2)d\sigma=$(　　).

A. $\int_{-\frac{1}{2}}^1 dx\int_{-\sqrt{1-x^2}}^{\sqrt{1-x^2}} (x^2+y^2)dy$　　B. $\int_{-\sqrt{1-x^2}}^{\sqrt{1-x^2}} dy\int_{-\frac{1}{2}}^1 (x^2+y^2)dx$

C. $\int_{-\frac{1}{2}}^1 dx\int_{-\frac{1}{2}}^{\sqrt{1-x^2}} (x^2+y^2)dy$　　D. $\int_{-\frac{1}{2}}^1 dx\int_{-\frac{1}{2}}^1 (x^2+y^2)dy$

(5) 在极坐标系下的二次积分 $\int_{-\frac{\pi}{2}}^{\frac{\pi}{2}} d\theta\int_0^{\cos\theta} f(r\cos\theta, r\sin\theta)rdr$ 在直角坐标系下可写成(　　).

A. $2\int_0^1 dx\int_0^{\sqrt{1-x^2}} f(x, y)dy$　　B. $2\int_0^1 dx\int_0^{\sqrt{x-x^2}} f(x, y)dy$

C. $\int_0^1 dx\int_{-\sqrt{x-x^2}}^{\sqrt{x-x^2}} f(x, y)dy$　　D. $4\int_0^1 dx\int_0^{\sqrt{1-x^2}} f(x, y)dy$

(6) 设是 xOy 平面上以 (1, 1)，(−1, 1) 和 (0, 0) 为顶点的三角形域，D_1 是 D 在第一象限的部分，则 $\iint\limits_D (xy+\cos x\sin y)dxdy$ 等于(　　).

A. $2\iint\limits_{D_1}\cos x\sin y dxdy$　　B. $2\iint\limits_{D_1} xydxdy$

C. $4\iint\limits_{D_1}(xy+\cos x\sin y)dxdy$　　D. 0

3. 选择适当的坐标系，计算二重积分.

(1) $\iint\limits_D e^{x+y}d\sigma$，其中 D 是由 $|x|+|y|\leqslant 1$ 所确定的区域；

(2) $\iint\limits_D e^{-y^2}d\sigma$，其中 D 是由 $y=x$，$y=1$ 和 y 轴所围区域；

(3) $\iint\limits_D xyd\sigma$，其中 D 是由曲线 $xy=1$，$x+y=\frac{5}{2}$ 所围区域；

(4) $\iint\limits_D \frac{x+y}{x^2+y^2}d\sigma$，其中 D 是由曲线 $x^2+y^2\leqslant 1$，$x+y\geqslant 1$ 所围区域；

(5) $\iint\limits_D \sqrt{\frac{1-x^2-y^2}{1+x^2+y^2}}dxdy$，其中 D 是由曲线 $x^2+y^2\leqslant 1$ 及坐标轴所围成的在第一象限的区域.

4. 交换下列二次积分的积分次序.

(1) $\int_0^2 dx\int_x^{2x} f(x, y)dy$；

(2) $\int_{-2}^1 dx\int_0^{x+2} f(x, y)dy$；

(3) $\int_0^1 dy\int_0^y f(x, y)dx+\int_1^2 dy\int_0^{2-y} f(x, y)dx$.

5. 证明：$\int_0^a dy\int_0^y f(x)dx=\int_0^a (a-x)f(x)dx$.

第 8 章

微分方程

由牛顿和莱布尼茨所创立的微积分，是人类科学史上划时代的重大发现. 而微积分的产生和发展，与人们求解微分方程的需要有密切关系. 所谓**微分方程**，就是联系着自变量、未知函数以及未知函数的导数或微分的方程. 物理学、化学、生物学、工程技术和某些社会科学中的大量问题一旦加以精确的数学描述，往往会出现微分方程. 一个实际问题只要转化为微分方程，那么问题的解决就有赖于对微分方程的研究，在数学本身的一些分支中，微分方程也是经常用到的重要工具之一. 本章主要介绍微分方程的一些基本概念和几种常用的微分方程的解法.

8.1　微分方程的基本概念

例 1　一曲线通过点 $(1, 2)$，且在该曲线上任意一点 $M(x, y)$ 处的切线斜率为 $2x$，求该曲线的方程.

分析　回忆一元函数导数的几何意义，设所求曲线方程为 $y = f(x)$，则 $\frac{\mathrm{d}y}{\mathrm{d}x} = 2x$，问题变为：已知函数 $y = f(x)$ 的导函数 $2x$，求 $2x$ 的原函数. 用不定积分即可完成任务，利用 $y\Big|_{x=1} = 2$ 这个条件可将任意常数 C 确定.

解　设所求曲线方程为 $y = f(x)$，由导数的几何意义可知

$$\frac{\mathrm{d}y}{\mathrm{d}x} = 2x. \tag{8.1}$$

此外，未知函数还满足

$$当\ x = 1\ 时，\quad y = 2. \tag{8.2}$$

对式(8.1)的两端积分，得

$$y=\int 2x\mathrm{d}x, \tag{8.3}$$

即
$$y=x^2+C, \tag{8.4}$$

其中 C 为任意常数. 将式(8.2)代入式(8.4),得

$$2=1^2+C, \quad 则 \quad C=1,$$

即得所求曲线方程为

$$y=x^2+1. \tag{8.5}$$

上述例子中,式(8.1)含有未知函数的导数,它就是微分方程.

定义 1 含有未知函数的导数或微分的方程,称为**微分方程**.

定义 2 未知函数是一元函数的微分方程,称为**常微分方程**.

例如, $y'=\dfrac{y}{x^2}+\mathrm{e}^x$, $x\mathrm{d}x+y^3\mathrm{d}y=0$.

定义 3 未知函数是多元函数的微分方程称为**偏微分方程**.

例如, $\dfrac{\partial u}{\partial x}=3x+2y$, $\dfrac{\partial^2 u}{\partial x^2}+\dfrac{\partial^2 u}{\partial y^2}=1$.

本章中只讨论常微分方程.

定义 4 微分方程中所含未知函数的导数或微分的最高阶数,称为**微分方程的阶**.

例如, $xy'''+2y''+x^4y=0$ 是三阶常微分方程.

定义 5 未知函数及其各阶导数都是一次幂的微分方程,称为**线性微分方程**.

例如, $y'+xy=\sin x$, $2y''-y'+2y=x$ 都是线性微分方程,但 $(y'')^2+2xy=\sin x$, $yy'+y^2=x$ 都不是线性微分方程.

定义 6 使微分方程成为恒等式的函数称为该微分方程的**解**.

例如,式(8.4)和式(8.5)都是微分方程(8.1)的解.

如果微分方程的解中含有相互独立的任意常数,且任意常数的个数与微分方程的阶数相等,称这样的解为微分方程的**通解(一般解)**. 例如,式(8.4)是微分方程(8.1)的通解.

如果微分方程的解中不含有任意常数,称这样的解为微分方程的**特解**. 例如,式(8.5)是微分方程(8.1)的特解.

再如, $y=\dfrac{1}{2}x^2+C$ 是方程 $y'=x$ 的通解,而 $y=\dfrac{1}{2}x^2+2$ 是该方程的一个特解. $x^2+y^2=C$ 是方程 $x\mathrm{d}x+y\mathrm{d}y=0$ 的通解,其中 C 为任意常数.

注 相互独立的任意常数,是指它们不能通过合并而使得通解中的任意常数的个数减少. 例如,函数 $y=C_1\mathrm{e}^x+3C_2\mathrm{e}^x$ 是方程 $y''-3y'+2y=0$ 的解,但不是通解,因为 C_1, C_2 不是独立的两个任意常数,该函数可表示为 $y=(C_1+3C_2)\mathrm{e}^x$, 这种可以合并的任意常数只能算是一个独立的任意常数.

定义 7 用未知函数及其各阶导数在某个特定点的值作为确定通解中的任意常数的条件,称为**初始条件**. 求微分方程满足初始条件的特解问题,称为**初值问题**.

一般地,一阶微分方程的初始条件为 $y\mid_{x=x_0}=y_0$,二阶微分方程的初始条件为 $y\mid_{x=x_0}=y_0$, $y'\mid_{x=x_0}=y_1$,其中 x_0, y_0, y_1 都是已知常数.

例 2 验证函数 $y=C_1\mathrm{e}^x+C_2\mathrm{e}^{-x}$ 是微分方程 $y''-y=0$ 的通解(其中 C_1, C_2 为任意常数),并求满足初始条件 $y\mid_{x=0}=3$, $y'\mid_{x=0}=1$ 的特解.

解 由 $y=C_1\mathrm{e}^x+C_2\mathrm{e}^{-x}$,得 $y'=C_1\mathrm{e}^x-C_2\mathrm{e}^{-x}$, $y''=C_1\mathrm{e}^x+C_2\mathrm{e}^{-x}$,
将 y'', y 代入微分方程,得 $(C_1\mathrm{e}^x+C_2\mathrm{e}^{-x})-(C_1\mathrm{e}^x+C_2\mathrm{e}^{-x})=0$,
所以,函数 $y=C_1\mathrm{e}^x+C_2\mathrm{e}^{-x}$ 是微分方程的解,又解中含有两个任意常数,与微分方程的阶数相同,故函数 $y=C_1\mathrm{e}^x+C_2\mathrm{e}^{-x}$ 是微分方程的通解.

将初始条件 $y\Big|_{x=0}=3$, $y'\Big|_{x=0}=1$ 分别代入 $y=C_1\mathrm{e}^x+C_2\mathrm{e}^{-x}$, $y'=C_1\mathrm{e}^x-C_2\mathrm{e}^{-x}$,

得
$$\begin{cases}C_1+C_2=3,\\C_1-C_2=1,\end{cases}$$

解得
$$C_1=2,\quad C_2=1.$$

所以,该初始条件下的特解为 $y=2\mathrm{e}^x+\mathrm{e}^{-x}$.

例 3 设某种商品生产 x 单位时的边际成本为 $0.2x+5$ (元/单位),固定成本为 100 元,求总成本函数.

解 设总成本函数为 $y(x)$,由题意得 $\dfrac{\mathrm{d}y}{\mathrm{d}x}=0.2x+5$,
则通解 $y=0.1x^2+5x+C$,其中 C 为任意常数.

因为固定成本为 100 元,即 $y(0)=100$,代入上面通解中,得 $C=100$,
此时总成本函数为 $y=0.1x^2+5x+100$.

习题 8.1

1. 指出下列微分方程的阶数.

(1) $x(y')^2-2yy'+xy=0$;

(2) $(4x-5y)\mathrm{d}x+(3x+y)\mathrm{d}y=0$;

(3) $xy'''+3y''+2y=0$;

(4) $\dfrac{\mathrm{d}^2y}{\mathrm{d}x^2}+\left(\dfrac{\mathrm{d}y}{\mathrm{d}x}\right)^4+2y=0$.

2. 验证下列各题中的函数是否为所给微分方程的解.

(1) $xy'-y\ln y=0$, $y=\mathrm{e}^{2x}$;

(2) $y''+y=0$, $y=\sin 2x$;

(3) $y''-2y'-3y=0$, $y=C_1\mathrm{e}^{-x}+C_2\mathrm{e}^{3x}$.

3. 验证函数 $y=C_1x+C_2\mathrm{e}^x$ 是微分方程 $(1-x)y''+xy'-y=0$ 的通解,并求满足初始条件: $y\Big|_{x=0}=-1$, $y'\Big|_{x=0}=1$ 的特解.

8.2　可分离变量微分方程及齐次微分方程

8.2.1　可分离变量的微分方程

定义 1　若一阶微分方程经过恒等变形后能够化为形如

$$g(y)\mathrm{d}y = f(x)\mathrm{d}x \tag{8.6}$$

的方程,则称该一阶微分方程为**可分离变量的微分方程**.

求解可分离变量的方程的方法称为**分离变量法**,步骤如下:

(1) 分离变量: $g(y)\mathrm{d}y = f(x)\mathrm{d}x$;

(2) 两边积分: $\int g(y)\mathrm{d}y = \int f(x)\mathrm{d}x$;

(3) 积得通解: $G(y) = F(x)+C$, 其中, $G(y)$ 和 $F(x)$ 分别为 $g(y)$ 和 $f(x)$ 的原函数, C 为任意常数.

今后为了计算方便,我们约定: $\int \frac{1}{x}\mathrm{d}x = \ln x + C$, 即只考虑了 $x>0$ 的情况. 对 $x<0$, 可通过最后通解中的 C 的符号来处理.

例 1　求下列微分方程的通解.

(1) $\frac{\mathrm{d}y}{\mathrm{d}x} = \mathrm{e}^{2x-y}$;　　　　(2) $x\mathrm{d}y - y\ln y\mathrm{d}x = 0$.

解　(1)方程是可分离变量的,分离变量得 $\mathrm{e}^y\mathrm{d}y = \mathrm{e}^{2x}\mathrm{d}x$,

两边积分,得
$$\int \mathrm{e}^y\mathrm{d}y = \int \mathrm{e}^{2x}\mathrm{d}x,$$

求积分,得
$$\mathrm{e}^y = \frac{1}{2}\mathrm{e}^{2x} + C.$$

故原方程的通解为 $\mathrm{e}^y = \frac{1}{2}\mathrm{e}^{2x} + C$　(C 为任意常数).

(2) 分离变量得 $\frac{1}{y\ln y}\mathrm{d}y = \frac{1}{x}\mathrm{d}x$,

两边积分,得
$$\int \frac{1}{y\ln y}\mathrm{d}y = \int \frac{1}{x}\mathrm{d}x,$$

求积分,得
$$\ln\ln y = \ln x + \ln C,\ 即\ y = \mathrm{e}^{Cx}.$$

故原方程的通解为 $y = \mathrm{e}^{Cx}$(C 为任意常数).

例 2　镭的衰变速度与它的现存量成正比,经过 1 600 年以后,只余下原始量 R_0 的一半. 试求镭的量 R 与时间 t 的函数关系.

解　镭的现存量为 $R = R(t)$, 依题意得

$$\frac{\mathrm{d}R}{\mathrm{d}t} = kR\quad(k\ 为比例常数),$$

分离变量，两边积分得

$$\frac{\mathrm{d}R}{R}=k\mathrm{d}t,\quad \ln R=kt+C,$$

代入初始条件 $R(0)=R_0$，得 $C=\ln R_0$，

又因为 $R(1\,600)=\frac{R_0}{2}$，故

$$\ln(1\,600)=\ln R_0-\ln 2=1\,600k+\ln R_0,$$

求得

$$k=-\frac{\ln 2}{1\,600}.$$

故镭的量 R 与时间 t 的函数关系为

$$\ln R=-\frac{\ln 2}{1\,600}t+\ln R_0\quad 或\quad R=R_0\mathrm{e}^{-\frac{\ln 2}{1\,600}t}.$$

例 3 某商品的需求量 Q 对价格 P 的弹性为 $-P\ln 4$，已知该商品的最大需求量为 90，求需求量 Q 对价格 P 的函数关系.

解 设需求函数为 $Q=Q(P)$，根据需求量对价格的弹性，

得
$$\frac{P}{Q}\frac{\mathrm{d}Q}{\mathrm{d}P}=-P\ln 4,\ 即\ \frac{\mathrm{d}Q}{Q}=-\ln 4\mathrm{d}P,$$

两边积分，得
$$\ln Q=-P\ln 4+\ln C,\ 则\ Q=C\cdot 4^{-P},$$

又 $Q(0)=90$，所以 $C=90$.

故需求量 Q 对价格 P 的函数关系为 $Q=90\cdot(4^{-P})$.

8.2.2 齐次方程

定义 2 形如

$$\frac{\mathrm{d}y}{\mathrm{d}x}=f\left(\frac{y}{x}\right)\tag{8.7}$$

的一阶微分方程称为**齐次微分方程**，简称**齐次方程**.

求解齐次方程的步骤如下：

(1) 变量代换：令 $u=\frac{y}{x}$ 或 $y=ux$，把 u 看作 x 的函数，求导得 $\frac{\mathrm{d}y}{\mathrm{d}x}=u+x\frac{\mathrm{d}u}{\mathrm{d}x}$，代入原方程，化简得 $u+x\frac{\mathrm{d}u}{\mathrm{d}x}=f(u)$.

(2) 分离变量：$\frac{1}{f(u)-u}\mathrm{d}u=\frac{1}{x}\mathrm{d}x$.

(3) 两边积分：$\int\frac{1}{f(u)-u}\mathrm{d}u=\int\frac{1}{x}\mathrm{d}x$.

(4) 积分回代：积分后，将 $\frac{y}{x}$ 代替 u，得通解.

例 4 求微分方程 $\frac{\mathrm{d}y}{\mathrm{d}x}=2\sqrt{\frac{y}{x}}+\frac{y}{x}\ (x\neq 0)$ 的通解.

解 令 $\frac{y}{x}=u$，则 $y=ux$，$\frac{\mathrm{d}y}{\mathrm{d}x}=u+x\frac{\mathrm{d}u}{\mathrm{d}x}$，代入原方程，化简得

$$u+x\frac{\mathrm{d}u}{\mathrm{d}x}=2\sqrt{u}+u.$$

变量分离后，得
$$\frac{\mathrm{d}u}{2\sqrt{u}}=\frac{\mathrm{d}x}{x},$$

积分后得
$$\sqrt{u}=\ln x+\ln C,$$

把 $u=\frac{y}{x}$ 代入得 $\sqrt{\frac{y}{x}}=\ln Cx$，即 $y=x(\ln Cx)^2$ 为所求方程的通解.

例 5 求方程 $\frac{\mathrm{d}y}{\mathrm{d}x}=\frac{y}{x}+\tan\frac{y}{x}$ 的通解，并求满足初始条件 $y\Big|_{x=1}=\frac{\pi}{2}$ 的特解.

解 令 $u=\frac{y}{x}$，则 $y=ux$，$\frac{\mathrm{d}y}{\mathrm{d}x}=u+x\frac{\mathrm{d}u}{\mathrm{d}x}$，

原方程可变形为
$$u+x\frac{\mathrm{d}u}{\mathrm{d}x}=u+\tan u,$$

即 $x\frac{\mathrm{d}u}{\mathrm{d}x}=\tan u$，分离变量，整理得
$$\frac{\cos u}{\sin u}\mathrm{d}u=\frac{1}{x}\mathrm{d}x,$$

两边积分，得
$$\int\frac{\cos u}{\sin u}\mathrm{d}u=\int\frac{1}{x}\mathrm{d}x,$$

求积分，得通解

$$\ln\sin u=\ln x+\ln C,\quad 即\quad \sin u=Cx,$$

将 $u=\frac{y}{x}$ 代入上式，得原方程的通解 $\sin\frac{y}{x}=Cx$.

由初始条件 $x=1$，$y=\frac{\pi}{2}$，得 $C=1$，

所以，特解为 $\sin\frac{y}{x}=x$.

习题 8.2

1. 求下列微分方程的通解.

(1) $\frac{\mathrm{d}y}{\mathrm{d}x}=e^{x+y}$；

(2) $xy\mathrm{d}x+\sqrt{1-x^2}\mathrm{d}y=0$；

(3) $\sec^2 x\tan y\mathrm{d}x+\sec^2 y\tan x\mathrm{d}y=0$；　　(4) $y'=y\ln x$；

(5) $y^2+x^2\dfrac{\mathrm{d}y}{\mathrm{d}x}=xy\dfrac{\mathrm{d}y}{\mathrm{d}x}$；　　(6) $x\dfrac{\mathrm{d}y}{\mathrm{d}x}=y\ln\dfrac{y}{x}$.

2. 求 $y^2+x^2\dfrac{\mathrm{d}y}{\mathrm{d}x}=xy\dfrac{\mathrm{d}y}{\mathrm{d}x}$ 的通解.

3. 求 $(1+\mathrm{e}^{\frac{x}{y}})\mathrm{d}x+\mathrm{e}^{\frac{x}{y}}\left(1-\dfrac{x}{y}\right)\mathrm{d}y=0$ 通解.

4. 求微分方程满足初始条件的特解.

(1) $\dfrac{\mathrm{d}y}{\mathrm{d}x}=y^2\cos x,\ y\Big|_{x=0}=-1$；

(2) $\cos y\mathrm{d}x+(1+\mathrm{e}^{-x})\sin y\mathrm{d}y=0,\ y\Big|_{x=0}=\dfrac{\pi}{4}$.

5. 已知生产某种产品的总成本 C 由可变成本与固定成本两部分构成，假设可变成本 y 是产量 x 的函数，且 y 关于 x 的变化率等于 $\dfrac{x^2+y^2}{2xy}$，固定成本为 10，且当 $x=1$ 时 $y=3$，求总成本函数 $C=C(x)$.

8.3 一阶线性微分方程

定义 1 形如

$$\frac{\mathrm{d}y}{\mathrm{d}x}+P(x)y=Q(x) \tag{8.8}$$

的方程称为**一阶线性微分方程**，其中，函数 $P(x)$，$Q(x)$ 是某一区间 I 上已知的连续函数.

当 $Q(x)\equiv 0$，方程(8.8)成为

$$\frac{\mathrm{d}y}{\mathrm{d}x}+P(x)y=0, \tag{8.9}$$

称方程(8.9)为**齐次线性微分方程**.

当 $Q(x)\neq 0$，方程(8.8)称为**非齐次线性微分方程**.

8.3.1 一阶齐次线性微分方程的求解

将方程(8.9)分离变量，得　$\dfrac{1}{y}\mathrm{d}y=-P(x)\mathrm{d}x$，

两边积分，得　$\ln y=-\int P(x)\mathrm{d}x+\ln C$，

即得通解

$$y=C\mathrm{e}^{-\int P(x)\mathrm{d}x}\quad (C\text{ 为任意常数}). \tag{8.10}$$

例 1 求方程 $\mathrm{d}y=2y\cos x\mathrm{d}x$ 的通解.

解 将原方程化为　$\dfrac{\mathrm{d}y}{\mathrm{d}x}-(2\cos x)y=0$，

这是一阶齐次线性微分方程，其中 $P(x)=-2\cos x$，

由式(8.10),得通解为 $y = Ce^{-\int P(x)\mathrm{d}x} = Ce^{-\int -2\cos x\mathrm{d}x} = Ce^{2\sin x}$.

8.3.2 一阶非齐次线性微分方程的求解

为了求得一阶非齐次线性微分方程(8.8)的通解,常采用**常数变易法**,即求出对应齐次方程(8.9)的通解(8.10)后,将通解中的常数 C 变为待定函数 $C(x)$,并设微分方程(8.8)的通解为

$$y = C(x)e^{-\int P(x)\mathrm{d}x},$$

将其两边对 x 求导,得 $\dfrac{\mathrm{d}y}{\mathrm{d}x} = C'(x)e^{-\int P(x)\mathrm{d}x} - C(x)P(x)e^{-\int P(x)\mathrm{d}x}$,

将 y 和 $\dfrac{\mathrm{d}y}{\mathrm{d}x}$ 代入微分方程(8.8),得 $C'(x) = Q(x)e^{\int P(x)\mathrm{d}x}$,

两边积分,得 $C(x) = \int Q(x)e^{\int P(x)\mathrm{d}x}\mathrm{d}x + C.$

故一阶非齐次线性微分方程(8.8)的通解为

$$y = e^{-\int P(x)\mathrm{d}x}\left[\int Q(x)e^{\int P(x)\mathrm{d}x}\mathrm{d}x + C\right] \tag{8.11}$$

或

$$y = Ce^{-\int P(x)\mathrm{d}x} + e^{-\int P(x)\mathrm{d}x}\int Q(x)e^{\int P(x)\mathrm{d}x}\mathrm{d}x. \tag{8.12}$$

式(8.12)中等号右边的第一项是对应齐次方程(8.9)的通解,第二项是非齐次线性微分方程(8.8)的一个特解.

例2 求方程 $y' + y = e^x$ 的通解.

解 $P(x) = 1$, $Q(x) = e^x$,由一阶非齐次线性微分方程的通解公式(8.11),得

$$y = e^{-\int 1\mathrm{d}x}\left(\int e^x \cdot e^{\int 1\mathrm{d}x}\mathrm{d}x + C\right) = e^{-x}\left(\int e^{2x}\mathrm{d}x + C\right) = \frac{1}{2}e^x + Ce^{-x}.$$

例3 求方程 $xy' = y + x\ln x$ 的通解.

解 原方程化为 $\dfrac{\mathrm{d}y}{\mathrm{d}x} - \dfrac{1}{x}y = \ln x$,故 $P(x) = -\dfrac{1}{x}$, $Q(x) = \ln x$,

由公式(8.11)得

$$\begin{aligned} y &= e^{-\int\left(-\frac{1}{x}\right)\mathrm{d}x}\left[\int (\ln x)e^{\int\left(-\frac{1}{x}\right)\mathrm{d}x}\mathrm{d}x + C\right] \\ &= x\left[\int \ln x\mathrm{d}(\ln x) + C\right] = \frac{x}{2}(\ln x)^2 + Cx. \end{aligned}$$

例4 求微分方程 $y'\cos x - y\sin x = 1$ 满足初始条件 $y(0) = 0$ 的特解.

解 原方程可化为 $y' - y\tan x = \sec x$,故 $P(x) = -\tan x$, $Q(x) = \sec x$,由公式(8.11)得

$$y = e^{-\int -\tan x dx}\left(\int \sec x e^{\int -\tan x dx} dx + C\right) = e^{-\ln\cos x}\left(\int \sec x e^{\ln\cos x} dx + C\right)$$
$$= \frac{1}{\cos x}\left(\int \sec x \cos x dx + C\right) = \frac{1}{\cos x}(x + C).$$

由 $y(0)=0$，得 $C=0$，于是所求微分方程满足初始条件的特解为

$$y = \frac{x}{\cos x} = x\sec x.$$

例 5(运动方程) 降落伞张开后下降，设开始时 $(t=0)$ 速度为 0，已知空气阻力与其当时的速度成正比，比例系数为 $k>0$. 求降落伞下落时的速度 v 与下落时间 t 的函数关系.

解 如图 8-1 所示，由牛顿第二定律

$$f = ma,$$

其中，f 是物体所受到的外力，m 是物体的质量，a 为物体的加速度. 又 $a=\frac{dv}{dt}$，外力有两个：一个是重力 mg，另一个为阻力 kv. 代入 $f=ma$，得

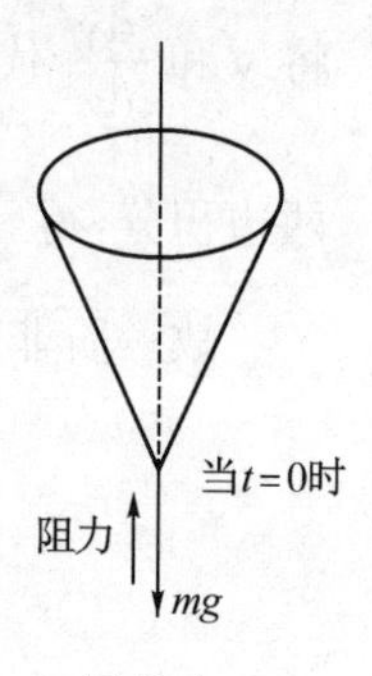

图 8-1

$$m\frac{dv}{dt} = mg - kv,$$

其中 kv 前的负号是因为阻力方向与速度方向相反，化简为

$$v' + \frac{k}{m}v = g.$$

由初始条件 $v(0)=0$，即求解初值问题

$$\begin{cases} v' + \frac{k}{m}v = g, \\ v(0) = 0. \end{cases}$$

由式(8.11)知

$$v = e^{-\int \frac{k}{m} dt}\left(\int g e^{\int \frac{k}{m} dt} dt + C\right) = e^{-\frac{k}{m}t}\left(\int g e^{\frac{k}{m}t} dt + C\right)$$
$$= e^{-\frac{k}{m}t}\left(\frac{mg}{k}e^{\frac{k}{m}t} + C\right) = \frac{mg}{k} + Ce^{-\frac{k}{m}t}.$$

将 $v(0)=0$ 代入上式，得 $C=-\frac{mg}{k}$. 故初值问题的解为

$$v = \frac{mg}{k} - \frac{mg}{k}e^{-\frac{k}{m}t} = \frac{mg}{k}(1 - e^{-\frac{k}{m}t}).$$

习题8.3

1. 求下列微分方程的通解.

(1) $\dfrac{dy}{dx}+y=e^{-x}$；　　(2) $xy'+y=\sin x$；

(3) $\dfrac{dy}{dx}=\dfrac{y}{x+y^4}$；　　(4) $xy'+y=x^3y^6$.

2. 求下列微分方程的初值问题.

(1) $\cos y\,dx+(1+e^{-x})\sin y\,dy=0$, $y\Big|_{x=0}=\dfrac{\pi}{4}$；

(2) $(x+1)y'-y=(x+1)^2e^x$, $y\Big|_{x=0}=1$；

(3) $y\,dx+(y-x)dy=0$, $y\Big|_{x=0}=1$.

3. 求微分方程 $xy'+y=2\sqrt{xy}$ 的通解.

4. 求微分方程 $\dfrac{dy}{dx}=\dfrac{y}{2(\ln y-x)}$ 的通解.

5. 求微分方程 $y\dfrac{dy}{dx}=y^2-2x$ 的通解.

6. 已知函数 $y(x)$ 满足方程 $y=e^x+\int_0^x y(t)dt$, 求 $y(x)$.

8.4 二阶常系数线性微分方程

定义1 形如

$$y''+py'+qy=f(x) \tag{8.13}$$

的方程,称为**二阶常系数线性微分方程.**

如果 $f(x)=0$, 方程(8.13)变为

$$y''+py'+qy=0, \tag{8.14}$$

称为**二阶常系数齐次线性微分方程.**

如果 $f(x)\neq 0$, 方程(8.13)称为**二阶常系数非齐次线性微分方程.**

8.4.1 二阶常系数线性微分方程解的结构

定理1 如果函数 $y_1(x)$ 与 $y_2(x)$ 是齐次线性微分方程(8.14)的两个解,则 $y=C_1y_1(x)+C_2y_2(x)$ 也是该方程的解,其中 C_1, C_2 是任意常数.

证明 因为 $y_1(x)$ 与 $y_2(x)$ 是方程(8.14)的两个解,所以

$$y_1''(x)+py_1'(x)+qy_1(x)=0,$$
$$y_2''(x)+py_2'(x)+qy_2(x)=0.$$

将 $y=C_1y_1(x)+C_2y_2(x)$ 代入方程 (8.14)的左端,得

$$\begin{aligned}&[C_1y_1(x)+C_2y_2(x)]''+p[C_1y_1(x)+C_2y_2(x)]'+q[C_1y_1(x)+C_2y_2(x)]\\&=C_1[y_1''(x)+py_1'(x)+qy_1(x)]+C_2[y_2''(x)+py_2'(x)+qy_2(x)]\\&=0,\end{aligned}$$

则 $y=C_1y_1(x)+C_2y_2(x)$ 满足方程(8.14),所以它是方程(8.14)的解.

这表明如果函数 $y_1(x)$ 与 $y_2(x)$ 是方程 $y''+py'+qy=0$ 的两个解,则 $y=C_1y_1(x)+C_2y_2(x)$ 也是方程 $y''+py'+qy=0$ 的解,这个原理称为**叠加原理**.

定义 2 设 $y_1(x)$ 与 $y_2(x)$ 是定义在某区间内的两个函数,如果存在常数 $k\neq 0$,使得对于该区间内的一切 x,有 $\dfrac{y_1}{y_2}\equiv k$ 成立,则称函数 $y_1(x)$ 与 $y_2(x)$ 在该区间内**线性相关**;否则,称为**线性无关**.

定理 2 如果 y_1 与 y_2 是齐次线性微分方程(8.14)的两个线性无关的解,则 $C_1y_1+C_2y_2$ 为该方程的通解,其中 C_1, C_2 为任意常数.

(证明从略)

例如,对于方程 $y''+y=0$, $y_1=\sin x$ 与 $y_2=\cos x$ 是它的两个特解,可以验证 $y=3\sin x+4\cos x$ 也是其特解.又 $\dfrac{y_1}{y_2}=\dfrac{\sin x}{\cos x}=\tan x\neq$ 常数,即 y_1 与 y_2 线性无关,所以, $y=C_1\sin x+C_2\cos x$ 是该方程的通解.

下面讨论二阶常系数非齐次线性微分方程(8.13)解的结构,方程(8.14)称为与非齐次方程(8.13)对应的齐次方程.

在 8.3 节中已经得到以下结论:一阶线性非齐次微分方程的通解由两个部分构成,一部分是对应的齐次方程的通解,另一部分是非齐次方程本身的一个特解.事实上,不仅一阶线性非齐次微分方程的通解具有这样的结构,而且二阶及更高阶非齐次线性微分方程的通解也具有同样的结构.

定理 3 设 y^* 是方程(8.13)的一个特解,而 Y 是其对应的齐次方程(8.14)的通解,则 $y=Y+y^*$ 是二阶常系数非齐次线性微分方程(8.13)的通解.

例如,方程 $y''+y=x^2$,它对应的齐次方程的通解为 $y=C_1\sin x+C_2\cos x$;又容易验证 $y=x^2-2$ 是该方程的一个特解,故 $y=C_1\sin x+C_2\cos x+x^2-2$ 是该方程的通解.

8.4.2 二阶常系数齐次线性微分方程的求解

下面只讨论齐次方程(8.14)的解法.

由定理 2 可知,要求方程(8.14)的通解,只要求出它的两个线性无关的解即可,又方程(8.14)外形上的特点是 y'', y', y 各乘以某常数后相加等于 0,而指数函数 $y=e^{rx}$(r 为常数)与它的导数都只相差一个常数因子,因为 $y=e^{rx}$, $y'=re^{rx}$, $y''=r^2e^{rx}$.可假设方程(8.14)的解为 $y=e^{rx}$,将 y'', y', y 代入方程(8.14),得 $e^{rx}(r^2+pr+q)=0$,因 $e^{rx}\neq 0$,所以得 $r^2+pr+q=0$.

那么，方程(8.14)的求解问题就转化为代数方程 $r^2+pr+q=0$ 的求根问题. 方程

$$r^2+pr+q=0 \tag{8.15}$$

称为齐次线性微分方程(8.14)的**特征方程**，它的两个根 r_1，r_2 称为**特征根**.

下面就特征方程 $r^2+pr+q=0$ 的特征根的不同情况，讨论其对应的方程(8.14)的通解.

(1) 特征方程有两个不相等的实根，即 $r_1\neq r_2$.

此时 $p^2-4q>0$，$y_1=\mathrm{e}^{r_1x}$，$y_2=\mathrm{e}^{r_2x}$ 是方程(8.14)的两个特解，因为 $\dfrac{y_1}{y_2}=\dfrac{\mathrm{e}^{r_1x}}{\mathrm{e}^{r_2x}}=\mathrm{e}^{(r_1-r_2)x}\neq$ 常数，所以方程(8.14)的通解为

$$y=C_1\mathrm{e}^{r_1x}+C_2\mathrm{e}^{r_2x}.$$

(2) 特征方程有两个相等的实根，即 $r_1=r_2$.

此时 $p^2-4q=0$，特征根 $r_1=r_2=-\dfrac{p}{2}$，这样只能得到方程(8.14)的一个特解 $y_1=\mathrm{e}^{r_1x}$，这时直接验证 $y_2=x\mathrm{e}^{r_1x}$ 是方程(8.14)的另一个特解，而且 $\dfrac{y_2}{y_1}=\dfrac{x\mathrm{e}^{r_1x}}{\mathrm{e}^{r_1x}}=x\neq$ 常数，所以方程(8.14)的通解为

$$y=C_1\mathrm{e}^{r_1x}+C_2x\mathrm{e}^{r_1x}=(C_1+C_2x)\mathrm{e}^{r_1x}.$$

(3) 特征方程有一对共轭复根，即 $r_{1,2}=\alpha\pm \mathrm{i}\beta$ (α,β 为实常数，$\beta\neq 0$).

此时 $p^2-4q<0$，$y_1=\mathrm{e}^{(\alpha+\mathrm{i}\beta)x}$，$y_2=\mathrm{e}^{(\alpha-\mathrm{i}\beta)x}$ 是方程(8.14)的两个特解，且 $\dfrac{y_1}{y_2}\neq$ 常数，但它们是复值函数形式，为了得到实值函数形式，利用欧拉公式 $\mathrm{e}^{\mathrm{i}\theta}=\cos\theta+\mathrm{i}\sin\theta$ 把两特解改写为 $y_1=\mathrm{e}^{\alpha x}(\cos\beta x+\mathrm{i}\sin\beta x)$，$y_2=\mathrm{e}^{\alpha x}(\cos\beta x-\mathrm{i}\sin\beta x)$，再将它们组合，得方程(8.14)的另外两个特解为

$$\bar{y}_1=\frac{1}{2}(y_1+y_2)=\mathrm{e}^{\alpha x}\cos\beta x,\quad \bar{y}_2=\frac{1}{2\mathrm{i}}(y_1-y_2)=\mathrm{e}^{\alpha x}\sin\beta x,$$

且 $\dfrac{\bar{y}_1}{\bar{y}_2}=\dfrac{\mathrm{e}^{\alpha x}\cos\beta x}{\mathrm{e}^{\alpha x}\sin\beta x}=\cot\beta x\neq$ 常数，所以方程(8.14)的通解为

$$y=\mathrm{e}^{\alpha x}(C_1\cos\beta x+C_2\sin\beta x).$$

综上，求二阶常系数齐次线性微分方程 $y''+py'+qy=0$ 的通解步骤如下：

(1) 写出 $y''+py'+qy=0$ 的特征方程 $r^2+pr+q=0$；

(2) 求出特征根 r_1，r_2；

(3) 根据特征根的情况按照表 8-1，写出通解.

表 8.1

特征方程 $r^2+pr+q=0$ 的根	方程 $y''+py'+qy=0$ 的通解
两个不相等的实根 $r_1\neq r_2$	$y=C_1e^{r_1x}+C_2e^{r_2x}$
两个相等的实根 $r_1=r_2$	$y=(C_1+C_2x)e^{r_1x}$
一对共轭复根 $r_{1,2}=\alpha\pm i\beta$	$y=e^{\alpha x}(C_1\cos\beta x+C_2\sin\beta x)$

例 1 求方程 $y''+5y'+6y=0$ 的通解.

解 特征方程为 $r^2+5r+6=0$，解得特征根为 $r_1=-2$，$r_2=-3$，
故通解为 $y=C_1e^{-2x}+C_2e^{-3x}$.

例 2 求方程 $y''-2y'+y=0$ 的通解.

解 特征方程为 $r^2-2r+1=0$，解得特征根为 $r_1=r_2=1$，
故通解为 $y=(C_1+C_2x)e^x$.

例 3 求方程 $y''-4y'+13y=0$ 的通解.

解 特征方程为 $r^2-4r+13=0$，解得特征根为 $r_{1,2}=2\pm 3i$，
所以 $\alpha=2$，$\beta=3$，故通解为 $y=e^{2x}(C_1\cos 3x+C_2\sin 3x)$.

8.4.3 二阶常系数非齐次线性微分方程的求解

由定理 3 可知，只要求出方程(8.13)的一个特解和其对应的齐次方程(8.14)的通解，两个解相加就得到了方程(8.13)的通解. 上一段已经解决了求方程(8.13)对应的齐次方程(8.14)的通解的方法，因此，本节要解决的问题是如何求得方程(8.13)的一个特解 y^*.

方程(8.13)的特解的形式与右端的 $f(x)$ 有关，如果要对 $f(x)$ 的一般情形来求方程(8.13)的特解仍是非常困难的，这里就只讨论一种情形：

当 $f(x)=P_m(x)e^{\lambda x}$，其中 λ 是常数，$P_m(x)$ 是 x 的一个 m 次多项式：

$$P_m(x)=a_0x^m+a_1x^{m-1}+\cdots+a_{m-1}x+a_m.$$

此时可以证明：$y''+py'+qy=P_m(x)e^{\lambda x}$ 具有形如 $y^*=x^kQ_m(x)e^{\lambda x}$ 的特解，其中 $Q_m(x)$ 与 $P_m(x)$ 都是 m 次多项式，而 k 按 λ 不是特征方程的根，是特征方程的单根或是特征方程的重根依次取 0，1 或 2，即

$$k=\begin{cases}0, & \lambda \text{ 不是特征根},\\ 1, & \lambda \text{ 是特征单根},\\ 2, & \lambda \text{ 是特征重根}.\end{cases}$$

例 4 求方程 $y''-2y'-3y=(4x-3)e^x$ 的一个特解.

解 特征方程为 $r^2-2r-3=0$，
解得特征根为 $r_1=-1$，$r_2=3$，$f(x)=(4x-3)e^x$，
则 $\lambda=1$，它不是特征根，可设特解 $y^*=(Ax+B)e^x$，则 $y^{*\prime}=(Ax+A+B)e^x$，$y^{*\prime\prime}=(Ax+2A+B)e^x$，

代入原方程消去 e^x，得

$$(Ax+2A+B)-2(Ax+A+B)-3(Ax+B)=4x-3,$$

即 $-4Ax-4B=4x-3$，比较系数，得 $A=-1$，$B=\frac{3}{4}$，

故所求特解为 $y^*=\left(-x+\frac{3}{4}\right)e^x$.

例 5 求方程 $y''+y'=3x^2-2$ 的通解.

解 特征方程为 $r^2+r=0$，

解得特征根为 $r_1=-1$，$r_2=0$，$f(x)=3x^2-2=(3x^2-2)e^{0\cdot x}$，

则 $\lambda=0$，它是特征单根，可设特解 $y^*=x(Ax^2+Bx+C)e^{0\cdot x}=Ax^3+Bx^2+Cx$，则 $y^{*\prime}=3Ax^2+2Bx+C$，$y^{*\prime\prime}=6Ax+2B$，

代入原方程整理，得

$$3Ax^2+(6A+2B)x+2B+C=3x^2-2,$$

比较系数，得 $A=1$，$B=-3$，$C=4$. 所以，特解 $y^*=x^3-3x^2+4x$.

原方程的通解为

$$y=C_1e^{0x}+C_2e^{-x}+y^*=C_1+C_2e^{-x}+x^3-3x^2+4x.$$

习题 8.4

1. 求下列方程的通解.

(1) $y''-2y'-3y=0$； (2) $y''-4y=0$；

(3) $9y''+6y'+y=0$； (4) $y''+2y'+2y=0$.

2. 求下列方程的通解.

(1) $y''-2y'-3y=3x-1$； (2) $y''-3y'+2y=xe^{2x}$.

3. 求下列微分方程满足所给初始条件的特解.

(1) $y''+2y'+y=0$，$y\big|_{x=0}=4$，$y'\big|_{x=0}=-2$；

(2) $4y''+y=0$，$y\big|_{x=0}=1$，$y'\big|_{x=0}=2$.

本章应用拓展——常微分方程模型

1. 死亡时间判定模型

某地发生一起谋杀案，刑侦人员测得尸体温度为 30℃，此时是下午 4 点整. 该人被谋杀前的体温为 37℃，被杀两个小时后尸体温度为 35℃，周围空气的温度 20℃，试推断谋杀是何时发生的?

模型假设

假设尸体的温度按牛顿冷却定律开始下降，即尸体冷却的速度与尸体温度之差成正比；

假设案件发生后两个小时内周围空气的温度保持20℃不变；

假设尸体的温度函数为 $T(t)$（t 从谋杀时计，T 的单位为℃）.

模型分析与建立

由牛顿冷却定律，尸体的冷却速度 $\dfrac{dT}{dt}$ 与尸体温度 T 和空气温度之差成正比，设比例系数为 λ ($\lambda > 0$ 为常数)，则有

$$\frac{dT}{dt} = -\lambda(T-20). \tag{8.16}$$

由于人被谋杀前的体温为37℃，则 $T(0)=37$.

模型求解

微分方程(8.16)为可分离变量微分方程，

分离变量，得 $$\frac{dT}{T-20} = -\lambda dt,$$

两端积分，得 $$\int \frac{dT}{T-20} = \int -\lambda dt,$$

得微分方程(8.16)的通解为 $$T-20 = Ce^{-\lambda t}.$$

将初始条件 $T(0)=37$ 代入通解，得 $C=17$，于是方程特解为

$$T = 20 + 17e^{-\lambda t}.$$

又两个小时后尸体温度为35℃，则 $$35 = 20 + 17e^{-2\lambda},$$

求得 $\lambda \approx 0.063$，于是得到尸体的温度函数为 $T = 20 + 17e^{-0.063t}$.

最后，将 $T=30$ 代入上式有 $$e^{-0.063t} = \frac{10}{17},$$

即得 $t \approx 8.4$(h).

从而可以大概判断尸体被发现时，谋杀已发生了8.4(h)，即发生在上午7点36分左右.

2. 放射性废料的处理模型

美国原子能委员会以往处理浓缩的放射性废料的方法，是把它们装入密封的圆桶里，然后扔到水深为90 m的海里. 一些生态学家和科学家担心圆桶下沉海底时与海底碰撞而发生破裂，从而造成核污染. 美国原子能委员会分辩说这是不可能的.

为此工程师们进行了碰撞试验，发现当圆桶下沉速度超过12.2 m/s与海底相撞时，圆桶就可能发生破裂. 已知圆桶的质量 $m = 239.46$ kg，体积 $V = 0.2058\ \mathrm{m}^3$，海水密度 $\rho = 1\,035.71\ \mathrm{km/m}^3$，需要计算圆桶沉到海底时的速度是多少？若圆桶速度小于12.2 m/s，就说明这种方法是安全可靠的，否则就要禁止使用这种方法来处理放射性废料.

模型假设

假设圆桶在运输过程中不会发生破裂；

假设水的阻力与速度大小成正比，其正比例系数 $k=0.6$.

模型分析与建立

首先要找出圆桶的运动规律，由于圆桶在运动过程中受到本身的重力以及水的浮力 H 和水的阻力 f 的作用，所以根据牛顿运动定律得到圆桶受到的合力 F 满足

$$F=G-H-f.$$

又因为 $F=ma=m\frac{\mathrm{d}v}{\mathrm{d}t}=m\frac{\mathrm{d}^2s}{\mathrm{d}t^2}$，$G=mg$，$H=\rho gV$，以及 $f=kv=k\frac{\mathrm{d}s}{\mathrm{d}t}$，所以圆桶的位移和速度分别满足微分方程：

$$m\frac{\mathrm{d}^2s}{\mathrm{d}t^2}=mg-\rho gV-k\frac{\mathrm{d}s}{\mathrm{d}t},\quad m\frac{\mathrm{d}v}{\mathrm{d}t}=mg-\rho gV-kv.$$

由初始条件 $\left.\frac{\mathrm{d}^2s}{\mathrm{d}t^2}\right|_{t=0}=\left.s\right|_{t=0}=0$，求得位移函数为

$$s(t)=-171\,510.992\,4+429.744\,4t+171\,510.002\,4\mathrm{e}^{-0.002\,505\,6t}.$$

加上初始条件 $v_{t=0}=0$，求得速度函数

$$v(t)=429.744\,4-429.744\,4\mathrm{e}^{-0.002\,505\,6t}.$$

由 $s(t)=90\,\mathrm{m}$，求得圆桶到达水深 90 m 的海底需要时间 $t=12.999\,4\,\mathrm{s}$，可得圆桶到达海底的速度 $v=13.772\,0\,\mathrm{m/s}$.

圆桶到达海底的速度已超过 12.2 m/s，可以得出这种处理废料的方法不合理. 因此应禁止美国原子能委员会用这种方法来处理放射性废料.

总习题 8

1. 填空题.

(1) $x\left(\frac{\mathrm{d}y}{\mathrm{d}x}\right)^2-2y\frac{\mathrm{d}y}{\mathrm{d}x}+x=0$ 是________阶微分方程.

(2) 微分方程 $y'''-x^2y'+y=1$ 的通解 y 中含有________个任意常数.

(3) $r_1=1$，$r_2=2$ 是某二阶常系数齐次线性微分方程的特征根，则该方程的通解是________.

(4) 微分方程 $y''-4y=\mathrm{e}^{2x}$ 的通解为________.

(5) 设 $y=\mathrm{e}^x(C_1\sin x+C_2\cos x)$ (C_1，C_2 为任意常数)为某二阶常系数线性齐次微分方程的通解，则该微分方程为________.

(6) 过点 $\left(\frac{1}{2},0\right)$ 且满足关系式 $y'\arcsin x+\frac{y}{\sqrt{1-x^2}}=1$ 的曲线方程为________.

2. 单项选择题.

(1) 方程 $x+y-1+(2-x)y'=0$ 是(　　).

A. 可分离变量的微分方程　　　　B. 齐次微分方程

C. 一阶齐次线性微分方程　　　　D. 一阶非齐次线性微分方程

(2) 下列方程中可分离变量的是(　　).

A. $(x+y)\mathrm{d}x+x\mathrm{d}y=0$　　　　B. $xy'+y-y^2\ln x=0$

C. $x^2\mathrm{d}x+y\sin x\mathrm{d}y=0$　　　　D. $\mathrm{e}^x\mathrm{d}x+\sin(xy)\mathrm{d}y=0$

(3) 若 y_1 与 y_2 是某二阶齐次线性微分方程的解,则 $C_1y_1+C_2y_2$ (C_1, C_2 为任意常数)一定是该方程的(　　).

A. 解　　B. 特解　　C. 通解　　D. 全部解

3. 求下列微分方程的通解或在给定初始条件下的特解.

(1) $(xy^2+x)\mathrm{d}x+(x^2y-y)\mathrm{d}y=0$;　　(2) $\dfrac{\mathrm{d}y}{\mathrm{d}x}=\dfrac{x+y}{x-y}$;

(3) $2\sqrt{x}y'=y$, $y\Big|_{x=4}=1$;　　(4) $x\dfrac{\mathrm{d}y}{\mathrm{d}x}-2y=2x$;

(5) $\dfrac{\mathrm{d}y}{\mathrm{d}x}=\dfrac{y}{x+y^2}$;　　(6) $y''+2y'+y=0$;

(7) $y''+5y'+6y=2\mathrm{e}^{-x}$;　　(8) $2y''+y'-y=0$, $y(0)=3$, $y'(0)=0$.

4. 连续函数 $f(x)$ 满足关系式 $\int_0^{3x}f\left(\dfrac{t}{3}\right)\mathrm{d}t+\mathrm{e}^{2x}=f(x)$, 求 $f(x)$.

5. 某农场现有牛 1 000 头,每瞬时牛的数目的变化速率与当时牛的数目成正比,若第 10 年该农场牛的数目达到了 2 000 头,试确定农场牛的数目 y 与时间 t 的函数关系式.

6. 已知某商品的需求量 Q 对价格 P 的弹性是单位弹性,且当价格 $P=1$ 时,需求量 $Q=8\,000$, 求需求量 Q 对价格 P 的函数关系.

7. 某警察在一天早上 9:00 发现一名被谋杀者,当时测得尸体的温度为 32.4℃,一小时后,尸体的温度变为 31.7℃. 尸体所在环境温度为 20℃.

(1) 假设尸体温度 T 服从牛顿冷却定律(即物体温度下降的速度与其自身温度以及其所在介质的温度差值成正比关系),试写出 T 满足的方程;

(2) 试着求解该方程,并估计出谋杀发生的时间.

第9章

无 穷 级 数

通过前面几章的介绍知道，初等函数的有限次运算还是初等函数，不可能构成新的函数，而现实世界中的问题又不可能完全用初等函数刻画，因此需要研究函数的无限次运算. 无穷级数正是对函数进行无限次运算的一种重要表现形式. 它是加法从有限到无限的推广，在微积分学中占有重要地位. 我们可以用无穷级数表示函数，研究函数的性质，求解微分方程和进行数值计算. 它在解决自然科学、工程技术、经济管理等各种实际问题中，有着十分广泛的应用. 本章首先讨论常数项级数，然后讨论函数项级数中的幂级数.

9.1 常数项级数的概念和性质

9.1.1 常数项级数的概念

定义 1 给定一个数列 $u_1, u_2, \cdots, u_n, \cdots$，则由这个数列构成的和式 $u_1+u_2+\cdots+u_n+\cdots$ 称为**常数项级数**，简称**级数**，记为 $\sum_{n=1}^{\infty} u_n$，即

$$\sum_{n=1}^{\infty} u_n = u_1+u_2+\cdots+u_n+\cdots$$

其中，u_n 称为级数 $\sum_{n=1}^{\infty} u_n$ 的**一般项**或**通项**.

例如，$\frac{1}{2}+\frac{1}{4}+\frac{1}{8}+\cdots+\frac{1}{2^n}+\cdots=\sum_{n=1}^{\infty}\frac{1}{2^n}$，$1+2+3+\cdots+n+\cdots=\sum_{n=1}^{\infty} n$.

一般地，有限个数的和是可以完全确定的，但是无限多个数相加的和不一定存在，无穷级数的定义只是形式上的和而已.

下面我们来讨论如何判断一个级数的和存在的问题.

定义 2 级数 $\sum_{n=1}^{\infty} u_n$ 前 n 项的和 $S_n=u_1+u_2+\cdots+u_n$ 称为级数 $\sum_{n=1}^{\infty} u_n$ 前 n 项的**部分**

和.当 n 依次取 1, 2, 3, … 时,它们构成一个新的数列 $\{S_n\}$:

$$S_1 = u_1,\ S_2 = u_1 + u_2,\ S_3 = u_1 + u_2 + u_3,\ \cdots,\ S_n = u_1 + u_2 + \cdots + u_n,\ \cdots,$$

称为级数 $\sum\limits_{n=1}^{\infty} u_n$ 的**部分和数列**.

定义 3 如果部分和数列 $\{S_n\}$ 有极限 S,即 $\lim\limits_{n\to\infty} S_n = S$,则称级数 $\sum\limits_{n=1}^{\infty} u_n$ **收敛**,极限 S 称为级数 $\sum\limits_{n=1}^{\infty} u_n$ 的和,即 $\sum\limits_{n=1}^{\infty} u_n = S$.

如果部分和数列 $\{S_n\}$ 没有极限,则称级数 $\sum\limits_{n=1}^{\infty} u_n$ **发散**.

如果级数 $\sum\limits_{n=1}^{\infty} u_n$ 收敛于 S,则 $r_n = S - S_n = u_{n+1} + u_{n+2} + \cdots$ 称为级数的**余项**.显然有 $\lim\limits_{n\to\infty} r_n = 0$.

由上面定义可知,级数 $\sum\limits_{n=1}^{\infty} u_n$ 与数列 $\{S_n\}$ 同时收敛、同时发散,在收敛时,有 $\sum\limits_{n=1}^{\infty} u_n = \lim\limits_{n\to\infty} S_n$;在发散时,级数没有"和".

例 1 讨论**等比级数**(又称为**几何级数**)

$$\sum_{n=1}^{\infty} aq^{n-1} = a + aq + aq^2 + \cdots + aq^{n-1} + \cdots \quad (a \neq 0,\ q \text{ 为常数})$$

的敛散性.

解 如果 $q \neq 1$,则部分和 $S_n = a + aq + aq^2 + \cdots + aq^{n-1} = \dfrac{a(1-q^n)}{1-q}$.

当 $|q| < 1$ 时,有 $\lim\limits_{n\to\infty} q^n = 0$,则 $\lim\limits_{n\to\infty} S_n = \dfrac{a}{1-q}$,这时级数收敛,和为 $\dfrac{a}{1-q}$;

当 $|q| > 1$ 时,有 $\lim\limits_{n\to\infty} q^n = \infty$,则 $\lim\limits_{n\to\infty} S_n = \infty$,这时级数发散;

当 $q = 1$ 时,有 $S_n = na$,则 $\lim\limits_{n\to\infty} S_n = \infty$,这时级数发散;

当 $q = -1$ 时,级数为 $a + a - a + \cdots$,有 $S_n = \begin{cases} 0, & n \text{ 为偶数}, \\ a, & n \text{ 为奇数}, \end{cases}$ 则 $\lim\limits_{n\to\infty} S_n$ 不存在,这时级数发散.

综上所述,当 $|q| < 1$ 时,等比级数 $\sum\limits_{n=1}^{\infty} aq^{n-1}$ 收敛,其和为 $\dfrac{a}{1-q}$;当 $|q| \geqslant 1$ 时,该级数发散.

例 2 讨论级数 $\sum\limits_{n=1}^{\infty} \ln\left(1 + \dfrac{1}{n}\right)$ 的敛散性.

解 前 n 项的部分和

$$S_n = \ln\left(1 + \frac{1}{1}\right) + \ln\left(1 + \frac{1}{2}\right) + \cdots + \ln\left(1 + \frac{1}{n}\right)$$

$$=\ln 2+\ln\frac{3}{2}+\cdots+\ln\frac{n+1}{n}=\ln\left(2\times\frac{3}{2}\times\cdots\times\frac{n+1}{n}\right)$$
$$=\ln(1+n),$$

所以有 $\lim\limits_{n\to\infty}S_n=\lim\limits_{n\to\infty}\ln(1+n)=+\infty$，故级数 $\sum\limits_{n=1}^{\infty}\ln\left(1+\frac{1}{n}\right)$ 发散.

例 3 求级数 $\sum\limits_{n=1}^{\infty}\frac{1}{n(n+1)}$ 的和.

解 部分和为 $S_n=\frac{1}{1\times 2}+\frac{1}{2\times 3}+\cdots+\frac{1}{n(n+1)}$

$$=\left(1-\frac{1}{2}\right)+\left(\frac{1}{2}-\frac{1}{3}\right)+\cdots+\left(\frac{1}{n}-\frac{1}{n+1}\right)=1-\frac{1}{n+1},$$

所以有 $\lim\limits_{n\to\infty}S_n=\lim\limits_{n\to\infty}\left(1-\frac{1}{n+1}\right)=1$，故该级数收敛，和为 1.

9.1.2 级数的性质

性质 1(级数收敛的必要条件) 若级数 $\sum\limits_{n=1}^{\infty}u_n$ 收敛，则 $\lim\limits_{n\to\infty}u_n=0$.

注 1 若 $\lim\limits_{n\to\infty}u_n=0$，级数 $\sum\limits_{n=1}^{\infty}u_n$ 不一定收敛.

例 4 证明：调和级数 $\sum\limits_{n=1}^{\infty}\frac{1}{n}$ 是发散的.

证明 假设级数 $\sum\limits_{n=1}^{\infty}\frac{1}{n}$ 是收敛的，其和为 S，则 $\lim\limits_{n\to\infty}(S_{2n}-S_n)=S-S=0$，又 $S_{2n}-S_n=\frac{1}{n+1}+\frac{1}{n+2}+\cdots+\frac{1}{2n}>\frac{n}{2n}=\frac{1}{2}$，所以 $\lim\limits_{n\to\infty}(S_{2n}-S_n)>\frac{1}{2}$，这样就有 $0>\frac{1}{2}$ $(n\to\infty)$，但这是不可能的，所以假设不成立，调和级数是发散的.

显然可以验证，对于调和级数 $\sum\limits_{n=1}^{\infty}\frac{1}{n}$，有 $\lim\limits_{n\to\infty}\frac{1}{n}=0$.

注 2 若 $\lim\limits_{n\to\infty}u_n\neq 0$，则级数 $\sum\limits_{n=1}^{\infty}u_n$ 一定发散(性质 1 的逆否命题).

例 5 讨论级数 $\sum\limits_{n=1}^{\infty}\frac{n+1}{n}$ 的敛散性.

解 因为 $\lim\limits_{n\to\infty}u_n=\lim\limits_{n\to\infty}\frac{n+1}{n}=1\neq 0$，所以该级数发散.

性质 2 如果级数 $\sum\limits_{n=1}^{\infty}u_n$ 和 $\sum\limits_{n=1}^{\infty}v_n$ 分别收敛于和 S_1，S_2，则对于任意常数 α，β，级数 $\sum\limits_{n=1}^{\infty}(\alpha u_n+\beta v_n)$ 也收敛，且 $\sum\limits_{n=1}^{\infty}(\alpha u_n+\beta v_n)=\alpha S_1+\beta S_2$.

例 6 判断级数 $\sum_{n=1}^{\infty}\frac{3^{n+1}-5}{4^n}$ 的敛散性.

解 因几何级数 $\sum_{n=1}^{\infty}\left(\frac{3}{4}\right)^n$ 与 $\sum_{n=1}^{\infty}\left(\frac{1}{4}\right)^n$ 都收敛,所以 $\sum_{n=1}^{\infty}\frac{3^{n+1}-5}{4^n}$ 也收敛. 而且

$$\sum_{n=1}^{\infty}\frac{3^{n+1}-5}{4^n}=3\sum_{n=1}^{\infty}\left(\frac{3}{4}\right)^n-5\sum_{n=1}^{\infty}\left(\frac{1}{4}\right)^n=3\times\frac{\frac{3}{4}}{1-\frac{3}{4}}-5\times\frac{\frac{1}{4}}{1-\frac{1}{4}}=\frac{22}{3}.$$

性质 3 在级数中改变、去掉或增加有限项,不会改变级数的敛散性. 但收敛级数的和一般会改变.

例如,因为 $\sum_{n=1}^{\infty}\frac{1}{3^n}$ 收敛,所以 $\sum_{n=5}^{\infty}\frac{1}{3^n}$ 也收敛,但这两个级数的和不同.

性质 4 在一个收敛级数中,任意添加括号所得到的新级数仍收敛于原级数的和.

注 1 加括号后得到的新级数收敛,原级数不一定收敛.

例如,级数 $\sum_{n=1}^{\infty}(1-1)=(1-1)+(1-1)+(1-1)+\cdots$ 收敛于 0,但级数 $1-1+1-1+1-1+\cdots$ 发散.

注 2 加括号后得到的新级数发散,则原级数必发散.

例 7 判断级数 $\frac{1}{3}+\frac{1}{2}+\frac{1}{9}+\frac{1}{2}+\frac{1}{27}+\frac{1}{2}+\cdots+\frac{1}{3^n}+\frac{1}{2}+\cdots$ 的敛散性.

解 因为 $\sum_{n=1}^{\infty}\frac{1}{3^n}$ 收敛,$\sum_{n=1}^{\infty}\frac{1}{2}$ 发散,所以

$$\sum_{n=1}^{\infty}\left(\frac{1}{3^n}+\frac{1}{2}\right)=\left(\frac{1}{3}+\frac{1}{2}\right)+\left(\frac{1}{9}+\frac{1}{2}\right)+\left(\frac{1}{27}+\frac{1}{2}\right)+\cdots+\left(\frac{1}{3^n}+\frac{1}{2}\right)+\cdots \text{ 发散},$$

则原级数发散.

习题 9.1

1. 已知级数 $\sum_{n=1}^{\infty}\frac{(-1)^{n-1}}{3^n}$,

(1) 写出级数的前 4 项 u_1, u_2, u_3, u_4;
(2) 计算部分和 S_1, S_2, S_3, S_4;
(3) 计算前 n 项部分和 S_n;
(4) 验证级数收敛,并求和 S.

2. 判断下列级数的敛散性.

(1) $\sum_{n=1}^{\infty}1$;
(2) $\sum_{n=1}^{\infty}\sqrt[n]{0.01}$;
(3) $\sum_{n=1}^{\infty}\frac{1}{(2n-1)(2n+1)}$;
(4) $\sum_{n=1}^{\infty}(\sqrt{n+1}-\sqrt{n})$;
(5) $\sum_{n=1}^{\infty}\left(\frac{1}{2^n}+\frac{1}{3^n}\right)$;
(6) $\sum_{n=1}^{\infty}\left(1+\frac{1}{n}\right)^n$.

9.2 正项级数的审敛法

定义 1 若级数 $\sum\limits_{n=1}^{\infty} u_n$ 的各项都是非负数，即 $u_n \geqslant 0$，$n=1, 2, 3, \cdots$，则称此级数为**正项级数**.

设正项级数 $\sum\limits_{n=1}^{\infty} u_n = u_1 + u_2 + \cdots + u_n \cdots$ 的部分和为 S_n，显然，数列 $\{S_n\}$ 是一个单调增加数列：

$$S_1 \leqslant S_2 \leqslant \cdots \leqslant S_n \leqslant \cdots.$$

如果此单增数列有界，即 $S_n \leqslant M$，根据单调有界数列必有极限的准则，级数必收敛于和 S，且有 $S_n \leqslant S \leqslant M$；反之，如果正项级数收敛于和 S，即 $\lim\limits_{n\to\infty} S_n = S$，则由 $0 \leqslant S_n \leqslant S$ 知，数列 $\{S_n\}$ 必然有界. 因此可得如下定理.

定理 1(基本定理) 正项级数 $\sum\limits_{n=1}^{\infty} u_n$ 收敛的充分必要条件是：它的部分和数列 $\{S_n\}$ 有界.

例 1 讨论 p-级数 $\sum\limits_{n=1}^{\infty} \frac{1}{n^p}$ $(p>0)$ 的敛散性.

解 当 $p \leqslant 0$ 时，$\lim\limits_{n\to\infty} u_n = \lim\limits_{n\to\infty} \frac{1}{n^p} \neq 0$，所以该级数发散；

当 $0 < p \leqslant 1$ 时，因 $\frac{1}{n^p} \geqslant \frac{1}{n}$，且 $\sum\limits_{n=1}^{\infty} \frac{1}{n}$ 发散，所以 $\sum\limits_{n=1}^{\infty} \frac{1}{n^p}$ 发散；

当 $p > 1$ 时，当 $n-1 \leqslant x < n$ 时，有 $\frac{1}{n^p} < \frac{1}{x^p}$，

则 $\frac{1}{n^p} = \int_{n-1}^{n} \frac{1}{n^p} \mathrm{d}x < \int_{n-1}^{n} \frac{1}{x^p} \mathrm{d}x$ $(n=1, 2, 3, \cdots)$.

所以

$$\begin{aligned} S_n &= 1 + \frac{1}{2^p} + \frac{1}{3^p} + \cdots + \frac{1}{n^p} \\ &< 1 + \int_1^2 \frac{1}{x^p} \mathrm{d}x + \int_2^3 \frac{1}{x^p} \mathrm{d}x + \cdots + \int_{n-1}^{n} \frac{1}{x^p} \mathrm{d}x \\ &= 1 + \int_1^n \frac{1}{x^p} \mathrm{d}x = 1 + \frac{1}{p-1}\left(1 - \frac{1}{n^{p-1}}\right) < 1 + \frac{1}{p-1}, \end{aligned}$$

即部分和数列有上界，故此时 $\sum\limits_{n=1}^{\infty} \frac{1}{n^p}$ 是收敛的.

综上所述，当 $p > 1$ 时，p-级数收敛；当 $p \leqslant 1$ 时，p-级数发散.

由定理 1 判别正项级数是否收敛，涉及到如何判别级数的部分和数列是否有界，这一点往往是比较困难的. 因此，很有必要探讨正项级数敛散性的其他方便可行的方法. 下面介绍

正项级数常用的两种审敛法——比较审敛法和比值审敛法.

9.2.1 比较审敛法

定理 2 设级数 $\sum_{n=1}^{\infty} u_n$ 和 $\sum_{n=1}^{\infty} v_n$ 均为正项级数,且 $u_n \leqslant v_n (n = 1, 2, 3, \cdots)$,则

(1) 当 $\sum_{n=1}^{\infty} v_n$ 收敛时,$\sum_{n=1}^{\infty} u_n$ 也收敛;

(2) 当 $\sum_{n=1}^{\infty} u_n$ 发散时,$\sum_{n=1}^{\infty} v_n$ 也发散.

证明 设正项级数 $\sum_{n=1}^{\infty} u_n$ 和 $\sum_{n=1}^{\infty} v_n$,且其部分和分别为 s_n 与 σ_n,由于 $u_n \leqslant v_n (n=1, 2, 3, \cdots)$,从而有 $s_n \leqslant \sigma_n$.

(1) 当正项级数 $\sum_{n=1}^{\infty} v_n$ 收敛时,由基本定理知,它的部分和数列 $\{\sigma_n\}$ 有界,从而数列 $\{s_n\}$ 也有界,由基本定理知,正项级数 $\sum_{n=1}^{\infty} u_n$ 收敛.

(2) 用反证法. 假设级数 $\sum_{n=1}^{\infty} v_n$ 收敛,由于 $u_n \leqslant v_n (n=1, 2, 3, \cdots)$,由已证(1)的结果知,级数 $\sum_{n=1}^{\infty} u_n$ 收敛,这与已知级数 $\sum_{n=1}^{\infty} u_n$ 发散相矛盾,故级数 $\sum_{n=1}^{\infty} v_n$ 发散.

例 2 判别级数 $\sum_{n=1}^{\infty} \frac{1}{n^2+1}$ 的敛散性.

解 因为 $\frac{1}{n^2+1} < \frac{1}{n^2}$,而级数 $\sum_{n=1}^{\infty} \frac{1}{n^2}$ 是 p-级数,且 $p = 2 > 1$,它是收敛的,所以由比较审敛法,级数 $\sum_{n=1}^{\infty} \frac{1}{n^2+1}$ 收敛.

例 3 证明:级数 $\sum_{n=1}^{\infty} \frac{1}{\sqrt{n(n+1)}}$ 是发散的.

证明 因为 $n(n+1) < (n+1)^2$,故 $\frac{1}{\sqrt{n(n+1)}} > \frac{1}{n+1}$.

而级数 $\sum_{n=1}^{\infty} \frac{1}{n+1}$ 发散,故由比较审敛法知 $\sum_{n=1}^{\infty} \frac{1}{\sqrt{n(n+1)}}$ 发散.

定理 3(比较审敛法的极限形式) 设级数 $\sum_{n=1}^{\infty} u_n$ 和 $\sum_{n=1}^{\infty} v_n$ 均为正项级数,且有

$$\lim_{n\to\infty} \frac{u_n}{v_n} = l,$$

(1) 若 $0 < l < +\infty$,则级数 $\sum_{n=1}^{\infty} u_n$ 与 $\sum_{n=1}^{\infty} v_n$ 同时收敛或同时发散;

(2) 若 $l=0$，且级数 $\sum_{n=1}^{\infty} v_n$ 收敛，则级数 $\sum_{n=1}^{\infty} u_n$ 收敛；

(3) 若 $l=+\infty$，且级数 $\sum_{n=1}^{\infty} v_n$ 发散，则级数 $\sum_{n=1}^{\infty} u_n$ 发散.

(证明从略)

例 4 判定下列级数的敛散性.

(1) $\sum_{n=1}^{\infty}(e^{\frac{1}{n}}-1)$；　　(2) $\sum_{n=1}^{\infty} \frac{2n+1}{n^3+n}$；　　(3) $\sum_{n=1}^{\infty} \sin\frac{\pi}{3^n}$.

解 (1) 因为 $\lim\limits_{n\to\infty}\frac{e^{\frac{1}{n}}-1}{\frac{1}{n}}=1$，而调和级数 $\sum_{n=1}^{\infty}\frac{1}{n}$ 是发散的，

由比较审敛法的极限形式，得级数 $\sum_{n=1}^{\infty}(e^{\frac{1}{n}}-1)$ 发散.

(2) 因为 $\lim\limits_{n\to\infty}\frac{\frac{2n+1}{n^3+n}}{\frac{1}{n^2}}=\lim\limits_{n\to\infty}\frac{2n^3+n^2}{n^3+n}=2$，又级数 $\sum_{n=1}^{\infty}\frac{1}{n^2}$ 收敛，

所以，级数 $\sum_{n=1}^{\infty}\frac{2n+1}{n^3+n}$ 收敛.

(3) 因为 $\lim\limits_{n\to\infty}\frac{\sin\frac{\pi}{3^n}}{\frac{\pi}{3^n}}=1$，而级数 $\sum_{n=1}^{\infty}\frac{\pi}{3^n}$ 是公比 $q=\frac{1}{3}$ 的等比级数，

它是收敛的，所以，级数 $\sum_{n=1}^{\infty}\sin\frac{\pi}{3^n}$ 收敛.

比较审敛法是判断正项级数敛散性的一个重要方法. 使用比较审敛法时，关键是要找到一个已知敛散性的级数与所求级数进行比较，一般从等比级数、调和级数以及 p-级数中寻找. 但对于初学者，此法还是比较困难的. 下面从分析级数自身的特点出发，介绍一种新的审敛法.

9.2.2 比值审敛法(或称达朗贝尔判别法)

定理 4 设级数 $\sum_{n=1}^{\infty} u_n$ 是正项级数，且 $\lim\limits_{n\to\infty}\frac{u_{n+1}}{u_n}=r$，则

(1) 当 $r<1$ 时，级数收敛；

(2) 当 $r>1$ 时(包括 $r=+\infty$)，级数发散；

(3) 当 $r=1$ 时，本审敛法失效，级数可能收敛也可能发散.

(证明从略)

例 5 判定下列级数的敛散性.

(1) $\sum_{n=1}^{\infty}\frac{1}{n!}$；　　(2) $\sum_{n=1}^{\infty}\frac{n!}{2^n}$；

(3) $\sum_{n=1}^{\infty}\frac{1}{(2n-1)2n}$；　　(4) $\sum_{n=1}^{\infty}(n+1)^2\tan\frac{\pi}{3^n}$.

解 (1) 因为 $\lim\limits_{n\to\infty}\frac{u_{n+1}}{u_n}=\frac{\lim\limits_{n\to\infty}\frac{1}{(n+1)!}}{\frac{1}{n!}}=\lim\limits_{n\to\infty}\frac{1}{n+1}=0<1$,

由比值审敛法,该级数收敛.

(2) 因为 $\lim\limits_{n\to\infty}\frac{u_{n+1}}{u_n}=\frac{\lim\limits_{n\to\infty}\frac{(n+1)!}{2^{n+1}}}{\frac{n!}{2^n}}=\lim\limits_{n\to\infty}\frac{n+1}{2}=+\infty$,

由比值审敛法,该级数发散.

(3) 因为 $\lim\limits_{n\to\infty}\frac{u_{n+1}}{u_n}=\lim\limits_{n\to\infty}\frac{(2n-1)2n}{(2n+1)(2n+2)}=1$,

此时,比值审敛法失效,需用其他方法进行判定.

比如,选用比较审敛法,由于 $\frac{1}{(2n-1)2n}<\frac{1}{n^2}$,而级数 $\sum_{n=1}^{\infty}\frac{1}{n^2}$ 收敛,

所以级数 $\sum_{n=1}^{\infty}\frac{1}{(2n-1)2n}$ 收敛.

(4) 因为 $\lim\limits_{n\to\infty}\frac{u_{n+1}}{u_n}=\frac{\lim\limits_{n\to\infty}(n+2)^2\tan\frac{\pi}{3^{n+1}}}{(n+1)^2\tan\frac{\pi}{3^n}}=\frac{1}{3}<1$,

由比值审敛法,该级数收敛.

9.2.3 根值审敛法(或称柯西判别法)

定理 5 设级数 $\sum_{n=1}^{\infty}u_n$ 是正项级数,若 $\lim\limits_{n\to\infty}\sqrt[n]{u_n}=\rho$,则

(1) 当 $\rho<1$ 时,级数收敛;

(2) 当 $\rho>1$ 时,级数发散;

(3) 当 $\rho=1$ 时,级数可能收敛也可能发散.

(证明从略)

例 6 讨论级数 $\sum_{n=1}^{\infty}\frac{n}{3^n}$ 的敛散性.

解 因为

$$\lim_{n\to\infty}\sqrt[n]{\frac{n}{3^n}}=\lim_{n\to\infty}\frac{\sqrt[n]{n}}{3}=\frac{1}{3}<1,$$

故级数 $\sum_{n=1}^{\infty}\frac{n}{3^n}$ 收敛.

以上是正项级数的几种审敛法,今后可根据级数本身的特点选取适当的方法判别其敛散性.

习题9.2

1. 用比较审敛法判定下列级数的敛散性.

(1) $\sum_{n=1}^{\infty}\frac{n}{n^2+2}$;　(2) $\sum_{n=1}^{\infty}\frac{1}{(n+2)(n+3)}$;

(3) $\sum_{n=1}^{\infty}\frac{1}{n^{1+\frac{1}{n}}}$;　(4) $\sum_{n=1}^{\infty}\frac{1}{n}\ln\left(1+\frac{1}{n}\right)$;

(5) $\sum_{n=1}^{\infty}\left(1-\cos\frac{1}{n}\right)$;　(6) $\sum_{n=1}^{\infty}n^2\mathrm{e}^{-n}$.

2. 用比值审敛法判定下列级数的敛散性.

(1) $\sum_{n=1}^{\infty}\frac{n^n}{2^n\cdot n!}$;　(2) $\sum_{n=1}^{\infty}\frac{n^n}{n!}$;

(3) $\sum_{n=1}^{\infty}n\tan\frac{\pi}{3^n}$;　(4) $\sum_{n=1}^{\infty}\frac{(n!)^2}{(2n)!}$.

3. 用根植审敛法判别下列级数的敛散性.

(1) $\sum_{n=1}^{\infty}\left(\frac{n}{2n+1}\right)^n$;　(2) $\sum_{n=1}^{\infty}\frac{1}{[\ln(1+n)]^n}$.

4. 判别下列级数的敛散性.

(1) $\sum_{n=1}^{\infty}\frac{1}{n}(\sqrt{n+1}-\sqrt{n-1})$;　(2) $\sum_{n=1}^{\infty}\frac{1}{1+\frac{1}{n}}$;

(3) $\sum_{n=1}^{\infty}\frac{1}{n}\ln\left(1+\frac{1}{n}\right)$;　(4) $\sum_{n=1}^{\infty}\frac{n^2}{\mathrm{e}^n}$.

9.3 任意项级数

9.2节讨论了正项级数及其敛散性的审敛法,本节将讨论**任意项级数**(即含有无穷多个正项与负项的级数)的敛散性的审敛法.

下面先来讨论一种特殊的任意项级数——交错级数.

9.3.1 交错级数

定义1 正、负项交替出现的级数称为**交错级数**.它的一般形式可写成

$$\sum_{n=1}^{\infty}(-1)^{n-1}u_n=u_1-u_2+u_3-u_4+\cdots$$

或 $$\sum_{n=1}^{\infty}(-1)^n u_n = -u_1 + u_2 - u_3 + u_4 - \cdots,$$

其中 $u_n > 0$. 关于交错级数的收敛性,有如下审敛法.

定理 1(莱布尼茨准则) 若交错级数 $\sum_{n=1}^{\infty}(-1)^{n-1}u_n(u_n > 0)$ 满足:

(1) $u_n \geqslant u_{n+1} \quad (n = 1, 2, 3, \cdots)$;

(2) $\lim_{n\to\infty} u_n = 0$,

则此交错级数收敛,且其和 $S \leqslant u_1$, 余项的绝对值 $|r_n| \leqslant u_{n+1}$.

(证明从略)

例 1 判定级数 $\sum_{n=1}^{\infty}(-1)^{n-1}\frac{1}{n}$ 的敛散性.

解 显然该级数是交错级数,且 $u_n = \frac{1}{n}$, 它满足:

(1) $u_n = \frac{1}{n} > \frac{1}{n+1} = u_{n+1}$; (2) $\lim_{n\to\infty} u_n = \lim_{n\to\infty}\frac{1}{n} = 0$.

由定理 1 得此级数收敛,且它的和 $S \leqslant u_1 = 1$.

9.3.2 绝对收敛与条件收敛

下面讨论一般的任意项级数 $\sum_{n=1}^{\infty} u_n$, 其中 u_n 可为正数、负数或零. 对应级数 $\sum_{n=1}^{\infty} u_n$, 构造一个正项级数:

$$\sum_{n=1}^{\infty}|u_n| = |u_1| + |u_2| + \cdots + |u_n| + \cdots,$$

称这个级数为级数 $\sum_{n=1}^{\infty} u_n$ 的**绝对值级数**. $\sum_{n=1}^{\infty} u_n$ 和 $\sum_{n=1}^{\infty}|u_n|$ 的敛散性有一定联系.

定理 2 若级数 $\sum_{n=1}^{\infty}|u_n|$ 收敛,则级数 $\sum_{n=1}^{\infty} u_n$ 也收敛.

证明 因为 $0 \leqslant u_n + |u_n| \leqslant 2|u_n|$, 由 $\sum_{n=1}^{\infty}|u_n|$ 收敛,则 $\sum_{n=1}^{\infty} 2|u_n|$ 收敛,由正项级数的比较审敛法,得 $\sum_{n=1}^{\infty}(u_n + |u_n|)$ 收敛;又因为, $u_n = (u_n + |u_n|) - |u_n|$, 由级数的性质 2,可知 $\sum_{n=1}^{\infty} u_n$ 收敛.

注 若级数 $\sum_{n=1}^{\infty} u_n$ 收敛, 级数 $\sum_{n=1}^{\infty}|u_n|$ 不一定收敛. 例如, $\sum_{n=1}^{\infty}(-1)^{n-1}\frac{1}{n}$ 收敛,但是 $\sum_{n=1}^{\infty}\left|(-1)^{n-1}\frac{1}{n}\right| = \sum_{n=1}^{\infty}\frac{1}{n}$ 发散.

定义 2 设 $\sum_{n=1}^{\infty} u_n$ 为任意项级数,

(1) 如果 $\sum_{n=1}^{\infty}|u_n|$ 收敛，则称级数 $\sum_{n=1}^{\infty}u_n$ **绝对收敛**；

(2) 如果 $\sum_{n=1}^{\infty}|u_n|$ 发散，但 $\sum_{n=1}^{\infty}u_n$ 收敛，则称级数 $\sum_{n=1}^{\infty}u_n$ **条件收敛**.

例如，$\sum_{n=1}^{\infty}(-1)^{n-1}\frac{1}{n^2}$ 是绝对收敛的，$\sum_{n=1}^{\infty}(-1)^{n-1}\frac{1}{n}$ 是条件收敛的.

对于任意项级数，应当判别它是绝对收敛、条件收敛还是发散.

例 2 判定级数 $\sum_{n=1}^{\infty}\frac{\sin 2n}{3^n}$ 的敛散性.

解 $\sum_{n=1}^{\infty}\frac{\sin 2n}{3^n}$ 是任意项级数，因为 $\left|\frac{\sin 2n}{3^n}\right|\leqslant\frac{1}{3^n}$，而级数 $\sum_{n=1}^{\infty}\frac{1}{3^n}$ 收敛，由比较审敛法得 $\sum_{n=1}^{\infty}\left|\frac{\sin 2n}{3^n}\right|$ 收敛，所以 $\sum_{n=1}^{\infty}\frac{\sin 2n}{3^n}$ 绝对收敛.

例 3 判定级数 $\sum_{n=1}^{\infty}\frac{(-1)^n}{\sqrt{n(n+1)}}$ 的敛散性.

解 因为 $\left|\frac{(-1)^n}{\sqrt{n(n+1)}}\right|=\frac{1}{\sqrt{n(n+1)}}>\frac{1}{n+1}$，而级数 $\sum_{n=1}^{\infty}\frac{1}{n+1}$ 发散，由比较审敛法得 $\sum_{n=1}^{\infty}\left|\frac{(-1)^n}{\sqrt{n(n+1)}}\right|$ 发散，所以 $\sum_{n=1}^{\infty}\frac{(-1)^n}{\sqrt{n(n+1)}}$ 不绝对收敛.

但是 $u_n=\frac{1}{\sqrt{n(n+1)}}>\frac{1}{\sqrt{(n+1)(n+2)}}=u_{n+1}$，$\lim_{n\to\infty}u_n=\lim_{n\to\infty}\frac{1}{\sqrt{n(n+1)}}=0$，由莱布尼茨审敛法得 $\sum_{n=1}^{\infty}\frac{(-1)^n}{\sqrt{n(n+1)}}$ 收敛.

综上所述，$\sum_{n=1}^{\infty}\frac{(-1)^n}{\sqrt{n(n+1)}}$ 条件收敛.

习题 9.3

1. 判断下列级数的敛散性. 若收敛，判断是条件收敛还是绝对收敛.

(1) $\sum_{n=1}^{\infty}(-1)^n\frac{1}{\sqrt{n}}$；

(2) $\sum_{n=1}^{\infty}(-1)^{n-1}\frac{n}{3^{n-1}}$；

(3) $\sum_{n=1}^{\infty}(-1)^n(e^{\frac{1}{n}}-1)$；

(4) $\sum_{n=1}^{\infty}(-1)^n\ln\left(1+\frac{1}{n^2}\right)$；

(5) $\sum_{n=1}^{\infty}(-1)^n\ln\frac{n+1}{n}$；

(6) $\sum_{n=2}^{\infty}\frac{(-1)^n}{\sqrt{n}+(-1)^n}$；

(7) $\sum_{n=1}^{\infty}(-1)^n(\sqrt{n+1}-\sqrt{n})$；

(8) $\sum_{n=1}^{\infty}(-1)^n\frac{n^{n+1}}{(n+1)!}$.

2. 讨论级数 $\sum_{n=1}^{\infty}(-1)^{n-1}\frac{x^n}{n}$ 的敛散性.

9.4 幂 级 数

前面几节介绍了每一项均为常数的常数项级数,下面介绍函数项级数中最简单也是最重要的一类级数——幂级数.

9.4.1 幂级数及其敛散性

定义 1 形如

$$\sum_{n=0}^{\infty} a_n x^n = a_0 + a_1 x + a_2 x^2 + \cdots + a_n x^n + \cdots \tag{9.1}$$

或

$$\sum_{n=0}^{\infty} a_n (x-x_0)^n = a_0 + a_1(x-x_0) + a_2 (x-x_0)^2 + \cdots + a_n (x-x_0)^n + \cdots \tag{9.2}$$

的级数称为**幂级数**,其中,常数 $a_0, a_1, a_2, \cdots, a_n, \cdots$ 称为幂级数的**系数**,式(9.1)称为**关于 x 的幂级数**,式(9.2)称为**关于 $x-x_0$ 的幂级数**.

对于幂级数(9.2),可通过变量替换 $t=x-x_0$ 转化为 $\sum\limits_{n=0}^{\infty} a_n t^n$,即幂级数(9.1)的形式.下面就主要针对 $\sum\limits_{n=0}^{\infty} a_n x^n$ 这种形式进行讨论.

定义 2 如果幂级数 $\sum\limits_{n=0}^{\infty} a_n x^n$ 在 $x=x_0$ 处收敛,则称 x_0 为幂级数 $\sum\limits_{n=0}^{\infty} a_n x^n$ 的**收敛点**,一个幂级数所有收敛点的全体称为它的**收敛域**.如果幂级数 $\sum\limits_{n=0}^{\infty} a_n x^n$ 在 $x=x_0$ 处发散,则称 x_0 为幂级数 $\sum\limits_{n=0}^{\infty} a_n x^n$ 的**发散点**,一个幂级数所有发散点的全体称为它的**发散域**.

如何求幂级数的收敛域呢?来看下面的定理.

定理 1(阿贝尔(Abel)定理) 如果幂级数 $\sum\limits_{n=0}^{\infty} a_n x^n$ 在点 $x=x_0\,(x_0\neq 0)$ 处收敛,则当 $|x|<|x_0|$ 时,幂级数 $\sum\limits_{n=0}^{\infty} a_n x^n$ 绝对收敛;如果幂级数 $\sum\limits_{n=0}^{\infty} a_n x^n$ 在点 $x=x_0$ 处发散,则当 $|x|>|x_0|$ 时,幂级数 $\sum\limits_{n=0}^{\infty} a_n x^n$ 发散.

(证明从略)

注 定理1表明,如果幂级数在 $x=x_0$ 处收敛,则对开区间 $(-|x_0|, |x_0|)$ 内的任何 x,幂级数都收敛;如果幂级数在 $x=x_0$ 处发散,则对开区间 $(-\infty, -|x_0|)\cup(|x_0|, +\infty)$ 内的任何 x,幂级数都发散.

例 1 讨论幂级数 $\sum\limits_{n=0}^{\infty} x^n = 1+x+x^2+\cdots+x^n+\cdots$ 的收敛域.

解 该级数是等比级数，当 $|x|<1$ 时，它收敛于和 $\dfrac{1}{1-x}$；当 $|x|\geqslant 1$ 时发散. 因此，幂级数 $\sum\limits_{n=0}^{\infty} x^n$ 的收敛域是以原点为中心，1 为半径的区间 $(-1,1)$，发散域是 $(-\infty,-1]\cup[1,+\infty)$.

$\sum\limits_{n=0}^{\infty} x^n=1+x+x^2+\cdots+x^n+\cdots=\dfrac{1}{1-x}\ (-1<x<1)$ 是幂级数求和中的一个重要结论，经常会用到.

一般情况下，幂级数 $\sum\limits_{n=0}^{\infty} a_n x^n$ 的收敛域有三种情形：

(1) 它仅在 $x=0$ 处收敛；

(2) 它在整个实数轴 $(-\infty,+\infty)$ 上收敛；

(3) 存在正数 R，在 $(-R,R)$ 内收敛，在 $(-R,R)$ 外发散，称 R 为幂级数的**收敛半径**，$(-R,R)$ 为幂级数的**收敛区间**，在端点 $x=\pm R$ 处幂级数可能收敛可能发散.

求幂级数收敛域的关键是求出它的收敛半径 R，然后再考虑端点的情况. 关于收敛半径的求法，可以不加证明地给出下面的定理.

定理 2 设幂级数 $\sum\limits_{n=0}^{\infty} a_n x^n$ 所有的系数 $a_n(n=0,1,\cdots)$ 至多只有有限个为零，如果

$$\lim_{n\to\infty}\left|\frac{a_{n+1}}{a_n}\right|=\rho,$$

则这个幂级数的收敛半径

$$R=\begin{cases}\dfrac{1}{\rho}, & \rho\neq 0,\\ +\infty, & \rho=0,\\ 0, & \rho=+\infty.\end{cases}$$

(证明从略)

求幂级数 $\sum\limits_{n=0}^{\infty} a_n x^n$ 收敛域的步骤如下：

(1) 求出收敛半径 R；

(2) 判别常数项级数 $\sum\limits_{n=0}^{\infty} a_n R^n$，$\sum\limits_{n=0}^{\infty} a_n(-R)^n$ 的收敛性；

(3) 写出幂级数的收敛域.

例 2 求下列幂级数的收敛域.

(1) $\sum\limits_{n=1}^{\infty}(-1)^{n-1}\dfrac{x^n}{n}$； (2) $\sum\limits_{n=1}^{\infty}\dfrac{x^n}{n!}$； (3) $\sum\limits_{n=1}^{\infty}\dfrac{1}{\sqrt{n}}(x-1)^n$.

解 (1) $\rho=\lim\limits_{n\to\infty}\left|\dfrac{a_{n+1}}{a_n}\right|=\dfrac{\lim\limits_{n\to\infty}\dfrac{1}{n+1}}{\dfrac{1}{n}}=1$，所以收敛半径 $R=\dfrac{1}{\rho}=1$，收敛区间为

$(-1, 1)$.

当 $x=-1$ 时，$\sum_{n=1}^{\infty}(-1)^{n-1}\frac{(-1)^n}{n}=-\sum_{n=1}^{\infty}\frac{1}{n}$，由调和级数知其发散；

当 $x=1$ 时，$\sum_{n=1}^{\infty}(-1)^{n-1}\frac{1}{n}$ 为交错级数，由莱布尼茨审敛法知其收敛.

综上，该幂级数的收敛域为 $(-1, 1]$.

$$(2)\ \rho=\lim_{n\to\infty}\left|\frac{a_{n+1}}{a_n}\right|=\frac{\lim\limits_{n\to\infty}\frac{1}{(n+1)!}}{\frac{1}{n!}}=\lim_{n\to\infty}\frac{1}{n+1}=0,$$

所以收敛半径 $R=+\infty$，该幂级数的收敛域为 $(-\infty, +\infty)$.

(3) 令 $t=x-1$，则 $\sum_{n=1}^{\infty}\frac{1}{\sqrt{n}}(x-1)^n=\sum_{n=1}^{\infty}\frac{1}{\sqrt{n}}t^n$，则

$$\rho=\lim_{n\to\infty}\left|\frac{a_{n+1}}{a_n}\right|=\frac{\lim\limits_{n\to\infty}\frac{1}{\sqrt{n+1}}}{\frac{1}{\sqrt{n}}}=1,$$

故关于 t 的收敛半径 $R=\frac{1}{\rho}=1$，收敛区间为 $(-1, 1)$.

当 $t=-1$ 时，$\sum_{n=1}^{\infty}\frac{1}{\sqrt{n}}t^n=\sum_{n=1}^{\infty}(-1)^n\frac{1}{\sqrt{n}}$ 收敛；

当 $t=1$ 时，$\sum_{n=1}^{\infty}\frac{1}{\sqrt{n}}t^n=\sum_{n=1}^{\infty}\frac{1}{\sqrt{n}}$ 发散.

所以，$\sum_{n=1}^{\infty}\frac{1}{\sqrt{n}}t^n$ 的收敛域为 $[-1, 1)$，则原幂级数 $\sum_{n=1}^{\infty}\frac{1}{\sqrt{n}}(x-1)^n$ 的收敛域为 $[0, 2)$.

9.4.2 幂级数的性质与运算

对于幂级数 $\sum_{n=0}^{\infty}a_nx^n$ 收敛域为 D，则对收敛域内的任意一点 x，幂级数 $\sum_{n=0}^{\infty}a_nx^n$ 就成为一个收敛的常数项级数，因而有一确定的和 S. 下面介绍幂级数 $\sum_{n=0}^{\infty}a_nx^n$ 的和函数.

定义 3 设有幂级数 $\sum_{n=0}^{\infty}a_nx^n$，对收敛域 D 上任意一点 x，幂级数的和是 x 的函数 $S(x)$，称 $S(x)$ 是幂级数的**和函数**.

例如，等比级数 $\sum_{n=0}^{\infty}x^n$ 在其收敛域 $(-1, 1)$ 内的和函数为 $\frac{1}{1-x}$，即

$$\sum_{n=0}^{\infty} x^n = \frac{1}{1-x}, \quad x \in (-1, 1).$$

性质1 设幂级数 $\sum_{n=0}^{\infty} a_n x^n$ 与 $\sum_{n=0}^{\infty} b_n x^n$，收敛半径分别为 R_1 和 R_2，则它们的和构成幂级数 $\sum_{n=0}^{\infty} a_n x^n \pm \sum_{n=0}^{\infty} b_n x^n = \sum_{n=0}^{\infty}(a_n \pm b_n)x^n$，其收敛半径 $R = \min\{R_1, R_2\}$.

性质2 幂级数 $\sum_{n=0}^{\infty} a_n x^n$ 的和函数 $S(x)$ 在其收敛域内连续.

性质3 设幂级数 $\sum_{n=0}^{\infty} a_n x^n$ 的收敛半径为 R，则其和函数 $S(x)$ 在区间 $(-R, R)$ 内是可导的，并有逐项求导公式

$$s'(x) = \left(\sum_{n=0}^{\infty} a_n x^n\right)' = \sum_{n=0}^{\infty}(a_n x^n)' = \sum_{n=0}^{\infty} n a_n x^{n-1}, \quad -R < x < R,$$

且幂级数 $\sum_{n=0}^{\infty} a_n x^n$ 与 $\sum_{n=0}^{\infty} n a_n x^{n-1}$ 的收敛半径相同.

反复用性质3的结论，可得幂级数 $\sum_{n=0}^{\infty} a_n x^n$ 的和函数 $S(x)$ 在收敛区间 $(-R, R)$ 内具有任意阶的导数.

性质4 设幂级数 $\sum_{n=0}^{\infty} a_n x^n$ 的收敛半径为 R，则其和函数 $S(x)$ 在区间 $(-R, R)$ 内是可积的，并有逐项积分公式

$$\int_0^x s(x)\mathrm{d}x = \int_0^x \left(\sum_{n=0}^{\infty} a_n x^n\right)\mathrm{d}x = \sum_{n=0}^{\infty}\int_0^x a_n x^n \mathrm{d}x = \sum_{n=0}^{\infty} \frac{a_n}{n+1} x^{n+1}, \quad -R < x < R,$$

且幂级数 $\sum_{n=0}^{\infty} a_n x^n$ 与 $\sum_{n=0}^{\infty} \frac{a_n}{n+1} x^{n+1}$ 的收敛半径相同.

性质3(逐项求导)、性质4(逐项积分)是幂级数很重要的性质，利用它们可以方便地求出一些幂级数的和函数.

例3 求幂级数 $\sum_{n=0}^{\infty} n x^{n-1}$ 在其收敛域区间的和函数.

解 由 $\rho = \lim\limits_{n \to \infty}\left|\frac{a_{n+1}}{a_n}\right| = \lim\limits_{n \to \infty}\frac{n+1}{n} = 1$,

得收敛半径 $R = \frac{1}{\rho} = 1$，收敛区间为 $(-1, 1)$.

由幂级数的性质4，在 $(-1, 1)$ 中，有

$$\int_0^x S(x)\mathrm{d}x = \int_0^x \left(\sum_{n=0}^{\infty} n x^{n-1}\right)\mathrm{d}x = \sum_{n=0}^{\infty}\int_0^x n x^{n-1}\mathrm{d}x = \sum_{n=0}^{\infty} x^n = \frac{x}{1-x},$$

即

$$\int_0^x S(x)\mathrm{d}x = \frac{x}{1-x},$$

将等式两边对 x 求导,得和函数 $S(x)=\dfrac{1}{(1-x)^2}$, $-1<x<1$.

例 4 求幂级数 $\sum\limits_{n=0}^{\infty}\dfrac{x^n}{n+1}$ 的和函数.

解 此级数的收敛域为 $[-1,1)$. 设和函数为 $s(x)=\sum\limits_{n=0}^{\infty}\dfrac{x^n}{n+1}$,则有

$$xs(x)=\sum_{n=0}^{\infty}\frac{x^{n+1}}{n+1},\quad x\in[-1,1).$$

利用性质 3,逐项求导得

$$(xs(x))'=\sum_{n=0}^{\infty}\left(\frac{x^{n+1}}{n+1}\right)'=\sum_{n=0}^{\infty}x^n=\frac{1}{1-x},\quad x\in(-1,1).$$

对上式从 0 到 x 积分得

$$xs(x)=\int_0^x\frac{1}{1-x}\mathrm{d}x=-\ln(1-x),\quad x\in[-1,1).$$

于是,当 $x\neq 0$ 时,有

$$S(x)=-\frac{1}{x}\ln(1-x).$$

$S(0)=a_0=1$, 也可由和函数的连续性得

$$S(0)=\lim_{x\to 0}S(x)=\lim_{x\to 0}\left[-\frac{1}{x}\ln(1-x)\right]=1.$$

从而

$$S(x)=\begin{cases}-\dfrac{1}{x}\ln(1-x), & x\in[-1,0)\cup(0,1),\\ 1, & x=0.\end{cases}$$

习题 9.4

1. 求下列幂级数的收敛域.

(1) $\sum\limits_{n=1}^{\infty}nx^n$;

(2) $\sum\limits_{n=1}^{\infty}\dfrac{x^n}{n\cdot 3^n}$;

(3) $\sum\limits_{n=1}^{\infty}(-1)^{n-1}\dfrac{2^nx^n}{\sqrt{n}}$;

(4) $\sum\limits_{n=1}^{\infty}\dfrac{(x-3)^n}{n}$;

(5) $\sum\limits_{n=1}^{\infty}\dfrac{2+(-1)^n}{2^n}x^n$;

(6) $\sum\limits_{n=1}^{\infty}\dfrac{n}{2^n}x^{2n}$;

(7) $\sum\limits_{n=1}^{\infty}\dfrac{3^n+(-2)^n}{n}(x+1)^n$.

2. 求下列幂级数的和函数.

(1) $\sum_{n=1}^{\infty}\frac{x^n}{n}$；　　(2) $\sum_{n=1}^{\infty}\frac{1}{n!}x^{n+1}$；

(3) $\sum_{n=1}^{\infty}(-1)^{n-1}\frac{x^{2n-1}}{2n-1}$；　　(4) $\sum_{n=1}^{\infty}\frac{x^{n+1}}{n(n+1)}$.

9.5 函数展开成幂级数

前面讨论了幂级数的收敛域以及利用幂级数的性质在收敛域上求出其和函数的方法. 现在要考虑相反的问题,即对一个已知的函数 $f(x)$，要找到一个幂级数,使得这个幂级数在它的收敛中的和函数恰好等于函数 $f(x)$. 这就是将已知函数 $f(x)$ 展开成幂级数的问题.

9.5.1 泰勒级数

定理 1(泰勒中值定理) 设 $f(x)$ 在 x_0 的某领域内有 $n+1$ 阶导数,则对于该领域内任意的一点 x，有

$$f(x)=f(x_0)+f'(x_0)(x-x_0)+\frac{f''(x_0)}{2!}(x-x_0)^2+\cdots+\frac{f^{(n)}(x_0)}{n!}(x-x_0)^n+R_n(x),\tag{9.3}$$

其中

$$R_n(x)=\frac{f^{(n+1)}(\xi)}{(n+1)!}(x-x_0)^{n+1}\quad(\xi\text{ 介于 }x_0\text{ 与 }x\text{ 之间}).\tag{9.4}$$

(证明从略)

注 式(9.3)称为 n 阶**泰勒公式**,式(9.4)称为**拉格朗日型余项**.

如果 $f(x)$ 在 x_0 处的 n 阶泰勒公式的余项 $R_n(x)$ 在 $n\to\infty$ 时趋于零,即 $\lim_{n\to\infty}R_n(x)=0$，则 $f(x)$ 在 x_0 处可唯一展开成级数 $\sum_{n=0}^{\infty}\frac{f^{(n)}(x_0)}{n!}(x-x_0)^n$，即

$$f(x)=f(x_0)+f'(x_0)(x-x_0)+\frac{f''(x_0)}{2!}(x-x_0)^2+\cdots+\frac{f^{(n)}(x_0)}{n!}(x-x_0)^n+\cdots,$$

该级数称为 $f(x)$ 在 $x=x_0$ 处的**泰勒级数.**

如果取 $x_0=0$，泰勒级数变为

$$f(x)=f(0)+f'(0)x+\frac{f''(0)}{2!}x^2+\cdots+\frac{f^{(n)}(0)}{n!}x^n+\cdots,$$

称该级数为**麦克劳林级数.**

今后,将 $f(x)$ 展开成 x 的幂级数,就是指将 $f(x)$ 展开成麦克劳林级数.

9.5.2 函数展开成幂级数的方法

1. 直接展开法

用直接展开法将 $f(x)$ 展开成 x 的幂级数,可按照下列步骤进行:

(1) 求出 $f(x)$ 的各阶导数 $f^{(n)}(x)$,并计算 $f^{(n)}(0)$, $n=0, 1, 2, \cdots$;

(2) 写出麦克劳林级数

$$f(0)+f'(0)x+\frac{f''(0)}{2!}x^2+\cdots+\frac{f^{(n)}(0)}{n!}x^n+\cdots,$$

并求出其收敛半径;

(3) 考察在收敛区间 $(-R, R)$ 上,$\lim\limits_{n\to\infty} R_n(x)$ 是否为 0;

(4) 如果 $\lim\limits_{n\to\infty} R_n(x)$ 为 0,幂级数在收敛域内就收敛于 $f(x)$,即 $f(x)=\sum\limits_{n=0}^{\infty}\frac{f^{(n)}(0)}{n!}x^n$.

例 1 将函数 $f(x)=\sin x$ 展成 x 的幂级数.

解 $f(x)=\sin x$ 的各阶导数 $f^{(n)}(x)=\sin\left(x+\frac{n\pi}{2}\right)$, $n=0, 1, 2, \cdots$,

$f^{(n)}(0)$ 循环地取 $0, 1, 0, -1, \cdots$ $(n=0, 1, 2, \cdots)$,于是 $f(x)$ 的麦克劳林级数为

$$x-\frac{x^3}{3!}+\frac{x^5}{5!}-\frac{x^7}{7!}+\cdots+(-1)^n\frac{x^{2n+1}}{(2n+1)!}+\cdots.$$

它的收敛半径 $R=+\infty$,收敛域为 $(-\infty, +\infty)$.

下面考察在收敛域内的余项 $R_n(x)$.

对于任何常数 x,ξ(其中 ξ 介于 0 到 x 之间),有

$$|R_n(x)|=\left|\frac{\sin\left[\xi+\frac{(n+1)\pi}{2}\right]}{(n+1)!}x^{n+1}\right|\leqslant\frac{|x|^{n+1}}{(n+1)!},$$

而 $\frac{|x|^{n+1}}{(n+1)!}$ 是收敛级数 $\sum\limits_{n=0}^{\infty}\frac{|x|^{n+1}}{(n+1)!}$ 的一般项,所以 $\lim\limits_{n\to\infty}\frac{|x|^{n+1}}{(n+1)!}=0$,从而 $\lim\limits_{n\to\infty}R_n(x)=0$.

于是 $\sin x$ 可以展开成麦克劳林级数,即

$$\begin{aligned}\sin x&=x-\frac{x^3}{3!}+\frac{x^5}{5!}-\frac{x^7}{7!}+\cdots+(-1)^n\frac{x^{2n+1}}{(2n+1)!}+\cdots\\&=\sum_{n=0}^{\infty}(-1)^n\frac{x^{2n+1}}{(2n+1)!}.\end{aligned}$$

同理,用直接展开法可以得到几个常用函数关于 x 的展开式:

(1) $\mathrm{e}^x=\sum\limits_{n=0}^{\infty}\frac{x^n}{n!}$, $-\infty<x<+\infty$;

(2) $\sin x=\sum\limits_{n=0}^{\infty}\frac{(-1)^n}{(2n+1)!}x^{2n+1}$, $-\infty<x<+\infty$;

(3) $\cos x=\sum\limits_{n=0}^{\infty}\frac{(-1)^n}{(2n)!}x^{2n}$, $-\infty<x<+\infty$;

(4) $\ln(1+x)=\sum\limits_{n=1}^{\infty}\frac{(-1)^{n-1}}{n}x^n$, $-1<x\leqslant 1$;

(5) $(1+x)^m=1+mx+\frac{m(m-1)}{2!}x^2+\cdots+\frac{m(m-1)\cdots(m-n+1)}{n!}x^n+\cdots$, $-1<x<1$;

(6) $\frac{1}{1-x}=\sum\limits_{n=0}^{\infty}x^n$, $-1<x<1$.

2. 间接展开法

用直接展开法常会涉及计算 n 阶导数以及余项 $R_n(x)$ 是否趋于零的问题，这都是比较麻烦的. 但是我们可以利用一些已知函数的幂级数展开式，通过幂级数的加减法、变量代换、逐项求导、逐项积分等方法，间接地求得幂级数的展开式，这种方法称为**间接展开法**.

例 2 将函数 $f(x)=\mathrm{e}^{-x}$ 展开成 x 的幂级数.

解 将 $-x$ 代入公式(1)中，得

$$\mathrm{e}^{-x}=\sum_{n=0}^{\infty}\frac{1}{n!}(-x)^n=\sum_{n=0}^{\infty}(-1)^n\frac{x^n}{n!},\quad -\infty<x<+\infty.$$

例 3 将函数 $f(x)=\arctan x$ 展开成 x 的幂级数.

解 因为 $f'(x)=\frac{1}{1+x^2}=\sum\limits_{n=0}^{\infty}(-x^2)^n=\sum\limits_{n=0}^{\infty}(-1)^n x^{2n}$, $\quad -1<x<1$,

所以
$$\begin{aligned}f(x)=\arctan x&=\int_0^x f'(x)\mathrm{d}x=\int_0^x\Big[\sum_{n=0}^{\infty}(-1)^n x^{2n}\Big]\mathrm{d}x\\&=\sum_{n=0}^{\infty}\Big[\int_0^x(-1)^n x^{2n}\mathrm{d}x\Big]\\&=\sum_{n=0}^{\infty}\frac{(-1)^n}{2n+1}x^{2n+1}.\end{aligned}$$

又 $\sum\limits_{n=0}^{\infty}\frac{(-1)^n}{2n+1}x^{2n+1}$ 在 $x=\pm 1$ 处也收敛，且 $f(\pm 1)$ 也有意义，故幂级数的收敛域为 $[-1,1]$.

例 4 将函数 $f(x)=\ln(2+x)$ 展成 x 的幂级数.

解 $f(x)=\ln(2+x)=\ln\Big[2\Big(1+\frac{x}{2}\Big)\Big]=\ln 2+\ln\Big(1+\frac{x}{2}\Big)$,

所以，$\ln(2+x)=\ln 2+\sum\limits_{n=1}^{\infty}\dfrac{(-1)^{n-1}}{n}\left(\dfrac{x}{2}\right)^{n}$，

此时，$-1<\dfrac{x}{2}\leqslant 1$，即 $-2<x\leqslant 2$.

例 5 将函数 $f(x)=\dfrac{1}{2-x}$ 展开成 $(x-1)$ 的幂级数.

解 $f(x)=\dfrac{1}{2-x}=\dfrac{1}{1-(x-1)}=\sum\limits_{n=0}^{\infty}(x-1)^{n}$，

此时，$-1<x-1<1$，即 $0<x<2$.

习题 9.5

1. 将下列函数展开成 x 幂级数.

(1) $f(x)=e^{-x^2}$；　　(2) $f(x)=\dfrac{1}{(x-1)(x-2)}$；

(3) $f(x)=a^{x}$；　　(4) $f(x)=\dfrac{x^2}{1+x}$.

2. 求下列函数在指定点的幂级数展开式，并求其收敛域.

(1) $f(x)=\dfrac{1}{5-x}$，$x_0=2$；

(2) $f(x)=e^{x}$，$x_0=1$.

本章应用拓展——无穷级数模型

美丽雪花的面积及周长的计算模型

瑞典数学家黑尔格·冯·柯克(Koch)在 1904 年首先考虑一种集合图形，就是所谓的“柯克曲线”，因其形状类似雪花而称为“雪花曲线”.

雪花到底是什么形状呢？

首先画一等边三角形，把边长为原来的 $\dfrac{1}{3}$ 的小等边三角形放在原来三角形的三个边的中部，由此得到一个六角星，再将六角星的每个角上的小三角形按上述同样方法变成一个小六角星……如此一直进行下去，就得到了雪花的形状，如图 9-1 所示，但是美丽雪花的面积及周长应该如何计算呢？

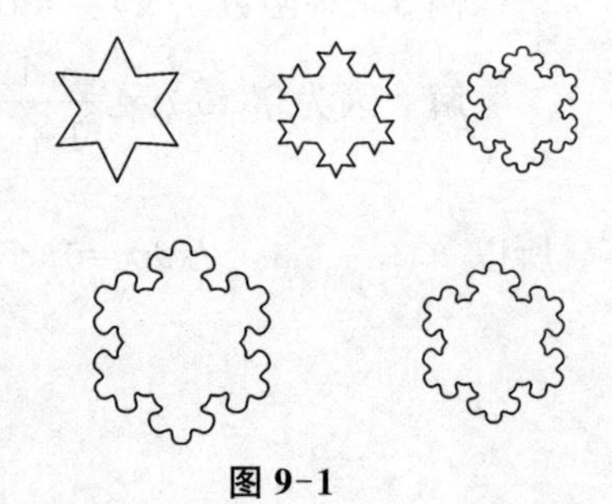

图 9-1

从雪花曲线的形成可以想到，它的周长是无限的，而面积是有限的.

解 雪花的面积和周长可以分别用无穷级数和无穷数列表示，在雪花曲线产生过程中，假设初始三角形的边长为 1，则各图形的边数依为

$$3,\ 3\times 4,\ 3\times 4^{2},\ 3\times 4^{3},\ \cdots,\ 3\times 4^{n-1},\ \cdots,$$

各图形的边长依次为 $1, \frac{1}{3}, \frac{1}{3^2}, \frac{1}{3^3}, \cdots, \frac{1}{3^{n-1}},$

各图形的周长依次为

$$L_0 = 1 \times 3 = 3, \quad L_1 = \frac{4}{3} \cdot L_0 = 4, \quad L_2 = \left(\frac{4}{3}\right)^2 \cdot L_0,$$

$$\cdots$$

$$\lim_{n\to\infty} L_n = \lim_{n\to\infty} \left(\frac{4}{3}\right)^n \cdot L_0 = \infty,$$

初始面积为

$$S_0 = \frac{1}{2} \times 1 \times \frac{\sqrt{3}}{2} = \frac{\sqrt{3}}{4},$$

$$S_1 = S_0 + \frac{1}{9} \times 3 = S_0 + \frac{1}{3},$$

$$\cdots$$

$$\begin{aligned} S_n &= S_{n-1} + 3\left\{4^{n-2}\left[\left(\frac{1}{9}\right)^{n-1} S_0\right]\right\} \\ &= S_0\left\{1 + \left[\frac{1}{3} + \frac{1}{3}\left(\frac{4}{9}\right) + \frac{1}{3}\left(\frac{4}{9}\right)^2 + \cdots + \frac{1}{3}\left(\frac{4}{9}\right)^{n-2}\right]\right\} \\ &= S_0 + \frac{S_0}{3}\sum_{n=0}^{\infty}\left(\frac{4}{9}\right)^k, \end{aligned}$$

$$\lim_{n\to\infty} S_n = S_0\left(1 + \frac{\frac{1}{3}}{1-\frac{4}{9}}\right) = S_0\left(1+\frac{3}{5}\right) = \frac{8}{5}S_0,$$

即雪花曲线所围成的面积为原三角形面积的 $\frac{8}{5}$ 倍.

Mathematica 计算程序

计算周长程序：

```
L0 = 3;
f[n]: = (4/3)^n * 10
Table[f[n],{n,0, 10}];
TableForm[%]//N
```

运行结果如下：

变化次数	0	1	2	3	4	5	6	7	8	9	10
周长近似	3	4	5.33	7.11	9.48	12.6	16.9	22.5	30.1	41.1	53.3

计算面积程序：

```
S0 = Sqrt[3]/4;
s[n_]: = (1+(1/3) Sum[(4/9)^k],{k,0,n}]) * S0
Table[S[n],{n, 0, 10}];
TableForm[%]//N
```

运行结果如下：

变化次数	0	1	2	3	4	5	6	7	8	9	10
面积近似	0.57	0.6	0.67	0.6	0.69	0.69	0.69	0.69	0.69	0.69	0.69

近似计算数据证实柯克雪花的周长是无限的，面积是有限的.

总习题 9

1. 单项选择题.

(1) 若级数 $\sum_{n=1}^{\infty} u_n$ 发散，则（　　）.

A. $\lim_{n\to\infty} u_n = 0$　　B. $\lim_{n\to\infty} u_n \neq 0$

C. $\lim_{n\to\infty} u_n = \infty$　　D. 可能 $\lim_{n\to\infty} u_n = 0$，也可能 $\lim_{n\to\infty} u_n \neq 0$

(2) 若级数 $\sum_{n=1}^{\infty} u_n$ 收敛，则下列级数收敛的是（　　）.

A. $\sum_{n=1}^{\infty}(u_n+2)$　　B. $\sum_{n=1}^{\infty} 3u_n$　　C. $\sum_{n=1}^{\infty} u_n^2$　　D. $\sum_{n=1}^{\infty} \frac{1}{u_n}$

(3) 若 $\sum_{n=1}^{\infty} u_n$ 收敛，$\sum_{n=1}^{\infty} v_n$ 发散，则 $\sum_{n=1}^{\infty}(u_n \pm v_n)$（　　）.

A. 收敛　　B. 发散　　C. 可能收敛　　D. 可能发散

(4) 如果级数 $\sum_{n=1}^{\infty} u_n$ 收敛，且 $u_n \neq 0 (n=0, 1, 2, 3, \cdots)$，其和为 s，则级数 $\sum_{n=1}^{\infty} \frac{1}{u_n}$（　　）.

A. 收敛且其和为 $\frac{1}{s}$　　B. 收敛但其和不一定为 s

C. 发散　　D. 敛散性不能判定

(5) 下列级数发散的是（　　）.

A. $\sum_{n=1}^{\infty}(-1)^{n-1}\frac{1}{n}$　　B. $\sum_{n=1}^{\infty}(-1)^{n-1}\left(\frac{1}{n}+\frac{1}{n+1}\right)$

C. $\sum_{n=1}^{\infty}(-1)^{n}\frac{1}{\sqrt{n}}$　　D. $\sum_{n=1}^{\infty}\left(-\frac{1}{n}\right)$

(6) 设常数 $a \neq 0$，几何级数 $\sum_{n=1}^{\infty} aq^n$ 收敛，则 q 应满足（　　）.

A. $q<1$　　B. $-1<q<1$　　C. $q<1$　　D. $q>1$

(7) 设幂级数 $\sum_{n=1}^{\infty} a_n x^n$ 在 $x=2$ 处收敛，则在 $x=-1$ 处（　　）.

A. 绝对收敛　　B. 发散

C. 条件收敛　　D. 敛散性不能判定

(8) 设 $\lim\limits_{n\to\infty} u_n = +\infty$，则级数 $\sum\limits_{n=1}^{\infty}\left(\dfrac{1}{u_n}-\dfrac{1}{u_{n+1}}\right)$ (　　).

A. 必收敛于 $\dfrac{1}{u_1}$　　B. 收敛性不能判定

C. 必收敛于0　　D. 一定发散

2. 判断题

(1) 若级数 $\sum\limits_{n=1}^{\infty} u_n$，$(u_n>0)$ 收敛，则必有 $\lim\limits_{n\to\infty}\dfrac{u_{n+1}}{u_n}=r<1$.　　(　　)

(2) 若级数 $\sum\limits_{n=1}^{\infty}|u_n|$ 发散，则级数 $\sum\limits_{n=1}^{\infty} u_n$ 也发散.　　(　　)

(3) 若 $\lim\limits_{n\to\infty} u_n = 0$，则级数 $\sum\limits_{n=1}^{\infty} u_n$ 收敛.　　(　　)

3. 判断下列级数的敛散性.

(1) $\sum\limits_{n=1}^{\infty}\dfrac{1}{n(n+1)(n+2)}$；　　(2) $\sum\limits_{n=1}^{\infty}\dfrac{3^n}{2^n}$；

(3) $\sum\limits_{n=1}^{\infty}\dfrac{1}{\sqrt{n(n+1)}}$；　　(4) $\sum\limits_{n=1}^{\infty}\dfrac{2^n}{2^n+3^n}$；

(5) $\sum\limits_{n=1}^{\infty}3^n\sin\dfrac{\pi}{4^n}$；　　(6) $\sum\limits_{n=1}^{\infty}\dfrac{1}{1+a^n}\ (a>0)$；

(7) $\sum\limits_{n=1}^{\infty}\dfrac{n^2}{4^n}$；　　(8) $\sum\limits_{n=1}^{\infty}\dfrac{2^n\cdot n!}{n^n}$；

(9) $\sum\limits_{n=1}^{\infty}\dfrac{3^n}{n!}$；　　(10) $\sum\limits_{n=1}^{\infty}\dfrac{1\cdot 3\cdot 5\cdot\cdots\cdot(2n-1)}{3^n\cdot n!}$.

4. 判断下列级数的敛散性.若收敛，判断是条件收敛还是绝对收敛.

(1) $\sum\limits_{n=1}^{\infty}(-1)^n\ln\left(1+\dfrac{1}{n}\right)$；　　(2) $\sum\limits_{n=2}^{\infty}(-1)^n\dfrac{\ln n}{n}$；

(3) $\sum\limits_{n=1}^{\infty}(-1)^n\sin\dfrac{1}{n^2}$；　　(4) $\sum\limits_{n=1}^{\infty}(-1)^{n-1}(\sqrt{n+1}-\sqrt{n})$.

5. 求下列幂级数的收敛半径和收敛域.

(1) $\sum\limits_{n=1}^{\infty}\dfrac{2^n}{n^2+1}x^n$；　　(2) $\sum\limits_{n=1}^{\infty}\dfrac{1}{n^n}x^n$；

(3) $\sum\limits_{n=1}^{\infty}(-1)^n\dfrac{2^n}{\sqrt{n}}\left(x-\dfrac{1}{2}\right)^n$；　　(4) $\sum\limits_{n=1}^{\infty}\dfrac{n!}{2^n}x^n$.

6. 求级数 $\sum\limits_{n=1}^{\infty}(n+1)x^n$ 的和函数，并利用和函数求 $\sum\limits_{n=1}^{\infty}\dfrac{n+1}{2^n}$ 的和.

7. 将下列函数展开成 x 幂级数，并写出展开式成立的区间.

(1) $f(x)=(1+x)\mathrm{e}^{-x}$；　　(2) $f(x)=\cos\dfrac{x}{2}$；

(3) $f(x)=\sin^2 x$；　　(4) $f(x)=\dfrac{1}{x}\ln(1+x)$.

8. 求下列函数在指定点的幂级数展开式，并求其收敛域.

(1) $f(x)=\dfrac{1}{x}$, $x_0=2$；　　　　(2) $f(x)=\ln(1+x)$, $x_0=2$.

9. 求幂级数 $\sum\limits_{n=1}^{\infty}(-1)^n\dfrac{x^{2n-1}}{2n-1}$, $(|x|<1)$ 的和函数,并求级数 $\sum\limits_{n=1}^{\infty}\dfrac{(-1)^{n-1}}{2n-1}\left(\dfrac{3}{4}\right)^n$ 的和.

10. 设某知名企业欲设立一笔助学基金,每年底从利息中拿出10万元,赞助某大学家庭贫困而学习优异的学生,该企业委托某银行保管这笔基金,双方商定这笔基金的年利率(复利)是2.5‰,问该企业设立这笔基金的资金数额是多少?

参考答案

习题 1.1

1. (1) $(-\infty, -2) \cup (-2, 3) \cup (3, +\infty)$； (2) $\left[-\frac{1}{3}, 1\right]$； (3) $\left(\frac{3}{2}, 2\right) \cup (2, +\infty)$；

(4) $(-\infty, 0) \cup (0, 3)$； (5) $[-3, 0) \cup (2, 3]$； (6) $[-5, 5]$.

2. $\frac{1}{2}$， $\frac{\sqrt{2}}{2}$， $\frac{\sqrt{2}}{2}$， 0.

3. (1) $y = \sqrt{x^3 - 1}$, $(x > 1)$； (2) $y = \log_2 \frac{x}{1-x}$.

4. 略.

5. $f[f(x)] = \frac{x}{1-2x}$；$f\{f[f(x)]\} = \frac{x}{1-3x}$.

6. 略.

习题 1.2

1. (1) 收敛,1； (2) 收敛,0； (3) 收敛,1； (4) 发散.

2. 略.

3. (1) 1,其中 $x_n = 1 - \frac{1}{10^n}$； (2) $N \geqslant 3$.

习题 1.3

1. (1) 0； (2) 0； (3) 0； (4) 不存在； (5) 0； (6) $+\infty$.

2. $\lim\limits_{x \to 0^-} f(x) = \lim\limits_{x \to 0^+} f(x) = 1$， $\lim\limits_{x \to 0} f(x) = 1$；

$\lim\limits_{x \to 0^-} \varphi(x) = -1$， $\lim\limits_{x \to 0^+} \varphi(x) = 1$， $\lim\limits_{x \to 0} \varphi(x)$ 不存在.

3. $f(9^-) = 3$, $f(9^+) = 3$, 所以 $\lim\limits_{x \to 9} f(x)$ 极限存在,且为 3.

4. 略.

5. 提示：利用不等式 $||a| - |b|| \leqslant |a - b|$.

习题 1.4

1. (1) $x \to \infty$, 无穷小量；$x \to 0$ 无穷大量； (2) $x \to \infty$, 无穷小量；$x \to -1$ 无穷大量；

(3) $x \to -\infty$, 无穷小量；$x \to +\infty$ 无穷大量； (4) $x \to \infty$, 无穷小量；$x \to 0^+$, $x \to +\infty$ 无穷大量.

2. (1) 3； (2) -1； (3) $\frac{2}{3}$； (4) $-\frac{2}{5}$； (5) $\frac{1}{3}$； (6) 0； (7) $\left(\frac{3}{2}\right)^{20}$； (8) 1 (9) 0； (10) ∞；
(11) ∞； (12) ∞.

3. $a=1, b=-1$.

4. 2.

习题 1.5

1. (1) 3； (2) 2； (3) 2； (4) x； (5) $\sqrt{2}$； (6) 1.

2. (1) e^{10}； (2) e^{-1}； (3) e； (4) e^{-1}.

3. ln 3. **4.** 略. **5.** 6 640. **6.** 746.

习题 1.6

1. (1) 高阶； (2) 低阶； (3) 同阶； (4) 等价.

2. 略. **3.** 略.

4. (1) $\frac{3}{5}$； (2) 3； (3) -1； (4) 2； (5) 0(当 $m<n$ 时)；1(当 $m=n$ 时)；∞(当 $m>n$ 时)； (6) 1.

5. 略.

习题 1.7

1. 不连续. **2.** $a=1$.

3. (1) $x=1$ 为跳跃间断点；
(2) $x=0$ 为可去间断点，补充定义 $f(0)=-1$；
(3) $x=0$ 为震荡间断点；
(4) $x=1$ 为可去间断点，补充定义 $f(1)=-2$，$x=2$ 为无穷间断点.

4. 跳跃间断点.

5. $a=b=2$.

6. (1) 0； (2) 1.

7. 略.

总习题 1

1. (1) $[-1, 3]$. (2) $y=\log_a u, u=\sqrt{v}, v=\sin w, w=2x$. (3) $y=-\sqrt{x}\ (x>0)$. (4) 奇函数.
(5) 0. (6) 0. (7) 0, 1, 1. (8) $\frac{x-1}{x+1}$.

2. (1) D. (2) C. (3) A. (4) A. (5) C. (6) A.

3. (1) $\frac{2}{3}$； (2) 1； (3) 1； (4) $\frac{1}{2}$； (5) 0； (6) 1； (7) $\frac{1}{m}$； (8) 1； (9) 0； (10) e^{-2}.

4. $a=1$. **5.** 略. **6.** 略.

习题 2.1

1. (1) -20； (2) $\frac{1}{e}$； (3) $2x_0+3$； (4) $3\cos(3x_0+1)$.

2. (1) $2f'(x_0)$； (2) $-f'(x_0)$； (3) $\dfrac{1}{3f'(x_0)}$.

3. 切线方程为 $x-y+1=0$；法线方程为 $x+y-1=0$.

4. $a=\dfrac{3}{2}$； $b=-\dfrac{3}{2}$.

5. 可导，$f'(0)=1$.

6. $f'_{+}(0)=0$，$f'_{-}(0)=-1$，且 $f'(0)$ 不存在.

7. (1) 连续，不可导； (2) 连续，可导.

习题 2.2

1. (1) $15x^2-2^x\ln 2+3e^x$； (2) $-\dfrac{x+1}{2x\sqrt{x}}$； (3) $\dfrac{1-\ln x}{x^2}$； (4) $3x^2+12x+11$；

(5) $-\dfrac{x+1}{2x\sqrt{x}}-\dfrac{1}{1+\sin x}$； (6) $-\dfrac{2x+\sin 2x}{(x\sin x-\cos x)^2}$.

2. 切线方程为 $2x-y=0$；法线方程为 $x+2y=0$.

3. (1) $8(2x+5)^3$； (2) $2x\sec^2 x^2$； (3) $\dfrac{2}{\sqrt{4-x^2}}\arcsin\dfrac{x}{2}$； (4) $\dfrac{1}{2x}\left(1+\dfrac{1}{\sqrt{\ln x}}\right)$；

(5) $\dfrac{x}{\sqrt{1+x^2}}e^{\sqrt{1+x^2}}$； (6) $n\sin^{n-1}x(\cos x\cos nx-\sin x\sin nx)$； (7) $-\dfrac{1}{(1+x)\sqrt{2x-2x^2}}$；

(8) $10^{x\tan 2x}\ln 10(\tan 2x+2x\sec^2 2x)$.

4. (1) $2xf'(x^2)$； (2) $f'[f(x)]f'(x)$； (3) $\dfrac{f'(x)}{1+f^2(x)}$； (4) $f'(\arctan x)\dfrac{1}{1+x^2}$.

5. $f'(x+3)=5x^4$； $f'(x)=5(x-3)^4$.

习题 2.3

1. (1) $-\dfrac{2x+y}{x+2y}$； (2) $\dfrac{e^{x+y}-y}{x-e^{x+y}}$； (3) $-\dfrac{\sin(x+y)}{1+\sin(x+y)}$； (4) $\dfrac{a^2y-x^2}{y^2-a^2x}$.

2. 1.

3. (1) $(\sin x)^{\ln x}\left(\dfrac{\ln\sin x}{x}+\ln x\cdot\cot x\right)$；

(2) $\dfrac{1}{2}\sqrt{x\sin x\sqrt{1-e^x}}\left[\dfrac{1}{x}+\cot x-\dfrac{e^x}{2(1-e^x)}\right]$；

(3) $x^{x^x}x^{x-1}(x\ln^2 x+x\ln x+1)$；

(4) $\dfrac{(x+1)^2\sqrt[3]{3x-2}}{\sqrt[3]{(x-3)^2}}\left[\dfrac{2}{x+1}+\dfrac{1}{3x-2}-\dfrac{2}{3(x-3)}\right]$.

4. (1) $\dfrac{\cos\theta-\theta\sin\theta}{1-\sin\theta-\theta\cos\theta}$； (2) $\dfrac{t}{2}$.

5. $(-5, 6)$，$\left(-\dfrac{208}{27}, \dfrac{32}{3}\right)$.

习题 2.4

1. (1) $12x-\dfrac{1}{x^2}$； (2) $2\sec^2 x\tan x$； (3) $2\arctan x+\dfrac{2x}{1+x^2}$； (4) $2xe^x(3+2x^2)$.

2. (1) $2f'(x^2)+4x^2f''(x^2)$； (2) $e^{-x}f'(e^{-x})+e^{-2x}f''(e^{-x})$； (3) $\dfrac{f''(\ln x)}{x^2}-\dfrac{f'(\ln x)}{x^2}$；

(4) $\dfrac{f''(x)f(x)-[f'(x)]^2}{f^2(x)}$.

3. (1) $-\dfrac{1}{y^3}$； (2) $\dfrac{e^{2y}(3-y)}{(2-y)^3}$.

4. (1) $\dfrac{1}{t^3}$； (2) $-\dfrac{1}{4a\sin^4\dfrac{t}{2}}$.

5. 略.

6. (1) ne^x+xe^x； (2) $2^{n-1}\sin\left(2x+\dfrac{\pi}{2}(n-1)\right)$； (3) $(-1)^{n-1}(n-1)!(1+x)^{-n}$；

(4) $\dfrac{(a-b)^n}{2}\cos\left[(a-b)x+\dfrac{n\pi}{2}\right]-\dfrac{(a+b)^n}{2}\cos\left[(a+b)x+\dfrac{n\pi}{2}\right]$.

习题 2.5

1. (1) $\dfrac{1}{2}\sin x$； (2) $\dfrac{3}{2}x^2$； (3) $-\dfrac{1}{2}e^{-2x}$； (4) $\dfrac{1}{2}\ln(1+2x)$； (5) $\dfrac{1}{3}\tan 3x$； (6) $\dfrac{1}{2}\arcsin 2x$.

2. (1) $(15x^2+3)dx$； (2) $\left(-\dfrac{1}{x^2}+\dfrac{1}{\sqrt{x}}\right)dx$； (3) $(\sin 2x+2x\cos 2x)dx$ (4) $\left(\dfrac{4}{x}\ln x+1\right)dx$；

(5) $2xe^x(1+x)dx$； (6) $\left[\dfrac{-2\sin 2x}{1+\sin x}-\dfrac{\cos x\cos 2x}{(1+\sin x)^2}\right]dx$.

3. (1) $dy=\dfrac{3x^2y^2dx}{4y^3\cos y^4-2x^3y}$； (2) $dy=\dfrac{1}{(x+y)^2}dx$； (3) $dy=\dfrac{x+y}{x-y}dx$；

(4) $dy=\dfrac{x\ln y-y}{y\ln x-x}\cdot\dfrac{y}{x}dx$.

4. (1) 0.01； (2) 0.98.

5. $39.27\ \text{cm}^3$.

总习题 2

1. (1) 一定,不一定. (2) 充要. (3) 0, 1; 0, 0; 0,不可导. (4) m^ne^{mx}.

(5) $\arctan x+\dfrac{1}{2}\sin 2x+\dfrac{1}{3}e^{3x}+C$. (6) $a=2$, $b=-1$.

2. (1) D. (2) B. (3) D. (4) C. (5) B. (6) B.

3. (1) $(3x+5)^2(5x+4)^4(120x+161)$； (2) $ax^{a-1}+a^x\ln a$； (3) $-\dfrac{1}{x^2+1}$； (4) $\arcsin\dfrac{x}{2}$.

4. (1) $6x\cos 2x-12x^2\sin 2x-4x^3\cos 2x$； (2) $\dfrac{1}{x^2-1}$.

5. (1) $\dfrac{(-1)^{n-1}(n-1)!}{(1+x)^n}$； (2) $n!$.

6. $y'=-\dfrac{ye^{xy}+\sin x}{xe^{xy}+2y}$.

7. $-\dfrac{4\sin y}{(2-\cos y)^3}$.

8. $x-4y+3=0$.

9. 大约减少 43.6 cm^2；大约增加 104.7 cm^2.

习题 3.1

1. $\xi=\dfrac{7}{2}$.

2. 有两个零点，分别在 $(3, 4)$，$(4, 5)$ 内.

3. $\xi=\mathrm{e}-1$.

4. 提示：令 $f(t)=\ln t$ 在 $[x, 1+x]$ 上用拉格朗日中值定理.

5. 略.

6. 满足，$\xi=\dfrac{14}{9}$.

习题 3.2

1. (1) 2； (2) $-\dfrac{1}{8}$； (3) $\cos a$； (4) $\dfrac{\alpha}{\beta}$； (5) $\dfrac{9}{2}$； (6) 1； (7) 1； (8) $-\dfrac{1}{2}$； (9) $\dfrac{1}{2}$；

(10) $\dfrac{1}{2}$； (11) 1； (12) e.

2. 略.

3. $a=-3$, $b=\dfrac{9}{2}$.

习题 3.3

1. (1) 在区间 $(-\infty, -1]$，$[3, +\infty)$ 内单调增加，在 $[-1, 3]$ 内单调减少，极大值 $f(-1)=17$，极小值 $f(3)=-47$；

(2) 在区间 $(0, 2]$ 内单调减少，在区间 $[2, +\infty)$ 内单调增加，极小值 $f(2)=8$；

(3) 在区间 $\left(-\infty, \dfrac{3}{4}\right]$ 内单调增加，在区间 $\left[\dfrac{3}{4}, 1\right]$ 内单调减少，极大值 $f\left(\dfrac{3}{4}\right)=\dfrac{5}{4}$；

(4) 在区间 $\left(0, \dfrac{1}{2}\right]$ 内单调减少，在区间 $\left[\dfrac{1}{2}, +\infty\right)$ 内单调增加，极小值 $f\left(\dfrac{1}{2}\right)=\dfrac{1}{2}+\ln 2$.

2. 略. **3.** 略.

4. (1) $y_{\max}=13$, $y_{\min}=4$； (2) $y_{\max}=\dfrac{5}{2}$, $y_{\min}=2$.

5. 长为 3 m，宽为 2 m 时，所用材料最省.

6. 2 小时.

习题 3.4

1. (1) 1 775, 1.972； (2) 1.583； (3) $C'(900)=1.5$, $C'(1\,000)=1.667$.

2. (1) $R(20)=120$, $\overline{R}(20)=6$, $R'(20)=2$; $R(30)=120$, $\overline{R}(20)=4$, $R'(30)=-2$； (2) 25.

3. (1)

x	$C(x)$	$\bar{C}(x)$	$C'(x)$
1 000	5 600	5.60	4.0
2 000	10 600	5.30	6.0
3 000	17 600	5.87	8.0

(2) 当 $x = 1\,612$ 时，$C'(x) \approx 5.22$ 最低成本.

4. $C'(10) = 12$.

5. (1) $Q'(4) = -8$，说明当 $P = 4$ 时，价格变化 1 个单位，需求量反方向变化 8 个单位；

(2) $\eta(40 \approx 0.35$，说明当 $P = 4$ 时，价格上涨 1%，需求减少 0.35%；

(3) $P = 4$，价格上涨 1%，总收益增加 0.65%；

(4) $P = 7$，价格上涨 1%，总收益减少 0.66%；

(5) $P = 6$.

总习题 3

1. (1) $f(x)$ 在 $(-1, 1)$ 内不可导. (2) $\dfrac{e^b - e^a}{b^2 - a^2} = \dfrac{e^\xi}{2\xi}$. (3) $a = 1$，$b = -25$.

(4) $[1, +\infty)$；$(-\infty, 0) \cup (0, 1]$. (5) $f(a)$. (6) 2，2.

2. (1) A. (2) D. (3) C. (4) D.

3. 略. **4.** 略.

5. (1) 0； (2) 2； (3) $\dfrac{1}{2}$； (4) $-\dfrac{1}{8}$.

6. 单调增区间是 $(0, e)$，单调减区间是 $(e, +\infty)$，极大值 $f(e) = \dfrac{1}{e}$.

7. 最小值 $y\Big|_{x=0} = 0$，最大值 $y\Big|_{x=-\frac{1}{2}} = y\Big|_{x=1} = \dfrac{1}{2}$.

8. 底为 6 m，高为 3 m.

习题 4.1

1. (1) $\dfrac{4}{7}x^{\frac{7}{4}} + C$； (2) $\dfrac{2}{5}x^{\frac{5}{2}} + x - \dfrac{1}{2}x^2 - 2\sqrt{x} + C$； (3) $-\dfrac{1}{x} - \arctan x + C$；

(4) $3\arctan x - 2\arcsin x + C$； (5) $2x - \dfrac{5 \cdot \left(\dfrac{2}{3}\right)^x}{\ln 2 - \ln 3} + C$； (6) $-\cot x - x + C$；

(7) $e^x + x + C$； (8) $-\cot x - \dfrac{1}{x} + C$； (9) $\sin x + \cos x + C$； (10) $\tan x - \sec x + C$；

(11) $\dfrac{1}{2}\tan x + C$； (12) $\sin x + \cos x + C$.

2. $y = \sqrt{x} + 1$.

3. $s = t^3 + 2t^2$.

习题 4.2

1. (1) $\dfrac{1}{12}$； (2) -1； (3) -2； (4) $-\dfrac{1}{5}$； (5) $\dfrac{1}{2}$； (6) $\dfrac{1}{2}$； (7) $\dfrac{1}{3}$； (8) $-\dfrac{1}{9}$.

2. (1) $\frac{1}{2}\ln(1+x^2)+C$； (2) $-\frac{1}{2}(2-3x)^{\frac{2}{3}}+C$； (3) $\frac{1}{2}\ln^2 x+C$； (4) $2\sin\sqrt{x}+C$；

(5) $\ln|\ln\ln x|+C$； (6) $-e^{\frac{1}{x}}+C$； (7) $\arctan e^x+C$； (8) $\frac{1}{2\cos^2 x}+C$； (9) $\sin x-\frac{\sin^3 x}{3}+C$；

(10) $\ln|\cos x|+\frac{1}{2}\sec^2 x+C$.

3. (1) $\sqrt{x^2-9}-3\arccos\frac{3}{|x|}+C$； (2) $\arcsin x+\frac{\sqrt{1-x^2}-1}{x}+C$； (3) $\frac{x}{\sqrt{1+x^2}}+C$；

(4) $\frac{1}{3}\ln\left|3x+\sqrt{9x^2-4}\right|+C$； (5) $\frac{2}{5}(x-2)^{\frac{5}{2}}+\frac{4}{3}(x-2)^{\frac{3}{2}}+C$；

(6) $2\sqrt{x}-4\sqrt[4]{x}+4\ln(\sqrt[4]{x}+1)+C$； (7) $x-4\sqrt{x+1}+4\ln(\sqrt{x+1}+1)+C$；

(8) $\sqrt{2x}-\ln(1+\sqrt{2x})+C$.

习题 4.3

(1) $-\frac{1}{2}x\cos 2x+\frac{1}{4}\sin 2x+C$；

(2) $x^2\sin x+2x\cos x-2\sin x+C$；

(3) $x\ln^2 x-2x\ln x+2x+C$；

(4) $-e^{-x}(x+1)+C$；

(5) $x\arcsin x+\sqrt{1-x^2}+C$；

(6) $\frac{1}{3}x^3\arctan x-\frac{1}{6}x^2+\frac{1}{6}\ln(1+x^2)+C$；

(7) $-\frac{2}{17}e^{-2x}\left(\cos\frac{x}{2}+4\sin\frac{x}{2}\right)+C$；

(8) $3e^{\sqrt[3]{x}}(\sqrt[3]{x^2}-2\sqrt[3]{x}+2)+C$；

(9) $\frac{1}{2}(\sec x\tan x+\ln|\sec x+\tan x|)+C$；

(10) $\frac{1}{2}(\cos\ln x+\sin\ln x)+C$.

总习题 4

1. (1) $f(x)\mathrm{d}x$，$f(x)+C$，$f(x)$，$f(x)+C$； (2) C； (3) $-\sin x+C_1x+C_2$；

(4) $\ln(1+x^2)+C$，$\arctan x^2+C$； (5) $2\sqrt{x}+C$； (6) $e^x(\cos 2x-2\sin 2x)$.

2. (1) B. (2) D. (3) A. (4) D.

3. (1) $x-5\ln|x+5|+C$； (2) $-\frac{1}{3}\sqrt{2-3x^2}+C$； (3) $\frac{1}{2}e^{2x}+e^x+x+C$；

(4) $\frac{1}{18}\frac{\left(\frac{1}{2}\right)^x}{\ln 2}-\frac{1}{6}\frac{\left(\frac{1}{3}\right)^x}{\ln 3}+C$； (5) $x\ln 9x-x+C$； (6) $-\frac{1}{\ln x}+C$；

(7) $-2(\sqrt{x}\cos\sqrt{x}-\sin\sqrt{x})+C$； (8) $e^{\sqrt{2x+1}}(\sqrt{2x+1}-1)+C$； (9) $\frac{x^4}{4}\left(\ln x-\frac{1}{4}\right)+C$；

(10) $-\frac{\arcsin x}{x}+\ln\left|\frac{1-\sqrt{1-x^2}}{x}\right|+C$； (11) $-\cos x\ln\tan x+\ln|\csc x-\cot x|+C$；

(12) $\frac{1}{8}(2-\cos 2x-\sin 2x)e^{2x}+C$.

4. $y=\frac{5}{2}x^2+\frac{3}{2}$.

习题 5.1

1. $\frac{1}{2}(b^2-a^2)$.

2. 略.

3. (1) 6； (2) -2； (3) -3； (4) 5.

4. (1) $\int_0^1 x^2\mathrm{d}x \geqslant \int_0^1 x^3\mathrm{d}x$； (2) $\int_1^2 x^2\mathrm{d}x \leqslant \int_1^2 x^3\mathrm{d}x$； (3) $\int_1^2 \ln x\mathrm{d}x \geqslant \int_1^2 \ln^2 x\mathrm{d}x$； (4) $\int_0^{\frac{\pi}{2}} x\mathrm{d}x \geqslant \int_0^{\frac{\pi}{2}} \sin x\mathrm{d}x$.

5. (1) $6 \leqslant \int_0^1 (x^2+1)\mathrm{d}x \leqslant 51$； (2) $\frac{1}{2} \leqslant \int_1^4 \frac{1}{2+x}\mathrm{d}x \leqslant 1$； (3) $\frac{2}{5} \leqslant \int_1^2 \frac{x}{1+x^2}\mathrm{d}x \leqslant \frac{1}{2}$；

(4) $\pi \leqslant \int_{\frac{\pi}{4}}^{\frac{5\pi}{4}} (1+\sin^2 x)\mathrm{d}x \leqslant 2\pi$.

习题 5.2

1. (1) e^{x^2-x}； (2) $-x\mathrm{e}^{-x}$； (3) $\frac{2x}{\sqrt{1+x^4}}$； (4) $3x^2\mathrm{e}^{x^3}-2x\mathrm{e}^{x^2}$.

2. (1) 6； (2) $\frac{21}{8}$； (3) $\frac{271}{6}$； (4) $1+\frac{\pi}{4}$； (5) $\frac{\pi}{3}$； (6) $\frac{\pi}{3a}$； (7) $1-\frac{\pi}{4}$； (8) 4.

3. $\frac{2}{3}+\mathrm{e}^3-\mathrm{e}$.

4. (1) $\frac{1}{2}$； (2) 1； (3) 1； (4) 12.

5. $f(x)$.

习题 5.3

1. (1) $\frac{1}{10}$； (2) $\frac{\pi}{6}-\frac{\sqrt{3}}{8}$； (3) $7+2\ln 2$； (4) $\frac{1}{5}$； (5) $\frac{4}{3}$； (6) $\frac{a^4}{16}\pi$； (7) $\frac{1}{3}$； (8) $\arctan \mathrm{e}-\frac{\pi}{4}$.

2. 1. **3.** 略.

4. (1) 0； (2) $\frac{3}{2}\pi$； (3) 0； (4) $\frac{2}{5}(9\sqrt{3}-4\sqrt{2})$.

5. (1) $\frac{\pi}{8}-\frac{1}{4}$； (2) e^{-2}； (3) $\frac{\pi}{4}-\frac{1}{2}$； (4) $2\left(1-\frac{1}{\mathrm{e}}\right)$.

习题 5.4

1. $\frac{1}{6}$. **2.** 18. **3.** $\frac{\pi}{2}-1$. **4.** πa^2.

5. (1) $V_x=\frac{15}{2}\pi, V_y=\frac{86}{3}\pi$； (2) $V_x=\frac{128}{7}\pi, V_y=\frac{64}{5}\pi$.

6. $\frac{4\sqrt{3}}{3}R^3$. **7.** $a=-\frac{1}{2}$, $S_{\min}=\frac{1}{12}$ **8.** 略.

9. (1) 9 920； (2) 248.5，245.5.9.

习题 5.5

1. (1) $\frac{1}{3}$； (2) 1； (3) 发散； (4) $\frac{44}{3}$； (5) $\frac{\pi}{2}$； (6) 发散.

2. $\frac{1}{\pi}$.

总习题 5

1. (1) 积分区间和被积函数. (2) 2 或 -1. (3) $b-a$. (4) $|x|$. (5) -1. (6) $\frac{1}{\pi}$.

2. (1) A. (2) B. (3) A. (4) D. (5) C. (6) D.

3. (1) $\frac{1}{3}\ln\frac{4}{3}$； (2) $\frac{\pi}{2}$； (3) $2(\sqrt{2}-1)$； (4) $\frac{\pi}{2}$； (5) 2； (6) $\ln 2$.

4. $\frac{5}{6}$. **5.** 7. **6.** $2\sqrt{2}$. **7.** 1.

8. $V_x=\frac{1}{4}\pi^2$, $V_y=2\pi$.

9. $\frac{4}{3}\pi r^4 g$.

10. (1) 229 100； (2) 1 160 200.

习题 6.1

1. (1) x 轴负向； (2) y 轴正向； (3) z 轴负向； (4) xOy 面； (5) xOz 面； (6) yOz 面；
(7) 第Ⅰ卦限； (8) 第Ⅲ卦限； (9) 第Ⅷ卦限.

2. $x^2-2x+y^2-6y+z^2+4z=0$. **3.** $(\pm1, 0, 0)$.

习题 6.2

1. (1) $\{(x, y)\mid y^2-3x+2>0\}$； (2) $\{(x, y)\mid -1\leqslant x+y\leqslant 1\}$.

2. (1) 2； (2) 0； (3) 2； (4) $2+\ln 2$； (5) 0； (6) 0.

3. 略. **4.** 略.

5. $f(x, y)=\frac{xy+x^2+xy^2}{(1+y)^2}$. **6.** 连续.

习题 6.3

1. (1) $2x-2y^2$, $-4xy+3y^2$； (2) $2x[1+\ln(x^2+y^2)]$, $2y[1+\ln(x^2+y^2)]$； (3) yx^{y-1}, $x^y\ln x$；
(4) $\frac{-y}{x^2+y^2}$, $\frac{x}{x^2+y^2}$.

2. $z_x=y^x\ln y\cdot\ln xy+\frac{1}{x}y^x$, $z_y=xy^{x-1}\ln(xy)+\frac{1}{y}y^x$.

3. (1) $-4x^2\sin(x^2+y^2)+2\cos(x^2+y^2)$, $-4y^2\sin(x^2+y^2)+2\cos(x^2+y^2)$, $-4xy\sin(x^2+y^2)$；
(2) $(\ln y)^2y^x$, $x(x-1)y^{x-2}$, $y^{x-1}(1+x\ln y)$；

(3) $\frac{y^4-2xy^2}{x^4}e^{-\frac{y^2}{x}}$，$\frac{4y^2-2x}{x^2}e^{-\frac{y^2}{x}}$，$\frac{2xy-2y^3}{x^3}e^{-\frac{y^2}{x}}$.

4. 略. **5.** 略.

习题 6.4

1. (1) $dz=(2x+3y)dx+(3x+2y)dy$；

(2) $dz=2x(1+x^2)e^{x^2-y^2}dx-2x^2ye^{x^2-y^2}dy$；

(3) $du=yzx^{yz-1}dx+zx^{yz}\ln xdy+yx^{yz}\ln xdz$.

(4) $dz=\left(6xy+\frac{1}{y}\right)dx+\left(3x^2-\frac{x}{y^2}\right)dy$；

(5) $dz=\cos(x\cos y)\cos ydx-x\sin y\cos(x\cos y)dy$.

2. 全增量 $\Delta z=\frac{1+(-0.2)}{2+0.1}-\frac{1}{2}=-0.119$，

全微分 $dz=-\frac{2}{2^2}\times 0.1+\frac{1}{2}\times(-0.2)=-0.125$.

3. $dz=-\frac{1}{2}\ln 2dx+\frac{1}{2}\ln 2dy$.

4. 2.95.

习题 6.5

1. $e^{2x}(2\cos x-\sin x)$.

2. $(\sin t)^{1+\cos t}[\cot^2 t-\ln(\sin t)]$.

3. $e^{xy}[y\sin(x+y)+\cos(x+y)]$，$e^{xy}[x\sin(x+y)+\cos(x+y)]$.

4. $\frac{dy}{dx}=-\frac{F_x}{F_y}=\frac{y+x}{y-x}$.

5. $2x^2y(x^2-2y)^{xy-1}+y(x^2-2y)^{xy}\ln(x^2-2y)$，$-2xy(x^2-2y)^{xy-1}+x(x^2-2y)^{xy}\ln(x^2-2y)$.

6. $\frac{\partial z}{\partial x}=\frac{yz-\sqrt{xyz}}{\sqrt{xyz}-xy}$，$\frac{\partial z}{\partial y}=\frac{xz-2\sqrt{xyz}}{\sqrt{xyz}-xy}$.

7. $2z$. **8.** $\frac{yz}{e^z-xy}$，$\frac{xz}{e^z-xy}$.

习题 6.6

1. (1) 点 (1，0) 处有极小值 −5，点 (−3，2) 处有极大值 31； (2) 点 (1，1) 处有极小值 2；

(3) (−1，1)处取得极大值，且极大值为 1.

2. 点 $\left(\frac{1}{2},\frac{1}{2}\right)$ 处有极小值 $\frac{1}{2}$.

3. $x=1\,000$，$y=2\,000$.

4. (1) (0.75，1.25)；(0，1.5).

5. 长宽各为 20 cm，高为 10 cm.

总习题 6

1. (1) 1, $\frac{\ln(e+1)}{e}$. (2) xy. (3) 14,18. (4) 0. (5) 不存在. (6) 必要.

2. ×;×;×;×.

3. (1) C. (2) A. (3) B. (4) B. (5) A. (6) B.

4. (1) $\{(x, y) \mid y^2 \leqslant 4x, y^2 + x^2 < 1, (x, y) \neq (0, 0)\}$;

(2) $\{(x, y) \mid x^2 + y^2 \leqslant 4\}$;

(3) $\{(x, y) \mid -1 \leqslant x \leqslant 1, y \geqslant 1\}$ 或 $\{(x, y) \mid -1 \leqslant x \leqslant 1, y \leqslant -1\}$;

(4) $\{(x, y) \mid y^2 < x, 2 \leqslant x^2 - y^2 \leqslant 4\}$.

5. (1) $\ln 2$; (2) $\frac{1}{4}$; (3) e; (4) 0.

6. (1) $\frac{1}{y}e^{\frac{x}{y}} - \frac{y}{x^2}e^{\frac{y}{x}}$, $\frac{1}{x}e^{\frac{y}{x}} - \frac{x}{y^2}e^{\frac{x}{y}}$; (2) $\frac{1}{1+x^2}$, $\frac{1}{1+y^2}$.

7. (1) $6xy - 6y^3$, $3x^2 - 18xy^2$, $-18x^2y$;

(2) $\frac{2xy}{(x^2+y^2)^2}$, $\frac{y^2-x^2}{(x^2+y^2)^2}$, $\frac{-2xy}{(x^2+y^2)^2}$.

8. (1) $dz = \frac{y dx + x dy}{\sqrt{1-x^2y^2}}$; (2) $du = 2x dx + \left(\frac{1}{2}\cos\frac{y}{2} + e^{yz}z\right)dy + ye^{yz}dz$.

9. (1) $-e^x - e^{-x}$;

(2) $\frac{2x}{y^2}\left[\ln(x^2-y^2) + \frac{x^2}{x^2-y^2}\right]$, $-\frac{2x^2}{y^3}\left[\ln(x^2-y^2) + \frac{y^2}{x^2-y^2}\right]$.

10. (1) $\frac{y^2-e^x}{\cos y - 2xy}$; (2) $\frac{z}{x+z}$, $\frac{z^2}{y(x+z)}$.

11. (1) 点(1, 1)处有极小值-1; (2) $f\left(\frac{1}{2}, \frac{1}{2}\right) = \frac{1}{4}$.

12. 当 $x = 5$, $y = 3$ 时,最大利润为 125 万元.

习题 7.1

1. (1) $\iint\limits_D (x+y)^2 d\sigma \geqslant \iint\limits_D (x+y)^3 d\sigma$; (2) $\iint\limits_D \ln(x+y) d\sigma \leqslant \iint\limits_D [\ln(x+y)]^2 d\sigma$.

2. (1) $0 \leqslant I \leqslant \pi^2$; (2) $36\pi \leqslant I \leqslant 100\pi$.

习题 7.2

1. (1) $(e^2-1)(e-1)$; (2) $\frac{45}{8}$; (3) $\frac{1}{24}$; (4) $\frac{6}{55}$; (5) $\frac{64}{15}$; (6) $\frac{9}{4}$; (7) -2;

(8) $\frac{e^2}{2} - e$; (9) $\frac{2}{3}$.

2. (1) $\int_0^1 dy \int_0^y f(x, y)dx + \int_1^2 dy \int_0^{2-y} f(x, y)dx$; (2) $\int_0^1 dx \int_x^1 f(x, y)dy$. (3) $\int_0^1 dx \int_{2-x}^{1+\sqrt{1-x^2}} f(x, y)dy$;

(4) $\int_0^2 dx \int_{\frac{x}{2}}^{3-x} f(x, y)dy$.

3. (1) $\pi(e^4-1)$； (2) $\frac{14}{3}\pi$； (3) $\frac{3}{64}\pi^2$； (4) $\frac{\pi}{4}(2\ln 2-1)$.

总习题 7

1. (1) $\geqslant$. (2) π. (3) $\frac{2}{3}$. (4) $\frac{1}{2}(1-e^{-4})$.

(5) $\int_1^e dx\int_0^{\ln x} f(x, y)dy$, $\int_0^1 dy\int_{e^y}^e f(x, y)dx$.

(6) $\int_0^1 dx\int_0^{x^2} f(x, y)dy+\int_1^{\sqrt{2}}\int_0^{\sqrt{2-x^2}} f(x, y)dy$, $\int_0^1 dy\int_{\sqrt{y}}^{\sqrt{2-y^2}} f(x, y)dx$.

(7) $\int_0^{\frac{\pi}{2}} d\theta\int_0^{a\cos\theta} r^3\cos^2\theta dr$. (8) $\int_0^{2\pi} d\theta\int_a^b f(r\cos\theta, r\sin\theta)rdr$.

2. (1) D. (2) D. (3) B. (4) A. (5) C. (6) A.

3. (1) $e-\frac{1}{e}$； (2) $\frac{1}{2}\left(1-\frac{1}{e}\right)$； (3) $\frac{165}{128}-\ln 2$； (4) $2-\frac{\pi}{2}$； (5) $\frac{\pi}{8}(\pi-2)$.

4. (1) $\int_0^2 dy\int_{\frac{y}{2}}^y f(x, y)dx+\int_2^4 dy\int_{\frac{y}{2}}^2 f(x, y)dx$； (2) $\int_0^3 dy\int_{y-2}^1 f(x, y)dx$； (3) $\int_0^1 dx\int_x^{2-x} f(x, y)dy$.

5. 略.

习题 8.1

1. (1) 1 阶； (2) 1 阶； (3) 3 阶； (4) 2 阶.

2. (1) 是； (2) 不是； (3) 是.

3. $y=2x-e^x$.

习题 8.2

1. (1) $e^x+e^{-y}=C$； (2) $y=Ce^{\sqrt{1-x^2}}$； (3) $\tan x\cdot\tan y=C$； (4) $y=C\left(\frac{x}{e}\right)^x$；

(5) $\ln y=\frac{y}{x}+C$； (6) $\ln\frac{y}{x}-1=Cx$.

2. $y=Ce^{\frac{y}{x}}$.

3. $(x+ye^{\frac{x}{y}})=C$.

4. (1) $y=-\frac{1}{\sin x+1}$； (2) $(1+e^x)\sec y=2\sqrt{2}$.

5. $C(x)=10+\sqrt{x^2+8x}$.

习题 8.3

1. (1) $y=(x+C)e^{-x}$； (2) $y=\frac{1}{x}(-\cos x+C)$； (3) $x=e^{\int\frac{1}{y}dy}\left(\int y^3e^{-\int\frac{1}{y}dy}dy+C\right)=\frac{1}{3}y^4+Cy$；

(4) $y^{-5}=cx^5+\frac{5}{2}x^3$.

2. (1) $(1+e^x)\sec y=2\sqrt{2}$； (2) $y=(x+1)e^x$； (3) $x=-y\ln y$.

3. $\sqrt{xy}=x+C$.

4. $x=\ln y-\frac{1}{2}+\frac{C}{y^2}$.

5. $y^2=2x+1+Ce^{2x}$.

6. $y(x)=e^x(x+1)$.

习题 8.4

1. (1) $y=C_1e^{-x}+C_2e^{3x}$； (2) $y=C_1e^{-2x}+C_2e^{2x}$； (3) $y=(C_1+C_2x)e^{-\frac{1}{3}x}$；
(4) $y=e^{-x}(C_1\cos x+C_2\sin x)$.

2. (1) $y=C_1e^{-x}+C_2e^{3x}+1-x$； (2) $y=C_1e^x+C_2e^{2x}+x\left(\frac{1}{2}x-1\right)e^{2x}$.

3. (1) $y=(4+2x)e^{-x}$； (2) $y=\cos\frac{1}{2}x+4\sin\frac{1}{2}x$.

总习题 8

1. (1) 1阶. (2) 3个. (3) $y=C_1e^x+C_2e^{2x}$. (4) $y=C_1e^{2x}+C_2e^{-2x}+\frac{1}{4}xe^{2x}$. (5) $y''-2y'+2=0$.
(6) $y=\frac{x-\frac{1}{2}}{\arcsin x}$.

2. (1) D. (2) C. (3) A.

3. (1) $(1+y^2)(1-x^2)=C$； (2) $\arctan\frac{y}{x}=\ln C\sqrt{x^2+y^2}$； (3) $\ln y=\sqrt{x}-2$； (4) $y=Cx^2-2x$；
(5) 将 x 看作 y 的函数 $x=y(y+C)$； (6) $y=(C_1+C_2x)e^{-x}$； (7) $y=C_1e^{-2x}+C_2e^{-3x}+e^{-x}$；
(8) $y=e^{-x}+2e^{\frac{1}{2}x}$.

4. $y=3e^{3x}-2e^{2x}$. **5.** $y=1\,000\times2^{\frac{t}{10}}$. **6.** $Q=\frac{8\,000}{P}$.

7. (1) $\frac{dT}{dt}=k(T-20)$； (2) $T=20+Ce^{kt}$，时间为 3:34.

习题 9.1

1. (1) $\frac{1}{3},-\frac{1}{9},\frac{1}{27},-\frac{1}{81}$； (2) $\frac{1}{3},\frac{2}{9},\frac{5}{27},\frac{14}{81}$； (3) $S_n=\frac{1-\left(-\frac{1}{3}\right)^n}{4}$； (4) $S=\frac{1}{4}$.

2. (1) 发散； (2) 发散； (3) 收敛； (4) 发散； (5) 收敛； (6) 发散.

习题 9.2

1. (1) 发散； (2) 收敛； (3) 发散； (4) 收敛； (5) 收敛； (6) 收敛.

2. (1) 发散； (2) 发散； (3) 收敛； (4) 收敛.

3. (1) 收敛； (2) 收敛.

4. (1) 收敛； (2) 发散； (3) 收敛； (4) 收敛.

习题 9. 3

1. (1) 条件收敛； (2) 绝对收敛； (3) 条件收敛； (4) 绝对收敛； (5) 条件收敛； (6) 发散； (7) 条件收敛； (8) 发散.

2. 当 $|x|<1$ 时,绝对收敛;当 $|x|>1$ 时,发散; $x=1$ 时,条件收敛; $x=-1$ 时,发散.

习题 9. 4

1. (1) $(-1, 1)$； (2) $[-3, 3)$； (3) $\left(-\frac{1}{2}, \frac{1}{2}\right]$； (4) $[2, 4)$； (5) $(-2, 2)$； (6) $(-\sqrt{2}, \sqrt{2})$；

(7) $\left[-\frac{4}{3}, -\frac{2}{3}\right)$.

2. (1) $-\ln(1-x)$； (2) xe^x-x； (3) $\arctan x$；

(4) 当 $x\neq 1$ 时,为 $x+(1-x)\ln(1-x)$; 当 $x=1$ 时,为 1.

习题 9. 5

1. (1) $\sum\limits_{n=0}^{\infty}\frac{(-1)^n x^{2n}}{n!}$； (2) $\sum\limits_{n=0}^{\infty}\left(1-\frac{1}{2^{n+1}}\right)x^n$； (3) $\sum\limits_{n=0}^{\infty}\frac{(x\ln a)^n}{n!}$； (4) $\sum\limits_{n=0}^{\infty}(-1)^n x^{n+2}$.

2. (1) $\sum\limits_{n=0}^{\infty}\frac{(x-2)^n}{3^{n+1}}\ (-1<x<5)$； (2) $\sum\limits_{n=0}^{\infty}\frac{e(x-1)^n}{n!}\ (-\infty, +\infty)$.

总习题 9

1. (1) D. (2) B. (3) B. (4) C. (5) D. (6) B. (7) A. (8) A.

2. (1) ×； (2) ×； (3) ×.

3. (1) 收敛； (2) 发散； (3) 发散； (4) 收敛； (5) 收敛；

(6) $0<a<1$, 发散, $a=1$ 发散, $a>1$ 收敛. (7) 收敛； (8) 收敛 (9) 收敛； (10) 收敛.

4. (1) 条件收敛； (2) 条件收敛； (3) 绝对收敛； (4) 条件收敛.

5. (1) $R=\frac{1}{2}$, $\left[-\frac{1}{2}, \frac{1}{2}\right]$； (2) $R=+\infty$, $(-\infty, +\infty)$； (3) $R=\frac{1}{2}$, $(0, 1]$； (4) $R=0$, $\{0\}$.

6. $\frac{2x-x^2}{(1-x)^2}$; $S\left(\frac{1}{2}\right)=3$.

7. (1) $\sum\limits_{n=0}^{\infty}\frac{(-x)^n}{n!}+\sum\limits_{n=0}^{\infty}\frac{(-1)^n x^{n+1}}{n!}$, $-\infty<x<+\infty$；

(2) $\sum\limits_{n=0}^{\infty}\frac{(-1)^n}{(2n)!}\left(\frac{x}{2}\right)^{2n}$, $-\infty<x<+\infty$；

(3) $\frac{1}{2}-\frac{1}{2}\sum\limits_{n=0}^{\infty}\frac{(-1)^n}{(2n)!}(2x)^{2n}$；

(4) $\sum\limits_{n=1}^{\infty}\frac{(-1)^{n-1}x^{n-1}}{n}$, $-1<x\leqslant 1$.

8. (1) $\sum\limits_{n=0}^{\infty}(-1)^n\frac{(x-2)^n}{2^{n+1}}$, $0<x<4$；

(2) $\ln 3+\sum_{n=1}^{\infty}\frac{(-1)^{n-1}(x-2)^n}{3^n n}$，$-1<x\leqslant 5$.

9. $S(x)=\arctan x$，$x\in(-1,1)$；$-\frac{\sqrt{3}}{2}\arctan\frac{\sqrt{3}}{2}$.

10. 4 000 万元.

附　　录

附录A　简单积分表

A1　有理函数的积分

1. $\int (ax+b)^n \mathrm{d}x = \frac{(ax+b)^{n+1}}{a(n+1)} + C \quad (n \neq -1).$

2. $\int \frac{\mathrm{d}x}{ax+b} = \frac{1}{a}\ln|ax+b| + C.$

3. $\int x(ax+b)^n \mathrm{d}x = \frac{(ax+b)^{n+2}}{a^2(n+2)} - \frac{b(ax+b)^{n+1}}{a^2(n+1)} + C \quad (n \neq -1, -2).$

4. $\int \frac{x}{ax+b}\mathrm{d}x = \frac{x}{a} - \frac{b}{a^2}\ln|ax+b| + C.$

5. $\int \frac{x}{(ax+b)^2}\mathrm{d}x = \frac{b}{a^2(ax+b)} + \frac{1}{a^2}\ln|ax+b| + C.$

6. $\int \frac{x^2}{ax+b}\mathrm{d}x = \frac{1}{a^3}\left[\frac{1}{2}(ax+b)^2 - 2b(ax+b) + b^2\ln|ax+b|\right] + C.$

7. $\int \frac{\mathrm{d}x}{x(ax+b)} = -\frac{1}{b}\ln\left|\frac{ax+b}{x}\right| + C.$

8. $\int \frac{\mathrm{d}x}{x^2(ax+b)} = -\frac{1}{bx} + \frac{a}{b^2}\ln\left|\frac{ax+b}{x}\right| + C.$

9. $\int \frac{\mathrm{d}x}{x^2+a^2} = \frac{1}{a}\arctan\frac{x}{a} + C.$

10. $\int \frac{\mathrm{d}x}{(x^2+a^2)^n} = \frac{x}{2(n-1)a^2(x^2+a^2)^{n-1}} + \frac{2n-3}{2(n-1)a^2}\int \frac{\mathrm{d}x}{(x^2+a^2)^{n-1}}.$

11. $\int \frac{\mathrm{d}x}{x^2-a^2} = \frac{1}{2a}\ln\left|\frac{x-a}{x+a}\right| + C.$

12. $$\int \frac{\mathrm{d}x}{ax^2+bx+c} = \begin{cases} \frac{2}{\sqrt{4ac-b^2}}\arctan\frac{2ax+b}{\sqrt{4ac-b^2}} + C & (b^2 < 4ac), \\ \frac{1}{\sqrt{b^2-4ac}}\ln\left|\frac{2ax+b-\sqrt{b^2-4ac}}{2ax+b+\sqrt{b^2-4ac}}\right| + C & (b^2 > 4ac). \end{cases}$$

13. $\int \frac{x}{ax^2+bx+c}\mathrm{d}x = \frac{1}{2a}\ln|ax^2+bx+c| - \frac{b}{2a}\int \frac{\mathrm{d}x}{ax^2+bx+c}.$

A2　无理函数的积分

14. $\int \sqrt{a^2-x^2}\,\mathrm{d}x = \frac{x}{2}\sqrt{a^2-x^2} + \frac{a^2}{2}\arcsin\frac{x}{a} + C \quad (|x| \leqslant a).$

15. $\int x^2\sqrt{a^2-x^2}\,dx=\frac{x}{8}(2x^2-a^2)\sqrt{a^2-x^2}+\frac{a^4}{8}\arcsin\frac{x}{a}+C\quad(|x|\leqslant a).$

16. $\int\frac{dx}{\sqrt{a^2-x^2}}=\arcsin\frac{x}{a}+C\quad(|x|<a).$

17. $\int\frac{x^2}{\sqrt{a^2-x^2}}dx=-\frac{x}{2}\sqrt{a^2-x^2}+\frac{a^2}{2}\arcsin\frac{x}{a}+C\quad(|x|<a).$

18. $\int\frac{x^2}{\sqrt{(a^2-x^2)^3}}dx=\frac{x}{\sqrt{a^2-x^2}}-\arcsin\frac{x}{a}+C\quad(|x|<a).$

19. $\int\frac{dx}{x\sqrt{a^2-x^2}}=\frac{1}{a}\ln\frac{a-\sqrt{a^2-x^2}}{|x|}+C\quad(|x|<a).$

20. $\int\frac{dx}{x^2\sqrt{a^2-x^2}}=-\frac{\sqrt{a^2-x^2}}{a^2x}+C\quad(|x|<a).$

21. $\int\sqrt{a^2+x^2}\,dx=\frac{x}{2}\sqrt{a^2+x^2}+\frac{a^2}{2}\ln(x+\sqrt{a^2+x^2})+C.$

22. $\int\sqrt{(x^2+a^2)^3}\,dx=\frac{x}{8}(2x^2+5a^2)\sqrt{x^2+a^2}+\frac{3}{8}a^4\ln(x+\sqrt{x^2+a^2})+C.$

23. $\int x^2\sqrt{x^2+a^2}\,dx=\frac{x}{8}(2x^2+a^2)\sqrt{x^2+a^2}-\frac{a^4}{8}\ln(x+\sqrt{x^2+a^2})+C.$

24. $\int\frac{\sqrt{x^2+a^2}}{x}dx=\sqrt{x^2+a^2}+a\ln\frac{\sqrt{x^2+a^2}-a}{|x|}+C.$

25. $\int\frac{\sqrt{x^2+a^2}}{x^2}dx=-\frac{\sqrt{x^2+a^2}}{x}+\ln(x+\sqrt{x^2+a^2})+C.$

26. $\int\frac{dx}{\sqrt{x^2+a^2}}=\ln(x+\sqrt{x^2+a^2})+C.$

27. $\int\frac{dx}{\sqrt{(x^2+a^2)^3}}=\frac{x}{a^2\sqrt{x^2+a^2}}+C.$

28. $\int\frac{x^2}{\sqrt{x^2+a^2}}dx=\frac{x}{2}\sqrt{x^2+a^2}-\frac{a^2}{2}\ln(x+\sqrt{x^2+a^2})+C.$

29. $\int\frac{dx}{x\sqrt{x^2+a^2}}=\frac{1}{a}\ln\frac{\sqrt{x^2+a^2}-a}{|x|}+C.$

30. $\int\frac{dx}{x^2\sqrt{x^2+a^2}}=-\frac{\sqrt{x^2+a^2}}{a^2x}+C.$

31. $\int\sqrt{x^2-a^2}\,dx=\frac{x}{2}\sqrt{x^2-a^2}-\frac{a^2}{2}\ln|x+\sqrt{x^2-a^2}|+C\quad(|x|\geqslant a).$

32. $\int\sqrt{(x^2-a^2)^3}\,dx=\frac{x}{8}(2x^2-5a^2)\sqrt{x^2-a^2}+\frac{3}{8}a^4\ln|x+\sqrt{x^2-a^2}|+C\quad(|x|\geqslant a).$

33. $\int x^2\sqrt{x^2-a^2}\,dx=\frac{x}{8}(2x^2-a^2)\sqrt{x^2-a^2}-\frac{a^4}{8}\ln|x+\sqrt{x^2-a^2}|+C\quad(|x|\geqslant a).$

34. $\int\frac{\sqrt{x^2-a^2}}{x}dx=\sqrt{x^2-a^2}-a\arccos\frac{a}{|x|}+C\quad(|x|\geqslant a).$

35. $\int\frac{\sqrt{x^2-a^2}}{x^2}dx=-\frac{\sqrt{x^2-a^2}}{x}+\ln|x+\sqrt{x^2-a^2}|+C\quad(|x|\geqslant a).$

36. $\int\frac{dx}{\sqrt{ax^2+bx+c}}=\frac{1}{\sqrt{a}}\ln|2ax+b+2\sqrt{a}\sqrt{ax^2+bx+c}|+C.$

37. $\int\sqrt{ax^2+bx+c}\,dx=\frac{2ax+b}{4a}\sqrt{ax^2+bx+c}$

$$+\frac{4ac-b^2}{8\sqrt{a^3}}\ln|2ax+b+2\sqrt{a}\sqrt{ax^2+bx+c}|+C.$$

38. $\int\frac{x}{\sqrt{ax^2+bx+c}}dx=\frac{1}{a}\sqrt{ax^2+bx+c}-\frac{b}{2\sqrt{a^3}}\ln|2ax+b+2\sqrt{a}\sqrt{ax^2+bx+c}|+C.$

39. $\int\frac{dx}{\sqrt{c+bx-ax^2}}=-\frac{1}{\sqrt{a}}\arcsin\frac{2ax-b}{\sqrt{b^2+4ac}}+C.$

40. $\int\sqrt{c+bx-ax^2}\,dx=\frac{2ax-b}{4a}\sqrt{c+bx-ax^2}+\frac{b^2+4ac}{8\sqrt{a^3}}\arcsin\frac{2ax-b}{\sqrt{b^2+4ac}}+C.$

41. $\int\frac{x}{\sqrt{c+bx-ax^2}}dx=-\frac{1}{a}\sqrt{c+bx-ax^2}+\frac{b}{2\sqrt{a^3}}\arcsin\frac{2ax-b}{\sqrt{b^2+4ac}}+C.$

42. $\int\sqrt{\frac{x+a}{x+b}}dx=\sqrt{(x+a)(x+b)}+(a-b)\ln(\sqrt{x+a}+\sqrt{x+b})+C.$

43. $\int\sqrt{\frac{x-a}{x-b}}dx=(x-b)\sqrt{\frac{x-a}{x-b}}+(b-a)\ln(\sqrt{|x-a|}+\sqrt{|x-b|})+C.$

44. $\int\sqrt{\frac{b-x}{x-a}}dx=\sqrt{(x-a)(b-x)}+(b-a)\arcsin\sqrt{\frac{x-a}{b-a}}+C\quad(a<b).$

45. $\int\sqrt{\frac{x-a}{b-x}}dx=-\sqrt{(x-a)(b-x)}+(b-a)\arcsin\sqrt{\frac{x-a}{b-a}}+C\quad(a<b).$

46. $\int\frac{dx}{\sqrt{(x-a)(b-x)}}=2\arcsin\sqrt{\frac{x-a}{b-a}}+C\quad(a<b).$

A3 含有三角函数的积分

47. $\int\sin x\,dx=-\cos x+C.$

48. $\int\cos x\,dx=\sin x+C.$

49. $\int\tan x\,dx=-\ln|\cos x|+C.$

50. $\int\cot x\,dx=\ln|\sin x|+C.$

51. $\int\sec x\,dx=\ln|\sec x+\tan x|+C=\ln\left|\tan\left(\frac{\pi}{4}+\frac{x}{2}\right)\right|+C.$

52. $\int\csc x\,dx=\ln|\csc x-\cot x|+C=\ln\left|\tan\frac{x}{2}\right|+C.$

53. $\int\sec^2 x\,dx=\tan x+C.$

54. $\int\csc^2 x\,dx=-\cot x+C.$

55. $\int\sec x\tan x\,dx=\sec x+C.$

56. $\int\csc x\cot x\,dx=-\csc x+C.$

57. $\int\sin^2 x\,dx=\frac{x}{2}-\frac{1}{4}\sin 2x+C.$

58. $\int\cos^2 x\,dx=\frac{x}{2}+\frac{1}{4}\sin 2x+C.$

59. $\int\sin^n x\,dx=-\frac{1}{n}\sin^{n-1}x\cos x+\frac{n-1}{n}\int\sin^{n-2}x\,dx.$

60. $\int\cos^n x\,dx=\frac{1}{n}\cos^{n-1}x\sin x+\frac{n-1}{n}\int\cos^{n-2}x\,dx.$

61. $\int\frac{dx}{\sin^n x}=-\frac{1}{n-1}\frac{\cos x}{\sin^{n-1}x}+\frac{n-2}{n-1}\int\frac{dx}{\sin^{n-2}x}.$

62. $\int \frac{dx}{\cos^n x} = \frac{1}{n-1}\frac{\sin x}{\cos^{n-1}x} + \frac{n-2}{n-1}\int \frac{dx}{\cos^{n-2}x}.$

63. $\int \cos^m x \sin^n x dx = \frac{1}{m+n}\cos^{m-1}x\sin^{n+1}x + \frac{m-1}{m+n}\int \cos^{m-2}x\sin^n x dx$

$$= -\frac{1}{m+n}\cos^{m+1}x\sin^{n-1}x + \frac{n-1}{m+n}\int \cos^m x\sin^{n-2}x dx.$$

64. $\int \sin ax \cos bx dx = -\frac{1}{2(a+b)}\cos(a+b)x - \frac{1}{2(a-b)}\cos(a-b)x + C \quad (a^2 \neq b^2).$

65. $\int \sin ax \sin bx dx = -\frac{1}{2(a+b)}\sin(a+b)x + \frac{1}{2(a-b)}\sin(a-b)x + C \quad (a^2 \neq b^2).$

66. $\int \cos ax \cos bx dx = \frac{1}{2(a+b)}\sin(a+b)x + \frac{1}{2(a-b)}\sin(a-b)x + C \quad (a^2 \neq b^2).$

67. $\int \frac{dx}{a+b\sin x} = \begin{cases} \frac{2}{\sqrt{a^2-b^2}}\arctan\frac{a\tan\frac{x}{2}+b}{\sqrt{a^2-b^2}} + C & (a^2 > b^2), \\ \frac{1}{\sqrt{b^2-a^2}}\ln\left|\frac{a\tan\frac{x}{2}+b-\sqrt{b^2-a^2}}{a\tan\frac{x}{2}+b+\sqrt{b^2-a^2}}\right| + C & (a^2 < b^2). \end{cases}$

68. $\int \frac{dx}{a+b\cos x} = \begin{cases} \frac{2}{a+b}\sqrt{\frac{a+b}{a-b}}\arctan\left(\sqrt{\frac{a-b}{a+b}}\tan\frac{x}{2}\right) + C & (a^2 > b^2), \\ \frac{1}{a+b}\sqrt{\frac{a+b}{b-a}}\ln\left|\frac{\tan\frac{x}{2}+\sqrt{\frac{a+b}{b-a}}}{\tan\frac{x}{2}-\sqrt{\frac{a+b}{b-a}}}\right| + C & (a^2 < b^2). \end{cases}$

69. $\int x\sin ax dx = \frac{1}{a^2}\sin ax - \frac{1}{a}x\cos ax + C.$

70. $\int x^2\sin ax dx = -\frac{1}{a}x^2\cos ax + \frac{2}{a^2}x\sin ax + \frac{2}{a^3}\cos ax + C.$

71. $\int x\cos ax dx = \frac{1}{a^2}\cos ax + \frac{1}{a}x\sin ax + C.$

72. $\int x^2\cos ax dx = \frac{1}{a}x^2\sin ax + \frac{2}{a^2}x\cos ax - \frac{2}{a^3}\sin ax + C.$

A4 含有反三角函数的积分(其中 $a > 0$)

73. $\int \arcsin\frac{x}{a}dx = x\arcsin\frac{x}{a} + \sqrt{a^2-x^2} + C.$

74. $\int x\arcsin\frac{x}{a}dx = \left(\frac{x^2}{2}-\frac{a^2}{4}\right)\arcsin\frac{x}{a} + \frac{x}{4}\sqrt{a^2-x^2} + C.$

75. $\int x^2\arcsin\frac{x}{a}dx = \frac{x^3}{3}\arcsin\frac{x}{a} + \frac{1}{9}(x^2+2a^2)\sqrt{a^2-x^2} + C.$

76. $\int \arccos\frac{x}{a}dx = x\arccos\frac{x}{a} - \sqrt{a^2-x^2} + C.$

77. $\int x\arccos\frac{x}{a}dx = \left(\frac{x^2}{2}-\frac{a^2}{4}\right)\arccos\frac{x}{a} - \frac{x}{4}\sqrt{a^2-x^2} + C.$

78. $\int x^2\arccos\frac{x}{a}dx = \frac{x^3}{3}\arccos\frac{x}{a} - \frac{1}{9}(x^2+2a^2)\sqrt{a^2-x^2} + C.$

79. $\int \arctan\frac{x}{a}\,\mathrm{d}x = x\arctan\frac{x}{a} - \frac{a}{2}\ln(a^2+x^2)+C.$

80. $\int x\arctan\frac{x}{a}\,\mathrm{d}x = \frac{1}{2}(a^2+x^2)\arctan\frac{x}{a} - \frac{a}{2}x+C.$

81. $\int x^2\arctan\frac{x}{a}\,\mathrm{d}x = \frac{x^3}{3}\arctan\frac{x}{a} - \frac{a}{6}x^2+\frac{a^3}{6}\ln(a^2+x^2)+C.$

A5 含有指数函数的积分

82. $\int a^x\,\mathrm{d}x = \frac{1}{\ln a}a^x+C.$

83. $\int \mathrm{e}^{ax}\,\mathrm{d}x = \frac{1}{a}\mathrm{e}^{ax}+C.$

84. $\int x\mathrm{e}^{ax}\,\mathrm{d}x = \frac{1}{a^2}(ax-1)\mathrm{e}^{ax}+C.$

85. $\int x^n\mathrm{e}^{ax}\,\mathrm{d}x = \frac{1}{a}x^n\mathrm{e}^{ax} - \frac{n}{a}\int x^{n-1}\mathrm{e}^{ax}\,\mathrm{d}x.$

86. $\int xa^x\,\mathrm{d}x = \frac{x}{\ln a}a^x - \frac{1}{(\ln a)^2}a^x+C.$

87. $\int x^na^x\,\mathrm{d}x = \frac{1}{\ln a}x^na^x - \frac{n}{\ln a}\int x^{n-1}a^x\,\mathrm{d}x.$

88. $\int \mathrm{e}^{ax}\sin bx\,\mathrm{d}x = \frac{1}{a^2+b^2}\mathrm{e}^{ax}(a\sin bx - b\cos bx)+C.$

89. $\int \mathrm{e}^{ax}\cos bx\,\mathrm{d}x = \frac{1}{a^2+b^2}\mathrm{e}^{ax}(b\sin bx + a\cos bx)+C.$

A6 含有对数函数的积分

90. $\int \ln x\,\mathrm{d}x = x\ln x - x + C.$

91. $\int \frac{\mathrm{d}x}{x\ln x} = \ln|\ln x|+C.$

92. $\int x^n\ln x\,\mathrm{d}x = \frac{x^{n+1}}{n+1}\left(\ln x - \frac{1}{n+1}\right)+C.$

93. $\int (\ln x)^n\,\mathrm{d}x = x(\ln x)^n - n\int(\ln x)^{n-1}\,\mathrm{d}x.$

94. $\int x^m(\ln x)^n\,\mathrm{d}x = \frac{x^{m+1}}{m+1}(\ln x)^n - \frac{n}{m+1}\int x^m(\ln x)^{n-1}\,\mathrm{d}x.$

A7 定积分

95. $\int_{-\pi}^{\pi}\cos nx\,\mathrm{d}x = \int_{-\pi}^{\pi}\sin nx\,\mathrm{d}x = 0.$

96. $\int_{-\pi}^{\pi}\cos mx\sin nx\,\mathrm{d}x = 0.$

97. $\int_{-\pi}^{\pi}\cos mx\cos nx\,\mathrm{d}x = \begin{cases}0, & m\neq n;\\ \pi, & m=n.\end{cases}$

98. $\int_{-\pi}^{\pi}\sin mx\sin nx\,\mathrm{d}x = \begin{cases}0, & m\neq n;\\ \pi, & m=n.\end{cases}$

99. $\int_0^{\pi}\sin mx\sin nx\,\mathrm{d}x = \int_0^{\pi}\cos mx\cos nx\,\mathrm{d}x = \begin{cases}0, & m\neq n;\\ \frac{\pi}{2}, & m=n.\end{cases}$

100. $I_n = \int_0^{\frac{\pi}{2}}\sin^n x\,\mathrm{d}x = \int_0^{\frac{\pi}{2}}\cos^n x\,\mathrm{d}x.$

$$I_n = \frac{n-1}{n}I_{n-2},\ I_1 = 1,\ I_0 = \frac{\pi}{2}.$$

$$I_n = \begin{cases}\frac{n-1}{n}\cdot\frac{n-3}{n-2}\cdot\cdots\cdot\frac{4}{5}\cdot\frac{2}{3}\cdot 1 & (n\text{ 为奇数且 }n>1),\\ \frac{n-1}{n}\cdot\frac{n-3}{n-2}\cdot\cdots\cdot\frac{3}{4}\cdot\frac{1}{2}\cdot\frac{\pi}{2} & (n\text{ 为正偶数}).\end{cases}$$

注 由于篇幅所限，本书中“简单积分表”仅仅选编了 100 个常用的积分公式. 需要时，可找一般的数学手册或专门的积分表查阅.

附录B 某些常用的曲线方程及其图形

1. 立方抛物线(附图 1)

$y=ax^3$.

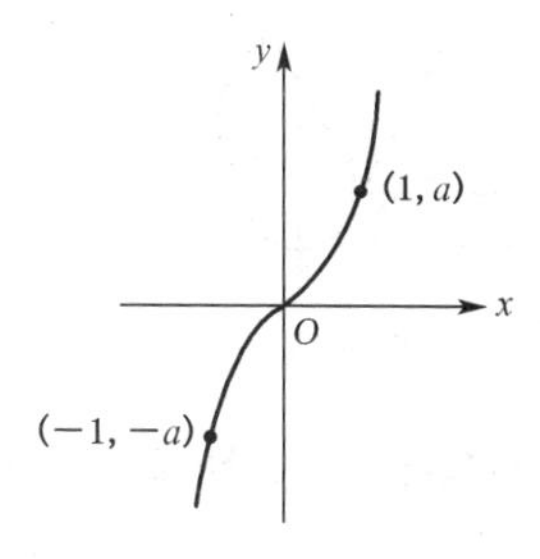

附图 1

2. 半立方抛物线(附图 2)

$y^2=ax^{\frac{3}{2}}$.

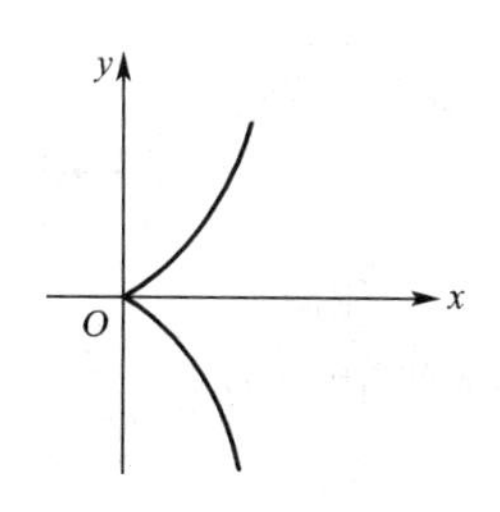

附图 2

3. 星形线(附图 3)

$x^{\frac{2}{3}}+y^{\frac{2}{3}}=a^{\frac{2}{3}}$

或 $\begin{cases} x=a\cos^3 t, \\ y=a\sin^3 t. \end{cases}$

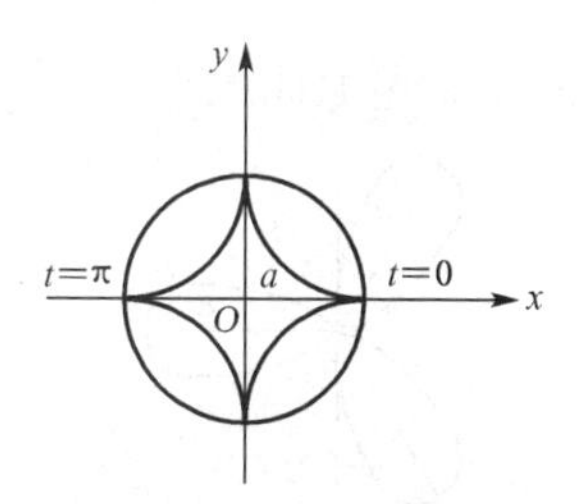

附图 3

4. 双纽线(附图 4)

$(x^2+y^2)^2=a^2(x^2-y^2)$

或 $\rho^2=a^2\cos 2\theta$.

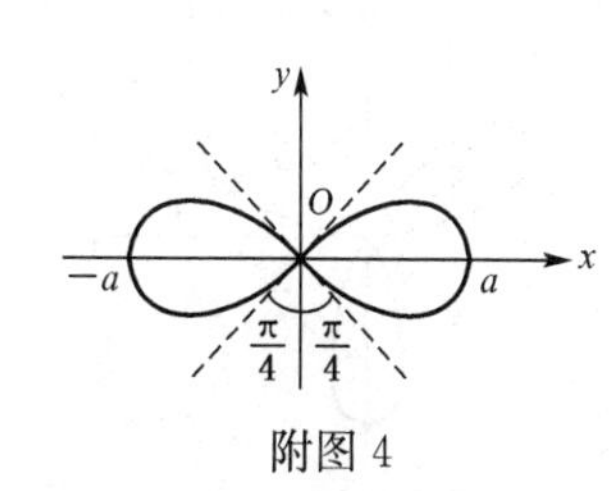

附图 4

5. 摆线(附图 5)

$\begin{cases} x=a(t-\sin t), \\ y=a(1-\cos t) \end{cases}$

或 $x=\arccos\left(1-\dfrac{y}{a}\right)-\sqrt{2ay-y^2}$.

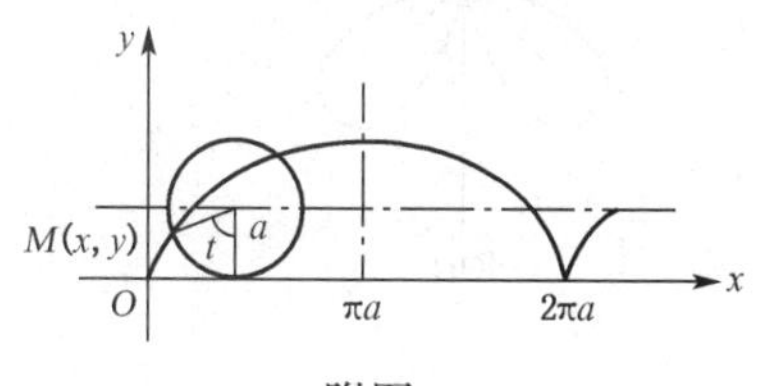

附图 5

6. 心形线(附图 6)

$\rho=a(1+\cos\theta)$

或 $x^2+y^2-ax=a\sqrt{x^2+y^2}$.

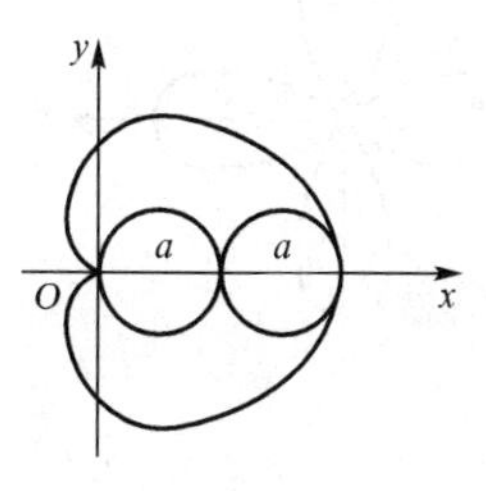

附图 6

7. 概率曲线(附图 7)

$y=e^{-x^2}$.

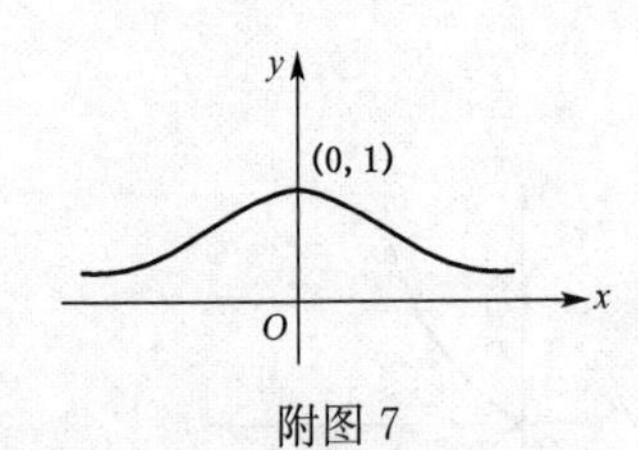

附图 7

8. 圆的渐开线(附图 8)

$$\begin{cases}x=a(\cos t+t\sin t),\\ y=a(\sin t-t\cos t)\end{cases}$$

或 $\theta-\dfrac{\sqrt{\rho^2-a^2}}{a}+\arccos\dfrac{a}{\rho}=2k\pi$ (k 为整数).

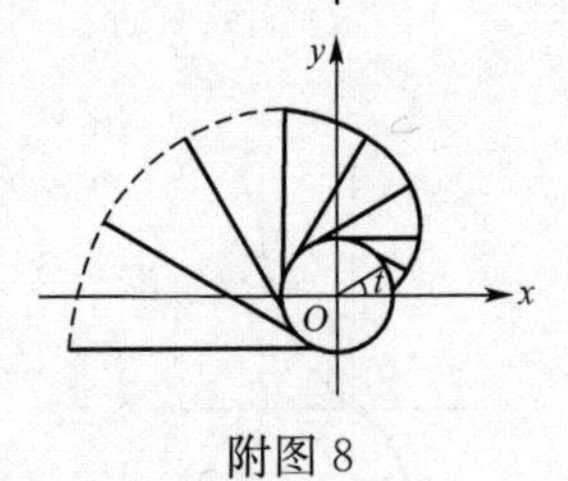

附图 8

9. 阿基米德螺线(附图 9)

$\rho=a\theta$.

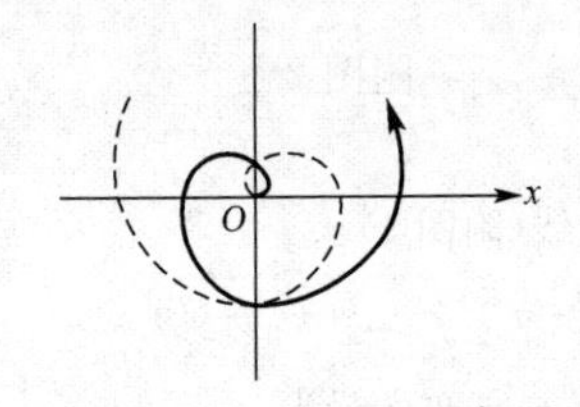

附图 9

10. 等角螺线(对数螺线)(附图 10)

$\rho=e^{a\theta}$.

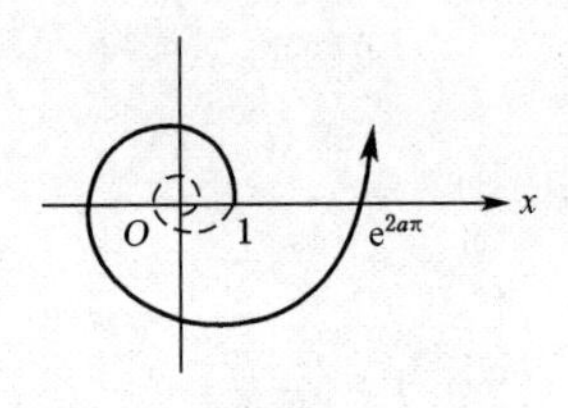

附图 10

11. 三叶玫瑰线

(1) $\rho=a\sin 3\theta$(附图 11(a)).

(2) $\rho=a\cos 3\theta$(附图 11(b)).

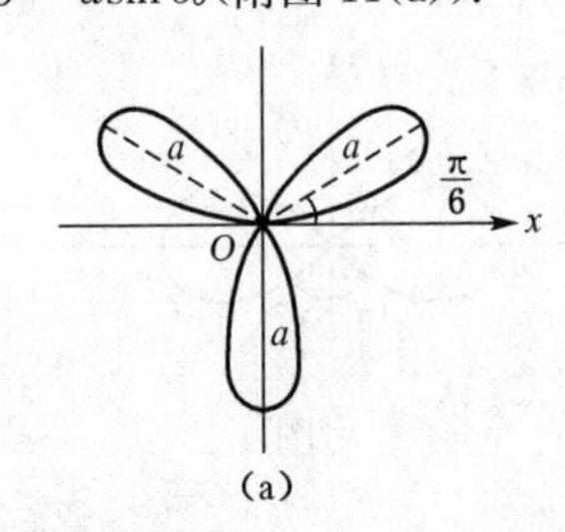

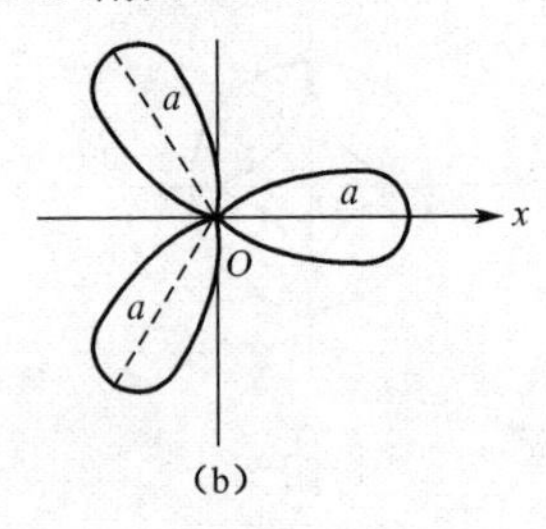

附图 11

12. 四叶玫瑰线

(1) $\rho=a\cos 2\theta$(附图 12(a)).

(2) $\rho=a\sin 2\theta$(附图 12(b)).

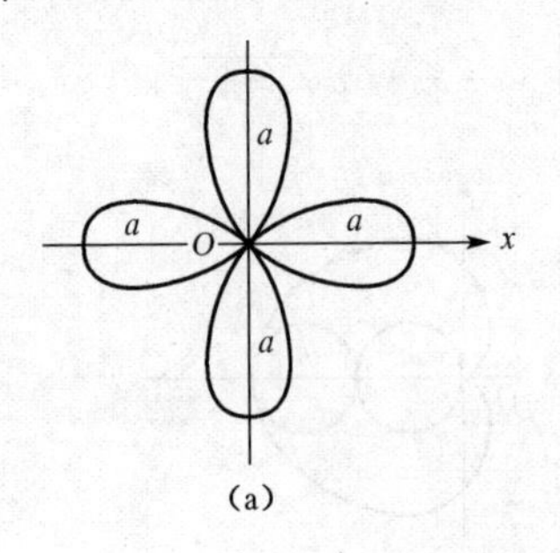

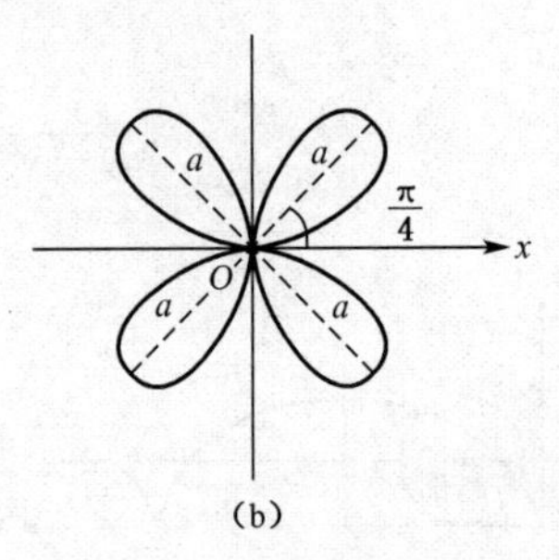

附图 12

参 考 文 献

[1] 同济大学数学系. 高等数学：上册[M]. 7 版. 北京：高等教育出版社，2014.

[2] 同济大学数学系. 高等数学：下册[M]. 7 版. 北京：高等教育出版社，2014.

[3] 刘春风. 应用微积分[M]. 北京：科学出版社，2010.

[4] 朱兴萍，彭雪梅. 微积分[M]. 武汉：武汉大学出版社，2011.

[5] 宋开泰，黄象鼎，朱方生. 微积分：上册[M]. 武汉：武汉大学出版社，2005.

[6] 宋开泰，黄象鼎，朱方生. 微积分：下册[M]. 武汉：武汉大学出版社，2005.

[7] 朱兴萍，贺勇，马丽杰. 大学数学[M]. 北京：机械工业出版社，2016.

[8] 同济大学数学系. 高等数学附册学习辅导与习题选解[M]. 北京：高等教育出版社，2014.

[9] 电子科技大学成都学院大学数学教研室. 微积分与数学模型：上册[M]. 北京：科学出版社，2018.

[10] 电子科技大学成都学院大学数学教研室. 微积分与数学模型：下册[M]. 北京：科学出版社，2018.